Die blaue Stunde der Informatik

Die blaue Stunde – die Zeit am Morgen zwischen Nacht und Tag, die Zeit am Abend ehe die Nacht anbricht. Wenn alles möglich scheint, die Gedanken schweifen, wenn Zeit für anregende Gespräche ist und Neugier auf Zukünftiges wächst, auf alles, was der nächste Tag bringt.

Genau hier setzt diese Buchreihe rund um Themen der Informatik an: Was war, was ist, was wird sein, was könnte sein?

Von lesenswerten Biographien über historische Betrachtungen bis hin zu aktuellen Themen umfasst diese Buchreihe alle Perspektiven der Informatik – und geht noch darüber hinaus. Mal sachlich, mal nachdenklich und mal mit einem Augenzwinkern lädt die Reihe zum Weiter- und Querdenken ein. Für alle, die die bunte Welt der Technik entdecken möchten.

Weitere Bände in dieser Reihe http://www.springer.com/series/15985

Walter Hehl

Der Zufall in Physik, Informatik und Philosophie

Zufall als Fundament der Welt

Walter Hehl
Thalwil, Schweiz

ISSN 2730-7425　　　　　　　ISSN 2730-7433 (electronic)
Die blaue Stunde der Informatik
ISBN 978-3-658-32062-1　　　ISBN 978-3-658-32063-8 (eBook)
https://doi.org/10.1007/978-3-658-32063-8

Die Deutsche Nationalbibliothek verzeichnet diese Publikation in der Deutschen Nationalbibliografie; detaillierte bibliografische Daten sind im Internet über http://dnb.d-nb.de abrufbar.

Springer Vieweg
© Der/die Herausgeber bzw. der/die Autor(en), exklusiv lizenziert durch Springer Fachmedien Wiesbaden GmbH, ein Teil von Springer Nature 2021
Das Werk einschließlich aller seiner Teile ist urheberrechtlich geschützt. Jede Verwertung, die nicht ausdrücklich vom Urheberrechtsgesetz zugelassen ist, bedarf der vorherigen Zustimmung des Verlags. Das gilt insbesondere für Vervielfältigungen, Bearbeitungen, Übersetzungen, Mikroverfilmungen und die Einspeicherung und Verarbeitung in elektronischen Systemen.
Die Wiedergabe von allgemein beschreibenden Bezeichnungen, Marken, Unternehmensnamen etc. in diesem Werk bedeutet nicht, dass diese frei durch jedermann benutzt werden dürfen. Die Berechtigung zur Benutzung unterliegt, auch ohne gesonderten Hinweis hierzu, den Regeln des Markenrechts. Die Rechte des jeweiligen Zeicheninhabers sind zu beachten.
Der Verlag, die Autoren und die Herausgeber gehen davon aus, dass die Angaben und Informationen in diesem Werk zum Zeitpunkt der Veröffentlichung vollständig und korrekt sind. Weder der Verlag, noch die Autoren oder die Herausgeber übernehmen, ausdrücklich oder implizit, Gewähr für den Inhalt des Werkes, etwaige Fehler oder Äußerungen. Der Verlag bleibt im Hinblick auf geografische Zuordnungen und Gebietsbezeichnungen in veröffentlichten Karten und Institutionsadressen neutral.

Springer Vieweg ist ein Imprint der eingetragenen Gesellschaft Springer Fachmedien Wiesbaden GmbH und ist ein Teil von Springer Nature.
Die Anschrift der Gesellschaft ist: Abraham-Lincoln-Str. 46, 65189 Wiesbaden, Germany

Vorwort

„Dies alles bestärkte mich in der Ansicht, dass man auch mich dereinst würde rekonstruieren können aus dem Material, das ich hinterlassen würde. So schwer kann dies wirklich nicht sein."
Clemens J. Selz, österreichischer Autor,
Vorwort von „Bot", 2018.

Wenn rekonstruieren bedeutet, ein „menschlich klingendes künstliches Interview" aus dem hinterlassenen Material zu ziehen, dann ist das nicht sehr schwer. Das direkte Hochladen einer menschlichen Persönlichkeit in einen Computer wäre es eher und ist nach heutigem Verständnis sogar unmöglich. Aber das digitale Material einer Person – alle Emails, Dokumente, Veröffentlichungen, Blogbeiträge, Bilder – in einer digitalen Identität zu vereinen und dann zur Rekonstruktion zu verwenden, ist leicht möglich. Clemens Setz hat dies mit einer „echten", Fragen stellenden Journalistin, seinen digitalen Tagebüchern als Basis und mit wohl selbstgestrickter künstlicher Intelligenz vorgeführt. Die künstlichen Interviews – als wäre er selber schon in unzugänglicher Vergangenheit – wurden als Roman „Bot" ein massvoller Verkaufserfolg. „Bot" machte jedoch in der professionellen Literaturszene durchaus Furore.

Eine Vorahnung, wie einfach sich Menschen durch einen Computer täuschen lassen, erfuhr der deutsch-amerikanische Informatiker Joseph Weizenbaum (1923–2008) mit seinem Programm *Eliza* im Jahr 1966. Gedacht war sein Programm wohl eher als eine Persiflage auf Computer und die menschliche Beziehung zu ihnen, aber der simple Bot[1] Eliza wurde – zum Schrecken des Erfinders – als eine Art von klugem und ernsthaftem Psychotherapeuten betrachtet. Wider Erwarten war *Eliza* ein grosser Erfolg und ging in die Geschichte der Informationstechnologien ein. Umgekehrt mag man daraus Schlüsse auf die Tiefe (oder Untiefe) menschlicher Unterhaltungen ziehen.

Ich hatte das Vergnügen, Clemens Setz im September 2015 live in einem Interview auf der Bühne zu erleben. Für mich wurde klar: Wenn du über deine Wissensgebiete Bücher schreibst, die publiziert werden, dann lieferst du auch das Basismaterial ab für (irgendwann

---

[1] Ein Bot (von englisch *robot* ,Roboter') ist ein Computerprogramm, das weitgehend automatisch Aufgaben abarbeitet ohne jede menschliche Interaktion.

später) einen künstlichen *Walter Hehl*. Ich hatte zu diesem Zeitpunkt schon drei Bücher publiziert:

- Was ich über die aktuellen Trends in der Informationstechnologie dachte (2008),
- was ich von den Schwierigkeiten verstand, die Firmen haben, wenn sie Innovation betreiben wollen (2009, zusammen mit dem Manager Rainer Willmanns).

Diese beiden Bücher sind im Wesentlichen aus der beruflichen Tätigkeit bei IBM entstanden und ich verdanke sie eigentlich dem grossartigen Unternehmen und fundamentalen Pionier der Informationstechnologie, zumindest im 20. Jahrhundert.

Weiter im Jahr 2012 versuchte ich zu begreifen, wieso wir Menschen solche Probleme haben, die Wahrheit zu finden und zu verstehen, und wie dieser Vorgang abläuft:

- „Die unheimliche Beschleunigung des Wissens" ist eine Geschichte der Kopernikanisierungen der Menschheit: astronomisch, physisch und intellektuell wird uns die Besonderheit genommen. Wir werden immer weniger einzigartig (noch sind wir es, soweit wir wissen, im All).
- Als Missionar für die Bedeutung von Software habe ich dann 2016 „Wechselwirkung" geschrieben, ein Buch, das Physik, Philosophie und Software verbindet, was ich als Modernisierung der Weltsicht des österreichisch-britischen Philosophen Karl Popper verstehe.
- Nach einem Abstecher zur Berichtigung des Bilds Galileis (2017) in der Öffentlichkeit
- kamen noch die Fundamente der Religion dazu aus Sicht von Physik, Informationstechnologie und Psychologie (2019).

Aus emotional-menschlicher Sicht habe ich persönliche Erinnerungen zusammengetragen, die mir wichtig sind:

- In „Meine fünf Frauen" in 2020 schildere ich die wichtigsten Frauen in meinem Leben. Es entstand eine kleine sudetendeutsche Familiengeschichte.

Hinter all diesen Büchern steht – ich muss es gestehen – etwas Evangelistisches, etwas eventuell unangenehm Belehrendes. Der Wunsch etwas aufzuzeigen, was nicht allen bekannt ist, es aber sein sollte, ist vielleicht auch eine Triebkraft, um ein oder zwei Jahre an einem Buch zu schreiben. Aber die Bücher sind eigentlich trotz allem Mainstream des Wissens und keine Exoten, nur manchmal enthalten sie (noch) wenig beachtete Wahrheiten. So etwa bei Galilei: Die Historiker wissen, dass er mit den Gezeiten versuchte, das heliozentrische Weltbild zu beweisen, dass sein Beweis jedoch nur Unsinn war. Die Laien halten ihn trotzdem für den, der das Heliozentrische System „bewiesen" hat.

Aber durch einen persönlichen Glücksfall sehe ich noch eine „missionarische" Lücke im populären Wissen. Der Glücksfall begann mit einem festlichen Abendessen mit dem französisch-US-amerikanischen Mathematiker Benoît Mandelbrot im Jahr 1986. Er war an diesem Abend mein Tischnachbar. Mandelbrot war zu dieser Zeit mein Kollege in der Firma IBM. Er war seit 1958 Mitarbeiter in der IBM Forschung und einer der berühmtesten Mathematiker des 20. Jahrhunderts, wenn auch nicht von der üblichen abstrakten Art. Er trieb pragmatische, vielseitig anwendbare Mathematik. Mandelbrot war Schöpfer des Begriffs „fraktal" und Entdecker des „Apfelmännchens", des nach ihm benannten mathematischen Objekts. Dieses Figürchen kennen alle mathematisch Interessierten! Es ist vielleicht die überhaupt komplexeste Struktur, die wir kennen. Wir werden seiner Mathematik im Kapitel „Zufall in der Natur" begegnen (ohne mathematische Formeln).

Als Entwickler im IBM Labor Böblingen und als Leiter des Testlabors der Prozessorenentwicklung berechnete ich als Hobby Bilder der Mandelbrot-Menge. Ich hatte dafür einen hochauflösenden Drucker zur Verfügung (einen IBM 4250-Drucker, den wir entwickelt hatten) und einen Park von Rechnern (die ebenfalls im Labor Böblingen entstanden), zwar mit geringer Rechenleistung im Vergleich zu heutigen Rechnern, aber mit erweiterter arithmetischer Genauigkeit, und ich liess wochenlang rechnen. Die Genauigkeit konnte man brauchen: Es ist eine Eigenschaft der Mandelbrot-Menge, dass die Komplexität der Strukturen nie aufhört, man kann weiter vergrössern und tiefer in das Zahlenuniversum eintauchen, und immer wieder erscheinen neue Strukturen, oft ähnlich zu Gesehenem, aber nicht identisch. Einige der Bilder (typisch mit 6000 × 10.000 Pixel^2) kamen auf eine Kunstausstellung, zwei Bilder erschienen in einem Buch über die Schönheit der Fraktale von H.-O. Peitgen (Peitgen 1986) und ich bekam den Abend mit dem Festgast Benoît Mandelbrot.

Ich lernte seine Weltsicht kennen. In seiner Ausdrucksweise ist die Natur rau (und auch die Finanzwelt). Damit meint er, dass glatte, regelmässige, normal-geometrische Strukturen wie in der Schule in der Geometrie gelernt, die Ausnahme sind. Dazu kommt sein Gedanke der Selbstähnlichkeit, dem ich als Physiker nur bedingt folgen kann. Die Selbstähnlichkeit bedeutet, dass sich Strukturen in anderen Grössenordnungen identisch oder ähnlich wiederholen. Physikalisch werden sich Strukturen in anderen Dimensionen nur mit systematisch geänderten Parametern wiederholen (nach den Scaling Laws) wie schon Galilei gezeigt hat. In der Mathematik geht dies eventuell unbegrenzt immer weiter, kleiner oder grösser. Allerdings ist die Mandelbrot-Menge nur ungefähr selbstähnlich, aber gerade dadurch aufregend.

In der Tat ist die „Rauheit" in seinem Sinn „Individualität eines Objekts bei genauem Hinsehen" überall: In Flüssigkeiten etwa bei Turbulenz, in der Botanik die verschiedenen Blätter an einem Baum, bei Menschen die Struktur der Iris, in der Astronomie die exakte Verteilung der Sterne, z. B. die Form der Sternbilder. In der Natur kommt es meistens nicht auf das einzelne Detail an, etwa das Kräuseln auf einer Wasserwelle, sondern auf die Gesetze, die für alle gelten. Dem hat sich auch die Wissenschaft gewidmet. Meistens spielt ein Punkt oder ein Event keine grosse Rolle, aber manchmal doch. Berühmt ist der Schmetterlings-Effekt des Meteorologen Edward Lorenz in seiner Arbeit mit dem genialen Titel:

„Kann der Flügelschlag eines Schmetterlings in Brasilien einen Tornado in Texas auslösen?"

Übrigens wird der Effekt oft falsch verstanden: Der Skifahrer, der zufällig eine Lawine auslöst (der „Schneeballeffekt"), ist kein Beispiel für den Schmetterlingseffekt im allgemeinen Sinn; es ist der eindeutige katastrophale und einseitige Grenzfall. Die Gefahr war vorher immanent und die Ursache wie die Wirkung waren klar. Für die Lawine gab es auch keine Alternative, die Richtung der Lawine ist klar vorgegeben. Wir werden mit dem Dom von Norton eine extrem unentschiedene Situation diskutieren.

In der Evolution könnte ein einzelner Fall, eine Koinzidenz oder Mutation, etwas bewirkt haben. Dies gilt erst recht im menschlichen Leben; dann spielt der Zufall sogar eine entscheidende Rolle. Wenn wir genau hinsehen, erscheint der Zufall überall: Sogar die Präzision des himmlischen Uhrwerks geht bei genauem (und längerem) Zusehen verloren. Der Zufall erscheint unbestritten und absolut in der Quantenphysik, aber er ist auch mit blossem Auge sichtbar. Ja wir bauen sogar Maschinen, um Zufall zu erzeugen, etwa das Rouletterad, oder Maschinen, die den Zufall intern verwenden, z. B. Verschlüsselungsmaschinen.

In den Fundamenten der Welt vermischen sich Ordnung und Unordnung, Regel und Zufall, Physik und Informatik. Der Zufall hängt mit der Kausalität zusammen, mit der Richtung der Zeit, mit der atomaren Struktur, mit der Kreativität und mit der Religion. Dies zu zeigen ist das Ziel des Buchs. Der Zufall bringt in unsere sonst so klare und sichere wissenschaftliche Welt eine grosse, prinzipielle Unsicherheit.

Das folgende Zitat von Napoléon Bonaparte ist vielleicht überhaupt nicht übertrieben:

„Le hasard est le seul roi légitime dans l'univers"
„Der Zufall ist der legitime Herrscher des Universums"
Napoléon Bonaparte, französischer Feldherr, 1769–1821.

Es ist die Absicht des Buchs zu zeigen, dass der Zufall in die Fundamente der Welt eingebaut ist und damit eine dritte Säule des Aufbaus unserer Welt ist, neben oder zusätzlich zu den Hauptsäulen Physik und Informatik. Dazu zeichnen wir einen Abriss der Geschichte der Wissenschaft auf, auch als eine Geschichte des Zufalls sowie von falscher und echter Sicherheit und ebensolcher Unsicherheit. Wir versuchen zu zeigen, wie viel Vorahnung moderner Konzepte es schon in der antiken Wissenschaft gegeben hat.

Eine Bemerkung zu den Zitaten: Ich glaube, zu einem Wissensgebiet gehören auch die Meinungen und die Geistesblitze anderer. Es macht hoffentlich Vergnügen, sie zu lesen und mitzudenken, vielleicht sogar sie zu widerlegen.

Ein Argument für Zitate habe ich vom Direktor der IBM Forschungsorganisation, Paul Horn, etwa im Jahr 2005, gelernt:

„Egal, wie viele gute Leute du hast, draussen hat es noch mehr."
Paul Horn, US-amerikanischer Informatiker, geb. 1944.

Es war als Argument gedacht, mit anderen Forschungsorganisationen zusammen zu arbeiten. Die IBM Forschung war damals (und ist es vielleicht auch heute) die beste industrielle Forschungsorganisation im Computerbereich.

Ich glaube, Entsprechendes gilt für Zitate und die kulturelle Welt. Egal wie viele gute Gedanken man hat, draussen hat es noch mehr.

Dank

Den ersten Kontakt mit dem Thema des Zufalls in der Wissenschaftsgeschichte verdanke ich einem Seminar zur Wissenschaft „von Aristoteles und Demokrit bis Newton" bei Prof. August Nitschke in Stuttgart.

In kurzen, aber intensiven Begegnungen habe ich Impulse bekommen von meinen beiden IBM Kollegen:

Die allgegenwärtige Bedeutung des Zufalls habe ich von und mit Benoît Mandelbrot gelernt. Das Konzept der algorithmischen Komplexität (und des echten Zufalls) erfuhr ich im Gespräch mit Gregory Chaitin. Mandelbrot und Chaitin gehören zu den grössten Mathematikern des 20. Jahrhunderts.

Der Philosoph Klaus Mainzer hat mir mit seinen Arbeiten Rückhalt gegeben, den Zufall in seiner fundamentalen Bedeutung zu sehen. Mainzer ist Tychist, obwohl er das Wort „Tychismus" nicht benützt. Was Tychismus bedeutet, wird im Buch erläutert. Der Ursprung ist die griechische Göttin Tyche, die Göttin des Schicksals. Auch für Mainzer gilt: Zufall ist selbst das Prinzip. Und: Ohne Zufall entsteht nichts Neues.

Meiner Frau Edith danke ich für ihre Geduld und das gründliche Lektorat. Jegliche sprachlichen Fehler im Text sind durch meine ungeprüft eingebrachten Korrekturen entstanden und ganz in meiner Verantwortung.

Inhaltsverzeichnis

1	**Einleitung: Eine kleine Geschichte der Wissenschaft und des Zufalls**		1
	1.1	Die Antike Wissenschaft im Heutigen Licht	4
		1.1.1 Die Wissenschaft des Aristoteles	5
		1.1.2 Die antiken Atomisten	8
		1.1.3 Die antike Wissenschaft am Beispiel Astronomie	11
	1.2	Die Wissenschaftliche Aufklärung	13
		1.2.1 Die Aufklärung in den Naturwissenschaften	13
		1.2.2 Der Beginn der Informationstechnologie	16
		1.2.3 Das Ende der Aufklärung	19
	1.3	Die Moderne Wissenschaft und Technologie	22
		1.3.1 Moderne Physik und Zufall	22
		1.3.2 Informationstechnologie und Geist	27
	Literatur		34
2	**Der Zufall an sich**		35
	2.1	Das richtige Wort	35
	2.2	Zufall und Notwendigkeit – eine Einführung	37
		2.2.1 Definition des Zufalls	38
		2.2.2 Kausalketten	39
		2.2.3 Verstehen mit Zufall – Astronomisches	43
		2.2.4 Chaotisches	45
		2.2.5 Vom atomaren Zufall zur grossen Wirkung	47
		2.2.6 Vom einzelnen Zufallsereignis zum statistischen Gesetz	50
		2.2.7 Entropie und Zeit	56
	Literatur		61
3	**Der natürliche Zufall überall**		63
	3.1	Richtig Hinsehen nach Mandelbrot	63
	3.2	Genauer Hinsehen im Alltag	77

		3.2.1	Der ganz normale Zufall um uns	77
		3.2.2	Wasserwellen und Zufall	82
		3.2.3	Welche Information ist um uns? Zufall oder Plan?	86
	Literatur			94

4 Den Zufall in der Welt verstehen 95
    4.1 Big Bang und der Erste und der Zweite Zufall 96
        4.1.1 Die Entstehung der Welt aus dem Vakuum 96
        4.1.2 Anthropisches Prinzip und Goldilock-Rätsel, Notwendigkeit oder Agglomerat von Zufällen? 98
    4.2 Wasser und Zufall 100
        4.2.1 Wassereigenschaften als Zufall und Notwendigkeit 100
        4.2.2 Wasser und Wirbel 101
        4.2.3 Die Turbulenz 102
        4.2.4 Zwischen Zufall und Ordnung 106
    Literatur 113

5 Drei Welten in der Welt, mit Zufall 115
    5.1 Kleine Geschichte der Philosophie 115
    5.2 Die Drei-Welten-Welt des Karl Popper Aktualisiert mit Zufall und Software 118
        5.2.1 Mechanische Maschinen können nicht denken, Computer schon 118
        5.2.2 Der Aufbau des Weltmodells 122
        5.2.3 Der Zufall ist notwendig 126
    Literatur 131

6 Evolution – die Kreativität der Natur 133
    6.1 Die Evolution ist keine Theorie 133
        6.1.1 Teilhard de Chardin 133
        6.1.2 Der Junge-Erde-Kreationismus 134
    6.2 Evolution als Softwaretechnologie und Prozess mit Zufall 138
        6.2.1 Das Prinzip 138
        6.2.2 Der rohe Zufall 140
        6.2.3 Der gerichtete Zufall und die „Propensität" 143
    6.3 Die biologische Evolution als kreativer Zufall 147
        6.3.1 Charles Darwin 147
        6.3.2 Der Begriff Evolution 148
        6.3.3 Mechanismen der Wirkungsweise der Evolution 150
    6.4 Anthropisches und Kopernikanisches Prinzip 156
    6.5 Evolution – alles Zufall oder auch Notwendigkeit? 158
        6.5.1 Das Auge als Beispiel 158
        6.5.2 Die grosse Frage: kleiner Zufall oder ganz grosser Zufall? 160
        6.5.3 Retrograd gerichteter Zufall 161
        6.5.4 Schwierige Anfänge und Megatrajektorien 162
    6.6 Abiogenese und chemische Evolution 165

	6.7	Die Evolution als zufallsgetriebenes Softwaresystem 167
		6.7.1 Die Evolution als Grosssystem 168
		6.7.2 Die Evolution als agile Softwareentwicklung 171
	6.8	Religiöses, die Evolution und der Zufall 173
	Literatur. 180
7	**Die Kreativität des Menschen und der Zufall** 181
	7.1	Arten Menschlicher Kreativität 181
		7.1.1 Als es noch keine Kreativität gab 181
		7.1.2 Formen der Kreativität. 184
	7.2	Kreativität und Computer. 194
		7.2.1 Computer sind mit dem Zufall kreativ. 194
		7.2.2 Computer denken beinahe menschlich, auch ohne zu verstehen. . . 198
	7.3	Der Mensch im Computermodell mit Zufall 203
		7.3.1 Menschliche Kreativität und Computermodell 203
		7.3.2 Das Problem mit dem künstlichen Zufall 212
		7.3.3 Computer und Mensch entscheiden. 220
		7.3.4 „Freier Wille" und Zufall 228
	Literatur. 241
8	**Zufall als Fundament der Welt** 243
	8.1	Rauschen als Zufallskontinuum und Motor. 244
	8.2	Der Zufall als System: Der Tychismus 247
		8.2.1 Der historische Tychismus. 247
		8.2.2 Der Neo-Tychismus – der absolute Zufall in der modernen Welt . . 253
	Literatur. 258
9	**Zufall im menschlichen Leben** 259
10	**Schlussfolgerungen** 267

Glossar 271

Literatur 275

Stichwortverzeichnis 277

Einleitung: Eine kleine Geschichte der Wissenschaft und des Zufalls

"Der Beginn aller Wissenschaften ist das Erstaunen, dass die Dinge sind, wie sie sind."
Aristoteles, griechischer Naturphilosoph, 384 v. Chr.- 322 v. Chr.

"Ignoramus et ignorabimus – Wir wissen es nicht und wir werden es niemals wissen."
Emil du Bois-Reymond, deutscher Physiologe, Rede in 1872.

"Wir müssen wissen, wir werden wissen."
Schlusssatz einer Radioansprache und Inschrift auf dem Grab des Mathematikers David Hilbert, deutscher Mathematiker, Rede in 1930.

"Die Antworten, die Sie erhalten, hängen von den Fragen ab, die Sie stellen."
Thomas Kuhn, amerikanischer Wissenschaftsphilosoph, 1922–1996.

Der Titel dieses Abschnitts ist dem wunderbaren Buch zur gesamten Menschheitsgeschichte des israelischen Philosophen und Historikers Yuval Noah Harari nachempfunden. Die Geschichte der Wissenschaft ist der harte Teil der Geschichte der Welt. „Hart" im Sinne, dass der Gesamtprozess des Kennenlernens ein Zufallsprozess ist mit einigen Sprüngen im Verlauf, aber das Ziel recht eindeutig („hart") vorgegeben ist: Die Kongruenz von Natur und Mathematik. Auch sorgt das Werkzeug der allgemein wiederholbaren Experimente für Korrektheit (jedenfalls meistens). Die Natur erzwingt durch ihre Beschaffenheit Gesetze, die Mathematik bildet sie scharf ab. Die populäre Ansicht *„Alles ist relativ, man könnte auch andere Wissenschaft haben"* ist für das System der Naturwissenschaft unsinnig. Eigentlich ist damit schon ein wichtiger Teil des Buchs beschrieben!

Die Geschichte der Entwicklung der Wissenschaft ist eng mit der Entwicklung der Technologie verknüpft. Dies ist ganz natürlich, denn Wissen schafft Macht und Technik in Form von Waffen, Produktionsmitteln und Produkten. Dies „Wissen ist Macht" ist selbst wohl der berühmteste Ausspruch in der Geschichte der Wissenschaft:

"Scientia potentia est" "Knowledge is power" "Wissen ist Macht".
Sir Francis Bacon, englischer Philosoph, 1561–1621.

Es gibt um die Entstehung des Zitats bei Bacon etwas Verwirrung: Das erste Auftreten hat nämlich die Form *„scientia potestas est"* und bezieht sich auf Gott: Dessen Wissen ist seine Macht. Aber wir verstehen dies in seinem späteren Sinn, Bacon 1620:

„Menschliches Wissen und menschliche Macht gehen Hand in Hand, denn wenn die Ursache nicht bekannt ist, kann man die Wirkung nicht erzeugen".

Die klassische Richtung der Formulierung – von Wissen zu Macht – hat in der experimentellen Wissenschaft schon immer auch umgekehrt gegolten: Aus der Fähigkeit, die besten experimentellen Vorrichtungen zu bauen, folgt die beste Wissenschaft. Ein Beispiel sind Teleskope, von Galileis Zweizöllern um das Jahr 1600 bis zu den heutigen 8m- oder 10m-Teleskopen oder dem Hubble-Teleskop im All.

Aber der umgekehrte Satz hat auch eine fundamentale wissenschaftliche Bedeutung: Aus dem Machen und machen Können folgt das Verstehen. Der barocke Philosoph Gianbattista Vico (1668–1744) hat diese konstruktive Methode des Erlangens von Wissen in die Philosophie eingeführt mit seinem Grundsatz:

„Verum et factum convertuntur – das Wahre und das Gemachte sind austauschbar."

Also: „Als wahr erkennbar ist nur das, was wir selbst gemacht haben." Dieses Mantra des Philosophen Vico hat in der zweiten Säule unseres Wissens, der Informatik, fundamentale Bedeutung. Ein funktionierendes Programm kann beweisen, dass z. B. ein Material sich so verhält, wie es das Finite-Element-Programm[1] und dessen physikalischen Annahmen vorhersagen. Der geniale Informatiker Alan Turing hat 1950 die Methode des Grundsatzes *„Was wir machen können, verstehen wir"* in die Wissenschaft vom Computer eingeführt. Es führt zum nach ihm benannten Turing-Test, dem Vergleich von menschlicher Fähigkeit mit der Fähigkeit eines Computers: Kann man einen quasi-menschlichen Dialog mit einem Programm führen? Sogar auf Chinesisch?

Es gibt einen ganzen Turm von ähnlichen Aufgaben wachsender Schwierigkeit, die alle mehr oder weniger gelöst wurden:

Kann ein Computer Schrift lesen? Genauer: Kann er spezielle, vereinfachte Druckschrift lesen? Kann er allgemeine Druckschrift lesen? Kann er ihm gut bekannte Handschrift lesen? Kann er eine unbekannte Handschrift lesen? Kann er reden, zum Beispiel etwas vorlesen? Kann er eine gesprochene Unterhaltung aufschreiben? Eine chinesische Unterhaltung? Eine schweizerdeutsche Unterhaltung? Kann er Chinesisch auf Englisch übersetzen? Russisch auf Deutsch? Kann er simple Fragen aus einem kleinen Wissensbereich beantworten? Kann er allgemeine Fragen beantworten? Kann er Auto fahren auf der

---

[1] Allgemeines digitales Verfahren zur Berechnung der Eigenschaften von Festkörpern.

Autobahn mit wenig Verkehr? In dichtem Verkehr? Kann er eine natürliche allgemeine Unterhaltung führen? Kann er eine Krankheit diagnostizieren? Usf. usf.

Beinahe immer wurde die Lösbarkeit dieser Aufgabe von vielen Laien (aber auch Fachleuten) zuerst angezweifelt, nach der Lösung dann aber als Bagatelle abgetan bis zur nächsten Aufgabe. Der Autor hat dies mehrfach selbst erlebt, etwa *„ein Computer wird nie Auto fahren können"* – allerdings vor 30 Jahren. Die obige Aufzählung ist eine kleine Geschichte des Computers, aber die Entwicklung und die Liste gehen natürlich weiter. All die Projekte hinter diesen Fragen lieferten und liefern Erkenntnisse über den Aufbau menschlicher Sprache, über Handschrift, über die Funktion des Autolenkens, die Arbeitsweise unseres Gehirns. Der Bau eines zugehörigen erfolgreichen Programms ist der Beweis für das Verstehen eines Phänomens.

Dazu kommen eine weitere Eigenschaft und ein fundamentaler Unterschied. Die klassische analytische Wissenschaftsmethode mit Beobachtung und Experiment (definiert als massgeschneiderte und eingeschränkte Beobachtung) hat uns in die Tiefen der Natur geführt – die schwergewichtigen Grenzen unseres Horizonts sind Big Bang, dunkle Materie, neue Elementarteilchen. Die Wissenslandschaft bis zu diesem Horizont ist im Prinzip gut erforscht. Die verwendete Grundeigenschaft der Methode ist die Untersuchung der Kausalität. Wissen ist das Verstehen der Ursachen, es ist ein Bottom-Up-Ansatz in der Sprache der Software.

Dies sind die wissenschaftlichen Seiten des Verstehens, durch Ursachen oder durch Bau. Psychologisch (oder polemisch) lassen sich zwei Typen oder auch Ebenen des Verstehens definieren:

- Der Laie (und der klassische Philosoph):
  Ein Vorgang ist dann verstanden, wenn er im Rahmen der Begriffe des normalen Lebens gefasst werden kann. Daran ändert sich nichts, wenn dafür vornehmere Ausdrücke verwendet werden; es bleibt die normale Welt. Die Zeit verläuft gleichmässig und der Raum ist nicht gekrümmt, sondern euklidisch.

Aber die alltäglichen Begriffe und Vorstellungen reichen nicht weit und müssen immer wieder korrigiert werden (Hehl 2016).

- Der Physiker sagt, er (oder sie) habe es (physikalisch) verstanden, wenn der Vorgang in *korrigierten* Begriffen des normalen Lebens verstanden wird. Die Korrektur kann z. B. sein, dass die Zeit sich dehnt, der Raum sich krümmt oder dass der Energiesatz gilt. Sie ist das Ergebnis der Forschung. Man gewöhnt sich schlicht daran, diese korrigierten Vorstellungen zu akzeptieren und so zu denken.

Diese Definition ist ganz im Geiste des Bonmots des ungarisch-amerikanischen Mathematikers John von Neumann (1903–1957), der zu seinem Physikerfreund Felix Smith sagte:

„Junger Mann, in der Mathematik versteht man nicht, man gewöhnt sich daran."

Es gibt natürlich sowohl die Möglichkeit, dass Menschen in der Umgangssprache etwas Unmögliches ausdrücken wollen, wie dies in mancher Religion geschieht (etwa mit dem Begriff des „Schöpfers"), wie umgekehrt etwas Einfaches in Physikersprache. So werden in der Esoterik und in Grenzgebieten der Religion gerne Begriffe aus der Quantenphysik verwendet; dies wird durch die inhärente Mystik der Quantenphysik nahegelegt. So sagt z. B. der serbisch-britische Physiker Vlatko Vedal (geb. 1971)

> „[Das Vakuum der] Quantenphysik lässt sich in der Tat gut mit der buddhistischen Leere in Übereinstimmung bringen."

Die andere wissenschaftlich-technische Methode, etwas zu verstehen, ist der Nachbau dieser Systemeigenschaft. Mit diesem konstruktiven Weg geht man umgekehrt von der Funktion als Ganzem aus. Die Richtung der Erkenntnis ist im Sinne einer Software von oben nach unten (unten ist die Hardware), ein Top-down-Ansatz. An die Stelle der Kausalität tritt die Teleologie, der Sinn des Ganzen.[2] Mit dem Nachbau von Funktionen, etwa der Sprache, gewinnt man das Verständnis, wie diese Funktion ausgeführt wird, welche Fehler auftreten können, welche anderen Lösungen möglich sind und welche Verbesserungen. Manchmal gelingt das Verstehen so gut, dass beispielsweise ein Spiel gar kein Spiel mehr ist, sondern nur noch ein Algorithmus. Es ist abzusehen, dass es auch digitale Psychologie geben wird und künstliche Seelen zum Verstehen unserer Gefühle und seelischen Defekte.

Beunruhigenderweise scheint der Bau von Systemen keine sichtbaren menschlichen oder natürlichen Grenzen zu haben. Aber es gibt kein Naturgesetz, das hier harte Grenzen setzt.

Doch gehen wir zu den Anfängen. Wir wollen wesentliche Phasen in der Geschichte der Wissenschaft, der Informationstechnologie und des Zufalls gemeinsam betrachten. Wir teilen dazu die Geschichte der Wissenschaft und der Informationstechnologie in drei grosse Abschnitte ein: in die Antike, in die Aufklärung und in die Moderne.

1.1 Die Antike Wissenschaft im Heutigen Licht

> „Möge das Studium der griechischen und römischen Literatur immerfort die Basis der höheren Bildung bleiben."
> **Johann Wolfgang von Goethe, deutscher Dichter,**
> **posthum 1833 veröffentlicht.**

In Wissenschaft und Philosophie sind es die Griechen und das Studium ihrer antiken Wissenschaft, die uns den Beginn von allem lehren.

Als Vertreter der antiken Wissenschaft betrachten wir zwei Philosophen und einen Astronomen und einige ihrer Lehren:

---

[2] Teleologie vom altgriech. τέλος télos in der Bedeutung von ‚Sinn, Zweck'.

1.1 Die Antike Wissenschaft im Heutigen Licht

- Aristoteles als wichtigste Gestalt der antiken Wissenschaft bis in die Scholastik und das Mittelalter hinein und in der Aufklärung geschmäht,
- Epikur (bzw. Demokrit),
- Ptolemäus und seine praktisch-wissenschaftliche Leistung.

Einen weiteren Philosophen, Platon, werden wir unten als Ursprung der „romantischen" Ideenrichtung erwähnen.

Die Abb. 1.1 zeigt das Fresko „Die Schule von Athen" des Malers Raffael da Urbino (1483–1520) im Vatikan. Abgebildet ist der Maler selbst (mit R gekennzeichnet ganz rechts) zusammen mit 21 der wichtigsten Vertreter der antiken griechischen Philosophie und Wissenschaft. Auch die erwähnten vier Personen Aristoteles, Epikur, Ptolemäus und Platon sind dabei.

1.1.1 Die Wissenschaft des Aristoteles

> „Ändert sich der Zustand der Seele, so ändert dies zugleich auch das Aussehen des Körpers und umgekehrt: Ändert sich das Aussehen des Körpers, so ändert dies zugleich auch den Zustand der Seele."
>
> **Aristoteles, griechischer Naturphilosoph, 384 v. Chr.- 322 v. Chr.**

Aus heutiger Sicht ist das Weltbild des Aristoteles, oberflächlich betrachtet, bizarr. Für mehrere Jahrhunderte bis zum Ende der Renaissance war es jedoch ein konsistentes, akzeptiertes System. In seiner Physik ist die Bewegungslehre zentral, die er weitgehendst aus der direkten Beobachtung herleitet. Hier einige Aussagen zusammen mit „freundlichen" Interpretationen der aristotelischen Gesetze aus heutiger Sicht:

Abb. 1.1 Peripatos – die Schule von Athen von Raffael (1510–1511). Fresko im Vatikan. Das Fresko verherrlicht das antike Griechenland als Wiege der Kultur. Aristoteles trägt die Nummer 15, Epikur ist Nr. 2, Ptolemäus Nr. 20 und Platon ist Nr. 14. (Bild: Wikimedia Commons, Bibi Saint-Pol)

- Es gibt zwei Bereiche des Himmels mit verschiedenen Gesetzen, jenseits des Monds und unter dem Mond.
  Vgl. hierzu die Atmosphäre einerseits und den interplanetaren Raum andrerseits mit Vakuum. In der Atmosphäre verglüht ein Satellit nach einiger Zeit, im Vakuum des Alls bleibt er nahezu unbegrenzt auf seiner Bahn. Aristoteles hält allerdings Vakuum für unmöglich.
- In der himmlischen Sphäre laufen die Planeten ewig auf Kreisen.
  Vgl. im Weltall bewegen sich die Himmelskörper auf Kegelschnitten, der Kreis ist ein Spezialfall.
- Auf der Erde gibt es natürliche und erzwungene Bewegungen: „Natürlich" versucht ein Körper zu seinem natürlichen Ort zu kommen, das „Feuer" nach oben, „Schweres" nach unten.
  Vgl. das Erdzentrum als Gravitationszentrum.
  „Erzwungene" Bewegung kommt durch eine Kraft auf den Körper zu Stande. Ohne Kraft bleibt der Körper stehen.
  Vgl. Letzteres entspricht einer Bewegung mit Reibung auf einer rauen Fläche.
- Bei einem geworfenen Stein oder einem Geschoss muss er eine kuriose Hilfskonstruktion einführen, damit das Geschoss durch die Luft fliegt: Die Luft um den Stein trägt ihn weiter.
  Diese Schwierigkeit ist auffallend und wird im frühen Mittelalter mit der Impetustheorie gelöst werden.
- Ein Körper fällt umso schneller, je schwerer er ist.
  Vgl. das ist korrekt für sehr leichte Körper und sog. schleichende Bewegung, etwa wenn eine Kugel in Öl fällt oder beim Fallschirmsprung.
- Die Bewegung der Planeten ist ewig – aber es braucht einen Anfang. Aristoteles führt eine Art von abstraktem Gott ein, der unsichtbar ist und sonst nichts tut: den „unbewegten Beweger".
  Vgl. zum Konzept dieses Bewegers das Aussetzen eines Satelliten im All, der von nun an frei und (nahezu) ewig auf seiner Bahn läuft, wenn er nur genügend hoch über die Atmosphäre gebracht wurde.
  Das Bild der Abb. 1.2 illustriert mit dem Aussetzen von Satelliten genau den Übergang und damit die beiden Weltzonen des Aristoteles.

Aristoteles hat versucht seine Beobachtungen und sein alltägliches Wissen in ein konsistentes System einzubauen. Die Gesetze der Natur sind bei ihm absolut gültig (es gibt also keine Wunder!). Von seiner Mechanik ist ein Teil der Ideen in die Moderne übertragbar: z. B. der Himmelsteil zum Einen und die Mechanik eines Körpers, wenn Reibung oder Viskosität dominieren. Ansonsten hat ihm seine Auffassung der Mechanik den Spott der Aufklärung eingebracht.

Dazu kommt die Seele. Sie ist für Aristoteles die allgemeine Lebenskraft, verbunden mit dem Körper, und damit sterblich.
Vgl. mit der heutigen Auffassung (zumindest des Autors), dass Leben eine Art laufender Computer ist, also von „Software", die auf einer materiellen Grundlage läuft.

1.1 Die Antike Wissenschaft im Heutigen Licht

Abb. 1.2 Die beiden Subwelten des Aristoteles in einem (Bild: Weltraum und Atmosphäre. Das Bild illustriert mit dem Aussetzen von Satelliten genau den Übergang zwischen den Welten. Bild: European Global Navigation Satellite System Agency (EGNSSA)/Pierre Carril)

Seine Vorstellung von der ganzheitlichen Verbindung von Körper und Seele ist modern. Sie ist moderner als die spätere Aufteilung von Descartes in hier Körper, dort Geist. Dieser Dualismus hat natürlich gut zur Hoffnung auf ein vom Körper getrenntes fiktives Leben gepasst. Mit dem ewig existierenden Universum, der sterblichen Seele und der Unmöglichkeit von Wundern ist es verwunderlich, dass es Thomas von Aquin im 13. Jahrhundert gelang, den so rationalen Aristoteles in die Lehren der katholischen Kirche zu integrieren – und das für mehrere Jahrhunderte. Aber die kirchlichen, antiaristotelischen Vorstellungen von einem Schöpfer, von einem Leben nach dem Tode und von Wundern haben sich trotzdem tief in unser kollektives Verstehen der Welt eingegraben.

Aristoteles diskutiert auch ausführlich die Rolle des Zufalls. So schreibt er (Zekl 1986):

> „Das eine (das Zufallsereignis) hat seine Ursache ausserhalb seiner,
> das andere (das Naturereignis) in sich selbst."
> Aristoteles in „Physik, Vorlesung über Natur".

Das Naturereignis ist dabei vollständig durch die Naturgesetze bestimmt, der Zufall durch „Nebensächlichkeiten" oder durch „Fügung". Der Begriff „Fügung" bedeutet eine

Untermenge des Zufalls, die es nur für Menschen gibt, nicht für Tiere. Aber die Fügung kann positiv sein (ein Glück) oder negativ (ein Pech). Dabei wird die Fügung nicht von einem höheren Wesen zusammengefügt, sondern „es" fügt, die Fügung ist wie jeder Zufall in den Ursachen unbestimmbar.

Der Zufall ist für Aristoteles dabei keine Erklärung; erklären können nur Regeln. Er kann erst recht nicht die Welt als Ganzes erklären: Wie soll aus ungeregeltem Zufall die geregelte Welt entstehen? Die geordnete Bewegung der Planeten ist für ihn der Beweis, dass es Ordnung und Perfektion gibt, jedenfalls jenseits der Mondbahn.

Bedenkt man den Ausgangspunkt von Aristoteles im minimalen und verschwommenen Wissen des vierten Jahrhunderts v. Chr. einerseits und die Fülle konsistenter Gedanken bei ihm andrerseits, so muss man sagen: Chapeau. Deshalb ist der Spott ungerecht wegen des Irrtums bei den Frauenzähnen, popularisiert durch den britischen Philosophen Bertrand Russell. Hier sein berühmtes, etwas hinterlistiges Zitat:

> **„Aristoteles beharrte darauf, dass Frauen weniger Zähne hätten als Männer. Obwohl er zweimal verheiratet war, kam er nie auf die Idee, es nachzuzählen."**

Aristoteles verliess sich auf das Wissen seiner Zeit. Er wusste, dass Hengste mehr Zähne haben, er wusste, dass in der realen Welt bei Menschen die Anzahl der Zähne schwankten, bei Frauen noch mehr als bei Männern. Er hat die Erfahrung nicht missachtet, er war falscher oder ungenauer Information aufgesessen. Erfahrung (als Vorform des Experiments) stand sogar im Zentrum seiner Naturphilosophie. Dazu ein Wort von Charles Darwin, dem britischen Naturforscher, von 1879:

> **„Aristoteles war einer der grössten Beobachter, die je gelebt haben."**

1.1.2 Die antiken Atomisten

> **„In Wirklichkeit gibt es nur die Atome und die Leere."**
> **Demokrit, griechischer Philosoph, 459 v. Chr.- 370 v. Chr.**

Die Ursprünge der atomistischen griechischen Philosophien sind die ein bis zwei Generationen vor Demokrit aufgekommenen philosophischen Probleme der Teilbarkeit von Raum, Zeit und Materie.

- Teilbarkeit von Raum und Zeit:
  Am bekanntesten ist wohl die Schildkröte des Zenon von Elea oder das Paradoxon von Achilles und der Schildkröte: Achill kann den Vorsprung der Schildkröte nicht wettmachen: In der Zeit, die er braucht, um die Schildkröte jeweils einzuholen, ist die Schildkröte ihrerseits weiter gekommen, usf. Das Problem wird erst 2000 Jahre später sauber gelöst werden mit der Infinitesimalrechnung. Wenn es physikalische Grenzen

für Raum und Zeit gibt, sind diese jedenfalls viele Grössenordnungen kleiner als die heutige Messbarkeit (Plancksche Länge und Plancksche Zeit).
- Teilbarkeit von Materie:
Die Atomisten, etwa die Philosophen Leukipp, Demokrit und Epikur, halten die Materie nicht für beliebig teilbar, denn beim Teilen stösst man auf unteilbare Teilchen, die Atome, die sich im luftleeren Raum bewegen.

Es ist eine unglaubliche Vorahnung der Wirklichkeit: Es gibt Atome! Die Vorahnung wird im 19. Jahrhundert in der Chemie fassbar, und zwar in der Form von festen Relationen zwischen den Stoffen bei chemischen Reaktionen (der Stöchiometrie). Die Atome werden mit der Arbeit von Albert Einstein über die Brownsche Bewegung und den Stossversuchen von Ernest Rutherford wissenschaftliche Realität.

Noch zu Beginn des 20. Jahrhunderts spottete der (ausgezeichnete) österreichische Physiker Ernst Mach

„Ham se welche gesehen?" nach dem Autor und Physiker Henning Genz

als Antwort auf die Frage nach der Existenz der Atome. Die antike Atomphilosophie spekuliert weiter:

- Die „antiken" Atome haben die Formen verschiedener regelmässiger geometrischer Körper wie Kugeln, Tetraeder und Würfel in verschiedenen Grössen.
  Vgl. Atome sind verschieden gross, allerdings ist ihre Grösse nicht scharf definiert. Wasserstoff ist am kleinsten, Francium am grössten. Als Einzelgänger sind Atome kugelsymmetrisch, in einer Verbindung haben sie verschiedene Symmetrien.
- Die antiken Atome haben Haken und Ösen, mit denen sie sich zu Körpern verbinden.
  Vgl. die Atome können sich mit anderen Atomen verbinden, zu Molekülen oder Körpern. Die Zahl der Verknüpfungen (Bindungen) ist typisch für das jeweilige Atom.
- Die antiken Atome bewegen sich im leeren Raum.
  Vgl. in Gasen bewegen sich die Atome im Raum und bestehen sogar selbst weitgehend aus leerem Raum.
- Die antiken Atome bewegen sich chaotisch.
  Vgl. die Bewegung der Moleküle in einem Gas bzw. die Brownsche Bewegung von Teilchen wie in Abb. 1.3.

Der römische Dichter Lukrez schildert die Idee der chaotischen Bewegung drei Jahrhunderte später sehr bildhaft: „*Atome tanzen wie Staubteilchen in einem Lichtstrahl*". Es ist der Zufall im modernen Sinn. So bewegen sich Atome und Teilchen in der Tat, wie wir seit dem 19. Jahrhundert wissen. Es ist im Wesentlichen die Aussage der kinetischen Gastheorie der klassischen Physik.

Aber im antiken Atomismus gibt es noch ein anderes zukunftsweisendes Zufallskonzept. Das Clinamen. Clinamen ist eine spontane kleine Bewegungsänderung im Flug eines

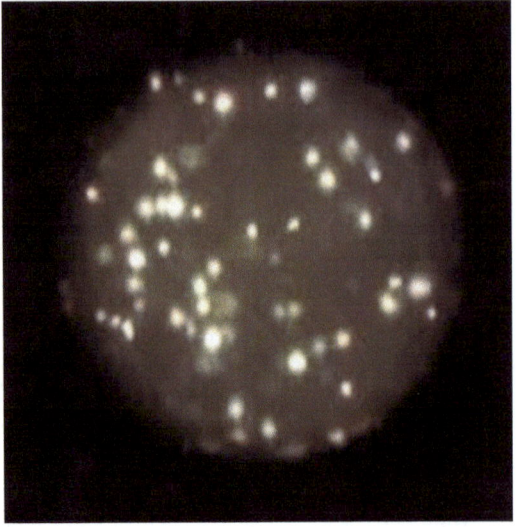

Abb. 1.3 Typisches Bild einer Brownschen Bewegung, vergleichbar der Bewegung der demokritischen Atome. Aufnahme der Bewegung von Teilchen von weisser Tusche in Wasser unter dem Mikroskop. (Bild: Fakultät Physik, LMU München)

Atoms. Es muss für die früheren Philosophen und Nicht-Physiker eine Kuriosität gewesen sein. Lukrez wurde dafür verspottet. Heute scheint dies ein genialer Trick zu sein, um gezielt „lebendigen" Zufall einzuführen und um langweilige Einfachheit zu zerstören. Der deutsche Physiker Joachim Schlichting bemerkt, es sei das erste Mal in der abendländischen Geschichte, dass dem Zufall eine konstruktive Rolle zugeschrieben werde (Schlichting 1993).

Unter dem Einfluss der Schwerkraft würden die Atome alle parallel senkrecht fallen ohne sich zu berühren. Deshalb gibt es spontane Schwankungen. Lukrez schreibt in *De rerum natura* – Über die Natur der Dinge im ersten Jahrhundert vor Christus:

> „... wenn die Körper durchs Leere nach unten geradewegs stürzen mit ihrem eigenen Gewicht, so springen zu schwankender Zeit und an schwankendem Ort von der Bahn sie ab um ein Kleines, so, dass du von geänderter Richtung zu sprechen vermöchtest."

Ein ähnlicher Effekt ist in der modernen Physik wohlbekannt bei einem Gedankenexperiment, das auf den Physiker und Nobelpreisträger Max Planck und einen der Begründer der Quantentheorie zurückgeht: Es ist um 1906 ein Kohlestäubchen, das eine zu ideale Ordnung durcheinander bringt. Wir erläutern den Gedanken in Kap. 5.

Anders ausgedrückt: Das Clinamen und dieses Plancksche Kohlestäubchen erhöhen die Entropie sprungartig auf den realistischen Gleichgewichtswert.

Es gibt zwar keine Erklärung für das Clinamen, aber wenn man wohlwollend ist, findet man den Grund für das Zittern in der Quantentheorie. Sie wird dies Phänomen erklären mit dem „Alles rauscht" oder „Alles fluktuiert". Mit dem Zufall und der ungeordneten Bewegung der Atome, die sich laufend neu verbinden können, ist es nicht weit zur Kreativität. Damit gibt es in der Antike Gedanken, die an Darwin erinnern (allerdings nicht bei Aristoteles, wie Darwin annahm).

Die antike Atomtheorie ist ein Ansatz, der an die chemische Phase der Evolution erinnert. Moleküle treffen sich zufällig um grössere Gruppen zu bilden: Die Komplexität wird aufgebaut.

Die atomistische Lehre hat noch eine weitere faszinierende Vorahnung der modernen Weltvorstellung: die Existenz von zwei Säulen der Welt, der (unbelebten) Physik und der (irgendwie belebten) Informatik. Zum Weltmodell selbst unten mehr oder bei Hehl (2016). Die zwei Arten von Welt zeigen sich in der Lehre von den zwei Arten von Atomen, den robusten Atomen der physikalischen Welt und den feinen der Seele. Die Seele besteht aus einem Konstrukt von besonders feinen und leichten „Seelenatomen", ähnlich den Feueratomen. Die Gedanken sind die Bewegungen dieser Seelenatome. Stirbt ein Mensch, so verflüchtigen sich die Seelenatome und schliessen sich eventuell einer neuen, entstehenden Seele an.

Zugegeben ist es gewagt, aber ist dies nicht die Vorahnung der beiden Säulen „Physik" und „Informationstechnologie (IT)", von etwas Physikalischem, Primären und etwas Geistigem, Sekundären? „Geistig" hier im Sinne von informationsgetriebenen Prozessen oder kurz von „Software" (auf Hardware)?

Eine Schlussbemerkung zum Atomismus. Die philosophische Idee, man könne Materie beliebig und unbegrenzt teilen, sieht mehr den Stoff, die Substanz eines Körpers als Ganzes. Als wissenschaftliche Idee ist beliebige Teilbarkeit unsinnig geworden. Die Materie wird bei genügend scharfem Hinsehen immateriell und löst sich in quantisierte Felder auf. Eine pseudowissenschaftliche Lehre, die noch heute verbreitet ist, nimmt beliebige Teilbarkeit an: die Homöopathie von Samuel Hahnemann (1755–1843). Der „gute" Geist einer Substanz bleibt bei beliebiger Verdünnung wirksam, der „böse" Geist wird wegverdünnt. Die bevorzugte Verdünnung ist 1 zu 10^{-60}. Nach atomistischem Wissen (nicht Theorie!) ist die Verdünnung so gross, dass recht sicher kein Atom oder Molekül mehr in einem Globulus Medizin vorhanden ist! Aber für den Gründer der Lehre im 18. Jahrhundert war die Atomlehre nur abartige und vergessene Philosophie.

1.1.3 Die antike Wissenschaft am Beispiel Astronomie

„Wir betrachten es als ein gutes Prinzip, wenn wir die Phänomene mit der einfachsten Hypothese erklären." Claudius Ptolemäus,
   griechischer Astronom und Mathematiker, 100–160 n.Chr.

„Alles sollte so einfach wie möglich erklärt [gemacht] werden, aber nicht einfacher."
   Albert Einstein zugeschrieben, 1933.

Bei der Planetenbewegung geht es primär nicht um Unsicherheit und Zufall, sondern im Gegenteil um himmlische Ordnung, allerdings eine recht komplexe Ordnung. Die wissenschaftliche Aufgabe in der Antike ist die Berechnung der Örter der Lichtpunkte der Planeten an der Himmelssphäre. Es geht vor allem um das Phänomen, nicht um die Ursache! Natürlich steht die Erde still im Mittelpunkt. Die erste wesentliche Komplexität, die die antiken Astronomen lösen mussten, war die offensichtliche jährliche Schleifenbewegung der äusseren Planeten am Himmel. Dazu musste man die noch unbekannte Physik simulieren, nämlich die Ellipsenbewegung der Planeten, d. h. die Abweichung vom Kreis mit der Existenz von jeweils zwei Brennpunkten anstelle eines Mittelpunkts und ungleichförmiger Bahngeschwindigkeit.

Ptolemäus hatte vom Vorgänger Hipparch ein geniales Konzept übernommen, das Schleifen erzeugen konnte: Epizyklen, d. h. er hat Kreise auf Kreise aufgesetzt. Ptolemäus versetzte einige Kreise fort aus dem Mittelpunkt und erhielt mit etwa 40 Kreisen für das Sonnensystem (Sonne und die fünf Planeten) ein Modell, das 1500 Jahre lang zur Vorhersage der Planetenbewegungen dienen sollte.

Die Abb. 1.4 zeigt die beobachteten Positionen von Venus (und Merkur) von der Erde aus gesehen über fünf Jahre. Zunächst zeigen die Schleifen der Bahnen, dass Epizyklen im

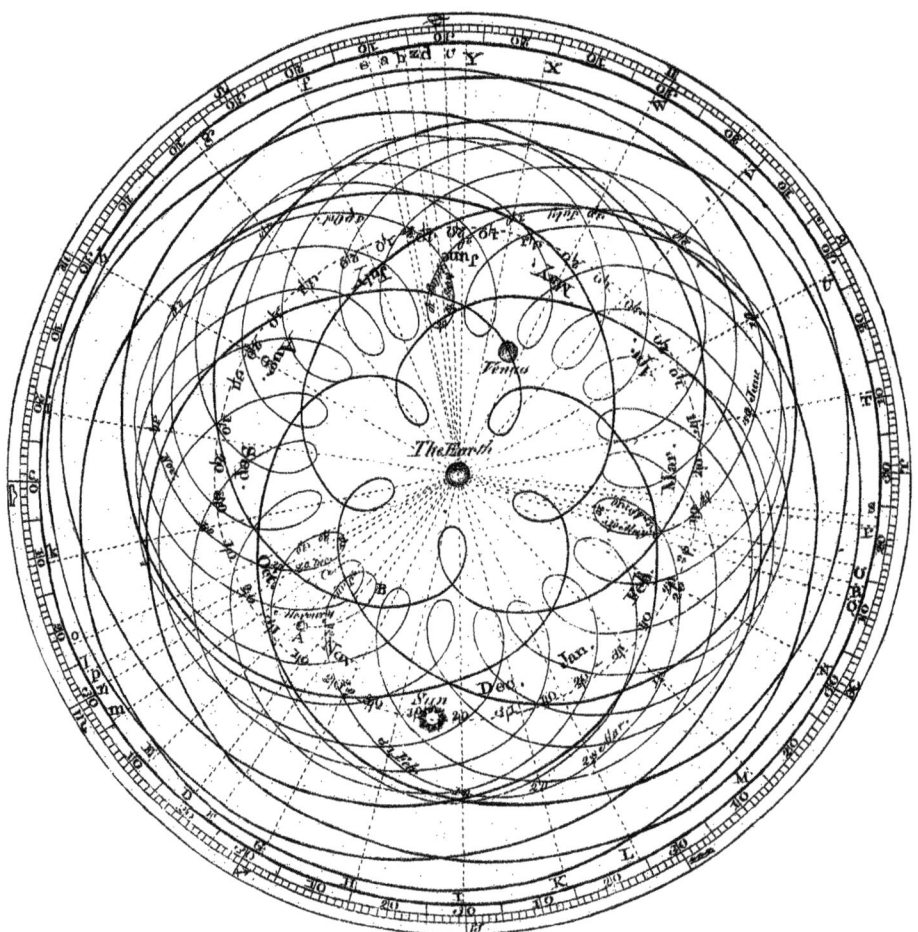

Abb. 1.4 Die Planetenbahnen von Venus und Merkur von der Erde aus gesehen. (Bild aus der ersten Ausgabe der Encyclopedia Britannica 1771 von James Ferguson nach Giovanni Cassini. Bemerkung: Dies ist kein Diagramm von Epizyklen. Bild: Cassini apparent Wikimedia Commons, anonym)

Prinzip zum Planetenproblem passen. Dazu demonstriert die Grafik ein Resonanzphänomen zwischen Erdumlauf und Venusumlauf: fünf Erdenjahre entsprechen recht genau acht Venusjahren. Ansonsten ist der Lauf der Planeten ein Vielkörperproblem, in dem jeder jeden stört und das recht chaotisch aussieht, wenn man lange genug hinsieht. Diese Resonanz unterbindet den sonst herrschenden Zufall und hält damit beide Umlaufperioden zusammen fest bis Störungen irgendwann doch zu stark werden.

Das Verfahren von Ptolemäus wird über anderthalb Jahrtausende verwendet, aber es hat im 16. Jahrhundert einen schlechten Ruf. Es haben sich Fehler eingeschlichen und seine Künstlichkeit wird immer sichtbarer. Kopernikus dreht die Grundposition des Modells um und setzt die Sonne ungefähr in das Zentrum – aber er verwendet das gleiche Verfahren der Epizyklen, zuerst 34 Kreise, später 40.

Er hat keinen Beweis dafür, dass jetzt in seiner Konstruktion die Erde sich doppelt bewegt, um die eigene Achse in etwa 24 Stunden, um die Sonne in etwa 365 Tagen. Er erwartet als indirekten Beweis bessere Resultate. Seine Ergebnisse sind deprimierend; sie sind schlechter als bei Ptolemäus.

Heute ist klar, weshalb. Kopernikus hat ein wirkungsvolles Konstrukt des Ptolemäus absichtlich weggelassen, das er für zu künstlich hielt (den sog. Äquanten).

Ptolemäus und Kopernikus lösen beide das „Platonische Axiom", die Aufgabe, die Platon, gestellt hat, sie *„retten die Phänomene."* Dieser Ausdruck bedeutet in der antiken Astronomie, die komplizierten und geheimnisvollen Bahnen der Planeten auf eine Mathematik nur mit Kreisen und gleichförmigen Kreisbewegungen zurückzuführen und damit zu berechnen. Es sind numerische Methoden, die die Kirche als unverfänglich ansieht – bis Galilei es wirklich meint mit der Sonne im Zentrum der Welt.

Johannes Kepler wird die antike Voraussetzung der Kreise zerstören und näher an der physikalischen Wirklichkeit sein. Mathematisch ist die „Zerstörung" eigentlich sanft, Kreise sind ja eine Untermenge der Ellipsen. Die astronomischen Modelle vorher sind nur geometrische Näherungen und Reihenentwicklungen in Kreisen an die Realität, an Ellipsen. Damit ist insbesondere Kopernikus der letzte antike Astronom.

1.2 Die Wissenschaftliche Aufklärung

1.2.1 Die Aufklärung in den Naturwissenschaften

> „Natur und Naturgesetz waren in Nacht gehüllt.
> Gott sprach: ‚Es werde Newton!' Und das All ward lichterfüllt."
> Alexander Pope, englischer Dichter, 1688–1744.
> Als Grabinschrift für Newton gedacht.

Einer der Vorläufer der Aufklärung (und noch mit einem Bein in der Scholastik) war der Physiker Galileo Galilei (1564–1642). Für Galilei gab es zwei fundamentale „Bücher" der Welt: die Bibel und die Natur. Aufklärerisch war seine Einschätzung dazu: Die Texte der

Bibel könne und müsse man im Geist der Zeit interpretieren, in der sie geschrieben wurden, aber die Natur sei eindeutig. Das Recht der Interpretation der Bibel nahm sich die Kirche, damit war Galileis Konflikt vorprogrammiert. Sein wissenschaftliches Hauptargument im Streit darum, ob die Sonne fest stehe oder sich bewege, war übrigens ein vollkommen falscher „Beweis" für die Gezeiten, der heute nur noch eine historische Randnotiz ist. Wissenschaftlich gesehen hätte er sich nicht auf den Prozess einlassen dürfen (und die Kirche ihn natürlich nicht anklagen).

Galilei war nicht der erste, der experimentierte und mass. Aber sein Experiment, Kugeln beliebig langsam und damit leicht messbar eine schiefe Ebene herunterrollen zu lassen anstatt von einem Turm zu werfen, war in der Tat genial und das Ergebnis eindeutig. Dazu betonte er, wie schon der griechische Philosoph Platon, dass die Natur in der Sprache der Mathematik geschrieben sei. Allerdings war für ihn die Mathematik einfache Geometrie und Dreisatz. Er hat keine einzige Gleichung geschrieben. Insgesamt ist er als Künstler und Experimentator ein Mensch der Spätrenaissance, ähnlich Leonardo da Vinci, und kein Aufklärer. Mehr dazu bei Hehl (2018).

Der deutsche Astronom Johannes Kepler (1571–1630) steht mit seiner Entdeckung der Planetengesetze und seinen mathematischen Arbeiten nahe am Beginn der Aufklärung, aber noch nicht als Person. Die Beobachtungen des Astronomen Tycho Brahe sind so genau, dass Kepler mit der antiken Methode mit Kreisen auf Kreisen in handhabbarer Anzahl die wahre Marsbahn nicht erhalten kann. Eine solche Situation bedeutet nach dem US-amerikanischen Physiker und Philosophen Thomas Kuhn (1922–1996) einen Paradigmenwechsel, von dem Kuhn sagt:

„Obwohl die Welt sich beim Paradigmawechsel nicht ändert, arbeiten die Wissenschaftler danach in einer anderen Welt."

Es lässt sich sogar ein sinnvoller Tag für den Paradigmenwechsel angeben: der 15. Mai 1618. Es ist gemäss Kepler der Tag der Entdeckung des dritten nach ihm benannten Gesetzes. Die Abb. 1.5 zeigt das Gesetz grafisch: Die Kuben der Bahnachsen dividiert durch die Quadrate der Umlaufzeiten ergeben eine einzige Zahl. Das musste wie Magie erscheinen. Die Entdeckung hat mit Platon und Ptolemäus und der Antike nichts mehr zu tun. Man sollte den 15. Mai als Weltwissenschaftstag feiern!

Es ist (mir) schleierhaft, wie Kepler seine umfangreichen Berechnungen der Marsbahn ohne Computer, nur mit Logarithmen und in widrigen Lebensumständen hatte durchführen können! Als Person war Kepler kein Aufklärer, eher ein Mystiker. Er glaubte an die Weltharmonie, die es zu entdecken gelte. Vielleicht glaubte er sogar noch an Astrologie, zumindest an richtige Horoskope, so wie er sie selbst erstellte. Aus heutiger Sicht ist allerdings gerade seine ganzheitliche Sichtweise sympathisch und attraktiv.

Kepler fand seine Gesetze bereits auf der Grundlage von astronomischen Beobachtungen mit blossem Auge, wenn auch dank dem ausserordentlichen Beobachter Tycho Brahe. Aber ganz handfeste Paradigmenwechsel ergeben erst zwei einfache Erfindungen aus den Niederlanden: das Teleskop und das Mikroskop. Mit diesen Instrumenten übersteigt der Mensch die Grenze seiner Sinne und sieht bis dahin Ungesehenes und Ungeahntes.

1.2 Die Wissenschaftliche Aufklärung

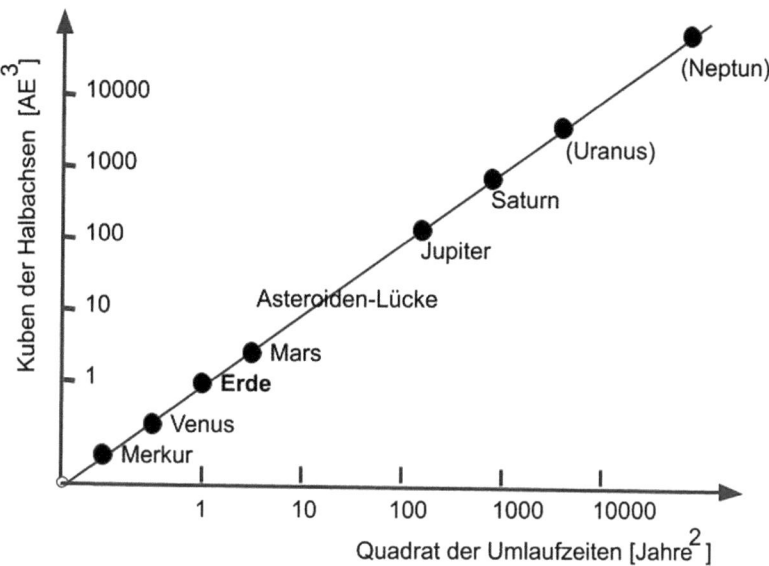

Abb. 1.5 Grafische Darstellung des dritten Keplerschen Gesetzes. (Bild: Aus „Galileo Galilei kontrovers", Walter Hehl 2017, Springer Vieweg)

Bis zu diesen Erfindungen war die Welt des Wissens befriedigend abgeschlossen gewesen, abgesichert durch die Worte der Bibel und die Schriften des Aristoteles. Danach ist das kleinste botanische Objekt der Senfsamen und das kleinste Tier der Floh, niemand käme auf die Idee, kleineres zu suchen. In der Tat berichtet Galilei von Zeitgenossen, die sich mit dieser frommen Begründung weigerten, durch das Teleskop zu schauen!

Aber jetzt sieht man in einem Wassertropfen aus dem Teich eine Vielzahl wimmelnder Tierchen, und am Nachthimmel gibt es eine Vielzahl von Sternen, die man nur durch das Fernrohr sehen kann: Wozu sind sie da, wenn wir Menschen sie doch nicht sehen können? Die Welt ist doch nur für uns? Auch hat der Mond richtige Gebirge und ist der Erde ähnlich und nicht mehr himmlisch-perfekt. Wie bleibt er dann am Himmel?

Es besteht eine grosse Verunsicherung, die in den nächsten Jahrhunderten aufgelöst wird. Es beginnt mit Isaac Newton und seinem Buch *„Philosophiae Naturalis Mathematica Principia"*, in denen die Grundbegriffe und Grundgesetze der Mechanik beschrieben werden. Kraft, Trägheit, Impuls und Energie werden definiert und die Keplerschen Gesetze abgeleitet. Diese Begriffe waren seit mehreren hundert Jahren in verwirrender Weise gebraucht worden. Newton findet das allgemeine Gravitationsgesetz: Alles zieht alles an. Er kann damit die Keplerschen Gesetze in schärferer Form herleiten – der Kreis schliesst sich. Aber Newton ist nur tagsüber der rationale Physiker, nachts treibt er Alchemie oder einfach Chemie, ja er sucht nach dem Stein der Weisen. Er ist Mystiker, dunkler als Kepler. In diesem Sinn gilt der Ausspruch des Besitzers von Briefen Newtons über Alchemie:

„Newton war nicht der erste Aufklärer, er war der letzte Zauberer."
John Maynard Keynes,
Wirtschaftswissenschaftler und Amateurhistoriker, 1946.

Aber noch ist es ja eigentlich legitim, ein Element in ein anderes verwandeln zu wollen. Die Alchemie ist eine Vorläuferin der Chemie und ist ein einziges Geheimnis. Die Aufklärung in der Chemie erreicht Newton nicht mehr:

- Die Verbrennung als Reaktion mit Sauerstoff wird der französische Chemiker Lavoisier 1783 verstehen und damit die falsche Phlogiston-Theorie verbannen,
- die ganzzahligen Gewichtsverhältnisse in verschiedenen chemischen Verbindungen beobachtet Dalton 1808,
- das periodische System der Elemente werden der Russe Dimitri Mendelejew und der Deutsche Lothar Meyer 1869 unabhängig voneinander erstellen.

Natürlich versteht man nicht, wieso und wie sich Atome zu Molekülen verbinden und warum das Periodische System der Elemente diesen besonderen Aufbau hat. Aber das Verständnis wird ausreichen, um die Chemie zur Wissenschaft zu machen und eine florierende chemische Industrie aufzubauen. Zum Ende des 19. Jahrhunderts wird man das Gefühl haben, alles Wichtige verstanden zu haben.

Besonders erfolgreich war die klassische Physik bei der Erklärung der Eigenschaften von Gasen: Ein Gas, eingeschlossen in einem Raum, ist gebändigter Zufall. Allerdings geht es um das Verhalten von sehr, sehr vielen sich zufällig bewegender Teilchen. Philosophischer Höhepunkt ist der Begriff der Entropie als das pauschale Mass für Unordnung und Ordnung.

Noch erfolgreicher ist die Physik des 19. Jahrhunderts im Bereich des Elektromagnetismus, dessen Grundgesetze gefunden wurden und beispielsweise die Induktion und die elektromagnetischen Wellen beschreiben: Licht ist eine elektromagnetische Welle. Aber es gibt hier eine Besonderheit. Der schottische Physiker James Maxwell hat 1865 die Grundgleichungen des Elektromagnetismus aufgestellt – und seine Gleichungen sind mehr als „aufklärerisch". Sie sind schon vor der Entdeckung der Relativitätstheorie „relativistisch", d. h. konform mit der Relativitätstheorie, und sie sind die heute noch gültige Grundlage der Elektrodynamik.

Als grösste wissenschaftliche Errungenschaft der Biologie könnte hier die Entdeckung der Evolution im 19. Jahrhundert stehen. Aber die Evolution ist im Kern kein Thema der Physik, sondern näher an der Informationstechnologie. Es ist eine Softwaretechnologie der Natur und gehört damit prinzipiell in die zweite Säule der Welt. Digitale Software entsteht erst mit den grossen Computersystemen in der Moderne.

1.2.2 Der Beginn der Informationstechnologie

„Es ist unwürdig, die Zeit von hervorragenden Leuten mit knechtischen Rechenarbeiten zu verschwenden, weil beim Einsatz einer Maschine auch der Einfältigste die Ergebnisse sicher hinschreiben kann."
Gottfried Wilhelm Leibniz, deutscher Universalgelehrter, 1646–1716.

1.2 Die Wissenschaftliche Aufklärung

Die Geschichte der zweiten Weltsäule ist vor allem eine Geschichte des Tuns, der Technologie und der Erfindungen. In der Zeit der Aufklärung beginnt zu keimen, was im 21. Jahrhundert zur Schlüsseltechnologie werden soll und im Weltmodell die zweite Säule neben der Physik bildet, die Informationstechnologie. Der Beginn ist mechanisch und wenig intellektuell. Die ersten Rechenmaschinen werden entworfen und sogar gebaut, so 1623 vom schwäbischen Astronomen Wilhelm Schickard, 1642 vom französischen Philosophen Blaise Pascal.

Der Philosoph Arthur Schopenhauer (1788–1860) zieht einen falschen Schluss aus der Möglichkeit, die Grundrechenarten mechanisch ausführen zu können: Er hält die Mathematik deshalb für eine niedere Tätigkeit ohne Tiefsinn. Das ist total falsch: Die Trivialität gilt nur für die einzelnen Operationen – aber daraus lassen sich beliebig komplexe Systeme bauen, die lesen, sprechen und Gesichter erkennen können!

Mechanisch ist es schwierig, kompliziertere Rechenautomaten mit vielen zusammenarbeitenden Teilen wie Zahnrädern zu bauen (die benötigte Genauigkeit in der Fertigung ist hoch), aber Meilensteine sind bereits die Entwürfe einer „Differenzen Maschine" (1822) und besonders der „Analytischen Maschine" (1837) des englischen Mathematikers Charles Babbage (1791–1871). Es ist der erste richtige Computer-Design mit Recheneinheit, Kontrolleinheit und internem Speicher, der allerdings nie verwirklicht wurde.

Wohl berühmter in der Allgemeinheit als Babbage ist seine adelige Schülerin Ada Byron King, Gräfin von Lovelace (1815–1852). Ohne formale mathematische Ausbildung hatte sie als begeisterte Amateurin eine Programmier-Aufgabe von Charles Babbage weiter ausgearbeitet und das zugehörige einfache Rechenprogramm dokumentiert. Babbage hatte wohl ähnliche Programmlisten in seinen Aufzeichnungen, aber ihr Programmtext wurde als „erstes Programm" in der Geschichte publiziert (Abb. 1.6). Dazu erweitert sie die Übersetzung eines italienischen Artikels zur Analytischen Maschine, die sie machen soll, mit eigenem Text (Menabrea 1842). Es ist ein Ersatz für eine eigene Publikation, die ihr wohl (auch als Frau) nicht möglich war.

Das Programm ist knifflig, aber strukturell sehr einfach. Es ist nur ein linearer Ablauf ohne „höhere" Programmierelemente wie Verzweigungen oder Unterprogramme. Wir heben Ada Lovelace hier vor allem wegen ihrer „lockeren" und weitsichtigen Bemerkungen hervor.

Zunächst ein vorausblickendes, seriöses Zitat von Babbage im Jahre 1869 zur Bedeutung des Computers:

> **„Sobald die Analytische Maschine [d. h. ein Computer] existieren wird, wird sie den Lauf der Wissenschaft bestimmen."**

Dies ist sicher korrekt und hat sich bewahrheitet. Charles Babbage sieht sogar den Wettlauf der Wissenschaftler um den oder die schnellsten Computer voraus, wie es sich besonders deutlich seit 1993 in den „Top500" manifestiert, der jährlichen Liste der leistungsfähigsten 500 Computer der Welt!

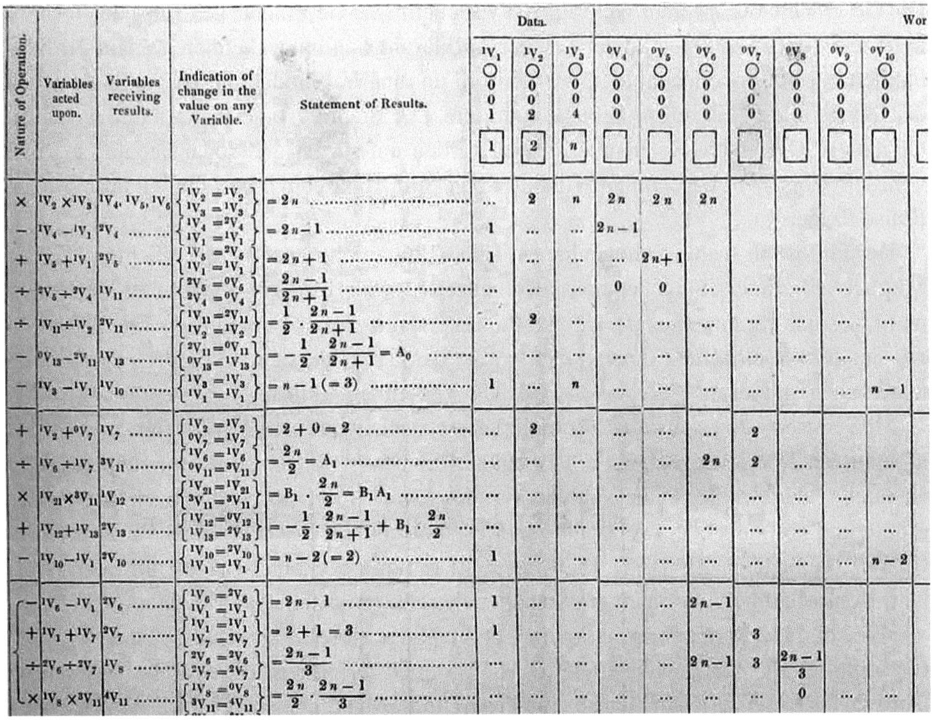

Nature of Operation.	Variables acted upon.	Variables receiving results.	Indication of change in the value on any Variable.	Statement of Results.	Data. $^1V_1$ ○ 0 0 1 [1]	$^1V_2$ ○ 0 0 2 [2]	$^1V_3$ ○ 0 0 4 [n]	Wor $^0V_4$ ○ 0 0 0	$^0V_5$ ○ 0 0 0	$^0V_6$ ○ 0 0 0	$^0V_7$ ○ 0 0 0	$^0V_8$ ○ 0 0 0	$^0V_9$ ○ 0 0 0	$^0V_{10}$ ○ 0 0 0
×	$^1V_2 \times {}^1V_3$	$^1V_4, {}^1V_5, {}^1V_6$	$\left\{\begin{matrix}^1V_2 = {}^1V_2 \\ ^1V_3 = {}^1V_3\end{matrix}\right\}$	$= 2n$	...	2	n	$2n$	$2n$	$2n$				
−	$^1V_4 - {}^1V_1$	$^2V_4$	$\left\{\begin{matrix}^1V_4 = {}^2V_4 \\ ^1V_1 = {}^1V_1\end{matrix}\right\}$	$= 2n - 1$	1	...	...	$2n-1$						
+	$^1V_5 + {}^1V_1$	$^2V_5$	$\left\{\begin{matrix}^1V_5 = {}^2V_5 \\ ^1V_1 = {}^1V_1\end{matrix}\right\}$	$= 2n + 1$	1	...	...	...	$2n+1$					
÷	$^2V_5 \div {}^2V_4$	$^1V_{11}$	$\left\{\begin{matrix}^2V_5 = {}^0V_5 \\ ^2V_4 = {}^0V_4\end{matrix}\right\}$	$= \frac{2n-1}{2n+1}$	...	...	...	0	0	...	...	...	...	...
÷	$^1V_{11} \div {}^1V_2$	$^2V_{11}$	$\left\{\begin{matrix}^1V_{11} = {}^2V_{11} \\ ^1V_2 = {}^1V_2\end{matrix}\right\}$	$= \frac{1}{2} \cdot \frac{2n-1}{2n+1}$	...	2	...	...	...	...	...	...	...	...
−	$^0V_{13} - {}^2V_{11}$	$^1V_{13}$	$\left\{\begin{matrix}^2V_{11} = {}^0V_{11} \\ ^0V_{13} = {}^1V_{13}\end{matrix}\right\}$	$= -\frac{1}{2} \cdot \frac{2n-1}{2n+1} = A_0$	...	...	...	...	...	...	...	...	...	...
−	$^1V_3 - {}^1V_1$	$^1V_{10}$	$\left\{\begin{matrix}^1V_3 = {}^1V_3 \\ ^1V_1 = {}^1V_1\end{matrix}\right\}$	$= n - 1 \, (= 3)$	1	...	n	...	...	...	...	...	...	$n - 1$
+	$^1V_2 + {}^0V_7$	$^1V_7$	$\left\{\begin{matrix}^1V_2 = {}^1V_2 \\ ^0V_7 = {}^1V_7\end{matrix}\right\}$	$= 2 + 0 = 2$	...	2	...	...	...	...	2			
÷	$^1V_6 \div {}^1V_7$	$^3V_{11}$	$\left\{\begin{matrix}^1V_6 = {}^1V_6 \\ ^0V_{11} = {}^3V_{11}\end{matrix}\right\}$	$= \frac{2n}{2} = A_1$	...	...	...	...	...	$2n$	2	...	...	...
×	$^1V_{21} \times {}^3V_{11}$	$^1V_{12}$	$\left\{\begin{matrix}^1V_{21} = {}^1V_{21} \\ ^3V_{11} = {}^3V_{11}\end{matrix}\right\}$	$= B_1 \cdot \frac{2n}{2} = B_1 A_1$	...	...	...	...	...	...	...	...	...	...
+	$^1V_{12} + {}^1V_{13}$	$^2V_{13}$	$\left\{\begin{matrix}^1V_{12} = {}^0V_{12} \\ ^1V_{13} = {}^2V_{13}\end{matrix}\right\}$	$= -\frac{1}{2} \cdot \frac{2n-1}{2n+1} + B_1 \cdot \frac{2n}{2}$	...	...	...	...	...	...	...	...	...	...
−	$^1V_{10} - {}^1V_1$	$^2V_{10}$	$\left\{\begin{matrix}^1V_{10} = {}^2V_{10} \\ ^1V_1 = {}^1V_1\end{matrix}\right\}$	$= n - 2 \, (= 2)$	1	...	...	...	...	...	...	...	...	$n - 2$
−	$^1V_6 - {}^1V_1$	$^2V_6$	$\left\{\begin{matrix}^1V_6 = {}^2V_6 \\ ^1V_1 = {}^1V_1\end{matrix}\right\}$	$= 2n - 1$	1	...	...	...	...	$2n-1$				
+	$^1V_1 + {}^1V_7$	$^2V_7$	$\left\{\begin{matrix}^1V_1 = {}^1V_1 \\ ^1V_7 = {}^2V_7\end{matrix}\right\}$	$= 2 + 1 = 3$	1	...	...	...	...	...	3			
÷	$^2V_6 \div {}^2V_7$	$^1V_8$	$\left\{\begin{matrix}^2V_6 = {}^2V_6 \\ ^2V_7 = {}^2V_7\end{matrix}\right\}$	$= \frac{2n-1}{3}$	...	...	...	...	...	$2n-1$	3	$\frac{2n-1}{3}$		
×	$^1V_8 \times {}^3V_{11}$	$^4V_{11}$	$\left\{\begin{matrix}^1V_8 = {}^0V_8 \\ ^3V_{11} = {}^4V_{11}\end{matrix}\right\}$	$= \frac{2n}{2} \cdot \frac{2n-1}{3}$	...	...	...	...	...	...	...	0	...	...

Abb. 1.6 Ein Programm für die „Analytische Maschine" von Charles Babbage. Aus einer Schrift des italienischen Ingenieurs Luigi Federico Menabrea von 1842. (Bild: Diagram for the Computation of Bernoulli-Numbers, Wikimedia Commons)

Ada Lovelace geht in ihren eigenen Texten weiter. Sie ahnt 1842 voraus, dass Zahlen nur eine Art von mehreren Objekten sind, mit denen der Computer arbeiten kann. Es kann auch etwas ganz anderes sein, beispielsweise Musiknoten, wenn sich die gegenseitigen Beziehungen nur abstrakt ausdrücken lassen. Dann könnte die Maschine z. B.

„Musik in jeglicher Stufe von Komplexität oder Umfang komponieren."

Noch fantasievoller, aber beeindruckend, träumt sie 1844 vom Computer als „*Calculus of the nervous system*", dem Ursprung von Gedanken und Gefühlen. Lovelace erweitert den Computer zu einer allgemeinen Maschine, wenn auch nur auf der Ebene von Doodles, den beiläufigen Zeichnungen von Strichmännchen. Für „richtige" Kreativität fehlt noch ein wesentliches Element: der Zufall. Sehr poetisch beschreibt sie es:

„Die Maschine webt algebraische Muster wie der Jacquard-Webstuhl Blumen und Blätter webt."

Die Kreativität liegt beim Weben allerdings beim Designer oder der Designerin des Musters, also beim Menschen.

1.2 Die Wissenschaftliche Aufklärung

Allgemeine programmierbare Computer haben im einfachsten Bauplan nach dem ungarischen Mathematiker John von Neumann die Hauptkomponenten Prozessor (der arbeitende Teil) und einen Speicher, der die Arbeitsdaten enthält und was damit geschehen soll (Daten und das Programm oder die Software). Babbage findet die Idee für die Speicherung bei den mechanischen Webern. Der französische Weber Basile Bouchon verwendet seit 1725 ein Speicherverfahren für die Daten von Webmustern: Löcher in einem Papierstreifen oder Karton zum Speichern der Webmuster. Der Weber Joseph Marie Jacquard entwickelt mit gelochten Karten 1804 automatische Webstühle, die die Textilindustrie revolutionieren. Der amerikanische Ingenieur Hermann Hollerith legt mit Lochkarten den Grundstein zur Firma IBM und damit zur IT-Industrie, damals genannt „Datenverarbeitung". Abb. 1.7 zeigt die IBM Lochkarte in der Form, wie sie ab 1928 beinahe 50 Jahre lang für die Programm- und Dateneingabe verwendet wurde.

Der erste funktionierende Computer im Sinne von Charles Babbage, „Z3", wurde als einsame Arbeit vom deutschen Ingenieur Karl Zuse (1910–1995) aus Telefonrelais gebaut und war 1941 voll funktionsfähig. 1946 schrieb er die erste höhere Programmiersprache „Plankalkül". Karl Zuse gilt damit als der wahre Erfinder des Computers, vor allem vom Computer im Sinne eines Rechenhilfsmittels für den Ingenieur oder für die Verwaltung.

Wir schliessen damit den ersten, nüchternen Teil der Geschichte des Computers ab. Es gibt keine Unsicherheit (die Maschinen sind, wenn sie funktionieren, fehlerfrei) und keinen Zufall. Wir werden den Computer unten mehr als grosses, sehr grosses System sehen und als philosophisches Objekt – dann werden Zufall und Unsicherheit wieder wichtig werden.

1.2.3 Das Ende der Aufklärung

„Der Begriff Aufklärung bezeichnet die um das Jahr 1700 einsetzende Entwicklung, durch rationales Denken alle den Fortschritt behindernden Strukturen zu überwinden."
Deutscher Wikipediaartikel „Aufklärung", gezogen Juli 2020.

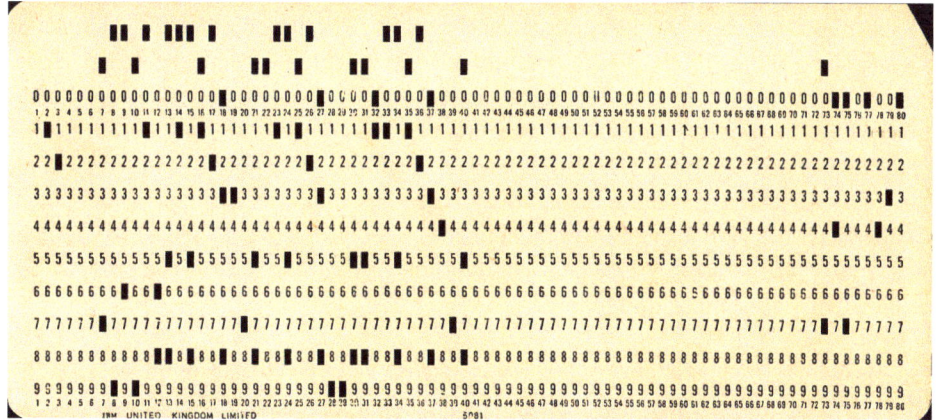

Abb. 1.7 Benützte (d. h. gelochte) IBM-Lochkarte mit 12 Zeilen zu 80 Spalten, um 1960. (Bild: Used punchcard. Wikimedia Commons, Pete Birkinshaw)

Wir definieren in dieser Wissenschaftsgeschichte als Ende der zweiten (von drei) Epochen der Geschichte, also als Ende der Aufklärung, wenn die Sicherheit der unmittelbaren Erleuchtung (die „Vernunft") endet und nicht mehr weiter reicht. Es ist eine Art Ende der naiven Unschuld. Danach beginnt in unserer Sprache die Zeit der Moderne. In der Physik ist die Zeit dann unvorstellbar nicht mehr gleichförmig, sondern Uhren gehen schneller oder langsamer, ein Teilchen kann an mehreren Orten sein, einzelne Atome sind sichtbar und Tierarten können sich verändern.

Aber vorher ist die Zeit des Triumphes und der scheinbaren grossen Sicherheit: In der Wissenschaft ist alles Wesentliche erforscht und bekannt und in der Technik alles erfunden. Jedenfalls implizieren dies diese berühmten Zitate:

In der Wissenschaft sei alles Wichtige erforscht:

> **„Es ist niemals sicher zu behaupten, dass die Physik keine Juwelen auf Vorrat hat so wie die in der Vergangenheit, aber es ist doch wahrscheinlich, dass die grossen Prinzipien gefunden sind. … ein bekannter Physiker sagte ‚die zukünftigen Wahrheiten müssen hinter der sechsten Dezimale gesucht werden'."**
> **Albert Michelson, amerikanischer Physiker, Rede in 1894.**

Und in der Technologie ist alles Wichtige erfunden:

> **„Alles was erfunden werden konnte, ist bereits erfunden."**
> **Fälschlich zugeschrieben Charles Duell, Leiter Patentamt USA, 1899.**

Das erste Zitat ist bestätigt. Es wird allerdings häufig dem Physiker Lord Kelvin zugeschrieben. Das zweite Zitat ist falsch und war eventuell ein Witz, aber es könnte dem Zeitgeist entsprechen. Es gibt ein echtes Zitat von einem früheren Patentamtdirektor:

> **„Der Fortschritt der Künste von Jahr zu Jahr ist kaum zu fassen. Es lässt sich absehen, wann es keinen weiteren Fortschritt mehr geben wird."**
> **Henry Ellsworth, Leiter Patentamt USA, 1843.**

Aber über der klassischen Physik stehen als schwarze Wolken um 1900 die kommende Quantentheorie, um 1905 die Relativitätstheorie. Dazu fehlt noch ein ganzer Bereich der Wissenschaft: die Informationstechnologien, die zum Denken und Verstehen, zur Intelligenz, zum Bewusstsein, zum sinnlichen Empfinden, zum Leben und zum Vererben gehören. Der bisherige Erfolg beruht im Wesentlichen auf der Atomtheorie, in der die Atome als solide Kugeln verstanden werden, als wären sie aus Holz oder Stahl wie in der alltäglichen Welt – wie will man damit Empfindungen erklären? Diese noch unlösbare Aufgabe heisst das Qualia-Problem. Der deutsche Physiologe Emil du Bois-Reymond fasst den Konflikt 1872 zusammen im Motto:

> **„Ignoramus et ignorabimus" – „Wir wissen es nicht und werden es nicht wissen"**

und er fragt:

„Welche denkbare Verbindung besteht zwischen Bewegungen bestimmter Atome in meinem Gehirn einerseits, andrerseits den für mich ursprünglichen, nicht weiter definierbaren, nicht wegzuleugnenden Tatsachen ‚Ich fühle Schmerz, fühle Lust, ich schmecke Süsses, rieche Rosenduft, höre Orgelton, sehe Rot …'"

Die Abb. 1.8 symbolisiert das Problem und steht heute noch für viele philosophische Gedanken: Wie kann ich Rot empfinden, wie einen Duft riechen, wenn (überspitzt) ich doch nur aus winzigen, sich bewegenden („Holz-")Kugeln bestehe? Eine bekannte Arbeit des Philosophen Thomas Nagel (1974) trägt den Titel: *What is it to be a bat – wie ist es eine Fledermaus zu sein?* Auch er sagt, dass es unmöglich ist, Bewusstsein auf physikalische Zustände zurückzuführen. Aber dies ist ein Missverständnis, das Wesentliche in der Zweiten Säule der Welt ist nicht die Physik, sie ist nur die Grundlage. Das gilt für jeden Computer. Das Wesentliche ist der Algorithmus, die Systeme von Algorithmen oder, etwas flexibler ausgedrückt, die „Software". Es sind also auch 1974 immer noch die Fragen von Du Bois gültig:

Seine Originalfrage 5: Woher stammt die bewusste Empfindung in den unbewussten Nerven?
Originalfrage 6: Woher kommen das vernünftige Denken und die Sprache?

Das Qualiaproblem wird sich als pseudophilosophisch auflösen. Die offenen Fragen von Du Bois werden in der Moderne beantwortet werden, jedenfalls auf philosophischer Ebene, oder sie veralten einfach. Sie werden uninteressant und ihre Begriffe werden nicht mehr verwendet. Dafür werden neue Fragen entstehen.

Abb. 1.8 Eine Rose. Die Rose Konrad Henkel. (Bild: Wikimedia Commons, Yoko Nekonomania)

1.3 Die Moderne Wissenschaft und Technologie

„Man hat den Eindruck, dass die moderne Physik auf Annahmen beruht, die irgendwie dem Lächeln einer Katze gleichen, die gar nicht da ist."
**Albert Einstein zugeschrieben, aber wahrscheinlich erfunden.
Nur im deutschen Sprachraum verbreitet.**

Dieses originelle Zitat – vielleicht nur gut erfunden, vielleicht doch vom humorvollen Einstein – trifft auf die moderne Physik zu, aber auch auf die zweite Säule der Welt: Dass ein Computer ein menschliches Lächeln erkennen kann, ist mystisch! Aber bis 1900 war die Physik handfest. In der vorherigen Aufklärung betrieb die Physik Stosstheorie mit elastischen oder unelastischen soliden Kugeln. Das kann man zwar noch heute, aber vieles im Kosmos wie bei den Atomen hat sich ins Abstrakte aufgelöst.

1.3.1 Moderne Physik und Zufall

„Es gibt nichts in der Welt ausser leerem gekrümmtem Raum. Materie, Ladung, Elektromagnetismus und andere Felder sind nur Erscheinungsformen der Raumkrümmung."
John Wheeler, amerikanischer Physiker, 1911–2008.

Die soliden Holzkugeln unserer normalen Welt bestehen eigentlich nur aus leerem Raum mit winzigen Atomkernen, die von elektrischen Feldern umgeben sind. Alle Chemie und alle chemischen Bindungen werden nahezu ausschliesslich durch diese elektrischen Wolken um die Kerne bestimmt, auch die schwächeren Kräfte zwischen Teilchen (z. B. die Van-der-Waals-Kräfte). Die Welt der materiellen Dinge ist also elektromagnetisch, dazu kommt die wohl bekannte Gravitation: Alles zieht alles mit der Gravitation an, auf der Erde und im ganzen Weltall. Gelegentlich bricht Radioaktivität in unsere stabile Welt ein und bringt Unordnung in unsere Wolken aus Elektronen um die Atomkerne.

Das Vakuum ist dabei nur im Mittel leer. Selbst in einem dunklen Vakuum entstehen laufend virtuelle Teilchen, die für kurze Zeiten real sein können und wieder verschwinden. Diese Energieschwankungen sind im Rahmen der Heisenbergschen Unschärferelation möglich. Dadurch gibt es ein quantenmechanisches Grundrauschen im Universum. Zusätzlich zittern auch normale Teilchen durch einen speziellen quantenmechanischen Effekt sehr rasch und ultrafein. Dies wird auch international nach Erwin Schrödinger die *„Zitterbewegung"* genannt. Es ist ironischerweise eine gute deutsche Übersetzung für das antike Wort „Clinamen".

Nehmen wir noch die klassischen Zitterbewegungen hinzu, nämlich die Wärmebewegung der Teilchen in einem Gas oder einer Flüssigkeit und die thermischen Schwingungen in Festkörpern oder die thermischen Schwankungen elektrischer Ströme in Transistoren, Röhren oder Metallen, so sehen wir: Die Welt ist zittrig, alles rauscht und ist, zumindest bei genauem Hinsehen, unsicher.

1.3 Die Moderne Wissenschaft und Technologie

Der Zufall war schon in der klassischen Physik vorhanden, aber die übliche Ansicht war, dass es sich nur um unwichtige Störeffekte handle, die man im Prinzip eliminieren konnte. Dies ändert sich mit der Quantentheorie. Jetzt geht es um „echten" Zufall, bei dem eine Rückverfolgung zu den Ursachen prinzipiell nicht möglich ist.

Der bekannteste Gegner von „echtem Zufall" ist Albert Einstein, der dies mehrmals sinngemäss sagt:

„[Dies] bringt uns nicht näher an das Geheimnis des „Alten". Ich bin ganz fest überzeugt, dass ER nicht würfelt." Brief an Bohr, 1926.

und

„Sie glauben an einen Gott, der würfelt, ich glaube an Recht und Ordnung und an eine objektiv existierende Welt." Brief an Bohr, 1944.

Die Anspielungen in den Zitaten sind mit „dem Alten", mit „ER" und „Gott" pseudoreligiös. Einstein betont ausdrücklich, dass er an keinen irgendwie persönlichen Gott glaubt – aber an klare, unbegrenzte Kausalketten. Wir definieren den Zufall schwächer, so dass Einstein eher akzeptieren könnte:

▶ **Definition Ein Zufall ist eine Kausalkette, deren Ursprung nicht bestimmbar ist.**

Der Zufall und die Kausalkette sind, soweit verfolgbar, real existierend.

Ein Beispiel ist der Lauf der Lottomaschine, die einen Satz Zahlen liefert. Die Frage (an die Maschine oder deren Konstrukteur) *„Woher kommt gerade diese Zahlenfolge"* ist unsinnig und verboten. Wenn sie beantwortbar wäre, wäre es ein Betrug! Aber der Vorgang ist dabei natürlich kausal und real.

Es ist etwas ironisch, zur Erläuterung dieser Definition des Zufalls ausgerechnet Albert Einstein zu bemühen, der nicht an den „echten" Zufall glaubt. Wir beziehen uns auf sein (gedankliches) Fahrstuhlexperiment (Abb. 1.9): Im Fahrstuhl lässt sich nicht unterscheiden, ob der Fahrstuhl auf der Erde steht oder mit Erdbeschleunigung im All beschleunigt wird; es ist äquivalent. Der Ball fällt einfach auf den Boden der Kabine.

Entsprechendes gilt für deterministisch oder indeterministisch. In der Abb. 1.10 erscheinen die Zahlen rechts „einfach so":

Wenn man den Schirm mangels Wissen nicht durchdringen kann, ist es sinnlos zu fragen, was „wirklich" hinter dem Schirm der Abb. 1.10 geschieht. Die Auswirkung ist identisch, ob etwas determiniert ist oder „echt" zufällig. Die nächste Zahl in Abb. 1.10 rechts ist immer eine Überraschung.

Es ist sicher menschlich unbefriedigend, aber das Wissen zu erlangen geht nach den Naturgesetzen (oder der Konstruktion der Lottomaschine) einfach nicht. Die Betonung des fundamentalen Unterschieds von einer Information, für die man ein Bildungsgesetz kennt oder eben nicht, ob es überhaupt eines gibt oder nicht, stammt vom argentinisch-

Abb. 1.9 Das Einsteinsche Fahrstuhlexperiment. (Bild: Equivalence Principle (Ausschnitt), Wikimedia Commons, Prokaryotic Caspase Homolog)

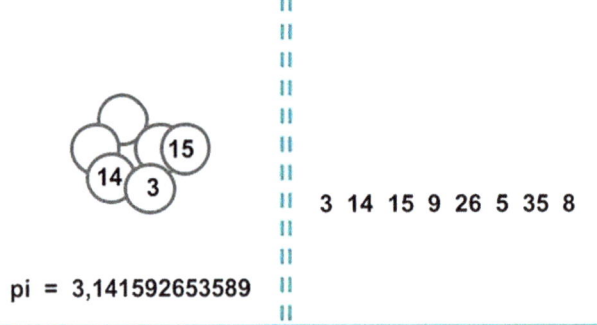

Abb. 1.10 Zum Verständnis des Zufallsbegriffs. Rechts vom Schirm lässt sich die Quelle der Ereignisse nicht identifizieren: Jede Zahl ist neu. Links ist beliebig weit berechenbare Ordnung

amerikanischen Mathematiker Gregory Chaitin und IBM Kollegen (geb. 1947, siehe Chaitin 2002 und Hehl 2016). Chaitin sagt auch:

„Der Weg zum Zufall geht über das Entfernen jeglicher Redundanz. Man muss es destillieren, konzentrieren, kristallisieren."

Wenn man weiss, dass hinter dem Schirm die Zahl *pi* erzeugt wird, ist alles bestimmt. In der Physik entspricht dem Unwissen, dass es keine Möglichkeit gibt, das Ereignis quantitativ zu berechnen. Das „Destillieren, Konzentrieren und Kristallisieren" ist gerade die Aufgabe der Geräte um Zufall zu erzeugen, etwa der erwähnten Lottomaschine. Oder der physikalische Prozess ist bereits ein Elementarprozess. Bei einer Zahl bedeutet es: Es gibt nur die Zahl selbst, aber keine algorithmische Vorschrift, sie zu berechnen. Die Zahl

1.3 Die Moderne Wissenschaft und Technologie

ist einfach da. Oder anders ausgedrückt: Berechenbare Zahlen können durch ein kurzes Programm dargestellt werden, z. B. ganz einfach „*1 dividiert durch 3*" oder durch eine andauernde Rekursion, die immer mehr Stellen im Zahlensystem ergibt. Bei einer Zufallszahl ist die Zahl selbst das Programm, gegebenenfalls ein Programm von unbegrenzter Länge.

Geschieht das „Herstellen" von (Pseudo-)Zufallszahlen im Computer, so ist das „Destillieren" ein Problem: Es sieht schnell ganz gut „zufällig" aus; aber es wird schwierig beim sprichwörtlichen „genauen Hinsehen". Mehr zur Erzeugung von Zufall und den Problemen und Möglichkeiten im Abschn. 7.3.2.

Die Quantentheorie macht den Beginn der Kausalkette noch geheimnisvoller. Zu Beginn kann eine Verschränkung mehrerer Objekte vorliegen. Eine Verschränkung oder Entanglement ist ein gemeinsamer Zustand dieser Objekte, im Extremfall des ganzen Universums. Die Objekte sind einzeln nicht zu identifizieren, erst ein Zugriff zum System liefert Einzelinformation und verändert das Gesamtsystem als Ganzes! Dies ist, wie Einstein sagte, ein „Spuk", der mit Elementarteilchen, etwa Photonen bewiesen wurde. Bei einem verschränkten Paar von Teilchen, die zusammen ein System bilden, legt die Beobachtung des einen Teilchens sofort auch das zweite Teilchen fest, unabhängig von der Entfernung. Allerdings kann man damit keine Information übertragen – für die Übertragung von Information ist die Lichtgeschwindigkeit eine harte Grenze.

Das bekannte Gedankenexperiment der Schrödingerkatze treibt den Gedanken ins Absurde. Die Abb. 1.11 zeigt das Prinzip der Verschränkung von Objekten am Beispiel einer Katze, die sich in einem Glaskolben befindet zusammen mit einem radioaktiven Präparat und einem Giftmechanismus, der beim nächsten auftretenden radioaktiven Zufalls-Zerfall ausgelöst wird (etwa durch ein Hämmerchen, das ein Fläschchen mit Blausäure zertrümmert, linke Seite des Films). Die Katze wäre damit so lange in einem undefinierten verschränkten Zustand, gleichzeitig lebendig und tot. Erst durch die Beobachtung wird entschieden. Der Film in Abb. 1.11 gabelt sich zu diesem Zeitpunkt. Entweder ist sie ab jetzt lebendig oder tot. Natürlich geht das fiktive Beispiel zu weit; der Physiker Stephen Hawking mochte es gar nicht mehr hören „*sonst greife er zum Colt*".

Die Lösung ist der allgegenwärtige Zufall, der auf den Kolben und die Katze hereinprasselt durch die thermischen Bewegungen der Luft, durch den Einfall Lichtteilchen u. v. m. Dieses allgegenwärtige Rauschen wirkt schon lange vor der gezielten Beobachtung wie eine Beobachtung und löst die Verschränkung auf. Wir werden die Wirkung des Rauschens immer wieder finden und unten genauer betrachten.

Der Physiker Stephen Hawking verabscheute die schöne Geschichte von der Katze als eine Art intellektueller Volksverdummung, aber es gibt keinen Zweifel, dass Verschränkung in der mikroskopischen Welt existiert. Andrerseits hat der zweifelnde Einstein sicher Recht, wenn er spottet:

> „… glauben Sie wirklich, dass der Mond nur existiert, wenn ich ihn anschaue?"

Nein, der Mond existiert unabhängig von uns.

Damit haben wir einen Paradigmenwechsel der Ideen:

Abb. 1.11 Die Schrödingerkatze. (Bild: Schrödingers Cat Film Bohn, Wikimedia Commons, Christian Schirm)

Es gibt effektiven Zufall, (beinahe) alles rauscht, und es gibt verschränkte Zustände, sogar einen verschränkten Weltuntergrund, aus dem Ereignisse entstehen können.

Natürlich gehörten zu einer kleinen Geschichte der Physik des 20. Jahrhunderts noch einige sachliche Nachrichten von „Höhepunkten". Hier drei wesentliche Ereignisse:

- 1945: Abwurf der Atombombe über Hiroshima und Beginn des politischen Atomzeitalters.
- 1964: Die Entdeckung der kosmischen Hintergrundstrahlung als Beweis für den Big Bang (den Urknall) und den Beginn von Raum, Zeit und Materie.
- 1974: Bestätigung der Existenz von Quarks und des Standard-Modells der Teilchenphysik. Es vereinigt drei der vier fundamentalen Kräfte (elektromagnetische, schwache und starke Wechselwirkung) und erklärt alle bekannten Elementarteilchen.

Die moderne Physik, vor allem mit der Halbleiterphysik und der Nanotechnologie, hat dabei im Laufe der zweiten Hälfte des 20. Jahrhunderts unaufhaltsam eine Technologie gefördert, die zur Schlüsseltechnologie des 21. Jahrhunderts wird: die Informationstechnologie. Über 50 Jahre hinweg hat sich die Zahl der Transistoren auf einem Chip regelmäßig alle 1.5 oder zwei Jahre verdoppelt (entsprechend auch die Leistungsfähigkeit der Computer) und den Energieverbrauch halbiert. Dem entsprechen ungefähr das berühmte Mooresche Gesetz (Verdopplung der Transistoren) und das weniger bekannte Koomey-Gesetz (Halbierung des Energieverbrauchs) – keine physikalischen Gesetze, eher journalistische Aussagen zum exponentiellen Wachstum. Aber exponentielles Wachstum ändert alles. Dies ist ein bekanntes Phänomen. Es ist in Systemen ein grosser Unterschied, ob man wenige Teile, Millionen Teile oder viel, viel mehr Teilchen hat. Es ist in der Physik der Unterschied von der Physik einzelner Atome zur Nanotechnologie oder gar Festkörperphysik.

IT wird durch die Miniaturisierung der Komponenten und damit der Möglichkeit zum Bau intelligenter Systeme vom Rechenknecht zur Schlüsseltechnologie, sogar zum Verstehen des menschlichen Geistes.

1.3.2 Informationstechnologie und Geist

„Ich glaube, die ursprüngliche Frage ‚Können Maschinen denken' hat zu wenig Bedeutung, um eine Diskussion zu verdienen."
Alan Turing, britischer Mathematiker, 1950.

Der Begriff „denken" ist ihm zu wenig fassbar, deshalb führt er den nach ihm benannten Test ein, um eine fruchtlose Diskussion zu vermeiden. Er erwartet, dass es in 50 Jahren anfängt schwierig zu werden, einen Menschen von der Maschine als Gesprächspartner zu unterscheiden. Energisch lehnt er die (damals) übliche theologische Sicht ab, dass *„nur der Mensch eine Seele bekommen hat, und deshalb nur der Mensch, und kein Tier und keine Maschine denken kann."*

Alan Turing ist offensichtlich bereits 1950 der Ansicht, dass Computer so gut werden denken können, dass die obige Frage ein sinnloser Streit um Worte wäre. Heute ist die Frage beinahe trivial und eine Art Tautologie: Wir Menschen sind ja auch eine Art Computer.

Informationstechnologie arbeitet zwar auf physikalischer Grundlage, aber sie ist prinzipiell verschieden von Physik. Es ist das Arbeiten von und mit abstrakten komplexen Strukturen, die etwas Physikalisches bewegen: Ströme in Transistoren oder Membranen. IT ginge aber auch mit Molekülen, Billardbällen oder Dominosteinen, nur kann eben ein moderner Chip eine komplexe Konstruktion mit mehreren 10 Milliarden zuverlässig zusammenarbeitenden Transistoren enthalten. Nur die Natur im Gehirn kann – in ganz anderer Technologie – Ähnliches oder eventuell Besseres erreichen.

Physik und Information gehören zu zwei Welten, die der Physiker John Wheeler prägnant die „it-Welt" und die „bit-Welt" genannt hat (Wheeler hat auch den Begriff „Schwarzes Loch" geprägt). Er vertrat sogar 1990 die Ansicht, dass die Information das Primäre sei: „it from bit", d. h. dass auch die materielle Welt eigentlich „irgendwo in ihrer Tiefe" Information ist. Als erster hatte wohl Konrad Zuse 1969 einen derartigen Gedanken, er nannte es den „Rechnenden Raum". Heute sind dies philosophische Spekulationen. Wir betonen damit, dass „it" und „bit" fundamentale Pfeiler der Welt sind, wenn auch für praktische Zwecke die Bit-Welt auf der „It-Welt" aufbauen muss. Es gilt „bit from it" ohne Ausnahme.

Zwei Paradigmenwechsel in der Moderne durch das Erkennen von versteckter Informationstechnologie zeichnen sich schon früh ab, noch ohne jegliches Computerverständnis:

- Die Lehre von der Evolution der Arten von Charles Darwin, 1859,
- Die Lehre von der Existenz des Unterbewussten von Sigmund Freud, 1916.

Geist, Intellekt und Seele werden technisch zu IT
Der wohl wichtigste Paradigmenwechsel der Moderne ist die Identifikation von „Geist" und „Seele" im Menschen als die Arbeit einer Art von Computerstruktur mit Hardware und Software, jedenfalls aus funktioneller Sicht.

Eine erste Vorahnung findet man beim Psychologen Sigmund Freud:

> „[Der Mensch] ist nicht einmal Herr im eigenen Haus, sondern ist auf kärgliche Nachrichten angewiesen von dem, was unbewusst in seinem Seelenleben vorgeht."
> **Vorlesung 1916/1917.**

Sigmund Freud ist sich des Paradigmenwechsels gegenüber dem verbreiteten Menschenbild vom unabhängigen, freien König bewusst, das vom Philosophen Platon über die kirchlichen Lehren in unser kollektives Menschenverständnis eingedrungen ist. Gegenüber diesem Bild vom Menschen ist das Unterbewusste, das Freud entdeckt hat, eine Kränkung. Er prägt den Begriff der Kopernikanisierung:

▶ **Definition Ein Paradigmenwechsel, der die Menschheit kränkt, ist eine Kopernikanisierung. Der Mensch wird buchstäblich oder metaphorisch aus dem Zentrum genommen, wird zu einer Randfigur und „gewöhnlicher".**

Nach Platon habe der Mensch in sich ein unsterbliches, grossartiges Geisteswesen, das den Menschen insgesamt frei kommandiert. Der Körper ist beinahe unwichtig und mehr oder weniger zufällig. Dies ist eine unsinnige, tragische, wenn auch von uns gefühlte Trennung von Körper und Geist. Platon war der Lehrer des schon erwähnten Aristoteles, der im Gegensatz dazu Körper und Geist als Einheit und den Körper als wichtig ansah.

Was in unserem Geist abläuft, ist technisch gesehen biologische Informationstechnologie mit Zufall! Die Seele im Sinn der Psyche ist Informationstechnologie mit sehr viel Zufall. Wir haben schon viel geistige Funktionalität durch Nachbau bewiesen, indem wir z. B. dem Computer beigebracht haben zu verstehen, ob ein Bild eine Frau oder einen Mann zeigt, ob die Frau lächelt usf. Derartige Gefühle erkennt z. B. das Programm IBM Watson. Dieses Programm hat vor etwa 10 Jahren bereits ein ernsthaftes Wissensquiz gegen Menschen gewonnen (Abb. 1.12). Wir haben oben ja die Liste menschlicher Fähigkeiten aufgezählt, die mittlerweile mit IT als „nichts Einzigartiges" nachgewiesen wurden.

1.3 Die Moderne Wissenschaft und Technologie

Abb. 1.12 Szene des Quiz Jeopardy Menschen verlieren im Wissensquiz gegen den IBM Watson Computer, 2011. (Bild: WatsonPour203, Wikimedia Commons, VincentETL)

Beunruhigenderweise scheint der Bau von IT-Systemen keine sichtbaren menschlichen oder natürlichen Grenzen zu haben. So gilt für den Vergleich mit menschlicher Funktionalität nach dem Autor der Satz:

> „Alles, was ein normaler Mensch [an Fertigkeiten] lernen kann, das kann oder könnte ein Computer [Roboter] auch. Und schliesslich dies besser, vielseitiger und in Verbund mit Dingen, die wir Menschen nicht können."
> aus: „Die unheimliche Beschleunigung des Wissens", Vdf, 2012.

Es gibt keinen Zweifel, dass die Entwicklung der IT den Menschen weiter betreffen wird. Eine dazu optimistische Sicht vertreten die Anhänger des Transhumanismus wie der Unternehmer und Informatiker Ray Kurzweil (geb. 1948). Wir werden uns an die „Kränkung" gewöhnen und sie vergessen, aber die Unsicherheit über die zukünftige Rollenverteilung von Mensch und Computer bleibt.

Biologie wird zum grossen Teil zu IT

> „Das Leben ist ein DNA Software System"
> Craig Venter, amerikanischer Biologe und Unternehmer, geb. 1946.

Das obige Zitat ist vielleicht zu einfach, wenn es sich so knapp nur auf DNA bezieht. Aber es ist sicher korrekt, wenn es sich auf das gesamte Netz der Prozesse des Lebens bezieht: Leben ist ein laufendes Softwaresystem mit sehr viel Zufall. Der Katalog der Pflanzen und Tiere von Carl von Linné aus dem Jahr 1753 bzw. 1758 ist in Wirklichkeit die Katalogisierung von Typen von Softwareprogrammen, die einzelnen Individuen sind Instanzen davon. Als grundlegendes Kriterium wählte er, zum Entsetzen vieler seiner Zeitgenossen, die Sexualität (z. B. den Aufbau von Blüten); heute erkennen wir die Sexualität biologisch an als raffinierte Softwaretechnik der Natur zur Vermischung von Genen. Linné katalogisierte auch Mineralien, aber da gelten natürlich nur Physik und Chemie.

Ohne den Mechanismus auch nur prinzipiell zu verstehen, hatte Charles Darwin um 1838 das Wirken der IT beobachtet an den Varianten der heute nach ihm benannten Finken auf verschiedenen Galapagosinseln und richtig interpretiert: Spezies sind nicht fest, sondern sind im Fluss und in Wechselwirkung mit der Umwelt und den anderen Arten. Die Entstehung der Arten beruht auf einer evolutionären Softwaretechnologie:

Benötigt werden die Möglichkeit, ein Programm systematisch zu ändern,
und ein Entscheidungskriterium, welche Variante im Sinne der Aufgabe besser ist.

Das Ergebnis ist eine Evolution, bei der in der Natur die Arten sich an wechselnde Umstände anpassen, weiterleben oder bei Versagen aussterben. Unglückseligerweise nennt man die Evolution der Arten immer noch Evolutions*theorie* – aber es ist keine Theorie im Sinne einer zweifelhaften Aussage. Es ist die Grundlage der Biologie, verankert in Physik und Geologie und Astronomie.

„Nichts in der Biologie ergibt Sinn ausser im Licht der Evolution."
Theodosius Dobzhansky, russisch-amerikanischer Biologe, 1973.

Die Evolution ist dabei i.A. eingebettet in einen Ozean von Zufällen ungeheuren Ausmasses, vor allem bei niederen Lebewesen. Die Abhängigkeit von Zufällen in der 4,5 Milliarden langen Geschichte der Erde, davon 3,5 Milliarden mit Formen des Lebens, bringt einen Rest an Unsicherheit, nicht in die Evolution an sich, sondern was die zugrunde liegende Philosophie betrifft: Woher kommen die Zufälle? Sind sie „ganz" zufällig oder irgendwie gezinkt? Für Religiöse gibt es als Hintertür den wissenschaftlich neutralen Gedanken, dass ein Gott hinter jedem Zufall steht, genau wie man denken darf, dass bei einem Autounfall Gott seine Hand im Spiel hatte. Oder nur jedes Mal bei einer guten, weiterführenden Mutation? Oder nur bei Schwierigkeiten? In dieser Form ist der Gedanke eines „intelligenten Designs" neutral, aber unnötig (Hehl 2019). Eine wissenschaftliche Antwort wird möglich sein, wenn man die Evolution wird simulieren und sehen können wird, ob 4,5 Milliarden Jahre dafür eine gute Zeitspanne war oder das Ganze nur mit einer externen Nachhilfe möglich gewesen wäre!

Die Evolution geht heute weiter, aber anders. Da ist zum einen die Verstärkung menschlicher Funktionen durch Technik, künstliche Linsen oder künstliche Sensoren, die sogar implantiert werden können. Es ist auch möglich, die biologische IT weiterzutreiben. Dies geschieht mit synthetischer Biologie, die neue biologische Systeme konstruiert und bestehendes Leben verändert.

Zur kleinen Geschichte der digitalen Informationstechnologie noch einige Höhepunkte:

1.3 Die Moderne Wissenschaft und Technologie

- 1950: Alan Turing schlägt den Turing-Test vor; er ist überzeugt, dass Computer denken.
- 1953: Der Aufbau von DNA wird von James Watson und Francis Crick entschlüsselt.
- 1957, 1974: Die ersten sehr grossen kommerziellen Betriebssysteme für Computernetze entstehen, SABRE für Fluggesellschaften, MVS für die IBM/370 Rechner.
- 1973: Ray Kurzweil baut die erste Lesemaschine für allgemeine gedruckte Schrift mit akustischer Ausgabe für Blinde.
- 2011: Das Programm IBM Watson gewinnt das Wissensquiz gegen Menschen.

Der schnellste Supercomputer im Oak Ridge Laboratory liefert heute eine Rechenleistung von 143 PetaFlops, d. h. 1.4×10^{17} Rechenoperationen pro Sekunde.

Die hohe Rechenleistung von digitalen Computern, sowohl von einzelnen Chips als auch der grossen Systeme, bedeutet ebenfalls Paradigmenwechsel: Jeder gewonnene Faktor von 1000 eröffnet eine neue Welt. Ein Zitat sagt (Northrop 2006):

„Scale changes everything" – „Mit dem Grösserwerden ändert sich alles".
Linda Northrop, Softwareingenieurin, 2006.

Je nach Leistung und Programmgrösse kann ein Computer ein Bild in Minuten oder in Millisekunden vergrössern, kann ein Lächeln erkennen, ein Gesicht finden aus Hundert oder aus Millionen Bildern. Und die Funktionsweise ist für die meisten Menschen nicht weniger schleierhaft als zu verstehen, wie sie selbst als Mensch das Lächeln erkennen: Hier werden Milliarden von kristallinen Transistoren geschaltet, dort quasiflüssige Neuronen.

Die Grösse der Programme bringt ein prinzipielles, pragmatisches Problem mit sich: Ein kleines Programm ist wie eine Maschine, ein überschaubares Uhrwerk. Ein grosses Programm enthält Unvorhersehbares und Fehler. Es enthält Zufall. Das Betriebssystem erzeugt beim Laufen der Programme ein Netzwerk von Rechenströmen, die Zufall enthalten, z. B. wenn sie wieder zusammengeführt werden.

Zur Beherrschung oder Verminderung der Fehler bei der Entwicklung hat sich eine Ingenieursdisziplin ausgebildet: die Softwaretechnologie. Bekannte aktuelle Zitate sind

„Es gibt für alles eine App." Anonym,

und

„Kurz gesagt, Software isst die Welt auf." Marc Andreesen, Unternehmer, 2011.

Ein Fehler im Programm in der Laufzeit führt meistens zum Absturz des Programms, manchmal zu einem geänderten (falschen) Ergebnis, selten zu einer sinnvollen neuen Information. In der Bildverarbeitung ist dies dem Autor passiert – Programmfehler gaben gelegentlich künstlerisch wertvolle Ergebnisse. Die Evolution beruht auf dem laufenden Entstehen von Zufall und vielen Programmfehlern.

Damit erkennen wir einen philosophischen Unterschied zwischen der Welt der Physik und der Welt der IT:

Die Physik beschreibt Kausalketten und erklärt von den Fundamentalgesetzen aus die Welt, also „bottom-up".[3] Die Welt der Informatik ist teleologisch orientiert und geht von den Aufgabenstellungen aus oder „top-down"; man sagt auch „abwärts-kausal". Die Physik arbeitet mit kausalen Gesetzen, die Informatik mit funktionellen Programmen und „Apps".

Die Physik erforscht die Grenzen des Universums, die Informationstechnologie sieht noch keine Grenzen.

Zusammenfassung des Kapitels

Wir haben die Geschichte in drei Abschnitte eingeteilt, in Antike, Aufklärung und Moderne, und die Wissenschaft in zwei fundamentale Bereiche, nämlich in Physik und Informationstechnologie.

Die Definitionen der zeitlichen Grenzen sind klar:

- Die Antike definieren wir astronomisch: von den frühen Anfängen und solange Kreise das Weltbild dominieren.
- Die Aufklärung: solange die Zeit unbeirrt verrinnt, der Raum eben ist und Atome feste Kugeln wie Kegelkugeln sind.
- Die Moderne bis heute mit Anzeichen der Postmoderne.

„Postmoderne Physik" sind etwa Stringtheorien und Multiversen, also Konzepte ohne (bis heute) experimentelle Beweise. Sinngemäss ist für viele andere Naturwissenschaften die Physik die Grundlage, etwa für die Chemie als Wissenschaft der Kombination von Atomen über die Elektronenhüllen oder die Astronomie als Wissenschaft von den Objekten und Strukturen im Kosmos. Jedem der drei Abschnitte der Geschichte entspricht ein anderes Lebensgefühl.

Zur IT im allgemeinen Sinn gehören alle Gebilde mit Bauplan, von Viren bis zum Menschen als biologischem und intelligentem Wesen, und natürlich die digitale Welt. „Postmoderne" IT ist in diesem Sinn etwa das Quantencomputing, der Transhumanismus oder digitale Kopien eines Menschen (der oft diskutierte „Mind Upload" ist wohl keine Wissenschaft) oder künstliche biologische Lebewesen.

Es gibt noch eine dritte fundamentale Säule der Welt neben Physik und IT: den Zufall. Der fundamentale Zufall rührt aus der Physik (auch wenn er in einem menschlichen Gehirn entsteht), aber der Zufall agiert auch auf der Ebene der Informatik. Wir haben seine Geschichte knapp mitverfolgt. Der Zufall ist Schicksal, Störung und Fundament der Welt.

---

[3] *Bottom-up* und *top-down* beziehen sich allgemein auf die Wirkrichtung von Prozessen.

1.3 Die Moderne Wissenschaft und Technologie

In Tab. 1.1 haben wir versucht, einige Hauptspieler der kurzen Geschichte von Wissenschaft, Informatik und der Wissenschaft vom Zufall auf einem Blatt zusammen zu fassen. Die Auswahl an Namen ist persönlich gefärbt und dem Ziel des Buchs angepasst, den Zufall in den Vordergrund zu stellen.

Wir haben viel Gewicht auf Paradigmenwechsel gelegt, in der Wissenschaft und der IT selbst, aber auch im Verständnis der Geschichte. Die antike Wissenschaft erhält von uns ausgezeichnete Noten, vor allem Aristoteles, Demokrit und Ptolemäus. Ihre Taten oder Vorahnungen sind grossartig angesichts ihres Anfangs ohne Vorbilder. Der wichtigste Paradigmenwechsel ist der Aufstieg von der blossen Beobachtung von Lichtpunkten zum Verstehen der Dynamik, etwa mit Newton. Erst damit wird der Übergang vom geozentrischen Weltmodell zum heliozentrischen vollzogen, nicht mit Kopernikus und nicht mit Galilei. Dazu treten die Anfänge der IT in der Form mechanischer Maschinen, zum Rechnen wie zum Weben. Mehr Möglichkeiten, etwa der komponierende Computer, sind erste Träume von Ada Lovelace.

Die Aufklärung endet mit der nicht beantwortbaren Frage, wie sich Geistiges in diese mechanische Wissenschaft einbauen lässt? Es ist eine unmögliche Frage, denn das geht natürlich nicht. Dazu muss man das allgemeine Prinzip des Computers als konstruiertes System erfassen. Aber wenn man das Prinzip komplexer Systeme begreift, so kann man in der Moderne auch Darwin und die Evolution verstehen und das Prinzip des menschlichen Geistes und der Seele. Man muss nur einsehen, dass dies alles IT ist.

Tab. 1.1 Kurzform der Geschichte von Physik, Informatik und des Zufalls in der Wissenschaft.

	Antike	Aufklärung	(Post-)Moderne
Wissenschaft (Physik)	Aristoteles Ptolemäus Atomismus Nikolaus Kopernikus Galileo Galilei (Astro)	Galileo Galilei (Phys.) Johannes Kepler Isaac Newton James Maxwell Albert Einstein	Albert Einstein Max Planck Werner Heisenberg Georges Lemaître Stringtheorie Multiversen
Informatik	Mechanismus von Antikytera	Wilhelm Schickard Joseph Jacquard Charles Babbage Ada Lovelace Charles Darwin	Alan Turing John von Neumann Claude Shannon Konrad Zuse Crick&Watson Gregory Chaitin
Zufall	Clinamen **Zufall als Schicksal**	*Gegenteil von Zufall:* *Laplacescher Dämon* Statistik Ludwig Boltzmann Henri Poincaré **Zufall als Störung**	Chaostheorie Turbulenz Benoit Mandelbrot Unschärferelation Big Data **Zufall im Fundament der Welt**

IT ist nicht klassischer Materialismus, den es ja auch in der Physik gar nicht mehr gibt, sondern bedeutet komplexe dynamische Struktur. Platon ist schuld, dass dies zu akzeptieren so schwer fällt!

Es bleibt Beunruhigendes übrig: In der Physik vor allem die Existenz des echten Zufalls, wenn wir auch sehen, dass „echter" Zufall und Unwissen ineinander übergehen. Wir haben versucht zu zeigen, dass auch der klassische Zufall, der nur undurchschaubare Ursachen hat, sich philosophisch gleich auswirkt wie absoluter (Quanten-)Zufall.

Dazu kommt physikalisch die Verschränkung von Teilchen (das „Spuken" nach Einstein) und in der IT die Grenzenlosigkeit des möglichen Weiterbauens.

Die Evolution ist die Entwicklung der Software der Natur bis zu uns.

Wir Menschen sind Software, die selbst Software konstruieren kann.

Den Abschluß bildet eine Auswahl von Namen und Begriffen zu den Abschnitten der Geschichte. Galilei und Einstein sind in zwei Epochen aufgeführt. Die Evolution (und damit Charles Darwin, Francis Crick und James Watson) ist Informatik.

Literatur

Chaitin, Gregory. 2002. *Paradoxes of randomness and the limitations of mathematical reasoning.* New York: Wiley Onlinelibrary.
Hehl, Walter. 2016. *Wechselwirkung – wie Prinzipien der Software die Philosophie verändern.* Heidelberg: Springer.
Hehl, Walter. 2018. *Galileo Galilei kontrovers.* Heidelberg: Springer.
Hehl, Walter. 2019. *Gott kontrovers.* Zürich: Vdf.
Menabrea, Luigi Federico. 1842. *Sketch of the analytical engine invented by Charles Babbage.* en.wikisource.org/wiki/Scientific_Memoirs/3/Sketch. Zugegriffen im Sept. 2020.
Northrop, Linda. 2006. *Ultra large systems. The software challenge of the future.* Pittsburgh: Carnegie-Mellon.
Schlichting, Joachim. 1993. Physik- zwischen Zufall und Notwendigkeit. *Praxis der Naturwissenschaften, Physik* 42/1: 35.
Zekl, Hans Günter. 1986. *Aristoteles Physik: Vorlesungen über Natur.* Hamburg: Meiner.

Der Zufall an sich

2

„Der Zufall ist keine ausreichende Erklärung für das Universum – eigentlich kann der Zufall nicht einmal den Zufall erklären."
**Robert Heinlin, Science Fiction Autor,
in „Fremder in einer fremden Welt", 1961.**

Der Zufall erklärt per Definition nichts: Wir reden ja gerade deshalb vom Zufall, weil wir keine kausale Erklärung haben. So ist es auch ein Trugschluss, den freien Willen mit dem Wirken des Zufalls im Gehirn erklären zu wollen. Damit würde eine Entscheidung nicht vom Homunkulus in uns, dem „freien" Ich, gefällt, sondern von einem abstrakten Würfelspiel, das im Gehirn abläuft. Das wäre sicher keine freie Entscheidung des Ichs. Mehr dazu unten.

2.1 Das richtige Wort

„Ein gut gewähltes Wort kann eine ungeheure Menge von Gedanken ersparen."
Ernst Mach, österreichischer Physiker, 1838–1916.

Schon das Wort ist ein Problem, allerdings weniger im Deutschen. Das Wort „Zufall" zeigt sehr gut, wie ein Ereignis von aussen hereinkommt aus dem Unbekannten, im Gegensatz zur philosophischen Notwendigkeit eines Geschehens, dessen Ursache man zurückverfolgen kann.

Im Englischen spricht man von *random* und *randomness*, von *chance, accident, hazard* oder vornehmer von *contingency*.

„*random*" ist nach Wiktionary verwandt mit dem deutschen „*rennen*" und dem französischen „*randonner*", etwa im Sinne von „*wandern*", aber wohl ziellos und mit Fehlen einer bestimmten Richtung. „Chance" und „accident" tragen i.A. eine Bewertung in sich:

Chance (es kommt vom Fallen der Würfel, vom lateinischen „cadentia"). Chance tendiert zur „chance favorable", zum Glück haben, umgekehrt ist ein *accident* eher ein ungünstiges Ereignis, das hereinbricht. Dazu noch der Wortzweig „*casualty*", auch von lateinisch casus („Fall") und cadere (fallen), der auch in die negative Bedeutung abgeglitten ist: Im Englischen bedeutet es direkt auch „militärische Verluste", d. h. gefallene Soldaten.

In der Philosophie verwendet man den Begriff der *Kontingenz*, vom lateinischen *berühren*, heute im Sinne von Unberechenbarkeit, von etwas, was geschehen kann oder auch nicht.

Das in vielen Sprachen verbreitete Wort Hazard kommt wohl vom arabischen Wort für Würfel *az-zahr*. Die Würfel (Abb. 2.1) sind Symbole für den Zufall mit Nebenbedeutungen, die von Zufall mit Glück über Abenteuer bis zu Gefahr reichen. Die menschliche Frage nach dem Schicksal liegt dann nahe.

Wie wesentlich die Sprache für philosophisches Verstehen ist, zeigt die populäre englische Definition für Zufall, genannt die Commonplace Thesis („These in Alltagssprache") nach der Stanford Encyclopedia of Philosophy:

„Something is random iff it happens by chance".
„Etwas ist zufällig wenn, und nur wenn, es als Zufall geschieht".

Das logische „iff" drückt das unbedingte „wenn" aus. Die Übersetzung ist bewusst so gewählt, dass eine Tautologie entsteht. Im Englischen mag es sich weniger tautologisch ausnehmen, aber die Problematik verschwindet nicht!

Das deutsche Wort Zufall passt ausgezeichnet. Es ist eine mittelalterliche Übertragung des lateinischen Worts *Accidentia* und drückt aus, dass es ein Vorgang ist, der nicht nur ungeordnet ist, sondern es sieht aus, als ob „es von aussen", also von ausserhalb der realen, handfesten Natur komme. Die Frage nach dem „woher" kann nicht beantwortet werden. Das Wort ist emotional neutral und weder positiv noch negativ besetzt. Es ist ein Glücks-

Abb. 2.1 Würfel als Symbole des Zufalls. (Bild: A_throw_of_two_dice_as_in_the_game, Wikimedia Commons, Jon Richfield)

fall (vielleicht ein glücklicher Zufall?) für die deutsche Kultur im Vergleich zum sonst so dominierenden Englischen. Welche Schlagwörter soll man verwenden, wenn man im Englischen nach der „Wissenschaft vom Zufall" im Sinne dieses Buchs sucht? „Randomness" ist zu farblos, „fate" zu stark. Wir werden den Begriff *random* nur verwenden, wenn es um undifferenzierten, zunächst harmlosen Zufall geht.

Ich möchte der englischen Sprachgemeinschaft vorschlagen, das Wort *Zufall* als Lehnwort zu übernehmen, wie die Wörter *Kindergarten, Gestalt, Edelweiss* und *Leitmotiv*.

Im antiken griechischen Denken gibt es mehrere Ausdrücke, die den „Zufall" umschreiben. Am Bekanntesten ist *Tyche*, ursprünglich die persönliche Göttin des Schicksals, die den Menschen den (unvorhergesehenen) Willen der Götter bringt und ihr Schicksal ändert (siehe Abb. 8.6 und unter „Tychismus"). Der Ursprung ist das Verb *tychanein* in der Bedeutung „ein Ziel treffen mit einem Wurfgeschoss", dann „Glück haben" und „gelingen." (Mauthner 1917/Nachdruck 1997). Es ist der Zufall, der in menschlichen Handlungen wirkt oder wirken kann. Das Beispiel des Aristoteles für *tyche* ist jemand, der ausnahmsweise auf den Marktplatz geht und dann eben „zufällig" seinen Schuldner trifft und sein Geld erhält.

Der Zufall in der Natur heisst *automaton*, etwa wenn im Sturm ein Ziegel vom Dach fällt, es sei denn, jemand hat den Ziegel gelockert. Dann wäre es kein Zufall.

Ein weiterer Begriff ist *symbebekos* in der ursprünglichen Bedeutung von „zusammentreffen". Es ist der Zufall, der sich etwa als Nebenprodukt bei einer geplanten Handlung ergibt, so ist *symbebekos* etwa:

Wenn jemand beim Graben eines Lochs für eine Pflanze einen Schatz findet.
Wenn jemand bei einer Reise an einem anderen, ungeplanten Ort ankommt.
Aristoteles, Metaphysik V,30.

Es gibt eine verwirrende Literatur und Geschichte zur Interpretation und Eingrenzung dieser antiken griechischen Begriffe im Umfeld „Zufall" und den resultierenden lateinischen Lehnwörtern.

2.2 Zufall und Notwendigkeit – eine Einführung

„Alles, was im Weltall existiert, ist die Frucht von Zufall und Notwendigkeit."
Demokrit, griechischer Philosoph, 459 v. Chr.- 370 v. Chr.

Dies ist ein berühmtes Zitat, dessen Echtheit allerdings umstritten ist. Die Ausdrucksweise ist zu modern und es findet sich keine antike Quelle. In dieser Form wurde es durch den französischen Biologen und Nobelpreisträger Jacques Monod, (1910–1976) verbreitet. Monod hat das Zitat zum Titel eines erfolgreichen Buchs über die philosophische Bedeutung der Evolution gemacht (Monod 1970). Aber es ist auch ein möglicher Leitspruch für das vorliegende Buch.

2.2.1 Definition des Zufalls

Wir definieren den Zufall als eine Kausalkette, die anfängt ohne Vergangenheit (wie es beim Würfeln per Definition der Fall ist) oder als Treffen zweier Kausalketten, die, soweit man sie zurückverfolgen kann, keinen Zusammenhang haben (Abb. 2.2). Es ist üblich, den Zufall in diesem Sinn ein „Ereignis" zu nennen.

Das bedeutet, dass man einen Zufall im allgemeinen Kontext verstehen kann, aber nicht im speziellen Fall.

Man versteht im Prinzip die Kausalität, aber nicht im Detail. Beim Würfeln versteht man das Bild des Würfels, den Impuls- und den Drehimpulssatz, aber der Würfelvorgang selbst ist undurchschaubar. Den allgemeinen Kontext geben die Physik und ihre Gesetze, die befolgt werden, vor. „Notwendigkeit" ist das philosophische Wort für die „kausalen Vorbedingungen", ohne die der betrachtete Vorgang nicht stattfindet.

Es ist für Menschen nicht leicht möglich zu denken „eine Kausalkette fange an", ein Vorgang habe keine Vergangenheit. „Es" muss immer weiter zurückgehen, Ursache um Ursache. Kausales Denken ist uns aus der Evolution gegeben, und das ist sinnvoll. Die Vorgänge, die wir zur Vernichtung der Vergangenheit ersinnen (Kartenmischen, Würfeln) und die Maschinen, die wir dafür bauen (Roulette, Lottomaschinen) bleiben ja kausal, nur sind die Abläufe so verwickelt und von solchen Feinheiten abhängig, dass die Mauer in Abb. 2.2a in die Richtung „Vergangenheit" undurchdringlich ist. Die Mauer ist die Gesamtheit der verwickelten inneren Vorgänge im Mechanismus. Es gibt keine Information über die Mauer und links von der Mauer. Eine schöne, aber wenig aussagekräftige philosophische Beschreibung der Situation stammt von Aristoteles und Hegel: *„Der Zufall ist seine eigene Ursache."* (Kaiser 1990).

Für den Würfelwurf ist die Mauer, die den Blick zurück blockiert, ein guter Vergleich. Im Sinn der allgemeinen Philosophie des Zufalls ist eine rauschende, strukturlose Wolke als Ursprung des Zufalls ein besseres Bild (s. Abschnitt „Rauschen").

Es ist schwer zu akzeptieren, dass es auch „echten" Zufall geben soll, aber er ist in der Welt der Quantenphysik bestätigt: Der radioaktive Zerfall eines einzelnen Atomkerns lässt

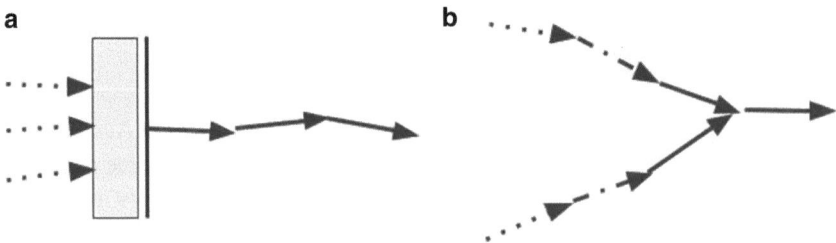

Abb. 2.2 Illustrationen zur Definition des Zufalls. Die Zeitachse geht nach rechts. (**a**) Die Wand ist nach links undurchdringlich. Der Zufall erscheint aus der Oberfläche. (**b**) Mindestens eine der Kausalketten ist ebenfalls nach links abgeblockt

sich aus der vorhandenen Information nicht vorhersagen, nur bei einer grossen Anzahl von Atomen ergibt sich eine gut messbare Verteilung. Es geschieht etwas ohne Grund, aber doch in der Gesamtheit nach strengen Gesetzen. Auf atomarer Ebene haben wir Wellenfunktionen und überlagerte Zustände. Wenn sie zerfallen, erscheint in unserer makroskopischen Welt ein Ereignis, etwa ein Elementarteilchen, als echter Zufall!

2.2.2 Kausalketten

Eine einzelne Kausalkette, etwa beim Würfeln mit einem Würfel (Abb. 2.2a), ist eine Idealisierung wie auch das Treffen zweier Kausalketten mit der Erzeugung eines neuen Ereignisses (Abb. 2.2b). Wir sind es gewöhnt, z. B. einen Zusammenstoss zweier Autos oder das Überfahren eines Fussgängers auf dem Zebrastreifen als einen Zufall anzusetzen, als den Schnittpunkt zweier Kausalketten – es sei denn im Kriminalfall, wenn es ein vorsätzlicher Mord wäre. Wenn wir von einem Zufall sprechen, nehmen wir an, dass wenigstens eine der Kausalketten sich im Ungewissen verliert. Die Abb. 2.3 zeigt zwei Autos und die ratlosen Fahrer, die sich an dieser Kreuzung mystisch getroffen haben!

In dieser Sicht ist das Leben eines Menschen eine Folge von Zufällen und ihrer Bewältigung.

Dies war genau der Standpunkt der existentialistischen Lebensauffassung. Nach Jean-Paul Sartre wird das Leben von vielen unvorhersehbaren Zufällen geprägt (s.u.). Aus der Sicht der sozialen Beziehungen ist das Leben der Menschen ein Weitergehen im gemeinsamen Netzwerk von Zufällen. Dies ist der Stoff der Romane und Gegenstand der Weltgeschichte! Hier spielen sich die unglaublichen Ereignisse ab, die uns als „Macht des Schicksals" berühren.

Abb. 2.3 Treffpunkt zweier Kausalketten. Ein Autounfall als Beispiel. (Bild: Japanese_car_accident, Wikimedia Commons, Shuets Udono)

Zu dieser Psychologie des Gefühls „*das ist unglaublich*" bei Zufallsereignissen hat der englische Mathematiker John Edensor Littlewood (1885–1977) eine mathematische Überlegung angestellt, die der Physiker Freeman Dyson publiziert hat. Sie definieren ein Ereignis als „unglaublich", wenn es die Wahrscheinlichkeit des Auftretens von eins zu einer Million hat. Er nimmt dazu an, dass wir jede Sekunde fähig sind, ein Ereignis zu registrieren, sei es auffällig oder im normalen Rahmen. Dies gibt bei acht Stunden voller Aufmerksamkeit in 35 Tagen eine Million von möglichen Ereignissen. Der einzelne Mensch erlebt also etwa einmal im Monat in diesem Sinn etwas „Wunderbares" („Gesetz" von Littlewood). Erweitert man die Sicht auf die Zufälle, die Gruppen von Menschen erleben, insbesondere auf die heute durch die Medien verbundene Menschheit, so kann man sagen:

Im grossen Massstab gesehen, wird in endlicher Zeit alles geschehen, was nur irgendwie geschehen kann.
    Gesetz der wahrhaft grossen Zahlen, nach mathworld.wolfram.com

Der Sinn dieser Überlegungen oder „Gesetze" ist es zu warnen. Manche Ereignisse sind unglaublich, aber nicht übernatürlich. Es ist eine Warnung vor voreiligen Schlüssen: Telepathie gibt es nicht und die Synchronisation von Traumwelt und realer Welt, wie sie CG Jung vermutet hat, auch nicht. Aber es gibt sehr unwahrscheinliche Vorgänge. Diese Nachricht erreichte mich dazu im Augenblick des Schreibens über das Gesetz von Littlewood:

    „A man wins a $ 4 million lottery jackpot – for the second time"
    CNN News. 06/27/2020.

Ein unglaublicher Zufall: der doppelte Gewinn und die passende Nachricht für mich!

Es ist charakteristisch für Zufallsereignisse, dass sie etwas Neues, aber trotzdem Natürliches, hervorbringen, wie z. B. das Auftauchen eines Elementarteilchens oder eines Schwarzen Schwans oder wenigstens eine unstetige Richtungsänderung beim Zusammenstoss zweier Moleküle in der Brownschen Bewegung. Damit steht der Zufall quer zur Art unseres Denkens. Wir denken in der realen Welt in kontinuierlichen Änderungen (Abb. 2.4). In der klassischen Mechanik bewegen sich Körper auf stetigen, glatten Kurven, ja sogar auf Kurven, die nur minimale Krümmung besitzen und so „gerade" wie möglich laufen. Dies ist das Hertzsche Prinzip der Mechanik.

Der Gedanke der Kontinuität in der Natur findet sich schon bei Aristoteles und zieht sich durch die Antike und die Aufklärung. Die prägnante Formulierung stammt vom Biologen Carl von Linné aus dem Jahr 1751:

    Natura non facit saltus – die Natur macht keine Sprünge.

Der Inbegriff der Kausalität und Kontinuität ist die Beschreibung des Geschehens in der Welt in der Form von Differentialgleichungen. Dabei nützt man aus, dass man häufig die relevanten Grössen zu einem Zeitpunkt und an einem Raumpunkt formulieren kann

2.2 Zufall und Notwendigkeit – eine Einführung

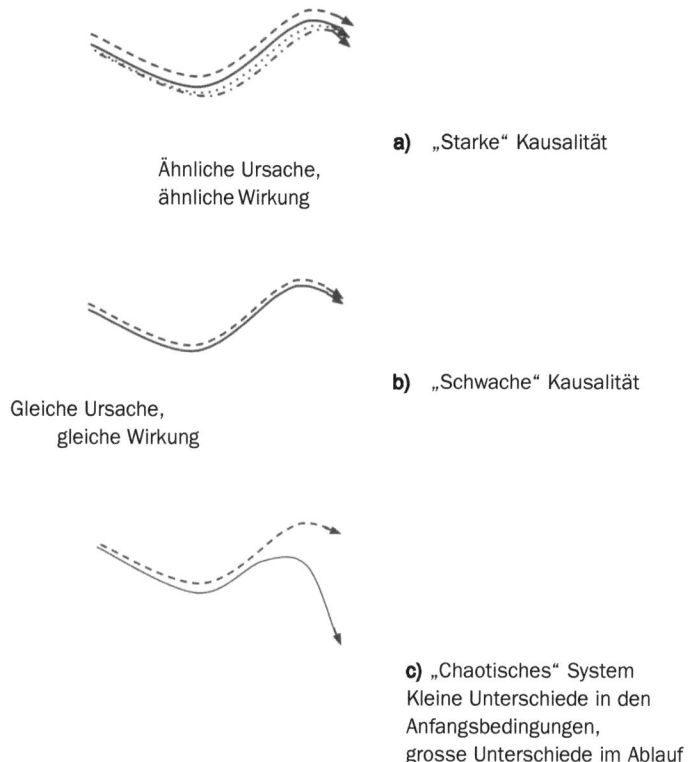

Abb. 2.4 Illustrationen zur Stetigkeit der klassischen Welt. Die Zeitachse geht nach rechts

einschließlich ihrer Änderungen und der Geschwindigkeit ihrer Änderungen. Daraus kann man die Zukunft zumindest numerisch berechnen.

Die Abb. 2.4 illustriert Formen der Kontinuität und Typen von Kausalität. Skizziert sind Bahnkurven eines fiktiven Objekts im Raum als Funktion der Zeit. Die Abbildung a) demonstriert eine Welt, in der ähnliche Anfangsbedingungen ähnliche Bahnen hervorrufen. Dies nennt man starke Kausalität. Das Bündel von Flugbahnen mit kleinen Anfangsänderungen bleibt im Wesentlichen zusammen. Abbildung b) soll eine Situation darstellen, in der nur eine Wiederholung mit *vollkommen gleichen* Anfangsbedingungen die gleiche Bahn ergibt. Dies ist „schwach kausal". Die Forderung nach identischen Anfangsbedingungen ist in der Wirklichkeit sogar in der klassischen Physik illusorisch, es ist Metaphysik. Der antike, vorsokratische Philosoph Heraklit von Ephesus hat, dies ahnend, mit seinem Ausspruch *panta rhei* (alles fließt) erfasst: *„Wir steigen in denselben Fluss und doch nicht in denselben".*

In der Quantenwelt ist es wegen der Unschärferelation explizit nicht möglich, identische Zustände herzustellen. Die beiden Begriffe, starke und schwache Kausalität, sind mehr philosophische Begriffe als physikalische.

In der Skizze c) gibt es zwischen den beiden Kurven eine kleine Änderung der Anfangsbedingungen im Ort oder in der Anfangsgeschwindigkeit und die Bahnen driften auseinander; es ist eine chaotische Entwicklung. Nach hinreichend langer Zeit sieht die Beziehung der beiden Körper zueinander unabhängig und „zufällig" aus.

Das klassische Denken in glatten Kurven und „ohne Sprünge" bedeutet, mathematisch gesprochen, eine Welt, in der Bewegungen mit glatten, beliebig oft differenzierbaren Funktionen beschrieben werden können. Die Skizzen 2.4 symbolisiert zum einen glatte Bahnformen, aber zum anderen zeigt sie in Abb. 2.4c) eine beunruhigende Seite der Realität, die man seit dem Ende des 19. Jahrhunderts aus der Himmelsmechanik kennt: Die Flugbahnen bleiben in der Realität nur in idealen Ausnahmefällen zusammen, i.A. laufen sie mit der Zeit exponentiell auseinander.

Während zwei Himmelskörper, die sich allein im All befänden, nach der klassischen Physik auf stabilen Ellipsen (oder anderen Kegelschnitten) laufen würden, ist schon die Bewegung von drei Himmelskörpern i.A. nicht mehr stabil und es gibt keine allgemeine Lösung. Man kann nur numerisch auf dem Computer das Weiterschreiten der Körper berechnen. Betrachtet man den Fall, dass die dritte Masse sehr klein ist im Vergleich zu den anderen beiden, gibt es stabile (oder beinahe stabile) Stellungen der drei Körper zu einander. Diese Positionen sind für die Raumfahrt wichtig. Nur dort kann ein Raumschiff ohne Korrektur oder nur mit geringer Korrektur durch den Raketenmotor verbleiben. Es sind die nach dem Astronomen Joseph-Louis de Lagrange (1736–1813) benannten fünf Lagrangeschen Punkte (Abb. 2.5). Alle anderen Konfigurationen sind instabil und durchlaufen die verschiedensten, auch sehr zufällig aussehenden Bahnen.

Der französische Physiker und Mathematiker Henri Poincaré hat 1899 festgestellt:

„Eine sehr kleine Ursache, die wir nicht bemerken, bewirkt einen beachtlichen Effekt, den wir nicht übersehen können, und dann sagen wir, der Effekt ist zufällig."

Diese Verstärkung hat heute einen populären Namen: Schmetterlings-Effekt.

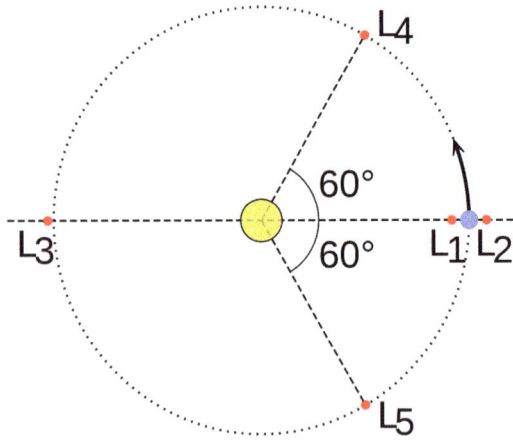

Abb. 2.5 Die Punkte von Lagrange im Dreikörper-Problem der Astronomie. (Bild: Lagrange_very_massive,Wikimedia Commons, Inkscape, EnEdc)

2.2.3 Verstehen mit Zufall – Astronomisches

> „Der ‚Mann im Mond' blickt stets mit demselben Gesicht auf die Erde herab. Seine Kehrseite dagegen bleibt unseren Blicken verborgen. Warum?"
> **Frage in Wissenschaft.de, 2017.**

Es gibt in der Astronomie, in unserem Sonnensystem, einige hübsche Fälle von Zufall. Damit meine ich nicht unbedingt die Struktur des Sonnensystems selbst, etwa die Abstände der Planeten von der Sonne.

Kepler hat hier eine Ordnung gesucht, indem er die regelmässigen Körper jeweils so ineinander schachtelte, dass die Kugel im Inneren einer Form mit der äusseren Kugel um die nächste Form zusammenfiel. Er hatte das Oktaeder (das 8-Flach) gewählt, innen Merkur, aussen Venus, dann das Ikosaeder (20-Flach) mit aussen der Erde, das Dodekaeder (12-Flach) mit aussen dem Mars, das Tetraeder (4-Flach) mit Jupiter und dann das Hexaeder (6-Flach) mit Saturn auf der Aussenkugel. Wunderbar, mystisch aber ohne Sinn (ein gewisses Paradoxon, oder?). Die Übereinstimmung, die Kepler fand, ist nahezu Zufall. Kepler war begeistert, er dachte er habe die göttliche Ordnung gefunden:

> **„Nirgends ist etwas zu viel, nirgends etwas zu wenig da; nirgends ist ein Angriffspunkt für die Kritik."**

Aber seine ideale Ordnung existiert nicht, sondern sie war Illusion. Eine gewisse Regelmässigkeit gibt es jedoch in den Abständen, verwischt mit Zufall. Es ist das „Gesetz" von Bode-Titius, eine empirische Formel für die Abstände der Planeten von der Sonne

$$a_n = 0,4 + 0,3 \times 2^n$$

in astronomischen Einheiten gemessen und mit geeigneten Werten n:

$-\infty$ für Merkur (d. h. der zweite Term entfällt für Merkur) und dann n = 0, 1,2,3,4, 5, 6

für die weiteren Planeten von Venus bis Uranus wobei n = 3 auf den Planetoiden Ceres fällt. Die Regel stammt einerseits aus dem Entstehungsprozess des Sonnensystems und ist andrerseits bestimmt von eingeprägten Resonanzen im System, die den Zufall unterdrücken:

Resonanz entsteht, wenn sich zwei (oder mehr) Planeten nach ganzzahligen Anzahlen von Wiederholungen von Umläufen immer wieder begegnen.

Es muss also möglichst genau sein:

n Umläufe Planet A gleich m Umläufe Planet B.

Je kleiner die Zahlen n und m sind, desto stabiler ist die Resonanz. Wir besprechen zwei Beispiele, die zeigen, wie im Zufall Regeln auftauchen können.

Erde und Venus und Zufall

Verfolgt man als menschlicher Beobachter über die Jahre den Lauf der Planeten, so sieht es so aus, als liefen alle, einschliesslich der Erde, ungerührt ihre Bahnen und begegneten sich zufällig gelegentlich. Diese Begegnungen heissen Konjunktionen und Oppositionen und sind als mystische Ereignisse die Pseudo-Basis der Astrologie. Wenn man von der Erde aus gesehen die Position der Venus über die Jahre aufzeichnet, so sollte sich eine Folge von überlappenden Schleifen ergeben, die einfach immer weiter laufen und sich zufällig verwirren. Die Abb. 1.4 im Kap. 1 zeigt, was wirklich zu sehen ist: Nach acht Jahren ergibt sich eine harmonische Rosette, ein Pentagramm![1]

Das Bild ist weit weg vom Zufall. Der Grund ist, dass in den allgemeinen Zufall eine Resonanz als „beinahe-Ordnung" einbricht (man beachte, wer einbricht!). Den acht Erdenjahren entsprechen 13,004 Venusjahre. Bei einer Resonanz verhaken sich zwei Himmelskörper sozusagen ein wenig und ziehen ein bisschen zueinander. Trotzdem, über tausend Jahre hinweg sieht man nur Zufall! Im Sonnensystem gibt es etliche solcher Resonanzen, auch mit mehreren Himmelskörpern zusammen. Die bekannteste Resonanz ist jedoch im Erde-Mond-System.

Erde und Mond und Zufall

Zwei Zufälle sind vom Mond allgemein bekannt: Der Mond hat am Himmel etwa dieselbe scheinbare Grösse wie die Sonne, nämlich etwa 30' (Abb. 2.6), und der Mond zeigt uns immer die gleiche Seite, genauer etwas mehr als eine Hälfte durch das Voreilen oder Nacheilen auf seiner ungleichmässigen Bahn, der sog. Libration (Abb. 2.7).

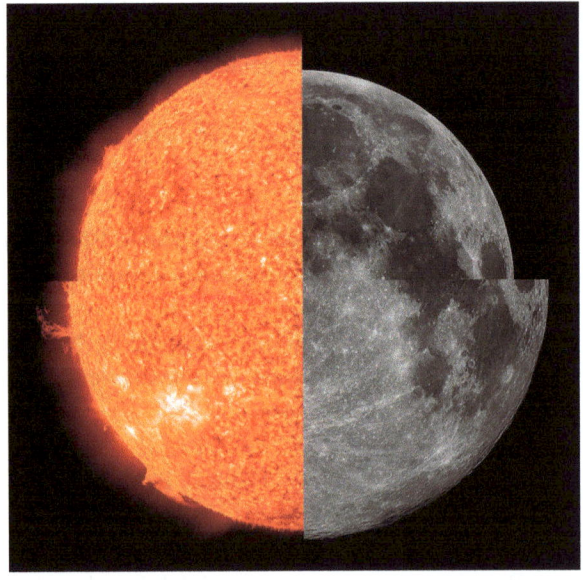

Abb. 2.6 Die scheinbaren Grössen von Sonne und Mond, Minima und Maxima. Links der Mond, rechts die Sonne. (Bild: Deutsche Wikipedia, Tdadamemd)

---

[1] Das Bild hat nichts mit den historischen Epizyklen zu tun.

2.2 Zufall und Notwendigkeit – eine Einführung

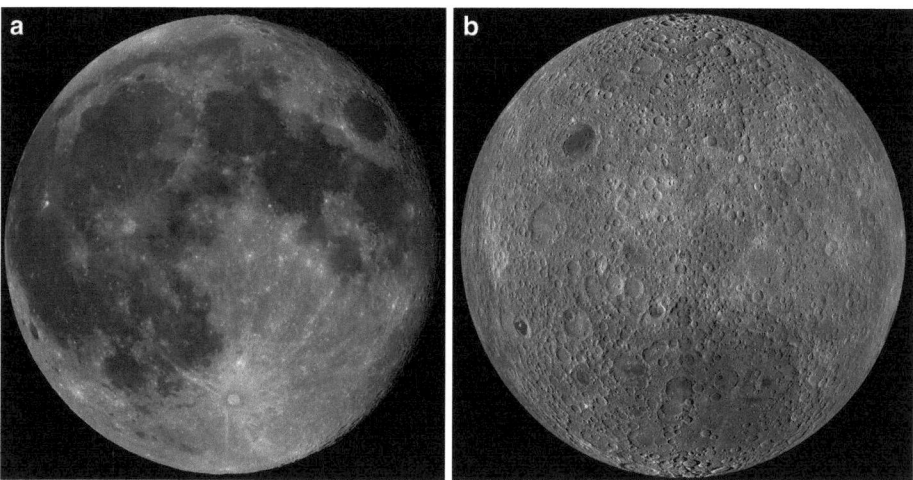

Abb. 2.7 Die beiden Hälften des Mondes. (**a**) Die der Erde zugewandte Seite. (Bild: Wikimedia Commons, Luc Viatour). (**b**) Die von der Erde permanent abgewandte Seite. (Bild: Moon Farside LRO, Wikimedia Commons, NASA)

Ohne Wissen erscheint beides als Zufall, aber die Erklärung für „immer die gleiche Seite zeigen" ist wie oben eine Resonanz: Der Mond dreht sich in einem Monat während seines Umlaufs um die Erde auch einmal um sich selbst. Erde und Mond sind über ihre inneren Ungleichgewichte gravitativ ineinander verhakt. Die Gezeiten bremsen die Erdrotation ab, etwa um 2 Millisekunden pro Jahrhundert, und sie heben den Mond jedes Jahr um knapp 4 cm weiter weg von der Erde. Der Tag auf der Erde wird damit länger und er wird sich letztlich der Länge des Monats anpassen, der ebenfalls länger werden wird. Tag und Monat werden gleich sein und etwa 47 Tage dauern und Erde und Mond werden sich beide die gleichen Seiten zeigen.

Beobachten wir an diesen Beispielen, wann wir etwas (kausal) verstehen:

- *„Sonne und Mond haben gleiche scheinbare Grösse"* bleibt ein „Zufall". Es ist ein Synonym für Nichtverstehen. Wir finden keine klärende Beziehung.
- *„Der Mond weist uns immer die gleiche Seite zu"*. Das verstehen wir. Die eine verstandene Beziehung der zwei Objekte zueinander im ansonsten Unbekannten reicht dazu aus.

2.2.4 Chaotisches

„Wenn der Flügelschlag eines Schmetterlings einen Tornado mitauslösen kann, dann kann er ihn auch verhindern."
Edward Lorenz, amerikanischer Meteorologe, 1914–2008.

Der mathematische Meteorologe hatte 1961 Wetter auf dem Computer simuliert, noch auf einem Computer mit Elektronenröhren. Bei einem Lauf gab er anstelle seines exakten gewünschten Eingabewerts diese Zahl abgerundet an, wie er sie auf einem Ausdruck gerade zur Verfügung hatte: an Stelle von 0,506127 nur 0,506. Das Ergebnis dieser Simulation sah aber ganz anders aus und die beiden Wettervorhersagen waren vollkommen verschieden. Die kleine Änderung hatte alles total verändert. Zunächst kommentierte er seine Vermutung als „*der Flügelschlag einer Möwe kann das Wetter verändern*", danach wurde daraus die dramatischere Ursache-Wirkung-Kombination „*Schmetterling in Brasilien ist verantwortlich für einen Tornado in Texas*".

Es ist wichtig zu verstehen, dass wir hier nicht von einzelnen kritischen Punkten im System reden, die kippen können (s.u. den Norton-Dom). Der Schmetterlingseffekt drückt eine allgemeine Eigenschaft der Welt mit ihren Wechselwirkungen aus. Schon Aristoteles schreibt in diesem Sinn:

„Die geringste anfängliche Abweichung von der Wahrheit wird später tausendfach multipliziert",

und der deutsche Philosoph Gottlieb Fichte (1762–1814):

„Du könntest kein Sandkörnchen von seiner ‚Stell' verrücken, ohne dadurch, vielleicht unsichtbar für deine Augen, durch alle Teile des unermesslichen Ganzen hindurch etwas zu verändern."

Aristoteles meint es wohl ganz nüchtern, bei Fichte ist es Ausdruck eines holistischen romantischen Weltgefühls. Die Nüchternheit auf die Spitze getrieben hat schliesslich der Astronom Pierre-Simon Marquis de Laplace (1749–1827), berühmt durch seine Antwort an Napoléon Bonaparte, warum er Gott in seinem Werk nicht erwähne:

„*Citoyen premier Consul, je n'ai pas besoin de cette hypothèse*" – Bürger und Erster Konsul, ich habe dieser Hypothese nicht bedurft.

Obiges Zitat ist wahrscheinlich in diesem allgemeinen Sinn inkorrekt und von Laplace ganz anders gemeint (Faye 1884). Napoleon hatte wohl das Verständnis des Sonnensystems als Uhrwerk so weit getrieben, dass er meinte, Gott müsse das himmlische Uhrwerk immer wieder aufziehen. Dies hat Laplace verneint: Gott greift in die Welt nicht ein und braucht es nicht.[2] Zum Thema *Gott* siehe z. B. Hehl (Gott kontrovers 2019).

Laplace ist sich sicher, dass eine Intelligenz (heute Laplacescher Dämon oder Laplacescher Geist genannt) mit einer Weltformel (in heutiger Sprache) und der Kenntnis der Lage der Welt imstande wäre

„die Bewegungen der grössten Himmelskörper und die des leichtesten Atoms zu begreifen. Nichts wäre für sie [die Intelligenz] ungewiss, Zukunft und Vergangenheit lägen klar vor ihren Augen."
Pierre-Simon Laplace, Essai philosophique sur les probabilités, 1814.

---

[2] Eine Diskussion des Zitats findet sich z. B. im englischen Wikipedia-Artikel Pierre-Simon Laplace.

Diese Aussage ist der Gipfel der vermeintlichen Sicherheit im Weltbild der Wissenschaft in der Aufklärung: Es ist alles determiniert, es gibt keinen Zufall. Zum Ende des 19. Jahrhunderts hat Poincaré den Verdacht, dass dies nicht stimmen kann, dass Abb. 2.4c für physikalische Vorgänge gilt und die Lebensbahnen von zwei ähnlich gestarteten Punkten auf ihrer Bahn exponentiell auseinander driften.

Laplace war viel zu optimistisch. Es gibt prinzipielle Grenzen der Berechenbarkeit der Welt. Wir können die Anfangsbedingungen schon klassisch nur ungefähr bestimmen, aber erst recht nicht in der Quantentheorie. Ein mathematisches Mass für das Auseinanderlaufen ist der Ljapunow-Exponent nach dem russischen Mathematiker Alexander Ljapunow (1857–1918). Er beschreibt die Geschwindigkeit, mit der sich zwei zunächst benachbarte Punkte mit vorerst nahezu gleicher Anfangsgeschwindigkeit voneinander entfernen. Bei einem positiven Exponenten wächst der Abstand exponentiell und damit unaufhaltsam.

Daraus folgt, dass selbst unser Sonnensystem, der Inbegriff der Stabilität, nicht ewig so bestehen kann, selbst wenn die Sonne gleich bliebe. (Sie dehnt sich einerseits durch das Verbrennen an Wasserstoff aus, zum andern verliert sie Masse durch den Sonnenwind). Die Ordnung im Sonnensystem wird durch die Wechselwirkungen der Planeten und Asteroiden mit der Sonne und untereinander gestört und zusätzlich durch weitere Effekte, etwa die Ungewichte im Innern der Sonne, ihr Quadrupolmoment. Als erstes wird sich die Position der Erde auf ihrer Bahn verschieben, danach schwanken die Bahnelemente wie die Neigung und die Form der Ellipse. Das Sonnensystem ist auf längere Zeiten gesehen chaotisch. Die Ljapunow-Zeiten[3] für die Planetenbahnen sind etwa 5 bis 20 Millionen Jahre (Sussman und Wisdom 1992) – im Vergleich zur Existenz des Sonnensystems eine kurze Zeit. Dadurch werden verschiedene Komponenten und Elemente des Sonnensystems verschieden schnell chaotisch und unberechenbar. Nur Resonanzen, die zwischendurch auftreten, können Bewegungen eine Zeitlang stabilisieren. Bei den Bahnelementen sind es die Örter der Himmelskörper auf ihrer Bahn, die sich zuerst verschieben, bei den Planeten als Ganzes ist die Bahn des Pluto am sensibelsten.

Es ist typisch für die Realität und Komplexität in der Welt, dass viele Teile wie die Sonne und die Planeten miteinander wechselwirken; die Physik nennt dies in der Mechanik das „N-Körperproblem" oder in der Quantentheorie das Vielteilchenproblem. Es gibt dafür keine exakte Lösung. Die einzige Lösung ist letztlich der Lauf der Welt selbst.

2.2.5 Vom atomaren Zufall zur grossen Wirkung

„Gebt mir einen festen Punkt, und ich hebe die Welt aus den Angeln."
    Archimedes, griechischer Mathematiker und Philosoph, 287 – 212 v. Chr.

Die atomare Welt, also „ganz unten", ist von Anfang an die Welt der zufälligen Sprünge: Licht besteht z. B. aus Sprüngen. Wir haben schon die Brownsche Bewegung im Licht-

---

[3] Es ist die Zeitspanne für ein Auseinanderdriften um den Faktor e, die Eulersche Zahl 2,71828.

mikroskop erwähnt an der Grenze zwischen atomarem Massstab und der alltäglichen Welt. Die Skizze der Abb. 2.8 zeigt den unstetigen Charakter der Bewegung; die Kurve ist an den Knickpunkten nicht differenzierbar. Sie demonstriert die Zufälligkeit und Unordnung der atomaren Welt. Der Botaniker Robert Brown hatte die wimmelnde Bewegung zunächst für das Sexualleben der Pflanzen gehalten. Als ordnend wirken die Erhaltungssätze für Energie, Impuls, Drehimpuls und elektrische Ladung, die auch in der Zitterbewegung eingehalten werden. Diese Sätze sind tief verankert in der Welt durch innere Symmetrien nach dem Theorem der deutschen Mathematikerin Emmy Noether (1882–1935).

Die thermischen Zitterbewegungen der Atome sind allerdings klein, z. B. ist die mittlere freie Weglänge eines Moleküls in der Luft 68 Nanometer, das ist ein Tausendstel der Dicke eines menschlichen Haares. Ein Liter Luft enthält $2{,}8 \times 10^{21}$ Moleküle. Diese sehr grossen Zahlen oder umgekehrt die Kleinheit der Atome oder Moleküle in der Ordnung von Nanometern (beim Wassermolekül etwa 0,3 nm) sorgen dafür, dass wir meistens von den Schwankungen in der atomaren Welt nichts bemerken. Selbst die sichtbaren Zitterbewegungen unter dem Mikroskop (Abb. 2.8) sind eigentlich seltene Ereignisse und die Spitze des Eisbergs: Unter vielen Millionen Stössen auf das Teilchen ist dann ein Stoss eines Wassermoleküls stark genug, um die Bärlappspore oder den Tuschepartikel sichtbar zu erschüttern.

Es ist aber ganz einfach, sich mit dieser Kenntnis eine Vorrichtung zu bauen, die den Stoss eines Wassermoleküls in die makroskopische Welt katapultiert. Gegeben sei die Vorrichtung zur Beobachtung der Brownschen Bewegung: Lichtmikroskop, Objektträger mit Wassertropfen samt Partikeln, eine Stoppuhr, ein Schalter, Zünder und eine Bombe (Abb. 2.9). *Der Beobachter wählt im Bild ein Teilchen zur Beobachtung aus und startet die Stoppuhr. Nach 10 Sekunden wird die Uhr gestoppt und entschieden:*

> *Ist das Teilchen deutlich nach oben gewandert, so wird die Bombe ausgelöst, wenn undeutlich oder nach unten, nicht.*

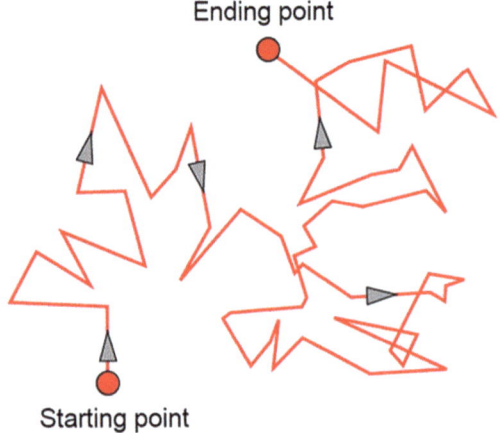

Abb. 2.8 Die Trajektorie eines Teilchens in einer Brownschen Bewegung. (Bild: Csm_Brownian_Motion, Wikimedia Commons, NivedRajeev)

2.2 Zufall und Notwendigkeit – eine Einführung

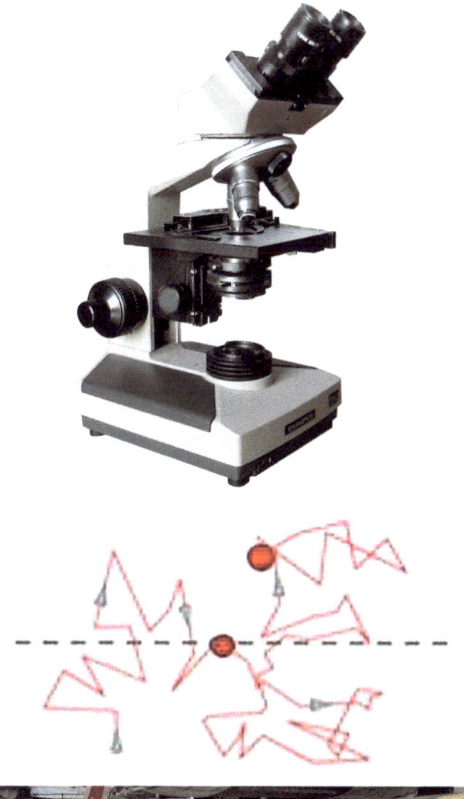

Bild Mikroskop:
Olympus CH2 Microscope2,
Wikimedia Commons, Amada44.

Bild: Brownsche Teilchenbewegung
Nach: Csm_Brownian_Motion,
Wikimedia Commons, NivedRajeev.

Bild Bombe:
Mark 7 Nuclear Bombat USAF Museum
Wikimedia Commons,Chairboy.

Abb. 2.9 Illustration des Gedankenexperiments „Verknüpfung von atomarer Welt mit makroskopischer Welt"

Das Experiment ist klassisch und physikalisch problemlos, eine Art Gottesurteil. Es leistet eine philosophische und physikalische Verbindung vom Atomaren ins beinahe beliebig Grosse – es könnte ja sogar eine Atombombe sein.

Es ist ein Beispiel im Sinne des deutschen Bio- und Physikochemikers Manfred Eigen (1927–2019), der 1975 schrieb:

> „Der Zufall hat seinen Ursprung in der Unbestimmtheit dieser Elementarereignisse. […] Unter speziellen Bedingungen kann es aber auch zu einem Aufschaukeln der elementaren Vorgänge und damit zu einer makroskopischen Abbildung der Unbestimmtheit des mikroskopischen Würfelspiels kommen."

Im Schmetterlings-Effekt haben wir eine rein physikalische Verstärkung einer kleinen, zufälligen Ursache beschrieben. Das Gedankenexperiment verstärkt einen geringfügigen physikalischen Zufall bis auf die makroskopische Ebene. Dies ist der prinzipielle Beweis, dass dies möglich ist und nicht alle atomaren Effekte unmerklich sind oder sein müssen. Am einfachsten und am wirkungsvollsten ist die Verstärkung eines beiläufigen Effekts mit Mitteln der Informationstechnologie. Wir sehen dies in der viralen Verbreitung einer attraktiven Nachricht im Internet. Genau dies geschah biologisch in der Evolution des Lebens. Mit Informationstechnologie in Form von Leben und mit uns Menschen hat die Natur in der Tat die Welt aus den Angeln gehoben. Am Anfang und während der Evolution entschieden immer wieder winzige molekulare Zufälle die weitere Entwicklung.

2.2.6 Vom einzelnen Zufallsereignis zum statistischen Gesetz

> „Sie sollten es Entropie nennen, denn niemand weiss ja so richtig, was dies ist."
> **Vorschlag zur Bezeichnung von John von Neumann**
> **an Claude Shannon für dessen Theorie der Information.**

Aus der Summe der Menge der einzelnen Zufälle, jeder für sich anscheinend willkürlich, entstehen erstaunlicherweise Gesetze. Das klassische Beispiel ist die Beschreibung von Gasen als gewaltige Anzahl von kollidierenden Molekülen. Die einzelnen Kollisionen sind nicht (oder nur schwer) zu beobachten, aber die Wirkung der vielen erzeugt die makroskopischen Eigenschaften des Gases, etwa den Druck, die Viskosität, die Wärmeleitfähigkeit, die spezifische Wärme.

Die Normalverteilung
Die Sichtbarkeit von Gesetzen setzt schon bei einer kleinen Anzahl von Zufällen in einem Versuch ein. Ein besonders eindrückliches Beispiel ist das Galton-Brett, eine experimentelle Realisierung und Visualisierung des zentralen Grenzwertsatzes (Abb. 2.10).

Sir Francis Galton (1822–1911) war ein vielseitiger britischer Naturforscher, unter anderem Pionier der Daktyloskopie und Erfinder der Hundepfeife oder Galtonpfeife. Die Hundepfeife erzeugt besonders hochfrequente Töne, die Menschen nicht mehr hören. In der Statistik hat er zum Beispiel den Begriff der „Regression zur Mitte" geprägt. Dies ist eine kognitive Täuschung, die bei der Beobachtung stochastischer Ereignisse auftritt. Wenn eine Messung extrem ausgefallen ist, so ist es wahrscheinlich, dass die nächsten Events näher am Durchschnitt liegen werden. Dieser Effekt ist intuitiv schwer zu verstehen und führt oft zu Fehlschlüssen.

2.2 Zufall und Notwendigkeit – eine Einführung

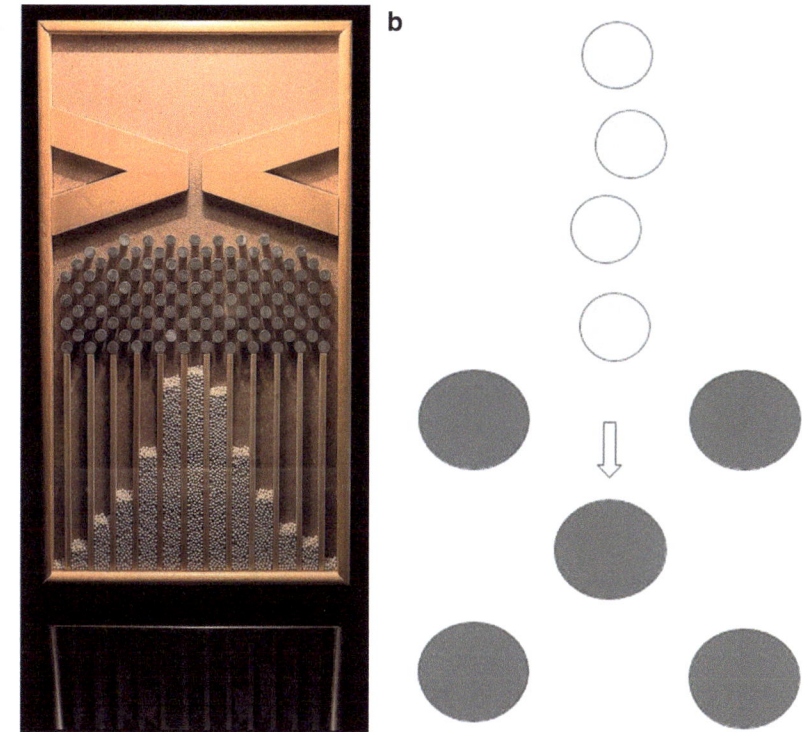

Abb. 2.10 (a) Ein Galton-Brett zur Visualisierung der Normalverteilung. (Bild: Bean machine, Wikimedia Commons, Rodrigo Argenton). (b) Ein Quincunx, die Grundeinheit des Galton-Bretts für die Streuung der Kugeln

Das Galton-Brett besteht aus einer Anordnung von Stiften als Hindernisse für fallende Kugeln. Die Grundzelle der Hindernisse in der Menge der Stifte besteht aus fünf Stiften in der Anordnung der fünf Punkte auf der Würfelseite für „fünf", genannt Quincunx. Die Kugeln fallen auf den Mittelstift und weiter nach links und rechts mit gleicher Wahrscheinlichkeit. Sieht man dem chaotisch erscheinenden Fall von Kugeln durch das Brett zu, so beobachtet man den systematischen Aufbau der statistischen Verteilung, die Normalverteilung als Glockenkurve. Francis Galton war von den fallenden Kugeln begeistert:

> „Ich kenne kaum etwas, das so beeindrucken kann wie diese wunderbare Form kosmischer Ordnung [...] es zeigt sich, dass eine unerwartete und grossartige Regelmässigkeit überall versteckt ist."

Gesetze sind sogar im Zufall versteckt. Das Bild des laufenden Galton-Bretts (Abb. 2.11) visualisiert auch unmittelbar den Begriff der physikalischen „frequentistischen" Wahrscheinlichkeit. Es ist jeweils für eine Säule die Anzahl der Kugeln in einer Säule, dividiert durch die Anzahl aller bis dahin gefallenen Kugeln im Versuch.

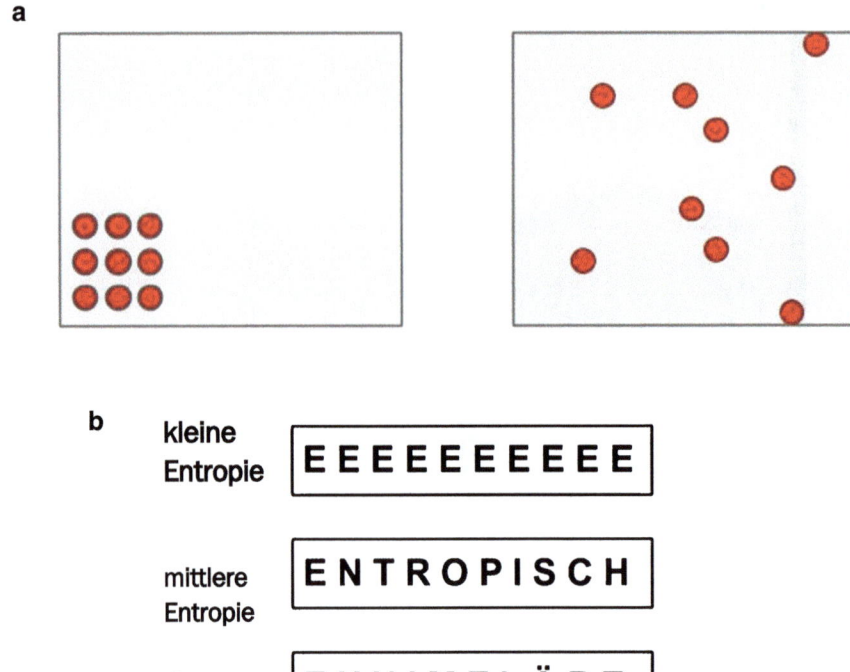

Abb. 2.11 (a) Zwei Verteilungen von Objekten im Raum, links mit Ordnung, rechts zufällig. (b) Drei Mengen von Buchstaben mit verschiedener Entropie Oben die kleinste, unten die höchste Entropie

In den Lehren der Statistik ist der Zufall verborgen und herausgemittelt. Das Wort Statistik selbst stammt von lateinisch *statisticum „den Staat betreffend"*. Die Eigenschaften des Einzelnen sind in viel stärkerem Masse zufällig als die statistischen Werte der Gesamtheit, etwa die des Staates. Dies drückt ein altes Wort für Statistik gut aus: *Sammelforschung*. Damit verschwand im 19. Jahrhundert der Einzelne in der Gesamtheit und wurde zur sprichwörtlichen Nummer. Erst im 21. Jahrhundert wird es mit den grossen Kapazitäten von Computern möglich, die Gesamtheit als Menge von einzelnen Zufallsdaten zu sehen und bis hinunter zum Individuum zu analysieren. Dies ist die Informationstechnologie von Big Data.

Entropie in der Physik
Der Begriff der Entropie galt seit der Einführung durch den deutschen Physiker Rudolf Clausius in 1865 als „schwierig zu verstehen, spukhaft, nichtssagend, sehr speziell".

Es begann mit der Wortschöpfung, einem Kunstwort aus dem Griechischen von ἐν ‚an', auf Deutsch ‚in' zusammen mit τροπή ‚Wendung'.

Damit spielt Clausius wohl auf die natürliche Richtung an, in die die Entropie wächst:

2.2 Zufall und Notwendigkeit – eine Einführung

„Die Energie der Welt ist konstant. Die Entropie der Welt strebt einem Maximum zu."

Schwierig zu verstehen ist in der Tat die abstrakte Formulierung der Entropie in der Thermodynamik, aber der Begriff wird anschaulicher, wenn man die Atome selbst sieht.

Der Begriff der Entropie im atomistischen Sinn und im Sinn der Information ist im Prinzip gut zu erfassen. Entropie ist nach dem österreichischen Physiker und Philosophen Ludwig Boltzmann (1844–1906) ein Mass für den Grad der Unordnung (oder Ordnung) in einem System oder, im Falle der Information, ein Mass für die benötigte Information zur Erfassung und Generierung eines Datensatzes. Die Formulierung ist bewusst so gewählt, dass im Sinne des obigen Satzes die Entropie als wachsend definiert wird. Es gilt also:

Physikalisch: je mehr Unordnung, umso höher ist die Entropie, und
  bei Information: je komplizierter ein Wort oder Text, desto höher ist die Entropie.

Unordnung zum einen und fehlende Information zum anderen sind beides Formen der Umschreibung von Zufall, direkt oder indirekt!

Eine verbreitete populäre Form des Entropiegesetzes *„die Entropie nimmt von sich aus immer zu"* ist die Erfahrung, dass aus unerfindlichen Gründen immer einzelne Socken in der Waschmaschine verloren gehen und damit die Ordnung von Sockenpaaren verringert wird. Es gilt also:

„Die Anzahl der vollständigen Sockenpaare nimmt ständig ab, d. h. die Entropie des Systems der Socken nimmt zu".

Die beiden Skizzen der Abb. 2.11a) illustrieren die physikalische Form der Entropie als Mass für die Ungleichmässigkeit, mit der ein Raum ausgenützt wird. Die Ordnung (links) lässt sich kompakt und kurz beschreiben, die zufällige Anordnung (rechts) nur mit den Koordinaten jedes Punkts, also mit viel mehr Information. Natürlich lassen sich die Örter der unzählig vielen zitternden oder schwingenden Moleküle in einem wahren Gas nicht explizit beschreiben; makroskopisch muss an die Stelle der Information über alle Teilchen ein pauschales Mass für die Unordnung treten und damit für die Unwissenheit und für den innewohnenden Zufall. Dies ist die thermodynamische Entropie. Für den absoluten Nullpunkt wird die Entropie auf 0 gesetzt. Davon ausgehend lässt sich die Entropie einer Stoffmenge messen (in der Masseinheit Energie/Temperatur, Joule/Kelvin). Die aufgenommene Wärme eines Körpers hängt mit der inneren Unordnung zusammen: Sie wandert in alle möglichen Freiheitsgrade der Moleküle und erzeugt Bewegungen, Schwingungen und Rotationen.

Entropie in der Information

Entropie für Mengen von Information, z. B. von Texten, ist entsprechend als Mass für Unwissen und Zufall zu verstehen. Dies demonstrieren die drei Beispiele in Abb. 2.11b. Die geringste Entropie hat die Folge gleicher Buchstaben; man könnte sie abkürzen zu „10xE". Die nächste Stufe an Entropiegehalt hat ein bekanntes Wort. Man ahnt schon bei Bruchstücken den ganzen Text. Zum Beispiel ist es im Deutschen sehr wahrscheinlich, dass nach „sc" ein „h" folgt; eine derartige Information reduziert den Zufall. Den höchsten Grad der Unordnung hat der Zufallstext, bei dem alle Zeichen unabhängig von den anderen sind. Jedes Zeichen muss einzeln kodiert werden, je grösser die Auswahlmöglichkeiten sind (z. B. nur Grossbuchstaben, oder gross und klein oder auch mit Ziffern und Sonderzeichen), umso grösser ist der Aufwand. Bei der Erstellung von Kennwörtern folgt man gerade dem Ziel höchster Unordnung.

Mit dem Begriff der Entropie ist der atomare oder molekulare Zufall überall in der Welt versteckt. Ausserdem haben wir am Textbeispiel gesehen, dass der Zufall eng mit Unordnung und Unwissen zusammenhängt. Beim System mit hoher Entropie ist viel Information zur Beschreibung notwendig, am meisten bei einem vollkommen zufälligen Text. Anders gesagt: Ein (wirklich) zufälliger Text lässt sich nicht komprimieren. Es gilt die Aussage des Mathematikers Gregory Chaitin (1969), allerdings bekannter unter dem Namen des russischen Mathematikers Andrei Kolmogorow (1965). Es ist eigentlich die algorithmische Definition des Zufalls:

Bei einem Zufallsobjekt ist das Objekt selbst seine Kodierung. Kompakter geht nicht.

Die Komplexität von Software

Eben haben wir Texte konstruiert mit wenig oder mehr Aufwand je nach der internen Unordnung. Wir verallgemeinern nun den Bauprozess anstelle von toten Buchstaben auf Kommandos, z. B. für den Computer. Dies ist eine Verallgemeinerung, denn ein Kommando könnte ja auch sein „Schreibe den Buchstaben E". Es sind allgemein Befehle an den Computer, etwas zu tun. In der Gesamtheit der Befehle wird daraus ein Programm. Die Programme zur Ausgabe der Buchstabenfolgen der Abb. 2.11b) sind naturgemäss sehr kurz. Das längste Programm im Beispiel entspricht den Zufallsbuchstaben – es nimmt die Zeichenkette Zeichen um Zeichen und gibt sie einfach unverändert aus.

In der Praxis der IT-Industrie sind die Objekte Mengen von grossen, wechselwirkenden Programmen. Der Bestimmung der Entropie entspricht bei der Software die Aufgabe, die Komplexität der Programme zu messen und am besten schon vor der Entwicklung vorherzusagen. „Atomistisch" gesehen wird das Programm aus ineinander verschachtelten Prozeduren aufgebaut und aus Objekten, die sich gegenseitig aufrufen. Die Komplexität des Produkts wird bestimmt durch die Anzahl der Möglichkeiten, die die Programmiersprachen bieten und die der Programmierer ausnützt oder ausnützen muss, um seine Aufgabe zu lösen. Das Ziel ist es, mit den menschlichen Programmierern Strukturen zu finden, die das vorgegebene Problem lösen (d. h. die Spezifikation erfüllen) und möglichst wenig Gelegenheit für menschliche Fehler bieten. Ein Mass für die Softwarekomplexität muss diese Vielzahl an Programmierentscheidungen berücksichtigen – entsprechend beim Text die Auswahl der Zeichen aus dem Zeichenvorrat oder beim Teilchen in der Physik den Ort und die Geschwindigkeit im vorgegebenen Raum. Das wohl einfachste Kommando zur Verzweigung in einem Programm ist der GOTO-Befehl in vielen Programmiersprachen, der

2.2 Zufall und Notwendigkeit – eine Einführung

einfach einen Sprung im Programm hervorruft. Es ist der Gegenstand eines amüsanten historischen Streits:

> „ ‚GOTO wird als schädlich betrachtet' wird als schädlich betrachtet."
> Frank Rubin, 1987, nach Edsger Dijkstra, 1968.

Verzweigungen, die der Programmierer in den Programmcode setzt, sind unumgängliche Kernpunkte zum Aufbau von Komplexität, aber gleichzeitig die Quellen von Fehlern. Sie sind ein Kernpunkt der Arbeit des Programmierers. Für naturphilosophische Zwecke ist die Idee der sogenannten Funktionspunkte aus dem Softwareengineering gut geeignet. Das Verfahren wurde in den 70er-Jahren des 20. Jahrhunderts bei IBM eingeführt, um das messen zu können, was bei der Entwicklung eines Programms die eigentliche Arbeit bedeutet: das Neue. „Funktionspunkte" sind Einheiten im Programmcode, die jeweils eine wesentliche neue Funktionalität hinzubringen und die Gesamtkomplexität erhöhen.

In der Evolution ist es entsprechend der erfolgreiche Einbau einer neuen Fähigkeit oder Eigenschaft in eine Spezies. In grossen Softwaresystemen wird die Arbeit von Tausenden von Programmierern an den Funktionspunkten zu einem funktionsfähigen Ganzen koordiniert.

Die Gesetzmässigkeiten sind ähnlich der biologischen Evolution, die laufend den Organismen neue Funktionalität bringt und die Gesamtkomplexität der Biosphäre erhöht, jedenfalls solange die Biodiversität anwächst. Diese Ähnlichkeit ist nicht zufällig, die Evolution ist eine grosse kollektive Softwareentwicklung.

In der Softwarepraxis kommt noch ein wesentlicher Effekt hinzu. In hinreichend grossen Systemen gibt es Programmierfehler, die korrigiert werden müssen (und viele, die niemals bemerkt werden). Die Korrekturen sind gefährlich, der Korrigierende verursacht häufig wieder neue Fehler. Auch dies erhöht i.A. die Entropie des Softwaresystems gegenüber dem Ausgangssystem bis das System de facto nicht mehr handhabbar wird. Dann fängt man in der Softwareentwicklung mit neuem Design von neuem an. Hoffen wir, dass die natürliche Evolution dieses Zurücksetzen nicht mit uns als Menschheit macht!

Damit haben wir in drei Bereichen einen ähnlichen Begriff definiert, der die Ordnung (oder Unordnung) misst. Es ist jeweils eine Art Wahrscheinlichkeit W der möglichen Zustände als Grundlage:

- Physik: W ist die Wahrscheinlichkeit aller vergleichbaren Zustände in Raum und Geschwindigkeit, dem sog. Phasenraum,
- Information: W misst die Anzahl aller vergleichbaren Zustände mit den Zeichen der Information,
- Software: W ist die Anzahl von Zuständen gegeben durch die Zahl der inneren Programmverzweigungen.

Das aktuelle Mass der Entropie wird dann im Wesentlichen durch den Logarithmus dieser Anzahl gegeben. Die Klarheit der Aussagen ist bei der Software am schwächsten angesichts der Probleme, die Komplexität von Software zu messen – trotzdem hat sie für das Leben grösste Bedeutung. Leben ist der Komplex aller ablaufenden Prozesse.

2.2.7 Entropie und Zeit

„Der Zuwachs an Unordnung oder Entropie unterscheidet die Vergangenheit von der Zukunft; das gibt die Richtung der Zeit."
Stephen Hawking, britischer Physiker, 1968.

Der Zeitpfeil
Die Entropie zeigt eine weitere, typische Eigenschaft des Zufalls auf: Beide sind einseitig in der Zeit, die Richtung ist eindeutig in die Zukunft. Die Zeitrichtung des Einzelzufalls gibt die gesamte Richtung der Entropieentwicklung vor.

Ein anschaulicher Begriff dazu stammt vom britischen Astrophysiker Arthur Eddington (1928):

„**Das Einbringen von Zufall ist die einzige Sache, die man nicht zurücknehmen kann. Ich verwende den Ausdruck ‚Zeitpfeil', um diese Einseitigkeit der Zeit zu kennzeichnen. Beim Raum gibt es nichts Vergleichbares.**"

Die Richtung des Zufalls gibt den Zeitpfeil: Der Zeitpfeil ist eine der grossen Aussagen und Fragen der Physik. Im Gegensatz dazu sind einfache, mikroskopische Vorgänge umkehrbar. Dies zeigt etwa der elastische Stoss zweier Kugeln anschaulich: Man könnte nach dem Stoss die Richtungen der Geschwindigkeiten umkehren, die Kugeln würden zurück laufen, führten den Stoss invers aus und würden in die Ausgangsposition zurückkehren. Einer Filmszene von einem Billardstoss sieht man nicht an, ob der Film richtig oder rückwärts läuft.

Für einige Prozesse zwischen Elementarteilchen muss man allerdings zur Umkehrung im Raum auch das Teilchen durch das entsprechende Teilchen in Antimaterie ersetzen, um den Prozess als Ganzes in der Zeit umzukehren.

Besonders deutlich ist die Unumkehrbarkeit des Zeitpfeils bei Zufallsmaschinen. Die Abb. 2.12 zeigt eine ausgeklügelte „Zufallsmaschine" für die Ziehung der Lottozahlen: Sechs Zahlen und eine Zusatzzahl werden jeweils nach etlichen Umdrehungen aus der grossen Behälterkugel entlassen, so zufällig wie möglich. Es ist nach aller Erfahrung absurd, die Kugeln wieder einzufüllen, die Trommel rückwärts laufen zu lassen und zu erwarten, dass die Kugeln schliesslich exakt in die ursprüngliche Ordnung zurückkehren.

Allerdings ist die ganze Welt, ja das ganze Universum eine Zufallsmaschine und Zufälle gehören zur Natur. Deshalb wissen wir die Richtung des Zeitpfeils beim Anblick einer Naturszene instinktiv. Zum Beweis denken wir uns ein Video, das die Szene von Abb. 2.13 zeigt: Farbige Flüssigkeitstropfen, z. B. Blut, fallen nacheinander in Wasser. Jeder Tropfen erzeugt im Wasser sofort höchst unregelmässige farbige Schlieren. Auf der

2.2 Zufall und Notwendigkeit – eine Einführung

Abb. 2.12 Die Schweizer Lottoziehungs-Maschine in Aktion. (Bild: Swisslos/eigen)

Abb. 2.13 Blutstropfen fallen in Wasser. (Bild: StockImages_AT)

Oberfläche laufen wohl Kreiswellen nach aussen. Am Grund sieht man den Übergang zur gleichmässigen Verteilung des roten Farbstoffs. Der Vorgang geht von getrennten Stoffen (Blut, Wasser) aus über eine chaotische Phase wieder zu Ordnung. Die Richtung des Vorgangs ist klar. Liesse man dieses Video rückwärts laufen, so wissen wir es sofort: Das ist nicht die Realität.

Im Bild sehen wir unregelmässige, zufällig aussehende Farbwolken und auf der Oberfläche die Ringe der sich ausbreitenden Wellen.

In der makroskopischen Welt unseres Alltags gibt es nur eine Richtung: Die Entropie erhöht sich. Eine Verminderung ist nur künstlich möglich und mit zugeführter Energie. Zum Entfernen des verteilten Farbstoffs im Wasser benötigt man eine Vorrichtung (etwa eine Filtermembran) und man muss Energie aufwenden: Die Farbstoffmoleküle sind zufällig unter die Wassermoleküle gemischt, es ist in jedem Augenblick eine gewaltige Menge an Zufälligkeit. Nur identische ideale Gase liessen sich im Prinzip ohne Energiezufuhr entmischen und vermischen sich ohne Energiefreisetzung. Dies ist ein kleines erstaunliches Stück Physik um mikroskopischen Zufall, genannt Gibbsches Paradoxon nach dem Entdecker Josiah Gibbs:

Mischt man zwei Volumen verschiedener idealer Gase (Abb. 2.14), so wird keine Energie frei, aber die Entropie erhöht sich um eine charakteristische messbare Mischungsentropie. Vereinigt man dagegen zwei Volumina des gleichen Gases, so verändert sich die Entropie nicht!

Würde man in klassischer Manier im Gedankenexperiment die beiden zu mischenden verschiedenen Atomarten immer ähnlicher machen, so kommt es zum Eklat: Die Mischungsentropie bleibt immer gleich, es gibt keinen anderen Grenzwert. Aber plötzlich, wenn man sie nicht mehr unterscheiden kann, gibt es keine Mischungsentropie. Dies bedeutet unverständlicherweise einen Sprung von endlicher Mischungsentropie auf null – klassisch erwartet man physikalisch Stetigkeit und Kontinuität.

Eine fiktive Erklärung, amüsant aber unphysikalisch, ist das Entmischen „von Hand", durch einen Dämon. Dieser Dämon, genannt „Maxwellscher Dämon" nach seinem Erfinder James Maxwell, sitzt an dem Ventil in der Mittelwand und übt eine Kontrolle aus und arbeitet gegen den Zufall.

Um die Mischung zu trennen, öffnet der Dämon das Ventil

- wenn er von links kommend ein blaues (quadratisches) Molekül kommen sieht, oder
- wenn von rechts ein rotes, kreisförmiges Molekül naht.

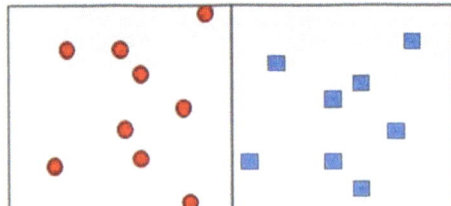
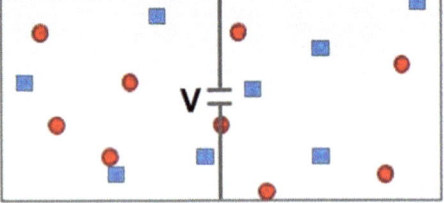

Abb. 2.14 Zur Mischung und Entmischung von zwei verschiedenen Gasen und der Arbeit des fiktiven „Maxwell – Dämons". „V" sei ein steuerbares Ventil. (Bild: eigen)

Nach hinreichend langer Zeit ergibt sich wieder das Bild der linken Seite. Aber das Entmischen gleicher Atome geht nicht einmal im Gedankenexperiment. Sie sind ja nicht unterscheidbar! Die Quantentheorie löst das Paradoxon problemlos.

Der Dämon ist übrigens sowieso untauglich: Seine Arbeit würde es möglich machen, die verschiedensten kuriosen Tätigkeiten auszuführen, etwa Salz in einer Lösung vom Wasser zu trennen oder heisse Teilchen auszusortieren und die Temperatur auf einer Seite zu erhöhen – das wäre alles wirtschaftlich wertvoll. Aber er würde die Entropie einfach so erniedrigen – und das geht nicht. Dies verbietet der Zweite Hauptsatz der Thermodynamik. Aber der Mischungsversuch zeigt eine intime Beziehung auf zwischen der Physik und der Information, verborgen in der Unterscheidbarkeit (oder nicht Unterscheidbarkeit) von Teilchen.

Der Wärmetod des Universums
Die Erniedrigung der Entropie, d. h. das Erzeugen von mehr Ordnung, benötigt einen Eingriff von aussen. Für Systeme auf der Erde, auch für uns Menschen, ist dies möglich und findet z. B. im lebenden Organismus laufend statt. Lebende Organismen bewegen sich physikalisch ausserhalb des thermodynamischen Gleichgewichts mit ihrer Umgebung, freie Energie[4] muss von ausserhalb des Organismus zugeführt werden. Die körperlichen Prozesse erhöhen die Entropie. Unser Intellekt kann explizit Vorgänge ausführen oder ausführen lassen, die die Entropie erniedrigen – z. B. ein Kinderzimmer aufräumen. Erst beim Tod tritt der zerfallende Körper ins Gleichgewicht mit der Umgebung. Wenn sich die Atome des Körpers in der Welt verteilen, geht jegliche alte Ordnung verloren und der Anteil dieser ehemaligen Person an der Entropie der Welt wird maximal.

Problematisch (und eher philosophisch) wird die Frage nach dem Schicksal der ganzen Welt, des Universums. In Bezug auf die Entropie ist das Universum (per Definition?) abgeschlossen und begann im Big Bang mit dem gesamten kosmischen Inhalt in einer unvorstellbar dicht gepackten Ursuppe, eingeschlossen in einem Volumen von der Grösse eines Fussballs – so weit zurück ist die Vergangenheit für die Wissenschaft einsehbar (Siegel 2017). In unserem Sinn war dies ein unglaublich dichtes Konzentrat von Zufall. Nun nimmt die Entropie laufend zu. Unsere Biosphäre ist eine temporäre Ausnahme. In vielleicht 100 Milliarden Jahren werden die Sterne verglüht und mehr und mehr schwarze Löcher entstanden sein. Das Universum wird voller Unordnung sein und ohne freie Energie mehr für Leben.

Dieser Endzeit-Gedanke ist älter als der Begriff der Entropie selbst. Die erste Idee dazu stammt vom irisch-schottischen Physiker William Thomson, genannt Lord Kelvin (1824–1907). Kelvin war einer der ersten, der die Temperatur des absoluten Nullpunkts bestimmte und eine Temperatur auf thermodynamischer Basis einführte ohne Bezug auf ein bestimmtes Material wie etwa Wasser. Die Masseinheit der Temperatur, das Kelvin, ist nach ihm benannt. Er hatte sich auch Gedanken zum Alter der Sonne (und Erde) gemacht.

---
[4] Freie Energie ist der Anteil der Gesamtenergie, der Arbeit leisten kann. Sie verringert sich, wenn sich die Entropie erhöht.

Konkret hatte er das Alter der Sonne in mehreren Schätzungen auf schliesslich 20 Millionen Jahre reduziert. Dieser Zahlenwert war für die Entwicklung der Wissenschaft beinahe ein Desaster, denn Lord Kelvin stellte sich damit gegen Darwin. 20 Millionen Jahre passen nicht zur Entwicklung der Arten. Aber es war das erste Mal, dass Physik in diesem fundamentalen Sinn überhaupt auf Sonne und Erde angewandt wurde.

20 Millionen Jahre sind recht verschieden vom wahren Wert, etwa 4.6 Milliarden Jahre, aber er kannte ja die Energiequelle der Sonne nicht! Für das Universum als Ganzes sah er einen langsamen Tod durch Abkühlen voraus: Alle mechanische Energie wird zu Wärme, nichts geschieht mehr, insbesondere entstehen keine neuen Sterne mehr. Das Schlagwort vom Wärmetod ist in diesem Sinn zu verstehen, nicht als hohe Temperatur.

Mit dem Begriff der Entropie (und damit der totalen Unordnung) erhielt der Gedanke des Wärmetods eine wissenschaftlichere Grundlage. Da die Temperatur des Weltalls nach diesem Gedanken sich eher abkühlt, vielleicht dem absoluten Nullpunkt nähert, könnte man wohl eher vom Kältetod sprechen. Insbesondere wenn die Ausdehnung des Universums weiter geht oder sich gar beschleunigt. Zum Anfang des Universums, dem Big Bang oder Urknall tritt dann der „Big Chill" oder „Big Freeze" (das Grosse Gefrieren) als vages Ende in fernen Zeiten, in 100 Milliarden Jahren oder mehr. Dann wäre der Zufall im Kosmos eingefroren. Aber hier wird die Wissenschaft zu postmoderner Physik und Spekulation, wie wir sie oben definierten, oder zu Naturphilosophie.

Zusammenfassung des Kapitels

Schon das Wort „Zufall" ist problematisch. In vielen Sprachen ist es emotional beladen, ja es steht dahinter eine Schicksalsgöttin. Wir definieren den Zufall neutral, im einfachsten Fall als eine Kausalkette, die einseitig ist und zu einer bestimmten Zeit beginnt. Es gibt keine Information über die Vergangenheit davor. Andrerseits denken wir eher in kontinuierlich ablaufenden Vorgängen. Dann gibt es nicht nur keine Sprünge, sondern die Bahnkurven werden so glatt wie möglich. Aber sogar mit glatten Kurven dringt der Zufall in die Welt ein. Zum einen durch die niemals exakt festlegbaren und wiederholbaren Anfangsbedingungen, zum anderen durch die vielen Mitspieler, die alle wechselwirken und ebenfalls dem Zufall unterliegen. Dies gilt insbesondere für das wichtige Beispiel unseres Sonnensystems. Derartige Systeme mit scheinbarer Zufälligkeit trotz Determinismus nennt man chaotisch: Was der Beobachter dann sieht und nicht verstehen kann, hält er für Zufall. Auch das Sonnensystem, unsere emotionale Referenz für Stabilität, ist chaotisch.

Chaotische Systeme sind ein Beispiel, wie ein winziger Zufall eine beliebig grosse kausale Wirkung haben kann; das stark strapazierte Bild vom Schmetterling in Brasilien gehört hierher. Wir konstruieren mit Hilfe der Brownschen Bewegung einen einfachen Apparat, der eine atomare Bewegung in ein beliebig grosses Ereignis umsetzt. Dies ist der Beweis, dass eine einzelne Quantenfluktuation eine merkliche Auswirkung in der makroskopischen Welt haben kann. Ein Zufall in der Welt der Atome kann die grosse Welt aus den Angeln heben.

Unsere makroskopische Welt trägt unsichtbar für das Auge Unmengen von Zufall in sich. Das makroskopische Mass dafür ist die Entropie.

Die Entropie ist in der Thermodynamik eine recht abstrakte Grösse, in der mikroskopischen Welt wird sie plausibel als Mass für den Grad der Unordnung einer Menge von Objekten oder für die Information, die zu ihrer Beschreibung notwendig ist. Als Art von Entropie betrachten wir die Komplexität eines Softwaresystems. Hier ist es die Menge der internen Entscheidungen im Programm, die die Entropie ausmachen.

Der Zufall und die Entropie definieren die Richtung der Zeit. Wir Menschen haben dies im Alltag (bzw. in der Evolution) gelernt. Gedanklich könnte ein Geist versuchen, die Wirkung der Richtung der Zeit umkehren, aber es funktioniert nicht. Die Idee dieses Maxwellschen Dämons ist trotzdem ein hübsches Mem in der Physik. Der Dämon zeigt uns die Verbindung zwischen Physik und Information.

Die Zeit läuft auch für das Universum als Ganzes weiter. Die Entropie wächst weiter an und es resultiert dereinst (wahrscheinlich) ein Stillstand aller Aktivitäten. Das Schlagwort vom „Wärmetod des Universums" ist ebenfalls ein physikalisches Mem seit dem 19. Jahrhundert. Eigentlich erwartet man heute durch die Ausdehnung des Alls dabei eher einen Kältetod, einen Deep Freeze: Das Maximum an Zufall wird eingefroren. Aber dies sind postmoderne Spekulationen.

Literatur

Chaitin, Gregor., 1969. On the length of programs for computing finite binary sequences: statistical considerations. *Journal of ACM*. https://doi.org/10.1145/321495.321506

Eddington, Arthur. 1928. *The nature of the physical world*. London: MacMillan.

Faye, Hervé. 1884. *Sur l'origine du monde*. Paris: Gauthiers-Villars.

Kaiser, Peter. 1990. *Die Lösung des Einstein Kausalitätsproblems*. www.max-stirner-archiv-leipzig.de/dokumente/Kaiser-Einstein.pdf. Zugegriffen im Mai 2020.

Kolmogorow, Andrej. 1965. Three approaches to the quantitative definition of information. *Problems of Information Transmission* 1:1–7.

Monod, Jacques. 1970. *Le hazard et la nécessité. Essai sur la philosophie naturelle de la biologie moderne*. Paris: Le sueil.

Siegel, Ethan. 2017. *How big was the universe in the moment of its creation?* Forbes.com/sites/startswithabang. Zugegriffen am 24.03.2017.

Sussman, Gerald, und Jack Wisdom. 1992. Chaotic evolution of the solar system. *Science* 257: 56–62.

Der natürliche Zufall überall 3

Q: Ist das leichte Grundrauschen auf den aktiven Boxen normal?
A: Ja. Ganz leise rauschen dürfen die.
Musiker Board Forum, 2019.

Alles rauscht. Hörbar ist das elementare Rauschen mit der Elektrotechnik und den elektronischen Verstärkern geworden. In diesem Sinn gibt es den Begriff seit den Arbeiten des deutschen Physikers Walter Schottky im Jahr 1918. Wir erweitern den Begriff von der (Elektro-) Akustik und dem Rauschen eines Verstärkers allgemein auf eine unruhige, aber beständige stochastische[1] Störung im Untergrund.

3.1 Richtig Hinsehen nach Mandelbrot

„Wolken sind keine Kugeln, Berge sind keine Kegel, Küsten keine Kreise, und Rinde ist nicht perfekt glatt, und der Blitz läuft auch nicht geradlinig."
Benoît Mandelbrot, französischer Mathematiker, 1924–2010.

Der Sinn des Spruchs von Benoît Mandelbrot ist die Aufforderung, die Welt genauer anzusehen. Sie ist wesentlich feiner aufgebaut, als wir es uns normalerweise vorstellen. Das Zitat warnt vor der üblichen Reduktion realer, komplexer Objekte auf einfache Körper. Aber genau diese Abstraktion war eine Bedingung des Erfolgs der abendländischen Wissenschaft im Stile und im Sinn des Aristoteles. Den Vorgang der Abstraktion schildert der Physiker Arthur Eddington humorvoll am Beispiel einer physikalischen Prüfungsaufgabe mit dem „Eddington-Elefanten":

---

[1] *Stochastisch* bedeutet „vom Zufall beeinflusst oder bestimmt". Siehe Glossar.

„Ein Elefant rutscht einen grasbewachsenen Hang herab …"

und der Student übersetzt

„Ein Massepunkt gleitet eine schiefe Ebene im Winkel 30° mit dem Reibungskoeffizienten μ = 0,05 herab."

Eddington kommentiert lakonisch:

„Die ganze Poesie der Aufgabe ist verschwunden".

Ein grosser Teil der Poesie der Aufgabe ist Zufall und unwichtig für die Lösung. Der Romantiker und Platoniker Johann Wolfgang von Goethe gäbe ihm sicher Recht, aber man kann mit der Abstraktion rechnen und anfangen zu verstehen. Das Verstehen der Natur durch Abstraktion auf Mathematik, genauer durch Abstraktion auf Geometrie, hat Galilei 1623 in einem seiner besten und berühmtesten Zitate ausgedrückt (Hehl 2018):

„[Das Buch der Natur, die Philosophie] ist in der Sprache der Mathematik geschrieben, und deren Buchstaben sind Kreise, Dreiecke und andere geometrische Figuren, ohne die es dem Menschen unmöglich ist, ein einziges Bild davon zu verstehen; ohne diese irrt man in einem dunklen Labyrinth herum."

Der Ursprung der Idee des Zitats ist (wie Galilei selbst andeutet) der angebliche Spruch über dem Tor der Akademie Platons:

„Es trete niemand durch meine Tür, der nicht die Geometrie kennt",

verwandt mit den Zitaten (nach Plutarch): *„Gott ist der grosse Geometer"* und *„Gott treibt auf ewig Geometrie"* – (Ἀεί θεός γεωμετρεῖ).

Aber sowohl der moderne Physiker Eddington wie schon Galilei in der Spätrenaissance sind sich der Grenzen der Abstraktion bewusst. Arthur Eddington vergleicht die Forschungsarbeit des Physikers etwas extrem mit dem Vorgehen des sagenhaften Riesen Prokrustes in der griechischen Mythologie. Prokrustes bot den Reisenden ein Bett an. Wenn sie zu gross waren, hackte er ihnen die Füsse ab, waren sie zu klein, reckte er ihre Glieder. Eddington fügt hinzu, *„danach schrieb er eine wissenschaftliche Abhandlung ‚Über die gleichbleibende Länge der Reisenden' "*.

Mandelbrot meint in seinem obigen Zitat, dass wir, wenn wir die Welt ansehen, vor allem regelmässige Strukturen sehen, die wir kennen, und dass wir vereinfachen, was eigentlich komplex ist. Wir beachten die Feinheiten des Zufalls nicht oder wenig. Die geometrischen Grundstrukturen Euklids sind glatt und einfach.

Die Berg Schiehallion in Schottland (Abb. 3.1) ging in Geschichte der Wissenschaft ein, weil er relativ nahe an einer regelmässigen Kegelgestalt ist. An ihm wurde 1774 die Abweichung des Lots durch den Berg gemessen und damit Gravitationskonstante und Masse der Erde bestimmt. Er war als der „glatteste" Berg in Grossbritannien für das Experiment ausgewählt worden.

3.1 Richtig Hinsehen nach Mandelbrot

Abb. 3.1 Der Schiehallion. Ein Berg wird gesucht als glatter geometrischer Kegel. (Bild: Schiehallion01, Wikimedia Commons, Andrew2606)

Höhere Berge weichen mehr von einfachen geometrischen Formen ab, etwa der Bergrücken der Abb. 3.2. Die Konturen sind sichtbar voller Zufälligkeit. Man sieht immer mehr „Zufall", je genauer man das Gelände betrachtet. Natürlich zeigt auch der Schiehallion Unregelmässigkeiten in den Konturen bei näherer Betrachtung. Der Berg ist der Ort einer zweiten wissenschaftlichen Pioniertat: Der Schiehallion war das erste Gelände in der Geschichte, das vermessen und mit Höhenlinien kartographiert wurde.

Beim „genaueren Hinsehen" treten bei natürlichen Objekten (und bei speziell konstruierten mathematischen) Probleme auf. Bekannt geworden ist dies historisch als „Paradoxon der Länge von Küsten". Zum ersten Mal berichtet der britische Meteorologe und Friedensforscher Lewis Richardson davon.

Richardson war eine ganz ausserordentliche Person und ein Pionier in der Berechnung von stochastischen Prozessen, bzw. er identifizierte verschiedene Prozesse als zwar zufällig, aber doch berechenbar. Dazu gehörten das Wetter, aber auch Kriege und die Beobachtung der „echten" Längen von realen Kurven wie Küsten oder Staatsgrenzen. Er hat als erster Kriege zwischen Völkern, aber auch kriminellen Gangs mathematisch analysiert und als Zufälle modelliert (als Poissonprozess) und für die Grösse der Kriege (Zahl der Toten) in Abhängigkeit von ihrer Häufigkeit ein Verteilungsgesetz gefunden. Richardson gilt damit als Erfinder der Friedensforschung.

Konkreter war seine Pionierarbeit in der mathematischen Wetterberechnung. Er schlug dazu 1917 vor, die fundamentalen Gleichungen der Strömungslehre und Thermodynamik

Abb. 3.2 Typisches raues Hochgebirge: Der Mürtschenstock, Schweiz. (Bild: Edith Geissmann)

numerisch zu lösen, lange vor der Verfügbarkeit von Computern! Er dachte an „Original-Computer", d. h. an menschliche Rechner:

„Richardson brauchte sechs Wochen für eine Vorhersage für sechs Stunden voraus – und sie war trotzdem falsch. Er erklärte, dass **60 000 menschliche Rechner mit Rechenschieber das Wetter gerade so schnell würden berechnen können, wie es ankam."**
Lewis Richardson nach BBC News, South Scotland, 2013.

Nehmen wir an, dass Richardson damit etwa 10.000 Rechenoperationen pro Sekunde ansetzte. Die heutigen Computer mit Wettersoftware berechnen den deterministischen Zufall des Wetters meistens hinreichend für fünf Tage voraus. Allerdings ist die Rechnerleistung der Wettercomputer eine Million mal eine Million die des obigen fiktiven Teams, und dies ohne Fehler und hochgenau.

Ein anderes Phänomen mit Zufall, das zunächst fest determiniert aussieht, ist die Länge natürlicher Linien. Richardson hatte festgestellt, dass die Länge der Grenze von Portugal mit Spanien in Portugal mit 1214 km angegeben wurde, in Spanien nur mit 987 km. Er schloss daraus: Linien mit Zufall (aus mathematischer Sicht, nicht historisch) sind unbestimmt. Das Ergebnis der Messung hängt vom Betrachter ab.

Der extremste Fall ohne Zufall ist die schlichte Gerade, die der Maler Friedensreich Hundertwasser so verteufelt:

„**Die gerade Linie ist gottlos und unmoralisch. Die gerade Linie ist keine schöpferische, sondern eine reproduktive Linie. In ihr wohnt weniger Gott und menschlicher Geist als vielmehr die bequemheitslüsterne, gehirnlose Massenameise."**
Verschimmelungs-Manifest, 1958.

3.1 Richtig Hinsehen nach Mandelbrot

Der Weg von Licht im Vakuum folgt einer Geraden, ja definiert für die Physik geradezu die Gerade, selbst wenn der Lichtstrahl sich wegen eines Gravitationsfelds krümmt. Aber materielle „Geraden" in der Natur sind komplexer: die Linien der Hand zum Beispiel, der Stamm eines Baumes, der Weg eines Blitzes oder eben die Linie einer Küste. Nur ganz sorgfältig gezogene Kristalle zeigen gerade Kanten und bilden ideale Körper– üblicherweise sind auch natürliche Kristalle voll von Zufall in der Form von verschiedensten Arten von Fehlern wie Versetzungen, von Atomen, die nicht zum Kristall gehören und von Leerstellen, wo eigentlich Atome hingehörten. Die linearen Strukturen der Natur sind mehr oder weniger kraus, die Flächen rau, die Konturen im Raum zerklüftet.

Die Abb. 3.3 erläutert das Paradoxon der Küstenlängen von Richardson am Beispiel der britischen Insel. Je kleiner die angelegte Messlatte ist, umso kurvenreicher wird die Kontur und damit umso länger die gemessene Küstenlinie. Schliesslich wird bei zu kleinem Massstab die Messung sinnlos, etwa wenn der Wellenschlag an den Stränden keine genauere Messung zulässt. Die Zufälligkeit der Struktur bedeutet wieder Unsicherheit. Der Grad der Zunahme der Länge bei Verfeinerung der Masseinheit charakterisiert die Rauheit oder Glattheit einer Küste.

Abb. 3.3 Darstellung des Paradoxons der Länge von Küstenlinien. Die Beispiele illustrieren die „Länge der Küste von Britannien" gemessen mit 100 km-bzw. mit 50 km-Massstäben. (Bild: Coastline 100 km and 50 km, Wikimedia Commons, Avsa)

Der französisch-amerikanische Mathematiker Benoît Mandelbrot hat am Küsten-Beispiel von Richardson einen Bereich der Mathematik begründet, der sich mit nichtglatten Strukturen in der Natur, in Wirtschaft und vor allem in der Mathematik beschäftigt und dafür im Jahr 1975 das Wort Fraktale geprägt vom lateinischen *fractus* ‚gebrochen'. Warum dieses Wort erklären wir gleich. Es ist einer der erfolgreichsten populären Begriffe der Wissenschaft überhaupt. Fraktale gibt es in der Mathematik und in der Natur, wie wir gleich sehen werden, aber auch im Finanzwesen bei den Aktienkursen und in der Geisteswissenschaft. Sogar die Bibel wurde als Fraktal aufgefasst und das Lesen der Bibel als fraktales theologisches Erlebnis (Brookman 2015) angesehen und das Abwechseln von Friedens- und Kriegszeiten (Braden 2009) in esoterischen Fraktalen modelliert.

In der Mathematik mit den idealisierten Strukturen spricht man von Fraktalen, in der Natur besser von „fraktalesken" Strukturen oder Zufallsfraktalen, denn natürliche Objekte enthalten dazu auch eingreifenden Zufall. Zum systematischen Bau der Fraktale verwendet man prinzipiell immer wieder die gleichen Strukturen in geänderten Massstäben; es entsteht damit eine gewisse oder in der Mathematik auch strenge Selbstähnlichkeit. Fraktale sind, auch wegen der schönen Bilder, sehr populär geworden. Der schon erwähnte John Archibald Wheeler sagte dazu 1982:

„Niemand wird sich wissenschaftlich gebildet nennen können, der sich nicht mit Fraktalen auskennt."

Die Abb. 3.4 zeigt eines der schönsten Beispiele aus der Natur, die Blumen oder Röschen des Broccoli Romanesco. Sie sind wunderbare Mathematik mit ungefährer Selbstähnlichkeit über etwa drei Stufen, Kegel auf Kegel auf Kegel und dazu nahezu perfekt implementierte Fibonacci-Zahlen in den Anzahlen der Spiralen, die von der Spitze der Kegel ausgehen. Es ist wunderbare mathematische Regelmässigkeit mit Zufall. Wir empfehlen dem Leser, sich das Bild in hoher Auflösung anzusehen!

Eines der einfachsten und bekanntesten Fraktale aus der Mathematik ist die vom schwedischen Mathematiker Helge von Koch 1904 ersonnene Schneeflocke und Kurve, die „Monster-Kurve" (Abb. 3.5). Man erkennt das Bauprinzip: Jedes gerade Linienstück wird durch ein gleichlanges zackiges Stück ersetzt mit einem eingesetzten gleichseitigen Dreieck, immer wieder und wieder. Nur jeweils die Knickpunkte bleiben ad infinitum bestehen.

Lehrreich ist die Verallgemeinerung, wenn das eingesetzte Stück nicht mit 60°-Winkel eingesetzt wird, sondern in einem anderen Winkel. Diese sog. Cesàro-Kurven illustriert die Abb. 3.6. Die Länge der Kurve wächst ins Unendliche, die umschlossene Fläche hat dagegen einen endlichen Grenzwert, nämlich 9/5 des ursprünglichen Dreiecks.

Der Übergang von der geraden Form links oben entsprechend 0° bis zum ausgefüllten Dreieck mit 90° zeigt, wie die Kurve immer mehr die Fläche ausfüllt. Dies bedeutet effektiv den Übergang der Dimension der Kurve von 1 (normale Linie) auf 2 (Fläche) und sinnvollerweise mit Bruchteilen dazwischen. Es ist die fraktale Dimension oder Hausdorff-Dimension nach dem deutschen Mathematiker Felix Hausdorff als Mass für die

3.1 Richtig Hinsehen nach Mandelbrot

Abb. 3.4 Natürliches Fraktalesk Brassica romanesco. (Bild: Wikimedia Commons, Richard Bartz)

Abweichung der Geometrie von der Glattheit. Es ist auch der Hintergrund des Worts „Fraktal". Mit der Hausdorff-Dimension als effektive Dimension kann man definieren

▶ **Definition Ein Fraktal ist ein Objekt, das effektiv eine höhere Dimension hat als topologisch.**

Damit erhalten auch natürliche Objekte Bewertungen: Je mehr Zufall oder Unordnung, umso mehr nimmt die effektive Dimension zu. Eine Gerade hat die Dimension 1,0, verwinkelte Linien mehr, füllt eine Linie schliesslich mit ihren Winkelzügen die Ebene dann wird daraus effektiv eine Fläche mit Dimension nahe 2. Es geht um Naturobjekte, die „kraus", „zerfasert", „voller Blasen" u. ä. sind. Im Englischen spricht man von „Wigginess". Die Tab. 3.1 zeigt einige Werte in der Natur.

Zu den letzten Einträgen von Naturfraktalesken in Tab. 3.1 einige Erläuterungen.

Die interne Fläche der Lunge ist schon nahezu raumfüllend: Die effektive Dimension ist nahezu 3.

Die Brownsche Bewegung ist äquivalent der „Irrfahrt" (viel gebräuchlicher ist die englische Bezeichnung Random Walk) in einem Gitter, etwa von Nord-Süd- und West-Ost-Strassen (Abb. 3.7). An jeder Kreuzung kann die Person zufällig in eine der vier Richtungen gehen, also auch wieder zurück.

Der erstaunliche mathematische Satz von Pólya sagt aus, dass bei dieser Irrfahrt jeder Ausgangspunkt „irgendwann" wieder erreicht wird, man muss nur lang genug herumirren. Man kann deshalb in der Skizze der Abb. 3.7 auch jeden Punkt als Anfangspunkt denken – alle Punkte sind gleichwertig. Diese Aussage von sicherer Rückkehr gilt natürlich bei ei-

Abb. 3.5 Künstliches perfektes Fraktal Kochsche Kurve. (Bild: Wikimedia Commons, Kochflake und Kochkurve)

Abb. 3.6 Die Cesàro-Kurven für Anstellwinkel von 0° bis 90° in Schritten von 10°. Zur Erklärung des Paradoxons der Länge von Küstenlinien. (Bild: Wikimedia Commons, Fractalgeometry123)

ner linearen Irrfahrt hin- und her auf einer Geraden erst recht, aber sie gilt nicht in einem dreidimensionalen Gitter, etwa einem Würfelgitter mit Bindungen in x-, y- und z-Richtung; dort kehrt der Irrläufer nur in 34 % der Fälle zufällig wieder zurück. Der Grund ist, dass es im Raum zu viele Wege gibt, die „man" (d. h. der Zufall) wählen kann.

3.1 Richtig Hinsehen nach Mandelbrot

Tab. 3.1 Einige Hausdorff-Dimensionen von fraktalen bzw. fraktalesken Objekten in der Natur, d. h. von natürlichen Strukturen mit hohem Gehalt an Unordnung

Länge der Küste von Britannien	1,25
Australien	1,13
Norwegen	1,52
Irland, Westküste	1,22
Irland, Ostküste	1,22
Ball aus zusammengeknülltem Papier	2,5
Broccoli, Oberfläche	2,7
Blumenkohl, Oberfläche	2,3
Gehirn, Oberfläche	2,7
Lunge, interne Oberfläche	2,97
Brownsche Bewegung oder Random Walk in zwei und in mehr Dimensionen	2,0
Schnee nadelförmige Kristalle	2,1
sternförmige Kristalle	2,4
Graupel	2,9
Lichtenberg Figuren (3-dimensional)	2,5

Quelle: Wikipediaartikel „List of Fractals by Hausdorff dimensions"

Abb. 3.7 Ausschnitt aus einer 2-dimensionalen Irrfahrt in einem regelmässigen Strassennetz. (Bild: Fabio Vanni, Sciencespo. Zweimal angefragt)

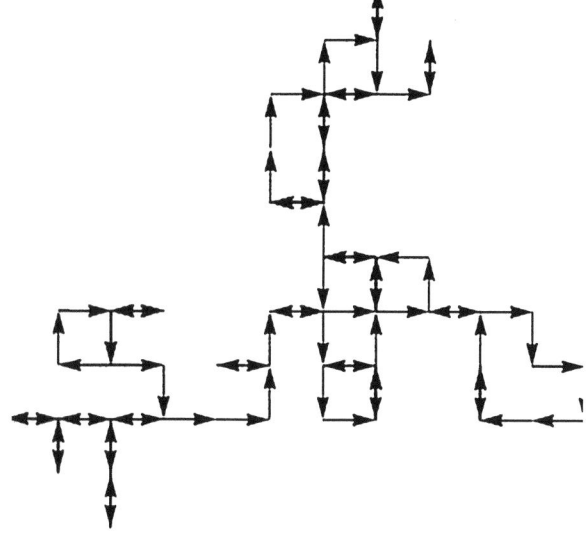

In vielen Situationen wählt der Zufall seine Wirkungsrichtung nicht neutral, sondern mit Vorzugsrichtungen wie beim Würfeln mit einem „gezinkten" Würfel, der nicht die ideale Gleichverteilung der gewürfelten Augen eins bis sechs erzeugt. Wir nennen dies gerichteten Zufall. Im Abschnitt Evolution diskutieren wir die philosophische Bedeutung etwas genauer.

Ein besonders schönes Beispiel für solchen gerichteten Zufall in der Natur ist die Entstehung von Schneeflocken und Schneegebilden. Der Prozess der Entstehung ist komplex: Oberhalb einer Temperatur von −35° benötigen Schneeflocken zur Entstehung einen Kern. Winzige Wassertröpfchen lagern sich an Kristallisationskeime als Eis an und wachsen durch weitere Anlagerung von Wassermolekülen an den Aussenkanten, während sie rotierend durch die kalte, feuchte Luft fallen. Kleinste Wirbel entstehen durch die freigesetzte Wärme und erzeugen die Rotation. Die Vorzugsrichtungen des Wachstums sind vorgegeben durch die Richtungen der Wasserstoffbrücken; so entstehen Winkel von 60° oder 120° (siehe Kap. 6). Diese Symmetrie erzeugt einen starken Eindruck von Selbstähnlichkeit. Eine Schneeflocke wiegt etwa ein Milligramm und besteht aus etwa 10^{19} Wassermolekülen. Damit gibt es de facto nie zweimal das Zufallsprodukt „Schneeflocke" in identischer Form. Die schönen hochsymmetrischen Fotos von Schneeflocken täuschen (Abb. 3.8), die meisten Schneeflocken sind nur zum Teil regelmässig. Grober Zufall stört den gerichteten symmetrischen Zufall. Je nach der Feinstruktur klumpen sich die Flocken dann verschie-

Abb. 3.8 Formen von Schneeflocken. Aus dem „Buch der Natur" von Israel Perkins Warren, 1863. (Bild: Wikimedia Commons, ComputerHotline)

den dicht zusammen wie in der Tabelle angegeben. Ein Schneetreiben ist eine gigantische, mit blossem Auge oder wenigstens mit dem Lichtmikroskop sichtbare Zufallsmaschinerie.

Das letzte Beispiel der Tab. 3.1 von Objekten mit hohem Grad an Zufall sind die *„ästhetisch anmutenden baum-, farn- oder sternförmigen Muster, die bei elektrischen Hochspannungsentladungen auf isolierenden Materialien entstehen"* (Deutsche Wikipedia). Diese fraktalesken Strukturen hat der geistreiche (und zitatenreiche) deutsche Physiker Georg Christoph Lichtenberg um 1778 entdeckt. Bei einer Hochspannungsentladung, auch bei einem Blitz, verursachen die erzwungenen Ströme Brüche im Material oder Verbrennungen, die bestehen bleiben und echte Kunstwerke verursachen (Abb. 3.9). Allerdings auch auf dem menschlichen Körper bei Menschen, die vom Blitz getroffen wurden!

Zur Vervollständigung noch ein lebendiges elektrisches Zufallsexperiment, die sog. Tesla-Kugel, erfunden 1892 vom serbisch-amerikanischen Erfinder Nicola Tesla (Abb. 3.10). In der Mitte der gasgefüllten Kugel ist eine Elektrode, die hochfrequente Wechselströme in die Kugel schickt. Dies löst eine Anzahl von Stromfilamenten aus, leuchtende Kanäle von der inneren Kugel zur äusseren. Bei Annäherung mit der Hand oder dem Finger reagieren sie empfindlich. Die Lampe übt durch die Lebendigkeit der wuchernden Filamente und den dynamischen gelenkten Zufall eine grosse Faszination aus.

Die Mathematik der Fraktale erlaubt es, mit mathematischen Methoden die Geometrie des Zufalls zu untersuchen. In der Natur hat es überall Zufall; die Tabelle zeigt nur einige Beispiele. Die Abb. 3.11 illustriert den Unterschied zwischen den mathematischen Fraktalen, die Strukturen unbegrenzt tief ineinander schachteln, und der physikalischen Realität mit einem beschränkten Bereich für ähnliche Strukturen. Schliesslich werden in der Natur bei hinreichender Tiefe die Atome sichtbar und beenden die Freiheit, beliebige Strukturen zu bauen.

Die Sicht beginnt oben mit der normalen Ansicht ohne Vergrösserung. Die Pfeile nach unten deuten das Kleinerwerden des Massstabs bei der Betrachtung an. Stufe um Stufe wird deshalb um eine Grössenordnung vergrössert. „Ganz unten" (nach einem Ausdruck des Physikers Richard Feynman) sind die Atome und Moleküle mit ihren Wechselwirkun-

Abb. 3.9 Lichtenberg-Figuren erzeugt in einer Acryl-Plastik. (Bild: flickr/Wikimedia Commons, Jeff Keyzer in Ada's Technical Books)

Abb. 3.10 Eine Plasma-Kugel nach Nikola Tesla (1892). (Bild: Wikimedia Commons, Colin)

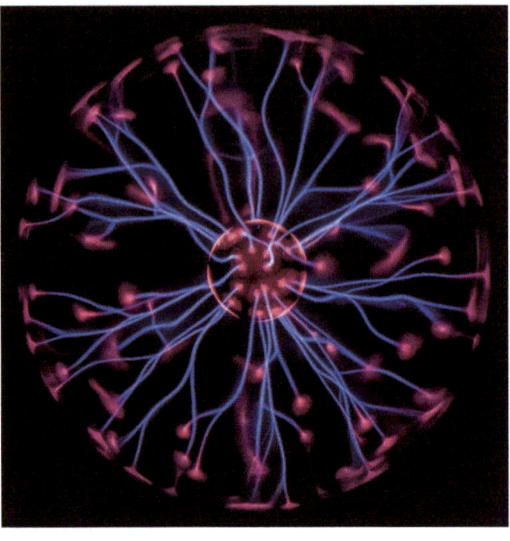

Abb. 3.11 Illustration des Unterschieds von „echten" Fraktalen in der Mathematik im Vergleich zu „Fraktalesken" in der Natur. Jede Stufe nach unten symbolisiert eine Grössenordnung der Vergrösserung. (Bild: eigen)

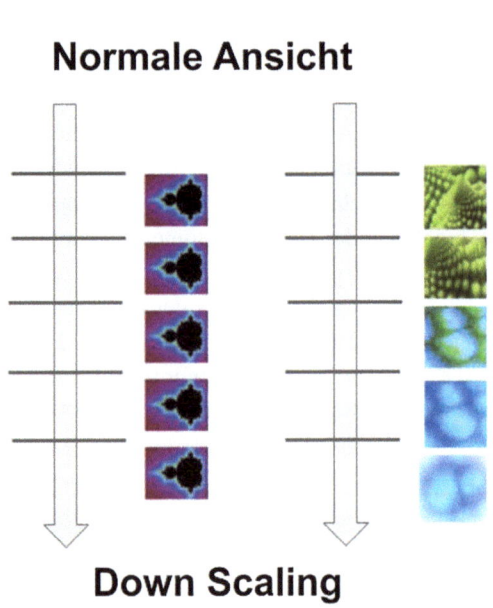

gen. Wenn man bis zur Grösse von Atomen „hinunter" geht, entspricht dies Vergrösserungen bis zu 10 Millionenfach, um z. B. Wasserstoffatome deutlich zu sehen.

Die linke Seite der Grafik demonstriert die Selbstähnlichkeit der mathematischen Fraktale, die unbegrenzt ihre Struktur wiederholen. Für den Mathematiker ist jede Prozedur für einen neuen Typ von Fraktal ein Abenteuer für sich. In der Natur tritt Selbstähnlichkeit in den verschiedensten physikalischen Umgebungen auf. Allerdings eben nur über jeweils

3.1 Richtig Hinsehen nach Mandelbrot

endliche Bereiche, denn die wirkenden Kräfte sind skalenabhängig und insbesondere das Verhältnis der wirkenden Kräfte untereinander verändert sich bei anderer Grösse.

Diese fundamentale Beobachtung hat wohl als erster Galileo Galilei 1632 gemacht, wenn er den Bau von grossen Schiffen und von Booten in den Arsenalen von Venedig vergleicht: Für den Bau grösserer Schiffe beobachtet er überproportional grosse, stabile Gerüste, um sie ins Wasser zu lassen, die es bei kleinen Schiffen nicht benötigt. Entsprechend sieht er in der Natur, dass Knochen von grossen Tieren andere Massverhältnisse haben als Knochen von kleinen Tieren (Abb. 3.12).

Dazu entdeckt Galilei ein Rätsel, das genau unserer Grafik der Abb. 3.11 entspricht, dem Unterschied von Objekten der Mathematik versus Objekten der Physik. Kreise bleiben doch immer Kreise, gleichgültig, ob gross oder klein? Es kommt jedoch, wie Galilei betont, in der Physik sehr wohl auf den Massstab an:

„Weil aber alle mechanischen Ursachen ihre Grundlage in der Geometrie haben, wo es nicht auf die Grösse oder die Kleinheit der Kreise, der Dreiecke, der Zylinder, der Konoiden und bestimmter anderer Gebilde ankommt …"
Galileo Galilei, Discorsi, 1638.

Galilei fragt sich, warum ein Pferd nicht so hoch springen kann wie ein Floh im Verhältnis der Körpergrössen? Wir wissen, dass ein fundamentaler Grund für die unterschiedlichen Grössenmassstäbe die Existenz der Atome ist (Galilei glaubt zwar an Atome, aber er erwähnt sie nicht in diesem Zusammenhang).

Wenn auf der Skala beim „Hinuntergehen" zu immer Kleinerem die Atome sichtbar werden, ändern sich die Gesetze vom Kontinuum zu atomaren Gesetzmässigkeiten und damit die Erscheinungsformen aller Effekte. Dies ist die Lösung für das Rätsel des Galilei. Das gilt damit auch für das Auftreten und die Art des Zufalls in den verschiedenen Grössenordnungen der Dinge bis hinunter zu Quanteneffekten: Auch die Gesetze des Zufalls ändern sich.

Dabei gibt es noch viel mehr Zufall in der Welt als die bisher aufgeführten Beispiele.

Bisher fehlt das ganz besondere und berühmteste „Fraktal": Die Mandelbrot-Menge (Abb. 3.13). Der Hauptgrund dafür ist, dass die Mandelbrot-Menge keinen Zufall enthält, sondern streng determiniert ist. Zwei Gleichungen (eine Gleichung bei der Verwendung

Abb. 3.12 Begrenzte Selbstähnlichkeit in der Realität. Galileo Galilei, 1632. (Bild: Dialog über zwei neue Wissenschaften, Fig. 27. Online Library of Liberty)

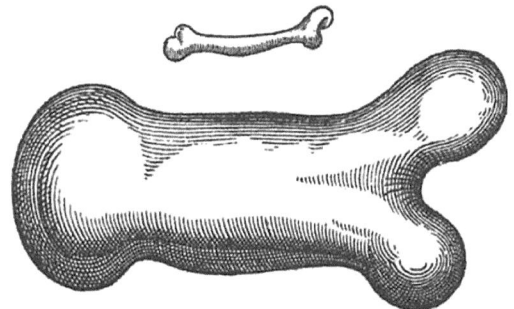

von komplexen Zahlen) werden immer wieder angewandt: Explodiert das Ergebnis für einen Punkt, so gehört der Punkt nicht zur Menge. Das entstehende Bild, populär als Apfelmännchen, ist eine zweidimensionale Welt mit unendlich vielen Feinheiten, determiniert aber doch willkürlich-fantasievoll aussehend. Mandelbrot zeigt, wie aus einer einfachen Regel eine komplex aussehende Welt entstehen kann.

Wir haben zwei Kriterien für Fraktale gesehen: Typische Muster werden bei einem Fraktal systematisch wiederholt (Selbstähnlichkeit) und die effektive Dimension des Objekts (die Hausdorff-Dimension) ist grösser, als sie es bei normaler Betrachtung sein müsste (die topologische Dimension).

Die Selbstähnlichkeit ist in einem komplizierten Sinn im Bild vorhanden: Auch wenn man um den Faktor $10^{100}:1$ verkleinert, treten immer die gleichen Strukturentypen wie „Leitmotive" auf. Es sind z. B. typische Schnecken (Abb. 3.13b) oder die Grundstruktur selbst, das Apfelmännchen. Sie sind aber bis auf wenige Stellen nicht exakt identisch.

Die Dimension des Objekts Mandelbrot-Menge ist zum einen die Begrenzungskurve der Menge selbst, zum andern der Flächeninhalt. Die Begrenzungskurve, als Kurve eigent-

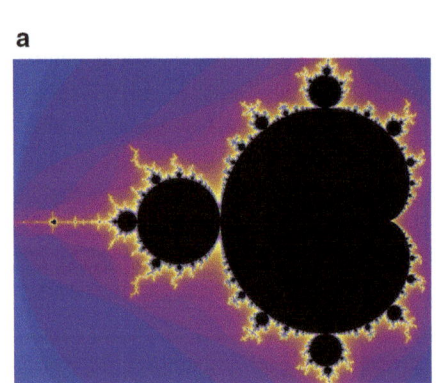

Gesamtansicht „Das Apfelmännchen"
Bild: Blue-Gold Mandelbrot Set,
Wikimedia Commons, ArEb.

Hochvergrösserter Ausschnitt
Bild: eigen und Peitgen, 1988.

Abb. 3.13 Zwei Ansichten der Mandelbrotmenge. Die Farb- und die Schwarzweiss-Kodierungen zeigen die lokale Geschwindigkeit an, mit der die Rechnung an einem Punkt der Zahlenebene gegen Unendlich strebt

lich von Dimension 1, hat durch ihre komplexe Struktur die Hausdorff-Dimension 2 und ist damit fraktal. Die umschlossene Fläche hat sowohl topologisch wie nach Hausdorff die Dimension 2 und ist nach Mandelbrot damit, weil die beiden Werte gleich sind, nicht fraktal. Die Länge der Grenzkurve ist unbeschränkt („unendlich"), die umschlossene Fläche endlich, ungefähr 1,506484, und konnte noch nicht exakt bestimmt werden.

Die Mandelbrot-Menge ist das komplizierteste Objekt, das wir kennen: Ein virtueller Flug in ihre Tiefen, ein „Deep Zoom" in diese pseudozufällige Welt hinein, mit Hilfe eines hochauflösenden Videos ist ein intellektuelles, beinahe spirituelles Vergnügen.

3.2 Genauer Hinsehen im Alltag

„Glücklicherweise ist unser Auge kein Mikroskop, schon das gemeine Sehen idealisiert"
Friedrich Theodor Vischer, deutscher Philosoph, 1807–1887.

Der klassische Ästhet Friedrich Vischer (Sturm 2003) findet, nur das Ganze könne ästhetisch sein und das „mikroskopisch eingestellte Auge" entdecke nur Hässlichkeit. Damit meint er z. B., dass ein Frauenkörper, ob „echt" oder in Marmor zur Statue geformt, nur als Ganzes und Perfektes schön sein kann, aber mikroskopisch gesehen mit Hautporen oder Marmorschraffuren werde er hässlich. Naturgemäss wird selbst glatte Haut in der Vergrösserung zu einer zerfurchten Landschaft, aber mikroskopische oder gar elektronenmikroskopische Aufnahmen haben ihren eigenen ästhetischen Reiz. Quellen dafür sind oft neue, ungewohnte Formen und vor allem die ungeheure Menge an Details „dort unten". Auch die Abb. 3.14 zeigt Marmor genauer. Es ist ein Dünnschliff im Lichtmikroskop mit polarisiertem Licht, das für die prächtigen Farben verantwortlich ist. Zu sehen ist bunter Zufall in Form von Kriställchen in zufälliger Form und Ausrichtung.

Viele Aufnahmen im Elektronen- oder im Rasterelektronenmikroskop sind von faszinierender Schönheit. Aber der Philosoph hat recht: Wir sind es gewohnt, die Objekte, die wir sehen, zu idealisieren und Abweichungen vom Ideal zu übersehen so lange es geht. In diesem Sinn sind wir Platoniker wie der oben zitierte Ästhetikphilosoph Vischer.

3.2.1 Der ganz normale Zufall um uns

„Die Winzigkeiten („les petits riens") sind niemals ganz ohne Bedeutung, die Schönheit ist im Winzigsten im Überfluss vorhanden."
Sylvie Germain, französische Autorin, geb. 1954.

Der kleine Zufall ist überall um uns, meistens unbemerkt und ohne Wirkung. Manchmal ist er sogar schön oder trägt zur Schönheit oder zum Sinn des Grossen bei. Manchmal sieht man ihn mit dem blossen Auge, manchmal, etwa beim Gleiten unseres Fingers auf einer Oberfläche, spüren wir ihn (jedenfalls solange die Rauheit der Oberfläche mit ihren Ber-

Abb. 3.14 Ein Dünnschliff von Calcit-Kristallen im polarisierten Licht bei geringer Vergrösserung. (Bild: Bernhard Lebeda, in mikroskopie-forum. de. Mit freundlicher Genehmigung)

gen und Tälern nicht kleiner als 1 µm ist). Aber er ist immer da. Das sollte für den Rationalisten beunruhigend sein.

Es war eine private Mitteilung von Benoît Mandelbrot: Ihm war der Umstand wichtig, dass wir überall von Zufall umgeben sind. Die Mathematiker und Physiker hatten charakteristische Züge ignoriert, weil es früher keine Mathematik dafür gab, nämlich noch keine Theorie der Fraktale. Mandelbrot sah die Welt voller Fraktale, von den Galaxien bis zu den Wasserständen des Nils und den Kursen an der Börse.

Die Abb. 3.15 zeigt eine Szene aus dem Alltag mit Objekten der Natur und Künstlichem, alles mit fraktalen Details:

- Pflanzen, etwa Rosen, Bäume, Gras,
- Himmel mit Wolken,
- einen See,
- Künstliche Objekte wie Häuser und Tisch.

Nanostrukturen und Nano-Natur

All diese Objekte sind in der Tat voller Zufall: die genauen Strukturen der Pflanzen, der Wolken und der Wellen auf dem See. Aber auch die menschgemachten Objekte, man muss nur genauer hinsehen, eine Lupe nehmen, ein Lichtmikroskop oder gar ein Rasterelektronenmikroskop. Dazu ein anschaulicher Vergleich (Abb. 3.16).

Es ist die Aufnahme eines Rasterelektronenmikroskops, bei dem eine feine Metallspitze eine Oberfläche elektrisch abtastet. Die Abbildung zeigt ein Instituts-Logo, geschrieben in Molekülen eines Kunststoffs auf einer Graphitoberfläche. Die Breite der Rillen beträgt etwa 1 bis 3 Nanometer. Die Kunststoffmoleküle sind gut sichtbar, die Kohlenstoffatome des Graphits haben dagegen nur den Abstand von 0,3 nm zueinander.

3.2 Genauer Hinsehen im Alltag

Abb. 3.15 Eine alltägliche Szene mit verschiedenen Typen von Objekten. Alle Objekte tragen bei genauem Hinsehen Zufall

Abb. 3.16 Ein Logo, geschrieben in Molekülen. Rastertunnelmikroskopaufnahme von Molekülen auf Graphit. (Bild: Wikimedia Commons, Frank Trixler, LMU/CeNS)

Die effektive Vergrösserung der Aufnahme ist etwa 1: 1.000.000! In dieser Vergrösserung sieht die Welt anders aus; dazu einige Beispiele:

- Mein Laptop wird so gross wie die Schweiz.
- Eine Taste der Tastatur wird zu einem Quadrat mit 10 km Kantenlänge,

- Aus einem Haar wird ein Koloss mit 50 m Durchmesser.
- Die noch spürbaren Rillen (10 µm) sind zehn Meter tief.
- Die Kügelchen des Corona-Virus (zwischen 50 und 200 nm) werden zu Tennis- und Fussbällen.

Bei dieser Vergrösserung sind die Atome immer noch klein, etwa so gross wie Stecknadelköpfe! In unserem Vergrösserungs-Vergleich wäre ein Blatt von einer Eiche vielleicht 50 km lang. Schon mit blossem Auge konnte der Philosoph Gottfried Leibniz im Garten von Schloss Herrenhausen 1675 keine zwei gleiche Blätter an einem Baum finden: Wieviel mehr Möglichkeiten für Unterschiede bietet die „Blattlandschaft", wenn man sie auf der Ebene von Atomen betrachtet! Der Aufbau der makroskopischen Welt aus den Atomen dieser Kleinheit ermöglicht eine unglaublich grosse Verschiedenheit in der Welt und – z. B. bei uns Menschen – eine unglaubliche Individualität.

Warum hat die Natur uns Menschen so riesengross gemacht oder hat machen müssen im Vergleich zu den atomaren Grundbausteinen?

Der Grund liegt nicht direkt in der Physik, sondern wohl in den Notwendigkeiten der Informationstechnologie. Die Natur braucht eine so grosse Infrastruktur, um einen Computer mit der Leistungsfähigkeit des menschlichen Gehirns zu bauen, selbst in der so kompakten biologischen Technologie mit elektrochemischen Neuronenzellen. Es sind ja nahezu 90 Milliarden Neuronen notwendig! Damit haben wir für den Bau intelligenten Lebens zwei Grenzsteine: die Grösse der Atome und die Grösse des Gehirns. Wobei die Ausdrucksweise „*die Natur braucht*" ein problematischer menschlicher Ausdruck ist, der die Wirkungsweise der Evolution umschreibt.

Der erste, der sich wohl der Kleinheit der atomaren Welt und ihrer Möglichkeiten (und ihrer Gesetze) bewusst wurde, war der amerikanische Physiker Richard Feynman in einer berühmten Rede 1959 mit dem Titel

„There is plenty of room at the bottom" – da unten ist noch viel Platz.

Aber das Hinuntergehen (zu atomaren Dimensionen) hat Konsequenzen:

- Die Anforderungen an die Genauigkeit einer zu bauenden Vorrichtung werden höher. Bei einer grösseren Vorrichtung kann der Toleranzbereich für das Funktionieren einer Maschine viele Milliarden von Atomen mehr oder weniger sein – die Maschine funktioniert trotzdem. Bei einer Nanomaschine müssen eventuell alle Atome auf der richtigen Position sein, keines zu viel oder zu wenig.
- Die Schwankungen werden häufiger und relativ grösser, je kleiner die Strukturen werden. Die treibenden Störungen, etwa die durchschnittliche thermische Energie pro Freiheitsgrad, werden ja auch relativ grösser.

Pflanzen und Zufall

Je genauer man hinsieht, umso mehr Zufälliges wird sichtbar, etwa in den Hauswänden und der Tischoberfläche der Abb. 3.15, aber auch in den Strukturen der Blätter und der

Bäume. Man erkennt fraktaleske Strukturen. Es ist überall Zufall mit einem leitenden Prinzip, beim Baum in den Blättern und in den Zweigen.

Die Aufgabe, die die Natur in den Pseudofraktalen der Abb. 3.17 löst, ist ein Optimierungsproblem: Häufig geht es darum, eine möglichst grosse Blattfläche zur Verfügung zu stellen und darum, optimal Säfte zu verbreiten und zu verteilen. Die Nebenbedingungen sind dabei möglichst minimaler Materieverbrauch und möglichst gute mechanische Stabilität des Ganzen. Unter diesem Mantel eines ungefähren Optimums entsteht die Vielzahl der typischen Blattformen von Tausenden von Spezies und unter dem Mantel einer Spezies die Vielzahl der stochastisch verschiedenen Individuen. Diese kleineren, vielseitigen Veränderungen nennen wir in Analogie zur Physik ein Rauschen; dieser Begriff wird uns noch oft begegnen.

Wir bezeichnen diese kleinen Variationen auch als den kleinen Zufall, der bei geringsten Fluktuationen und Mutationen in der Mikro- und molekularen Ebene entsteht. Dieser Zufall ist in alle Organismen eingebaut, auch in uns, in unseren Körper und damit auch in unsere Seele.

In Ergänzung zum Spruch von Richard Feynman könnte man mit der Sicht auf Zufall sagen:

„There is plenty of room at the bottom for randomness" – da unten ist viel Platz für Zufall.

Damit hat es auch Raum für Individualität und Fortschritt (siehe Evolution). Dazu gehört als entscheidender, kleiner Zufall für uns, dass genau *das* Spermium das zur Verfügung stehende Ei erreicht hat, das uns entstehen liess. Zum Grad des wirkenden Zufalls ein Zitat aus dem deutschen Wikipediaartikel „Sperma" (gezogen Juli 2020):

„Im Schnitt beträgt das Volumen eines menschlichen Samenergusses 2 bis 6 ml, wobei 1 ml durchschnittlich 20 bis 150 Millionen Spermien enthält (vgl. beim Hengst 200–300 Mio.)."

Abb. 3.17 (**a**) Blattstrukturen. (Bild: Fractal Pattern Leaves, Wikimedia Commons, Laurenjessiehatch.) (**b**) Strukturen von Stämmen und Zweigen. (Bild: Tree Fractal, Wikimedia Commons, Laureenjessiehatch)

Es hat tatsächlich viel Raum für Glück und Unglück, für Gesundheit und Besonderheit, für Intelligenz und Dummheit da unten.

3.2.2 Wasserwellen und Zufall

> **Interviewer: Und warum bewegt sich das Wasser? Kind: Das weiss ich nicht.**
> **Interviewer: OK. Und wie bewegt sich das? Kind (gähnt): Es gibt halt Wellen.**
> **aus: Interview Studie, Moritz Halder, 2017.**

So einfach ist die Erklärung nicht – zum konkreten Wellenphänomen auf der Wasseroberfläche gehören oszillierende Spieler oder besser Gegenspieler und dazu ein Erzeuger, der die Energie für die Wellen liefert. Wasserwellen können uns anschaulich zeigen, wie Zufall wächst. Wir betrachten hier nur windgenerierte Wasserwellen, d. h. Wasseroberflächen von Flüssen, von Seen oder vom Meer, die durch Wind ausgelenkt werden. Man unterscheidet zwei Arten von Wasserwellen: Kapillarwellen und Schwerewellen (Abb. 3.18).

Bei ganz kleinen Wellen ist es die Oberflächenspannung des Wassers, die versucht, Abweichungen von der Ebenheit zurück zu ziehen. Die Oberflächenspannung macht aus der Wasseroberfläche ein gespanntes Tuch: Eine Ablenkung nach oben wird heruntergezogen,

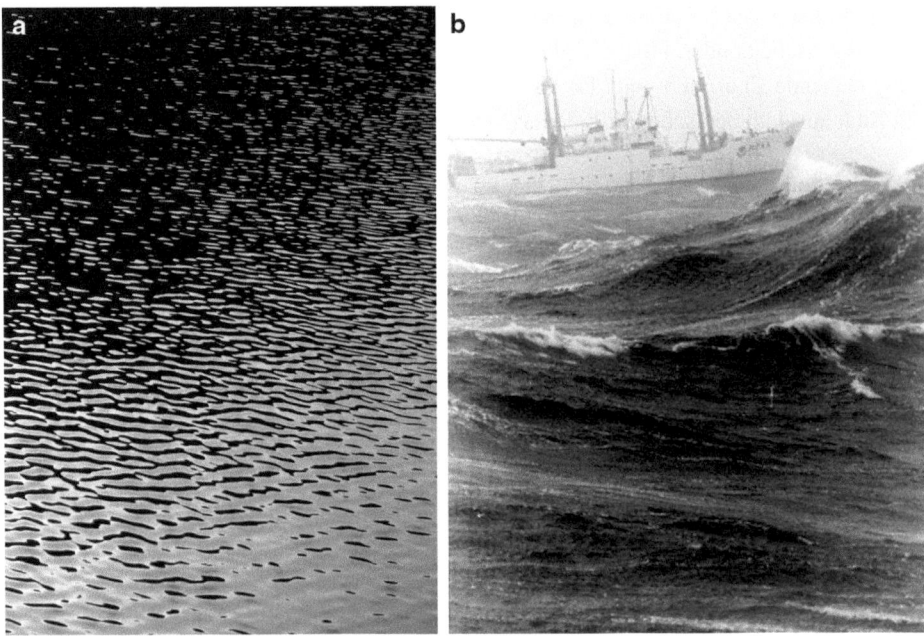

Abb. 3.18 (a) Kapillarwellen: Cat Paw's in einem Norwegischem Fjord. (Bild: Wikimedia Commons, Blue Elf). (b) Schwerewellen auf dem Ozean: Forschungsschiff Delaware II im Sturm. (Bild: Wikimedia Commons, National Oceanic & Atmospheric Administration)

eine Ablenkung nach unten dagegen nach oben. Kapillarwellen sind Wellen mit der Wellenlänge von wenigen Zentimetern und einer Ausbreitungsgeschwindigkeit von 20 bis 30 Zentimetern pro Sekunde. Es sind die Kräusel auf der Wasseroberfläche, wenn sich Wind nach Windstille erhebt, oder auch die Wellenringe, wenn Regentropfen ins Wasser fallen. Es benötigt eine minimale Windgeschwindigkeit von etwa 70 cm/sec, um Wellen überhaupt anzufachen. Dies ergibt die kürzest möglichen Wellen mit etwa 2 cm Wellenlänge. Kapillarwellen sind häufig gut sichtbar durch die Lichtreflexe oder verzerrten Spiegelungen im Wasser. Ein maritimer Ausdruck für diese sanften Wellen ist Katzenpfoten (cat's paws). Der Zufallscharakter der Wellen ist sanft und friedlich.

Bei den grösseren Wellen ist die Schwerkraft entscheidend. In diesen Wellen oszilliert die Energie zwischen potentieller Energie (dem Abstand vom Nullniveau der Wasserfläche) und kinetischer Energie (der Bewegungsenergie). Die Gesetze dieser Schwerewellen sind vollkommen verschieden von denen der Kapillarwellen. So können die Wellen so steil werden, dass sie instabil werden und sich die Welle „bricht", vor allem in flachem Wasser, wo die Wellen abgebremst werden. Aber auch diese Wellen haben einerseits Gesetze, denen sie folgen, und von der Entstehung an stochastischen Charakter. So ist es eine Gesetzmässigkeit, dass im tiefen Wasser eine Gruppe von laufenden Wellen halb so schnell läuft wie die einzelne Welle: Es sieht deshalb so aus, als tauche hinter einer Wellengruppe eine neue Welle auf, würde wachsen, durch die Gruppe laufen und an der Vorderseite der Front verschwinden.[2]

Vieles an den Wellen ist zufällig: Vom ersten Anfang an der ruhigen (aber instabilen) Grenzfläche von Wasser und bewegter Luft, von der Übertragung von Luftwirbeln auf Kapillarwellen bis zum Zusammenfallen kleiner Wellen und der Energieübertragung zu grossen Wellen bis zu 15 Metern Höhe. Der Wind muss dazu beständig und stark aus einer Richtung wehen (es ist eine Art von grossem Zufall), z. B. drei Tage lang mit etwa 90 km/h, um die 15 Meter Wellenhöhe (vom Boden bis zur Krone) zu erreichen. Die kochende See wird zur dramatischen Vorstellung von Zufall und unserem Ausgeliefertsein. Für den Segler sind schon die Wellen auf einem See bei Sturm eine eindrucksvolle (und Angst einflössende) Demonstration von Ungeordnetsein.

Der „schrecklichste Zufall auf dem Ozean" ist die Beobachtung einer Gesetzmässigkeit im Zufall, die der Autor selbst gemacht hat:

„Wenn Wellen bei einem Sturm eine bestimmte ausserordentliche Wellenhöhe haben, so werden sie irgendwann auch eine doppelte Wellenhöhe erreichen."

Wir hatten oft an der Küste des Meeres („nur" des Mittelmeers) Spaziergänge gemacht, gerade bei Sturm, und die weit draussen auflaufenden Wellen und die Gischt beim Aufprall auf die Felsen beobachtet. Ein wunderbares, eindrucksvolles Schauspiel. Aber nach einem Unwetter brachen sich die Wellen das erste Mal schon viel weiter draussen, erreichten Stellen am hintersten Rand des Sandstrands und die Gischt war doppelt so hoch wie jemals zuvor!

---

[2] Die Gruppengeschwindigkeit ist halb so gross wie die Phasengeschwindigkeit.

Das bedeutet, dass viele statistische Verteilungen von Phänomenen einen „langen Schwanz" (long tail) haben, d. h. es gibt auch weit ausserhalb vom Normalen noch mögliche Ereignisse. Bei Ozeanwellen bedeutet dies die Existenz von Monsterwellen (oder Rogue Waves).

Eines der berühmtesten Bilder aus Japan, „die grosse Welle von Kangawa" (Abb. 3.19) ist eine künstlerische Darstellung dieses Zufalls in so bedrohlicher Form für das Boot der Fischer. Monsterwellen sind selten, unvorhersehbar und von gewaltiger zerstörerischer Kraft, ein Vielfaches der üblichen grössten Wellen. Schiffe werden für Wellen gebaut, die mit bis zu 15 Tonnen pro m^2 Schiffsfläche einfallen. Die üblichen grössten Wellen brechen mit 6 Tonnen pro m^2 über das Schiff herein. Der Zufall baut durch „konstruktive Interferenz" Monsterwellen auf, die mit 100 Tonnen pro m^2 und 70 km/h über das Schiff kommen. Die grösste gemessene Höhe einer Monsterwelle ist dabei 30 Meter. Es gibt keine Warnung, eventuell geht eine Phase kurzer Beruhigung voraus. Es ist drohender Zufall für alle Schiffe nach einigen Tagen mit Sturm.

Wikipedia schreibt im Artikel „Rogue Waves" (gezogen Juli2020):

„Eine der bemerkenswerten Eigenschaften von Monsterwellen ist, dass sie immer wie aus dem Nichts erscheinen und rasch wieder ohne eine Spur zu hinterlassen verschwinden."

Beim See und wenig Wind ist der Wellenprozess Poesie, auf dem Ozean tödliches Zufallsspiel. Aber auch auf dem sanften See sind die Wellen beinahe immer Zufallstheater

Abb. 3.19 Eine künstlerische Monsterwelle (rogue wave). „Die grosse Welle von Kangawa" von Katsushika Hokusai, 1830. Tokyo National Museum. (Bild: Wikimedia Commons, Google Cultural Institute)

und Lehrstück für die Vielfalt der Strukturen, die man beobachten kann und die sich laufend verändern auf der ganzen Fläche. Es gibt sogar kleine Verwandte der Monsterwelle auf Seen, genannt „Solitone". Das sind einzelne Wellen oder kurze Wellenpakete, die über den See laufen wie aus dem Nichts und lange nicht zerfallen. Die physikalische Erklärung für Monsterwellen und Solitone ist nicht trivial (wenn „trivial" hier vor allem „linear" meint), nämlich nichtlinear, und entstand erst in der zweiten Hälfte des 20. Jahrhunderts. Sie gilt als die grösste Leistung der klassischen Physik in jenem Jahrhundert, und die dazugehörige Mathematik wird in verschiedenen anderen Bereichen angewandt und entwickelt, etwa in und mit der Quantendynamik.

Es gibt immer Überraschungen auf jeder Seeoberfläche, manchmal sogar überraschende Ordnungseffekte wie eine stehende oder wenigstens teilweise stehende Welle („Clapotis"), wenn Wellen gegen einen Strand laufen, oder sogar kreuzförmige Muster, wenn sich zwei Wellensysteme aus unterschiedlicher Richtung überlagern („Kreuzsee"). Die Abb. 3.20 zeigt eine deutliche Kreuzung von zwei Wellensystemen, die sich an der Spitze einer Insel überlagern.

Die Wellen auf einem See oder dem Meer sind ein physikalisches Lehrstück für die Welt. Sie zeigen dem blossen Auge die Zusammenarbeit von Gesetz und Zufall. Im Allgemeinen allerdings geschieht an und in der Welt dabei nicht viel mehr als der Übergang von kinetischer Energie in Wärme des Wassers. Gelegentlich gibt es ein Schiffs- oder Bootsunglück und selten, bei einem grösseren Tsunami, eine grosse Katastrophe, die den Glauben an die Friedlichkeit des Meers und der schönsten Strände raubt.

Abb. 3.20 Kreuzsee. Zwei Dünungssysteme kreuzen sich. Phare des Baleines, Ile de Ré. (Bild: Wikimedia Commons, Michel Griffon)

In jedem Augenblick, auf jedem Quadratmeter oder Quadratzentimeter Wasseroberfläche entsteht und vergeht Information. Diesen Vorgang wollen wir unten genauer und in mehr Ruhe betrachten. Als Einführung sehen wir uns die auftretenden Informationen näher an.

3.2.3 Welche Information ist um uns? Zufall oder Plan?

„Glatte Gestalten kommen in der Wildnis selten vor, aber sie sind im Elfenbeinturm und in der Fabrik wichtig."
Benoît Mandelbrot, französischer Mathematiker, 1924–2010.

Der feine Unterschied
Der Elfenbeinturm steht für die klassische Wissenschaft, die Fabrik für das von Menschen industriell Gemachte. Diese Nachricht von Benoît Mandelbrot haben wir schon in anderer Form diskutiert; jetzt untersuchen wir die Objekte in Wildnis und Zivilisation etwas tiefer und sehen zum einen Objekte, deren Bauplan man kennt, und solche, deren Plan unbekannt ist oder den wir nicht verstehen. Der Unterschied ist fundamental und gilt für die Unterscheidung bei Zahlen, bei Programmen sowie entsprechend bei der Welt insgesamt.

Bei Zahlen sehen wir in diesem Sinn zum einen Zahlen mit einem (bekannten) Bauprinzip, etwa die Zahl 2/3, und andrerseits Zufallszahlen, bei denen alle Ziffern gewürfelt werden: 5 6 1 3 3 2 als Beispiel. Zwar ist der Bruch 2/3 im Dezimalsystem eine unendliche Folge von „6", aber die Rechenvorschrift liegt vor und ist einfach. Als Rechenprogramm wären es wenige Zeilen Code, und alles ist festgelegt. Anders bei Zufallszahlen oder bei Zahlen, deren Baugesetz man nicht kennt oder nicht erkennt: Man muss jede einzelne Dezimalziffer kommunizieren und explizit speichern.

Entsprechendes gilt bei Programmen. Ist ein laufendes Programm eine schwarze Box, so muss man es unbegrenzt oft laufen lassen, um das Programm als Ganzes zu erfassen. Kennt man die innere Struktur und den Ablauf der Befehle, so hat man eine ganz andere, überlegene Position. Die Länge des zugehörigen Programms ist ein Mass für die Komplexität der Aufgabe, die das Programm löst. Diese Definition macht noch einmal eine paradoxe Eigenschaft der Mandelbrot-Menge deutlich:

Zwei einfache Gleichungen, d. h. ein ganz kurzes Programm, erzeugen das komplizierteste Objekt der Mathematik!

Die Mandelbrot-Menge ist gleichzeitig eines der einfachsten und das komplexeste Objekt der Mathematik, je nach Informationsstand, ob wir die Gleichungen kennen oder nur die einzelnen Punkte und die Grafiken.

Information in der physikalischen Welt
Bei den physikalischen Bereichen, z. B. dem See und seinen Wellen oder dem Himmel mit den Wolken, dominiert der Zufall die physikalischen Baugesetze, die den Typ der Wellen

oder den Typ der Wolken bestimmen. Aber es ist möglich, das äussere pseudofraktale Erscheinungsbild von Wellen oder Wolken (oder Gebirge) durch synthetischen Zufall und mit Software zu erzeugen. Das Ergebnis sind simulierte Bilder oder Modelle der physikalischen Welt, die ihrerseits eingefrorenen Zufall enthalten und dadurch realistisch wirken. Die Abb. 3.21 zeigt eine künstliche „realistische", ja beinahe romantische Szene, produziert mit heutiger Technologie. Obwohl es nur um die äussere Erscheinung geht, ist die Darstellung von Wolken eine schwierige Aufgabe mit viel Physik: Die Form der Wolke ist pseudofraktal, das Licht aus der Wolke wird mehrfach gestreut, bis es den Betrachter erreicht, und es ist Sonnenlicht und Licht vom Hintergrund des Himmels. Ob real oder virtuell, die Information der Wolke (und entsprechend einer Wasserfläche) hat einen physikalischen Kern plus viel Zufall, erzeugt aus der Natur oder im Computer.

Information in der belebten Welt
Die biologischen Bereiche unserer Umwelt, etwa die Bäume und Gräser, haben eine weitere, entscheidende Datenquelle: Sie besitzen definitionsgemäss einen von der Physik getrennten Bauplan, das Genom. Nach Wikipedia (gezogen Juli 2020):

„Das Genom ist die Gesamtheit der materiellen Träger der vererbbaren Informationen einer Zelle oder eines Viruspartikels. Im abstrakten Sinn versteht man darunter auch die Gesamtheit der vererbbaren Informationen (Gene) eines Individuums."

Es ist die recht stabil gespeicherte Software des Lebens, die – zusammen mit der Chemie der Proteine und Aminosäuren als Prozessor – das Grundgerüst für den Aufbau eines Individuums bildet.

Abb. 3.21 Eine künstliche „Naturszene" mit Mondlicht, Wolken und Regen. Das verwendete physikalische Modell der Atmosphäre ist NUMA, entwickelt an der US Naval School. Die Visualisierung erfolgt mit der kommerziellen Software Maya®. (Bild: Andreas Müller, aus http://anmr.de/cloudwithmaya/. Mit freundlicher Genehmigung)

Baupläne, die weitergegeben werden an die nächste Generation, sind geschütztes Wissen und Gelerntes aus vielen vorhergehenden Leben (und Toden) und Zufällen.

Sie sind viel mehr als die spontane Bildung von Strukturen in der Welt der Physik.

Die Grafik in Abb. 3.22 zeigt die Grössen der Genome verschiedener Klassen von Lebewesen in der genetischen Einheit von Basispaaren, also Paarungen von Aminosäuren, die sich in der Helix des Doppelstrangs gegenüber liegen. In normalen Informationseinheiten gemessen, entspricht ein Basispaar gerade 2 bits; solche Dibits hat man früher bei den „Modems" der Kommunikation über Telefonleitungen auch verwendet.

Zunächst stellt man ein Paradoxon fest, das sog. C-Wert Paradoxon: Die Genomgrössen korrelieren nicht direkt mit dem Grad der Komplexität der Organismen. Bei Tieren haben die Amphibien die grössten Genome, die überhaupt grössten Genome haben die Pflanzen und dort die Lilienartigen oder Liliales. Als Mass für die Komplexität kann nur das kleinste Programm dienen, das die gesuchte Funktion ausführt (Chaitin 1969).

Die Menge Information im menschlichen Genom beträgt etwa 3,2 Milliarden Basenpaare, oder mit 4 Basen pro einem Byte (also einem „Oktett" an Bits) etwa 800 Mbytes pro Mensch und pro Zelle. Das ist nicht viel Information und auch nicht viel benötigte

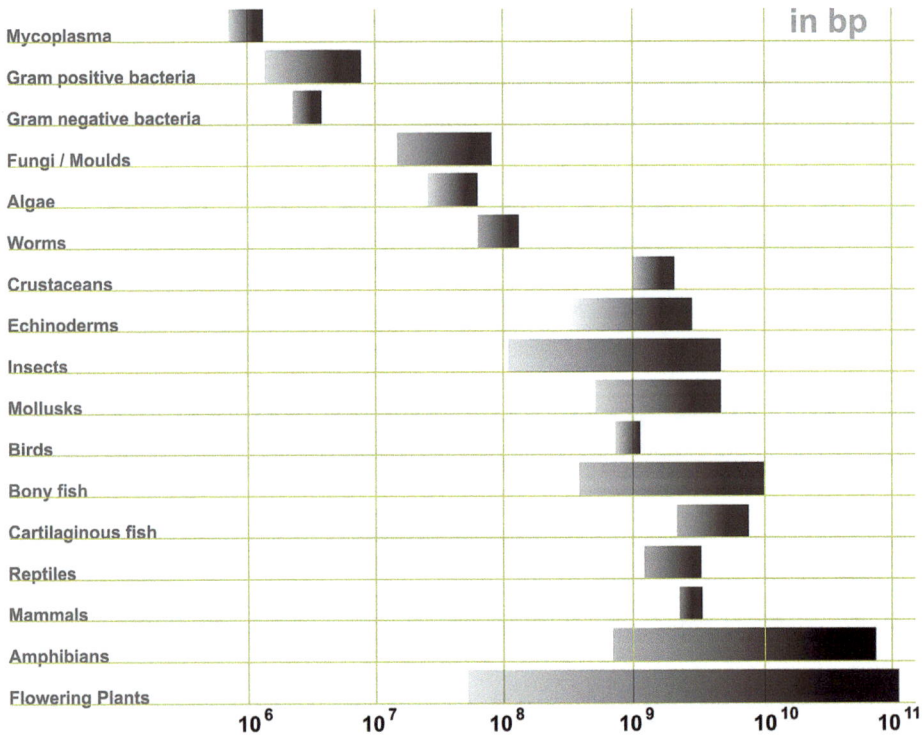

Abb. 3.22 Die Genomgrössen verschiedener Lebewesen in Basenpaaren(Variationsbereiche). (Bild: Genome sizes, Wikimedia Commons, Abizar at English Wikipedia)

Masse: Der Bauplan des Menschen ist unglaublich dicht gepackt! Die Masse der 3,2 Milliarden Basenpaare ist nur etwa 3 Pikogramm oder für normale Zellen verdoppelt etwa 6 Pikogramm. Die Zahl der Zellen mit DNA-Kern im Körper ist in der Literatur stark spekulativ. Die Zahl der Zellen im Körper wird auf 30 Billionen geschätzt (Greshko 2016). Nehmen wir die Grössenordnung von 10 Billionen davon an für Zellen mit DNA, so würde dies bereits die erkleckliche Masse von etwa 60 Gramm DNA pro Mensch bedeuten, noch ohne den DNA-Gehalt der in uns lebenden 40 Billionen Bakterien.

Das ist eine überraschend makroskopische Menge! Noch erstaunlicher ist die Menge DNA in der Biosphäre. Vom Standpunkt der Information ist die Biosphäre insgesamt eine riesengrosse Bibliothek an Softwareblöcken, kodiert in Materie, in DNA. Die Autoren Landenmark et al. (2015) schätzen die Menge an Information in der Biosphäre der Welt zu 5×10^{31} Millionen Basenpaaren oder, in üblicher Masseinheit der IT, zu etwa 10^{22} GigaBytes. Damit wird DNA beinahe zu einem Massenprodukt: die gebundene Masse beträgt 50 Milliarden Tonnen, das Volumen etwa 30 Millionen m³ DNA. Die Menge an DNA entspricht ungefähr der jährlichen Produktion von PET!

Die Biosphäre ist damit ein gewaltiges Speicher- und Rechensystem, das schwach miteinander gekoppelt ist – sicher nicht so eng wie in der Gaia-Hypothese[3] vermutet. Die Gesamtzahlen der gespeicherten Daten sind um viele Grössenordnungen grösser als die der grössten technischen Datenspeicher.

Fassbarer sind die gesamten Datenmengen aller Spezies, wenn man allein die Summen der Referenzdaten für alle wahrscheinlich 10 bis 15 Millionen Tier- und Pflanzenarten berechnet. Man erwartet etwa 20 PetaBytes oder 2×10^7 GigaBytes für das Earth BioGenome Projekt, das genau diese globale Sammlung zum Ziel hat (sangerinstitute 2018). Diese Aufgabengrösse ist technisch schon heute machbar.

Die typische „Rechneroperation" des biologischen Computers ist die Kopierfunktion der Information der DNA, die Transkription von DNA auf RNA. Auch hier ergeben sich unglaublich hohe Werte für die Leistung, gemessen in NOPS, Nucleotide Operations per Second. Die Autoren Landenmark et al. geben den Wert von 10^{39} NOPS an, viele Grössenordnungen höher als auch bei den grössten technischen Computern. Auch bei einem relativ zuverlässigen Kopierprozess mit einem Fehler auf 100.000 Kopiervorgänge bedeutet dies astronomisch grosse Zahlen von Fehlern (und damit Zufall), die laufend eingebracht werden – eine Grundlage der Evolution.

Die gespeicherten Daten im grossen Biosphärensystem sind weitgehendst identisch innerhalb einer Spezies, aber auch quer durch die Arten (Independent, 2018):

- Wir Menschen haben quer durch die Rassen 99,9 % des Erbguts gemeinsam,
- Zu den Schimpansen sind es noch 98,5 %.
- Katzen noch 90 %,
- Mäuse 85 %, Hausrinder 80 %, Fruchtfliegen 61 % und Bananen 60 %.

---

[3] Die Gaia-Hypothese verbindet die Erdoberfläche und die Biosphäre zusammen zu einem Organismus.

Die Gene und ihre Umgebung sind ein mehrfaches Spielfeld des Zufalls; oberflächlich sehen wir

- das ganz grosse, langfristige Spiel, die Evolution, das zu den Arten geführt hat,
- das Zufallsspiel innerhalb der Arten, die Mikroevolution
- und aktuelle Zufälle, in Softwaresprache „in Echtzeit".
medizinisch „de novo" Mutationen,
- die Mischung durch die zufällige Partnerwahl.

Dem grossen Zufallsspiel „Evolution mit Mikroevolution" widmen wir ein eigenes Kapitel. Hier für unsere Analyse des Zufalls stellen wir fest, dass die Baupläne der Organismen die Zufälle von Millionen von Jahren gespeichert haben mit einer riesigen Variationsmöglichkeit.

Für den Echtzeit-Zufall sind die Mutationen ein Beispiel, die ein Individuum ansammelt und überträgt und die gelegentlich z. B. zu Trisomie führen, dem Down Syndrom, oder auch zu Schizophrenie.

Dazu kommt die normale Mischung der Gene durch den Zufall bei der sexuellen Vermehrung. Das menschliche Genom hat mindestens 10 Millionen Variationsmöglichkeiten in der Genetik:

> „Zwei zufällig ausgewählte, nicht nahe verwandte Menschen unterscheiden sich dadurch in Millionen von Basenpaaren, abgeschätzt jeder von uns in etwa vier Millionen Basenpaaren von einem zufällig ausgewählten anderen Menschen."
> aus Wikipedia, „Genetische Variation", gezogen Juli 2020.

Mit diesen Variationen werden viele unserer Merkmale zu Zufall: Körpergrösse, Hautfarbe, Augenfarbe, unsere Anfälligkeit für verschiedene körperliche Krankheiten und manche psychischen Eigenschaften.

„Augenfällig" werden die genetischen Unterschiede im wahrsten Sinn des Wortes bei der Augenfarbe und überhaupt bei der Farbstruktur der menschlichen Iris, der Blende des Auges (Abb. 3.23). Mehrere Gene sind an der Farbbildung beteiligt. Sieht man etwas genauer auf das Auge, so stellt man Einzelheiten im Farbmuster der Iris fest. Diese Muster bilden sich (auf genetischer Grundlage) in den ersten Monaten des Lebens aus und bleiben dann nahezu unverändert für den Rest des Lebens. Sie sind typisch für das Individuum und selbst bei eineiigen Zwillingen nicht identisch. Darauf beruht die Verwendung der Iriserkennung als einfaches und präzises Verfahren zur Identifikation von Menschen, die Biometrik.

Allgemein sind die verwendeten biometrischen Verfahren Beispiele für „ausgeprägten Zufall im Individuum" oder von grosser Unordnung in der Ordnung des lebendigen Menschen. Solche Zufalls-Effekte sind etwa die Linien auf Fingern und auf der Hand, die Form der Ohren, die Feinstruktur der Stimme und schliesslich die DNA oder der „genetische Fingerabdruck". Für die praktische Anwendung als Zugangskontrolle oder in der Kriminalistik muss das Kriterium möglichst eindeutig sein in der ganzen Menschheit,

3.2 Genauer Hinsehen im Alltag

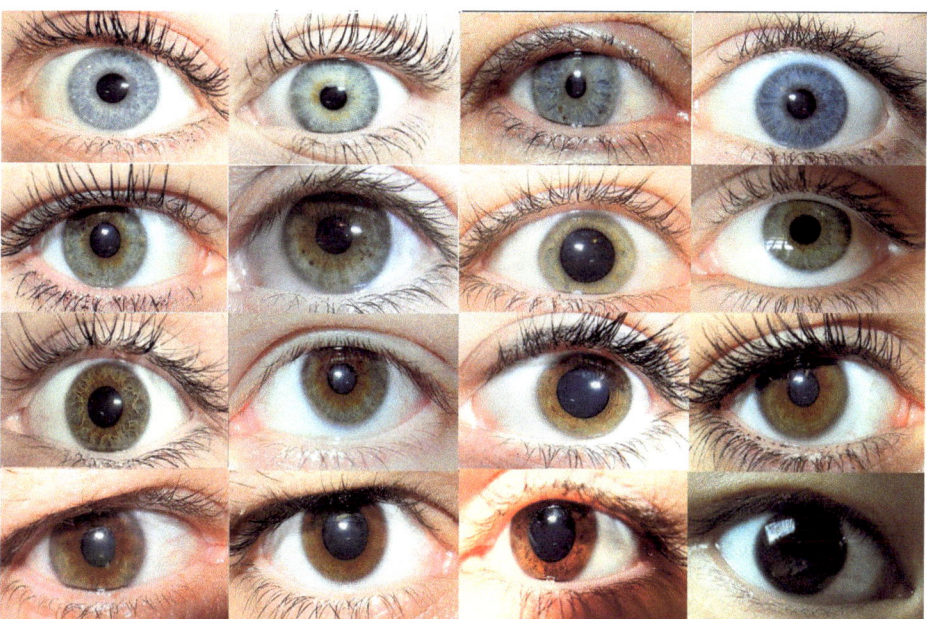

Abb. 3.23 Auge und genetischer Zufall: die Variation der Augenfarbe. (Bild: Farbverlauf Augenfarben, Wikimedia Commons, LeuschteLampe)

beständig sein für ein Individuum über das ganze Leben hinweg, möglichst bei jedem vorhanden und dazu leicht zu messen sein.

Einen grundlegenden Mechanismus zur Erzeugung von typischen makroskopischen Zufallsmustern in der Natur hat der geniale Informatiker Alan Turing 1952 gefunden und mathematisch beschrieben. Es war die dritte grosse Originalidee von Turing nach der Turing-Maschine (dem Computermodell der theoretischen Informatik) und dem Turing-Test (als Pionierbeitrag zur Künstlichen Intelligenz). Es sollten mehrere Jahrzehnte vergehen, bis die Idee dieses „Turing-Mechanismus" anerkannt wurde.

In der chemischen Interpretation des Mechanismus wirken zwei an sich homogen verteilte Substanzen zusammen (oder besser gegeneinander) und erzeugen Streifen, Flecken, Spiralen oder hexagonale Strukturen. Aus den kleinen zufälligen (sub-) mikroskopischen Fluktuationen entstehen dadurch typische makroskopische Zufallsmuster, die häufig für uns die Schönheit einer Pflanze oder eines Tieres ausmachen. Wir nennen dies nach Popper „gerichteten Zufall". Die Abb. 3.24 zeigt als Beispiel eines solchen Turing-Musters die Haut des Goldringel-Kugelfisches, aber natürlich sind auch Zebra- und Gepardenfell wunderbare Beispiele aus der Biologie.

Ein physikalisches Beispiel sind die Kräuselwellen im Sand der Dünen (Abb. 3.25), die ebenfalls als Turing-Muster angesehen werden können. Der Wind baut Rippen aus Sand auf. Dabei wirkt der Kamm als Sandsenke und reduziert den Sandstrom in der Luft dahinter; dies ergibt einen etwa gleichen Abstand zur nächsten Sandwelle in der Düne. Zum Vergleich sind die Verhältnisse bei Wasserwellen – obwohl nichtlinear – klarer: Es geht

Abb. 3.24 Turing-Muster auf der Haut des Goldringel-Kugelfischs. (Bild: Giant Puffer Fish Skin (Ausschnitt), Wikimedia Commons, Chiswick Chap)

Abb. 3.25 Turing-Muster im Sand einer Düne in Erg Chebbi in Marollo. (Bild: Morocco Africa Flickr Rosino (Ausschnitt), Wikimedia Commons, Rosino)

dort um die dynamische, recht zufällige Verteilung der verschiedenen beteiligten Energieformen wie Oberflächenspannungs-, Gravitations- und kinetischer Energie untereinander.

Wir sehen: Über die glatten gesetzmässigen Strukturen, etwa von Auge, Haut oder Fell, ist Zufall gelegt, sehr viel Zufall, messbar in Bytes als Information. Trotz der Grundlage der Pläne ist überall Zufall: Auf der Wiese mit den Grashalmen und Blumen, im Wald mit Bäumen und Blättern. Je genauer man hinsieht, umso mehr Zufall wird man entdecken. Der Bauplan für die grosse Eiche umfasst etwa 185 MegaBytes, aber die Information, die man benötigt, um den grossen, ausgewachsenen Baum Zweig um Zweig, Blatt um Blatt, auch nur in den Details zu erfassen, die noch mit blossem Auge sichtbar sind, ist um Grössenordnungen grösser.

Der meiste Zufall scheint harmlos zu sein, aber insgesamt geht uns doch Sicherheit damit verloren. Und sogar nur die Haut- oder Haarfarbe kann ein Leben verändern:

> „Die Blondinenwitze …. sollten niemals ernst genommen werden. Wer denkt, die Haarfarbe (oder Hautfarbe) oder sonst ein äusserliches Merkmal sei ein Indiz für einen bestimmten Charakter oder auf eine besondere Intelligenz, dem fehlt es meistens selbst daran."
> Vorwort zu „Blondinenwitze" in Programmwechsel.de

Zusammenfassung des Kapitels

Um uns herum ist Zufall. Wir wollen ihn nicht übersehen oder über ihn hinwegmitteln, sondern ihn würdigen, obwohl das Ignorieren oder beinahe Ignorieren in der Wissenschaft so erfolgreich war und ein Credo für die klassische Kunst bedeutete, die bis ins 19. Jahrhundert vor allem das Glatte, Perfekte liebte. Ein erster Mathematiker, der die ungeordnete, krause Natur mit Zufall untersuchte, war Benoît Mandelbrot. Seine mathematische Methode dazu ist die geometrische Theorie der Fraktale. Durch diese Theorie erhalten die gekräuselten Kurven der Natur eine effektive Dimension, die grösser ist als eins, und die gefalteten und rauen Oberflächen eine Dimension grösser als zwei.

Der Mechanismus, mit dessen Hilfe die Natur wächst, ist für Mandelbrot die Selbstähnlichkeit, die Wiederholung einer Konstruktion in kleinerer (oder grösserer) Grösse. In der Mathematik geht dies natürlich bis ins Unendliche, in der Natur nur über zwei oder drei Grössenordnungen, dann ändern sich die physikalischen Randbedingungen, mit denen die Natur eine Aufgabe löst, wie etwa „möglichst viel Oberfläche bei möglichst geringer Masse" bereitzustellen. Solche „Fraktaleske" findet man überall, ob beim Blumenkohl oder bei Schneekristallen.

Sehen wir uns im Alltag um, so entdecken wir überall Zufall. Sind es industriell hergestellte glatte Formen, so müssen wir dazu das Mikroskop nehmen oder hinunter gehen bis in die Nanotechnologie.

Ein besonderes schönes Beispiel von Zufall und Gesetzmässigkeit sind Wellen auf einem See oder dem Ozean. Das Spektrum reicht von leichtem Zufall und lieblichen Wellen bis zu erratischen Monsterwellen mit tödlichem Zufall. Wenn der Wind ausbleibt, versinken die Wellen und ihre Energie und ihre Information verschwindet in den thermischen Zitterbewegungen der Wassermoleküle.

> An den Wellen kann man das Funktionieren von Zufall in der Natur verstehen: Es ist das Wechselspiel zwischen verschiedenen physikalischen Kräften, die Zufall aufbauen oder dämpfen.

In der Welt des Lebenden gibt es etwas fundamental Neues, nämlich Baupläne. Die Baupläne selbst sind „eingefrorener Zufall". Der Zufall spielt mit den Bauplänen, er verändert sie physikalisch langsam oder mittelschnell (Evolution und Mikroevolution) oder er mischt sie neu, etwa in der sexuellen Vermehrung. Auf alle Fälle und überall haben wir im Erscheinungsbild viel Zufall, ob beim Menschen oder bei einem Baum. Darunter versteckt ist massvoll die Information in den individuellen Bauplänen und darunter (oder über allem) sind die Naturgesetze der Physik als Fundament. Es ist die Absicht des Buchs zu zeigen, dass der Zufall in das Fundament eingebaut ist.

Meistens ist der kleine Zufall in der Welt nur eine Art passives Rauschen. Aber ist es nicht doch beunruhigend, dass der Zufall beinahe überall in der Welt wirkt? Es ist beinahe ein versteckter Pantheismus!

Literatur

Braden, Gregg. 2009. *Fractal time: The secret of 2012 and a new world age*. Carlsbad: Hay House.
Brookman, W. R. 2015. *Orange proverbs and purple parables*. Eugene: Wood & Stock.
Chaitin, Gregory, 1969. On the length of programs for computing finite binary sequences: statistical considerations. *Journal of ACM*. https://doi.org/10.1145/321495.321506.
Greshko, Michael. 2016. *How many cells are in the human body – And how many microbes?* Nationalgeographic.com/news/2016/01/160111. Zugegriffen im Juni 2020.
Hehl, Walter. 2018. *Galileo Galilei kontrovers*. Heidelberg: Springer.
Landenmark, Hanna, et al. 2015. *An estimate of the total DNA in the biosphere*. https://doi.org/10.1371/journal.pbio.1002168.
Sturm, Hermann. 2003. *Alltag und Kult: Gottfried Semper, Richard Wagner, Friedrich Theodor Vischer*. Basel: Birkhäuser.
Turing, Alan. 1952. The chemical basis of morphogenesis. *Philosophical Transactions of the Royal Society* 237: 37–72.

Den Zufall in der Welt verstehen

4

„Das ewige Geheimnis der Welt ist, dass wir sie verstehen können. Diese Tatsache ist ein Wunder." (Albert Einstein, deutsch-schweizerischer Physiker, 1936)

Einstein bezieht sich auf den Status der Physik und vor allem auf die Fortschritte in der Modellierung des Kosmos auf der Grundlage „seiner" Allgemeinen Relativitätstheorie. Im Jahrzehnt vor diesem Zitat wurde der grundsätzliche Bau des Universums sichtbar – die Entfernung des Andromeda-Nebels M31 wurde bestimmt, zwar noch zu klein aber doch weit ausserhalb der Milchstrasse. Die Rotverschiebung der Galaxien war seit 1912 bekannt, im Jahr 1927 hatte der belgische Priester Georges Lemaître daraus bereits auf die Expansion des Alls geschlossen. Seine Arbeit auf Französisch war in einer ganz speziellen Zeitschrift, den Annalen der wissenschaftlichen Gesellschaft von Brüssel, erschienen und blieb nahezu unbekannt, obwohl Einstein Lemaître und dessen Gedanken nach anfänglichem Zögern förderte.

Der amerikanische beobachtende Astronom Edwin Hubble hat 1929 die Beziehung veröffentlicht, die heute offiziell das Gesetz von Hubble-Lemaître heisst: Je weiter weg eine Galaxie, desto grösser die Rotverschiebung. Man hielt es zunächst für eine übliche Doppler-Verschiebung durch das Entfernen der Objekte, aber heute weiss man

- der Raum selbst dehnt sich zwischen den Galaxien aus, und
- es gab einen Anfang für das Universum.

Lemaître gilt als der Entdecker des „Big Bang", des Urknalls, den er das „primordiale Atom", das Uratom, nannte. Das Wort „Big Bang" war vom britischen Astronomen Fred Hoyle erst 1949 erfunden worden – um die Idee zu verspotten. Hoyle hatte damit einen der populärsten wissenschaftlichen Begriffe geschaffen.

Der Urknall hatte auch religiöse Gedanken ausgelöst über die klassische Schöpfung durch einen Gott, aber dies ist unpassend: Entweder ist Gott ein Prinzip, dann ist es nur ein zusätzliches Wort für eine Wissenslücke, das nichts erklärt, oder Gott hat menschliche Züge, dann ist das Bild total unpassend für den Akt der Erschaffung des Kosmos mit Materie und Energie, Raum und Zeit. Es geht nicht um die Erschaffung der Welt *in* der Zeit und im Raum, sondern um die Erschaffung *von* Zeit und Raum.

Was Einstein beginnt zu verstehen, aber nicht akzeptiert, sind die Anfänge der Quantentheorie. Einstein und die Physiker der ersten Hälfte des 19. Jahrhunderts haben mit Relativitätstheorie und Quantentheorie aber erst das Verständnis der physikalischen Seite der Welt, aber es gibt mehr. Es fehlt die ganze Seite der Informationsverarbeitung. Erst ab etwa 1950 (wenige Jahre vor Einsteins Tod) zeichnet sich ab, dass die „geistige" Seite der Welt etwas mit der aufkommenden Informationsverarbeitung zu tun hat. Es geht um das prinzipielle Verstehen der Fragen des Emil du Bois: Wie empfindet man? Wie denkt man? Es ist grossartig und war 1872 wie 1936 nicht vorhersehbar, dass wir diese Fragen würden beantworten können. Das Weltmodell soll deshalb nicht nur die Physik umfassen, sondern auch die biologische und intellektuelle Seite der Welt und, natürlich, den Zufall. Und der Zufall beginnt mit der Entstehung des Universums.

4.1 Big Bang und der Erste und der Zweite Zufall

„Wir Menschen existieren auf der Erde, weil das Potential für unsere Existenz im Big Bang gelegt wurde, vor 13,7 Milliarden Jahren, als das Universum in das Sein hinein explodierte."
Robert Brown, australischer Autor und Politiker, geb. 1944.

4.1.1 Die Entstehung der Welt aus dem Vakuum

Das Vakuum ist nicht ein Nichts oder das Nichts, sondern ein

„kochendes Gebräu aus virtuellen Partikeln, die erscheinen und wieder verschwinden, aber so rasch, dass wir sie gar nicht direkt sehen können."
Lawrence M. Krauss, amerikanischer Physiker, geb. 1954.

Das Vakuum des Universums bricht auf – zufällig, und es hat den Urknall gegeben. Aber dies ist in unserer Sprechweise „postmoderne Physik": Physik mit vielen Alternativen und Theorien, die auf die Bestätigung durch Experimente und Beobachtungen warten. Was konkret vorliegt ist

- die gemessene Ausdehnung des Alls nach Hubble-Lemaître,
- die kosmische Hintergrundstrahlung, entdeckt von Arno Penzias und Robert Wilson im Jahr 1964 mit einer experimentellen Antenne der Bell Labs.

4.1 Big Bang und der Erste und der Zweite Zufall

Dazu kommt mit der Entstehung sofort ein Problem: Aus Symmetriegründen sollten Materie und Antimaterie genau im gleichen Masse entstehen – aber wir leben in einem Universum aus normaler Materie; jedes Klümpchen Antimaterie zerstrahlt in unserer Welt sofort zu einem Maximum möglicher Energie. Erst jetzt, im Jahr 2020, zeichnet sich der experimentelle Beweis ab, dass sich gewisse Teilchen, die leicht zu erzeugenden und schwer zu fassenden Neutrinos und ihre Gegenteilchen, die Antineutrinos, nicht voll symmetrisch verhalten.

Hier einige aktuelle Schlagzeilen (April 2020):

„Das Yin-Yang des Big Bang" (World Science Festival)
„Warum der Big Bang mehr als Nichts gemacht hat" (NY Times)
„Neutrinos erklären, warum wir nicht in einer Welt aus Antimaterie leben" (New Scientist)

Dieser beinahe zufällig aussehende Unterschied könnte der Schlüssel sein für die ganze Existenz!

Die kosmische Hintergrundstrahlung im Mikrowellenbereich wurde gleich als der erwartete Nachklang des Big Bang identifiziert. Die Strahlung ist, im Jargon, noch der „Rauch der abgeschossenen Waffe" und rührt von dem Zeitpunkt, als das Universum gerade soweit abgekühlt war, um neutrale Atome zu bilden – es waren 300.000 Jahre seit dem Big Bang vergangen. Bei der Abkühlung um den Faktor 1000 entstand die Hintergrundstrahlung, entsprechend recht genau 2,725 Kelvin Resttemperatur, die in alle Himmelsrichtungen gleich gross ist mit nur geringen räumlichen Rest-Zufallsschwankungen.

Damit ist das Universum aus einem Zufall (oder zwei Zufällen, wenn man das Materie-Antimaterie-Problem als zufällig gelöst ansieht) entstanden: Aus dem Big Bang mit einem zufälligen Überwiegen von Materie über Antimaterie in einer Quantenfluktuation (Abb. 4.1), als selbst Raum und Zeit eine Art Partikel oder „Blase" waren. Der grossen Variation der Fluktuationen des Anfangs folgt eine kuriose Periode des Mixens und eine

Abb. 4.1 Das hypothetische Chaos der Quantenfluktuationen beim Big Bang. Künstlerische Illustration des „Quantenschaums". Bild: NASA/CXC/M.Weiss

kuriose, extrem kurze und extrem grosse Ausdehnung, die Inflation, die die ursprünglich benachbarten Punkte weit auseinanderzieht und das heute homogene Strahlungsbild erzeugt. Nach einigen hundert Millionen Jahren verstärken sich die restlichen zufälligen Dichteschwankungen zu relativ dichteren Gaswolken, aus denen nach etwa 200 bis 400 Millionen Jahren die ersten Sterne entstehen, grosse, junge Sterne. Aus den Supernovae dieser Sterne entsteht dann der Sternenstaub, aus dem wir zufällig bestehen:

„Der Stickstoff in unserer DNA, das Kalzium unserer Zähne, das Eisen in unserem Blut, der Kohlenstoff in unseren Apfelkuchen – wir sind aus dem Innern kollabierender Sterne gemacht. Wir sind aus Sternenstoff."
Carl Sagan, amerikanischer Astronom und Autor, 1934–1996.

Natürlich ist auch der Kohlenstoff in unserem Protein eigentlich aus Sternenstaub, nicht nur der Apfelkuchen.

4.1.2 Anthropisches Prinzip und Goldilock-Rätsel, Notwendigkeit oder Agglomerat von Zufällen?

„Das Goldlöckchen-Rätsel [Goldilock's Enigma] ist die Idee, dass alles im Universum gerade für das Leben passt, so wie der Haferbrei in der Geschichte."
Paul Davies, britischer Physiker und Autor, geb. 1946.

Ursprung ist die englische Kindergeschichte aus dem 19. Jahrhundert von dem Mädchen Goldlöckchen. In der üblichen Variante ist das Mädchen Goldilock in das Häuschen der drei abwesenden Bären eingedrungen und isst von deren Brei, setzt sich auf deren Stühle und legt sich in die Betten. Es gibt aber drei Breischüsseln, drei Stühle und drei Betten – sie probiert alle aus und immer passt ihr nur das letzte. In diesem Sinn wohnen wir auf einem Goldlöckchen-Planeten, auf dem alles optimal ist (oder war).

Das Universum ist von Anfang an bis heute auch ein Werk des Zufalls oder der Zufälle. Aber es passt alles wunderbar zusammen: Unsere Sonne und deren Masse und chemische Zusammensetzung, die stabile Kernfusion über Milliarden von Jahren ermöglicht, und die Zusammensetzung der Erde und unserer Körper, so dass Leben auf Kohlenstoffbasis entstehen kann, mit grünem Chlorophyll passend zum Licht der Sonne mit Magnesium und rotem Hämoglobin für den Sauerstoff mit Eisen.

Die vornehmere, philosophierende Fassung des Goldlöckchens ist das Anthropische Prinzip, formuliert vor 50 Jahren, aber als Grundidee schon länger bekannt als das Gefühl, dass das Universum so, wie es ist, sein muss, um den Menschen hervorzubringen (Wallace 1904). Die Bezeichnung „anthropisch" (nach dem Griechischen *anthrōpikos* – ‚von oder für den Menschen') zeigt die Ich-Bezogenheit von uns Menschen: Es ist alles so gemacht, damit wir existieren. Diese Aussage kann nach heutigem Wissen nicht hart widerlegt werden – der Widerspruch und die These, dass es unendlich viele Welten gebe, hat Giordano

4.1 Big Bang und der Erste und der Zweite Zufall

Bruno im Jahr 1600 das Leben gekostet! Der Satz „*Es ist alles so gemacht, dass wir existieren*" kann verschieden interpretiert werden, „neutral" oder „egoistisch-menschlich":

- Neutral oder „schwach": Es ist halt so. Punkt.
- Menschlich-kausal oder „stark": „Jemand" hat dies gerade so gemacht für uns!

Diese emotionale und nichtwissenschaftliche Diskussion um das „schwache" oder „starke" anthropische Prinzip lässt sich besonders gut am Zitat des so geistreichen deutschen Physikers Georg Christoph Lichtenberg (1742–1799) führen:

„Er [der Philosoph] wunderte sich, dass den Katzen gerade an der Stelle zwei Löcher in den Pelz geschnitten wären, wo sie Augen hätten."

Hier sind wir allerdings Betrachter von aussen (wenn auch nicht „Schöpfer"):

Wir können die sehenden Katzenaugen nur „schwach" als Tatsache akzeptieren oder tiefer gehen und „stark" verstehen, dass sie in der Evolution zusammen – Auge, Augenlider und Fell – entstanden sind. Ein Beweis, dass die Aussage nicht trivial ist, wäre die Beobachtung von Fehlern: z. B. von Kätzchen, die nach der Geburt noch Fell über den Auge haben. Es gibt bei Katzen ja sogar das „dritte Lid", die Nickhaut, die bei mancher Krankheit wirklich vorfallen kann. Im Prinzip könnte auch eine sehende Katze bemerken, dass manche Katzen eine Störung haben.

Beim Universum stehen wir nicht daneben, haben keinen Vergleich, und die Existenz vieler Universen ist nur eine postmoderne Hypothese. Rational gibt es allein die schwache Aussage, aber es gibt starke Gefühle (siehe dazu Hehl 2019): Die Liste der anthropischen Koinzidenzen, also der Effekte, die gerade unsere Existenz ermöglichen, ist lang, mehrere Dutzend Phänomene lang. Es beginnt bei der Feinabstimmung der Naturkonstanten, den Feinheiten des Urknalls, dann der Entwicklung der Sonne, dem Entstehen der Erde und der Position der Erde in der „habitablen Zone" des Sonnensystems (Abb. 4.2).

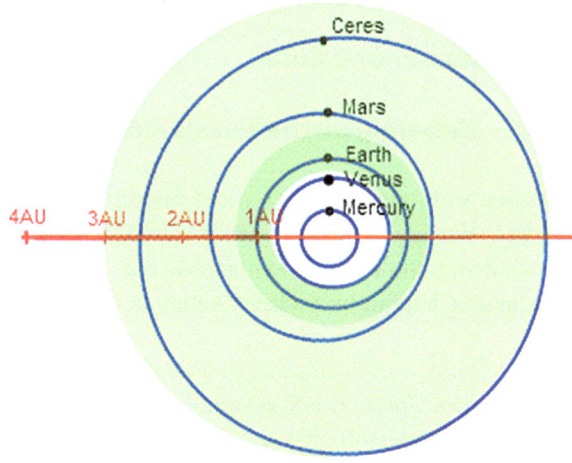

Abb. 4.2 Die habitable Zone in unserem Sonnensystem. Bild: Wikimedia Commons, EvenGreenerFish

Wahrscheinlich ist sogar der ungewöhnlich grosse Erdmond ein stabilisierendes Element für unsere Entwicklung. Es sieht wirklich emotional so aus, als sei alles künstlich geschaffen, für uns „designed". Aber es sind vielleicht gar nicht mehrere Dutzend unabhängiger Zufälle nötig: Vieles oder sogar alles hängt zusammen. Die Evolution konnte nicht früher als vor 4 Milliarden Jahren beginnen (die Erde ist vor etwa 4,5 Milliarden Jahren entstanden), die Evolution hat die mindestens 3,5 Milliarden Entwicklungszeit gebraucht, kürzer ging nicht, und Leben auf Kohlenstoffbasis muss sein. Es gibt keine andere chemische Grundlage. Etwa das verwandte Element Silizium funktioniert nicht als Lebensgrundlage. Nur Kohlenstoffchemie ist flexibel genug für das Leben. Dies ist kein „Kohlenstoff-Chauvinismus", sondern Chemie unter der recht sicheren Annahme, dass das periodische System im ganzen All gilt und es nichts Besseres, und auch nichts Anderes, gibt.

Anders ist die Situation bei der Energiegewinnung und Speicherung. Hier sind verschiedenste Prozessvarianten denkbar, so z. B. auf der Basis von Schwefel bzw. Schwefelwasserstoff (s.u.).

Der schon erwähnte britische Physiker Paul Davies (geb. 1946) schreibt:

„There is something going on behind it all … the answer is to be found within nature, not beyond it. The universe might indeed be a fix, but if so, it has fixed itself."

Frei übersetzt:

„Da geht irgendetwas hinter den Kulissen vor … man muss die Antwort in der Natur suchen, nicht ausserhalb von ihr. Vielleicht ist das Universum in der Tat zusammengebastelt, aber wenn ja, dann hat es das selbst gemacht."

Dann gäbe es viel weniger solche grosse Zufälle, als intuitiv angenommen. Aber dafür müssen wir wohl mehr von den Grundlagen verstehen.

Es geht gleich weiter mit Zusammenbasteln und Zufällen: Das Wasser ist ebenfalls eine grossartige physikalisch-chemische Bastelei zu unseren Gunsten.

4.2 Wasser und Zufall

4.2.1 Wassereigenschaften als Zufall und Notwendigkeit

„Wasser wäre auf der Erde nicht flüssig, wenn die Wasserstoff-Brücken um 7 % stärker oder um 29 % schwächer wären. Das Dichtemaximum bei 4 °C würde verschwinden, wenn die Brücken gerade nur 2 % schwächer wären".
Martin Chaplin, britischer Chemiker, in „Water Structure and Science", 2018.

Dies ist schon wieder eine Ansammlung von Goldilock-Effekten! Wir Menschen haben schon wieder Glück. Die Wassermoleküle haben die Tendenz zu klumpen („Clustern") durch sog. Wasserstoffbrücken in die vier Richtungen eines Tetraeders zu vier Nachbarn mit einem Wassermolekül in der Mitte.

Dieses Klumpen ändert viele Eigenschaften des Wassers. Wasser ist damit in mancher Hinsicht ein ganz ausserordentlicher Stoff. Nicht nur wurde es früher zur Definition verschiedener Masseinheiten gebraucht, etwa der Einheit für die Masse und der Temperaturskale, sondern es besitzt die Dichteanomalie: Bei 4°C hat es die grösste Dichte, dichter als das feste Eis. Auch sind Schmelzpunkt und Siedepunkt für so ein kleines Molekül viel zu hoch, etwa wenn man Wasser (H_2O) mit dem eigentlich verwandten Schwefelwasserstoff (H_2S) vergleicht. „Eigentlich" sollte Wasser bei -100°C schmelzen und ab -80°C und wärmer ein Gas sein.

Diese Wasserstoffbrücken verhindern auch, dass sich Wassermoleküle zu leicht gegenseitig verschieben lassen. Dieser Widerstand wird als Viskosität bezeichnet; die Viskosität ist von grundsätzlicher Bedeutung für Biologie und Physik. In der Biologie ist die Viskosität ausschlaggebend für das Passieren von Membranen und für die Zellteilung, in der Physik für den Fluss durch Röhren und die Entstehung von Wellen.

Für uns ist die Viskosität ein Mass für die Entstehung von Zufall: je höher die Viskosität, desto weniger Zufall. Mit dem Phänomen der Turbulenz in einer Flüssigkeit wird der Zufall und sein Entstehen direkt sichtbar.

4.2.2 Wasser und Wirbel

Drehen sich Wasserwirbel beim Abfliessen in der Badewanne auf der Nordhalbkugel immer in die gleiche Richtung? Die Antwort ist: nein!

Bevor wir unseren häuslichen Wirbel ansehen, eine Bemerkung im Nachklang zu unseren kosmischen Gedanken im vorhergehenden Kapitel: Das Phänomen des Wirbels gibt es in den verschiedensten Grössenordnungen in der Natur, von mikroskopischen Wirbeln über Wirbel von Tornados bis zu den Wirbeln der Galaxien.

Die Universalität des Konzepts „Wirbel" demonstrieren die beiden Beispiele in Abb. 4.3. Die vertrauten Abflusswirbel von Badewanne einerseits und die Spiralgalaxie M51 oder NGC 5194 oder Whirlpool Galaxie andrerseits. Die Aufnahme der Galaxie M51 mit dem Hubble-Raumteleskop kommentiert die sonst nüchterne NASA: „Die anmutigen gewundenen Arme der majestätischen Spiralgalaxie M51 scheinen eine grosse Wendeltreppe zu sein, die durch den Raum fegt." Der Durchmesser dieser Milchstrasse ist 80.000 Lichtjahre, damit ist der Unterschied im Massstab zwischen den Bildern etwa 1: 10^{20}! Aber das physikalische Grundprinzip und der Anfang sind gleich: Das Grundprinzip der Wirbel ist die Erhaltung des Drehimpulses, des Schwungs in der anfänglichen Materie.

Die Frage zu Beginn des Abschnitts wird oft auch in der Form gestellt:

Dreht sich der Badewannenstrudel auf der Südhalbkugel anders herum als auf der Nordhalbkugel der Erde?

Der Anlass für die Frage liegt an etlichen (falschen) Popularisierungen der Coriolis-Kraft, der scheinbaren Kraftwirkung auf bewegte Körper auf der rotierenden Erdkugel. In einer Episode der Simpsons aus dem Jahr 1995 spielt der Effekt eine Hauptrolle, nach dem Wikipedia-Artikel ‚Bart vs. Australia', gezogen Juli 2020:

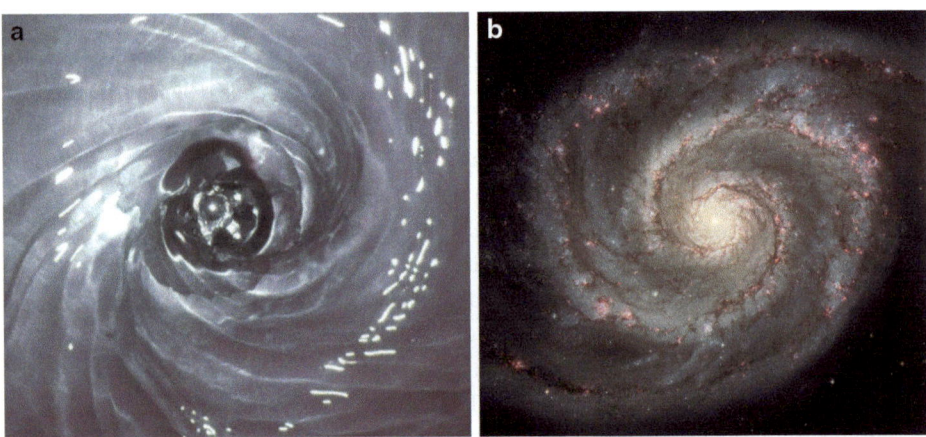

Abb. 4.3 (a) Badewannen-Wirbel. Bild: Flickr/Pete Keogh. (b) Die Galaxis Messier51, die Whirlpool Galaxie. Bild: Wikimedia Commons, **ESA/Hubble S. Beckwith**

„Bart bemerkt, dass das Wasser im Bad immer gegen den Uhrzeigersinn abfliesst. Lisa erklärt ihm, dass dies nur auf der Südhalbkugel der Erde so sei, und zwar wegen des Coriolis-Effekts."

Das ist im Ansatz physikalisch richtig, aber in praxi doch falsch. Auf der rotierenden Erdkugel wird auf der Nordhalbkugel eine Bewegung zu einer Senke immer nach rechts abgelenkt und ergibt somit eine Drehung gegen den Uhrzeigersinn, südlich vom Äquator dagegen nach links und es resultiert eine Rechtsdrehung. Dies gilt auch für Tiefdruckgebiete. Am Äquator gibt es gar keine solche Ablenkung. Das Problem ist die Kleinheit der Coriolis-Kraft (bzw. die Kleinheit der Badewanne): Die zufälligen Wirbel im Wasser und die Form der Wanne sind dominierend – man muss ein grösseres kreisförmiges Becken mit zentralem Abfluss haben, 24 Stunden ohne jede Luftbewegung warten, bis die inneren Wirbel abgeklungen sind, dann hat man eine Chance den „echten" Wirbel zu beobachten. Üblicherweise ist die Drehrichtung des Ausflusswirbels zu Hause ein schönes Beispiel für „zufälligen" Zufall, im Norden wie im Süden: der Zeitpunkt des Einsetzens und die Richtung sind zufällig.

4.2.3 Die Turbulenz

> „Wenn ich Gott treffe, dann werde ich ihm zwei Fragen stellen: warum Relativität? Und warum Turbulenz? Ich glaube schon, dass er auf die erste Frage eine Antwort parat hat."
> **John von Neumann oder Werner Heisenberg zugeschrieben,**
> **wahrscheinlich vom britischen Physiker Horace Lamb, 1849–1934.**

Die Turbulenz ist eines der schwierigsten Gebiete der Physik inklusive der zugehörigen Mathematik. Schuld ist der Zufall, der durch die Turbulenz einbricht, sein Ausbruch und seine Wirkungen in turbulenten Strömungen. Andrerseits ist neben der Turbulenz gleich im selben Gewässer die Ordnung in Form von ruhigem Fliessen; der Übergang zwischen turbulent und ruhig ist das zentrale Problem. Für eine Analyse des Zufalls ist Turbulenz, Wirbel oder nicht, ein visuelles Lehrstück.

Die Begriffsbildung geht wohl auf Leonardo da Vinci (1452–1519) zurück und auf das lateinische *turbare* – ,drehen, verwirren'. Leonardo da Vinci war fasziniert vom Wasser und malte eine Reihe von Wasserbildern mit Wirbeln wie Haarlocken (Abb. 4.4) und schrieb:

> **„Die kräuselnde Bewegung der Wasseroberfläche ähnelt dem Verhalten von Haar, das zwei Bewegungen hat, von denen die eine vom Gewicht der Locke abhängt und die andere von der Richtung, in die sie sich drehen – so formt Wasser Wirbel."**

Leonardo da Vinci geht mit seinen Bildern bis an die Grenzen der Zeichenbarkeit, mit seinen zarten Locken über Locken im Wasser oder den schwachen Konturen von Wasserströmen (und von Explosionen).

In den Bildern (Abb. 4.4 und 4.5) entstehen Wirbelstrassen hinter Hindernissen in einer ansonsten glatten, „laminaren" Strömung. Turbulenzen entstehen auch aus winzigen Anfängen, wachsen oder vergehen wieder. Es ist bei Turbulenz laufend kinetische Energie notwendig, um die Bewegung aufrecht zu halten.

Abb. 4.4 Wasserstudien von Leonardo da Vinci. Bild: Old Man with Water Studies (Detail), Wikimedia Commons, drawingsofleonardo.org

Abb. 4.5 Wasserfluss um Hindernis. Bild: turbulence, Wikimedia Commons, aarchiba at English Wikipedia

Der schon erwähnte Pionier der Meteorologie Lewis Fry Richardson fand die Wirbel so wichtig, dass er dazu einen berühmten „physikalischen" Vers schrieb:

„Big whirls have little whirls, that feed on their velocity, And little whirls have lesser whirls and so on to viscosity."

Grob übersetzt:
„Grosse Wirbel haben kleine Wirbel, die sie mit ihrer Geschwindigkeit nähren, und kleine Wirbel haben kleinere Wirbel und immer so weiter bis zur Viskosität."

Richardson hat den Vers nach einem Gedicht des britischen Mathematikers Augustus De Morgan (1806–1871) erfunden, der in seinen Versen *Siphonaptera* (Fliegen) sinngemäss „grosse Fliegen" mit kleinen und kleineren Fliegen verknüpfte und nach oben auch noch grössere Fliegen *ad infinitum*. Beide „Gedichte" nehmen die Idee der Fraktale voraus, Fraktale für Wirbel auf Wirbeln, Fliegen auf Fliegen, nach unten aber auch nach oben bis zu den Galaxien.

Wie Wirbel entstehen – und damit Zufall und Chaos aus Ordnung – hat ein anderer britischer Physiker, Osborne Reynolds (1842–1912), mit Experimenten mittels gefärbtem Wasser untersucht. Das Grundprinzip der Entstehung zeigt bereits eine Fahne im Wind (Abb. 4.6). Der Fahnenstoff ist eine instabile Grenzfläche, die die strömende Luft zweiteilt.

Es entstehen Wirbel, abwechselnd links und rechts, die unregelmässig durch die Flagge laufen und die Stofffläche dabei verbiegen. Am Ende der Flagge lösen sich die Wirbel als

4.2 Wasser und Zufall

Abb. 4.6 Eine Fahne im Wind als Vorrichtung zur Erzeugung von Wirbeln. Bild: Swiss Flag in the grounds of Auberge du Lion d'Or … Wikimedia Commons, smuconlaw

eine leicht chaotische „Wirbelstrasse" ab: ein Wirbel links, ein Wirbel rechts usf. Bei starkem Wind knattert der Stoff der Fahne sogar. Eine Fahne ohne Luft und im Vakuum – berühmt ist die Fahne auf dem Mond – bewegt sich ganz anders: Die Fahne schwingt nur nach dem Berühren, etwa nach dem Aufstellen, und dann langsamer, kraftloser und viel länger als auf der Erde. Aber es gibt trotzdem keinen Grund, an den Mondlandungen zu zweifeln.

Solche benachbarten Schichten mit etwas anderen Eigenschaften, etwa leicht verschiedener Geschwindigkeit, gibt es aber praktisch immer, auch ohne trennenden Stoff, und es entstehen kleine Wirbel, die grösser werden können. So entstehen Wellen auf dem Wasser und Wirbel in der Luft.

Die entscheidende Grösse für die Entstehung von Wirbeln ist das Verhältnis der Geschwindigkeits-Energie zur viskosen Dämpfung, der Bewegung zur Zähigkeit des Mediums.

Ein Übermass an kinetischer Energie begünstigt die Entstehung, die Zähigkeit bremst sie. Dazu tritt die Grösse des Objekts. Je länger der typische Weg für den möglichen Aufbau von Wirbeln ist, desto grösser seine Wahrscheinlichkeit. Das Verhältnis heisst nach dem erwähnten Physiker die Reynolds-Zahl:

Ab einer gewissen Reynoldszahl, gemessen oder berechnet in einem Punkt in der Strömung, verwirren sich die bisher glatten Fäden der Strömung und es können Wirbel entstehen und wachsen, und das ruhige laminare Strömungsbild („geordnet") geht über in turbulent („zufällig" oder „chaotisch", Abb. 4.7). Der Widerstand der Strömung gegen die Bewegung steigt sprunghaft an.

Ein Beispiel sind Röhrenleitungen: Bei kleinem Rohrquerschnitt überwiegt die besänftigende Viskosität, bei grösseren die hektische kinetische Energie – der Umschlagpunkt hängt (berechenbar!) von der Geschwindigkeit und von der Art der Flüssigkeit oder des Gases ab.

Damit ergeben sich die fundamentalen Fragen:

- Woher kommt der allererste Anstoss und Anfang?
- Wieviel Ordnung ist noch in der Unordnung? Was gilt noch?

Aber auch als dritte Frage:

- Wie verklingt eine Störung oder Unordnung wieder in die Ordnung?

4.2.4 Zwischen Zufall und Ordnung

> „πάντα ροιζει panta rhoizei – alles rauscht".
> Spruch nachgebildet der Formel „alles fliesst" des griechischen Philosophen Heraklit.

Der erste Anstoss oder: alles rauscht

Es gibt keine Ruhe und keine Stille in der Welt, jedenfalls nicht bei Zimmertemperatur und nicht in Materie. Unser Gehör müsste nur noch ein wenig empfindlicher sein und wir würden das Prasseln der Luftmoleküle auf dem Trommelfell spüren. Aber das wäre ja keine sinnvolle Information für das Leben und die Evolution gewesen! Wir haben oben schon geschildert, wie es im 19. Jahrhundert klar wurde, dass Wärme mechanische Zufallsbewegung bedeutet. Die Bewegung oder das Zittern oder Schwingen findet „tief da unten" statt,

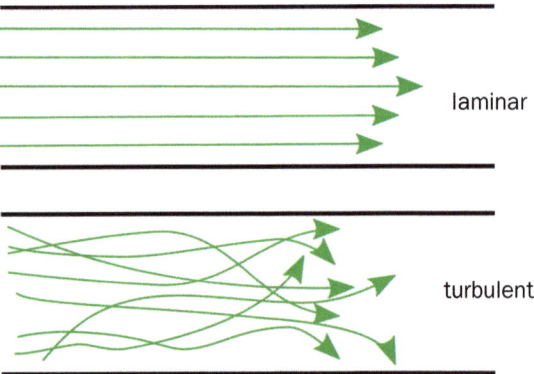

Abb. 4.7 Die beiden Strömungsarten laminar (gerade Strömungslinien) und turbulent (verwirbelte Linien). Bild: Laminar and turbulent flows, Wikimedia Commons turbulent Dubaj/ Guillaume Paumier

auf molekularer Ebene, aber gelegentlich ist sie doch indirekt sichtbar z. B. in einem Lichtmikroskop als Brownsche Bewegung.

Mit dem Aufkommen elektronischer Verstärker zu Beginn des 20. Jahrhunderts wird elektronisches Rauschen messbar, hörbar und sichtbar. Der deutsche Physiker und Elektroingenieur Walter Schottky beschreibt 1918 das erste Rauschen als messbare unregelmässige Stromschwankungen. Es sind die statistischen Schwankungen der Elektronen beim Verlassen einer glühenden Kathode, beim Überwinden einer Barriere oder einfach die thermischen Bewegungen der Elektronen. Im Lautsprecher ergibt sich das typische Geräusch, das dem Phänomen den Namen gab: Rauschen. Rauschen ist ein einziger grosser Zufallsprozess: genannt „weiss", wenn die untergeordneten Zufälle auch bei höherer Frequenz ähnliche Energie haben, „rosa", wenn höhere Energien weniger stark vertreten sind. Die Bezeichnungen sind den Farben des Lichts entnommen: „weisses" Licht enthält ja in gewissem Sinn alle Farben, „Rosa" bevorzugt lange Wellenlängen mit weniger Energie. Weisses Rauschen ist „das Zufälligste was es gibt". Kodiert man es in Zahlen, so gibt es per Definition keine Möglichkeit, die nächste Zahl vorherzusagen! Man muss abwarten, bis man die neue Information erhält. Es ist ein Fluss maximaler, ungeordneter technischer Information und damit ein Strom maximaler Entropie – aber für die Interpretation vollkommen wertlos. Es sei denn, man benötigt genau dies! Ein kaum beachtetes hübsches Paradoxon: Maximale Entropie und Information bei maximaler Sinnlosigkeit.

Der Unterschied beim „Hören des Zufalls" ist frappierend: Weisses Rauschen ist unangenehm und stechend, rosa Rauschen eher freundlich.

Zufall kann auch sichtbar sein; besonders schön (und hörbar) bei alten, analogen Fernsehgeräten, die eingeschaltet sind ohne einen Sender zu empfangen (Abb. 4.8). Dann sieht man unmittelbar die Dynamik des Zufalls, der uns überall umgibt. Es gibt überall Rauschen und damit Zufall im Kleinen definiert als:

▶ **Definition Rauschen ist eine unregelmässig schwankende Grösse mit breitem Frequenzspektrum auf einer Grundgrösse.**

Die Liste der Rauschphänomene ist lang: Der Radio-Hintergrund des Kosmos, die Entladungen in der Atmosphäre, die seismischen Schwingungen im Erduntergrund, die Brownsche Bewegung, das thermische Rauschen, Rauschen in Ferromagneten, usf. Im weiteren Sinn ist auch die Formenvielfalt von Blättern an einem Baum oder die Rauheit einer Wand eine Art von Rauschen.

In Abwandlung des schon mehrfach erwähnten Ausspruchs von Heraklit πάντα ρεῖ **panta rei – alles fliesst** kann man sagen:

πάντα ροιζει **panta rhoizei – alles rauscht.**

Damit ist es klar, wie in einer Wasserleitung die Turbulenz den Anfang nimmt: durch eine Erhebung in der Wand, eine Dichte- oder eine Geschwindigkeitsschwankung. Dann wächst mit der Turbulenz der Zufall an. Es gibt Zufall überall.

Abb. 4.8 Sichtbarer Zufall: Ein analoger Fernseh-Bildschirm ohne Programmsignal und deshalb mit Rauschen. Bild: TV_Noise, Wikimedia Commons, Mysid

Die Randbedingungen des Zufalls

> „Das Auseinandertretende einigt sich immer mit sich."
> „Sie verstehen nicht, wie das auseinander Strebende ineinander geht."
> **Heraklit, griechischer Philosoph, 550 – 460 v. Chr.**

Wir haben schon Situationen gesehen (und konstruiert), bei denen aus dem Mikrozufall „Schmetterlingsflügelschlag" beliebig grosse Ereignisse entstanden sind. Aber der gemeine, alltägliche Zufall umströmt uns ständig so unablässig wie die Strömung des Gebirgsbachs in Abb. 4.9:

Eine über längere Zeit etwa konstante Menge Wassers pro Zeiteinheit fliesst am Beobachter vorbei. Laminare Strömungen und Turbulenzen, ja sogar Strudel wechseln sich ab. Holzspäne oder Farbzusätze ins Wasser gebracht zeigen den Weg der Wasserteilchen auf, als geradlinige Bewegung oder gerade Fäden im laminaren Teil, und anschliessend die chaotische Verwirbelung in Turbulenzgebieten. Aber insgesamt gilt für nahezu die gesamte Wassermenge: Das Wasser erreicht das Tal. Die Position des einzelnen Wasserteilchens im Auslauf des Bachs ist aber unbestimmt und erscheint als ein Zufall.

Dieser Wechsel von gleichförmigem Fortschritt und zufälligem Wirbel ist ein bekanntes Modell für den Lauf der Geschichte mit einer allgemeinen Richtung („dem Fortschritt") und Phasen der Revolution mit inhärentem Zufall:

> *„Was ist, wenn wir glauben, dass es eine überwältigende Menge Zufall und Pfadabhängigkeit [mit Zufall] in der Geschichte gibt?" (Stanford Encyclopedia of Philosophy, Artikel „Philosophie der Geschichte")*

4.2 Wasser und Zufall

Abb. 4.9 Ein Gebirgsbach mit laminarer und turbulenter Strömung. Ölgemälde von Paul Weber (1823–1916). Bild: Wikimedia Commons, basenge.com

Beim deutschen Philosophen Immanuel Kant findet sich, in der bei ihm üblichen verklausulierten Ausdrucksweise, ein ähnlicher Gedanke zur Weltgeschichte aus dem Jahr 1784:

> „… sie [die Geschichte] einen regelmässigen Gang derselben entdecken könne; und dass auf die Art, was an einzelnen Subjecten verwickelt und regellos in die Augen fällt, an der ganzen Gattung doch als eine stetig fortgehende, obgleich langsame Entwicklung der ursprünglichen Anlagen derselben werde erkannt werden können."

Kant sieht also immer wieder turbulente Phasen, ja destruktive Perioden, aber insgesamt – im günstigen „moralischen" Fall – eine positive Gesamtentwicklung.

Beim Gebirgsbach sorgen die Gesetze der Physik für innere Randbedingungen (neben der äusseren Randbedingung der Felsen des Bachbetts). Es gilt das Gesetz der Massenerhaltung bis auf abseitige Wasserspritzer, ja sogar die Volumenerhaltung, da das Wasser nahezu inkompressibel ist. Dazu die Gesetze der Erhaltung von Impuls und Drehimpuls und der Energiesatz. Die Metaphern für den Lauf der Geschichte zeigen einen Unterschied zur Physik. Es gibt, etwa bei Kant, die Vorstellung, dass es einen Leitfaden der Geschichte gibt und dass der Endpunkt (er sagt die „Naturabsicht") irgendwie gut ist. Dies ist teleologisches Denken; die Physik sagt (genauso wie die biologische Evolution) nichts über das Weitergehen aus. Aber die Physik hält den Zufall in diesen Beispielen im Zaum.

Wir erwähnen noch zwei klassische philosophische Begriffe im Umfeld des Zufalls, die mit den Typen von Strömungen, laminar und turbulent, verdeutlicht werden können: Determinismus und Indeterminismus. Klassisch versteht man unter (kausalem) Determinismus, dass alle Vorgänge kausal bestimmt sind und sich beliebig weit zurückverfolgen lassen. Die Vorgänge in der determinierten Welt sind wie ruhig fliessende Ströme. Im

Gegensatz dazu ist Indeterminismus die Lehre, dass ein Ereignis ohne Ursache entstanden ist – ein denkerisches Unding für uns Menschen. Es wäre alles Turbulenz. Für eine begrenzte Situation, etwa die Strömung des Bachs zwischen zwei Punkten A und B, kann man klar definieren:

- Gibt es zwischen dem Punkt A (oben) und B (unten) einen Stromlinienfaden, dann ist die Strömung zwischen A und B deterministisch.
- Ist kein Strömungsfaden von A nach B verfolgbar, so ist die Strömung zwischen A und B indeterministisch, d. h. nicht bestimmbar.

Beide klassischen Begriffe sind jedoch allgemein nicht sinnvoll anwendbar.

Der Zerfall des Zufalls

> „Il mare poco a poco si calma – ganz allmählich beruhigt sich das Meer."
> aus „Idomeneo oder die Beruhigung des Meeres"
> Oper von Wolfgang Amadeus Mozart 1781.

Wir erzeugen einen Modell-Zufall am See im Seewasser: Der Autor springt in den See (Abb. 4.10). Aus „Sicht des Sees" ist es ein Zufall, da es keine Verbindung zwischen dem See und meinem Gehirn gibt. Zwar sagt Richard Feynman, der berühmte Physiker, „Wasser" sei für Anfänger in Physik das schlechteste mögliche Beispiel (Feynman 1963), da es verschiedene Arten von Wellen gibt, Kapillarwellen und Gravitationswellen. Aber für unsere philosophischen Zwecke ist es gut geeignet und jeder kennt das Verhalten von Wasser. Allerdings hat Feynman Recht, insbesondere für die erste Phase des Sprungs, wenn der Springer das sogenannte Nahfeld im Wasser erzeugt. Dieser Vorgang ist komplex.

Beim Sprung (Abb. 4.10a) drängt der Körper in seiner speziellen Form das Wasser zur Seite und erzeugt das hektische Nahfeld (Abb. 4.10b). Anschliessend bricht der geöffnete Kanal mit Schwung zusammen, Wellen gehen wieder auseinander, wieder zusammen. Es ist ein „Small Bang", ein kleiner oder besser sehr kleiner Bang. Die inneren Einzelheiten dieser Hektik werden von der Geometrie des Körpers, der „Quelle", bestimmt. Aber in der Implosion werden sie vernichtet durch das Hin- und Hergehen der Energie auf engem Raum und den sich mischenden Wasserwirbeln.

Wir werden den gleichen Grundgedanken der Vernichtung von Information durch Implosion in einem ganz anderen Umfeld wieder finden, beim Flaschenhals-Effekt der Evolution.

Von der Einsprungstelle gehen eine oder mehrere kreisförmige Wellen aus (Abb. 4.10c). Nur ganz grobe Asymmetrien eines einfallenden Körpers verzerren die Kreise, wenigstens zu Beginn, etwa ein langer Stock oder ein Quader, die längs ins Wasser geworfen werden.

Das Nahfeld verschwindet rasch und es tritt an der Einsprungstelle oberflächliche Ruhe ein. Die Ringe der Kreiswellen – das Fernfeld – breiten sich über den See aus. Es kommt zur letzten Phase: Die Wellenamplitude wird immer kleiner, die Energie des Sprungs ver-

4.2 Wasser und Zufall

a) Eintauchen in den See. Beginn der Störung

b) Sichtbares Nahfeld.

c) Beginnendes Fernfeld.

Abb. 4.10 Die Phasen der Entstehung von Wellen aus einer punktförmigen Quelle. Entstehen und Vergehen von Zufall am Beispiel eines Sprungs ins Wasser. (**a**) Eintauchen in den See. Beginn der Störung (**b**) Sichtbares Nahfeld. (**c**) Beginnendes Fernfeld. Bilder: Edith Geissmann

teilt sich bis sie in der mehr oder weniger ruhigen Seeoberfläche unidentifizierbar wird. Im Grenzfall der ruhigen Oberfläche geht sie in der thermischen Bewegung der Moleküle der Wasseroberfläche unter. Die Abb. 4.11 zeigt die Seeoberfläche mit zentimeterhohen, in der Sonne funkelnden Zufallswellen, die schon nach ein, zwei Sekunden verschwinden, sich bewegen oder neu aufgebaut werden. Der See ist damit eine makroskopische Zufallsmaschinerie, etwa 10 Millionen Mal gröber als das Fundament der thermischen Fluktuationen.

Der Sprung ins Wasser ist ein triviales Beispiel, aber gut zu verstehen und philosophisch kaum zu überschätzen: Der Einbruch eines Zufalls, die Erzeugung und die Vernichtung von Information, die Vernichtung der individuellen Vergangenheit, die Ausbreitung der kurzen Nachricht vom Ereignis und schliesslich das Versinken in den anonymen Fluktuationen des Untergrunds.

Abb. 4.11 Eine Seeoberfläche mit Myriaden von zufälligen Kapillar-Schwere-Wellen. Bild: eigen

Auch dem grössten Supercomputer ist es dann nicht mehr möglich, einen einzelnen versunkenen Event wie diesen Sprung zu rekonstruieren. Die Kausalkette, vom Sprung angefangen, ist im Rauschen verschwunden. Alles ist im Prinzip berechenbar gewesen und deterministisch – aber nicht auffindbar. Im Abschnitt über die philosophische Bedeutung des Rauschens kommen wir auf das Beispiel des Sees als Zufallsmaschine zurück.

Zusammenfassung des Kapitels

Wir beginnen den Versuch, den Zufall in der Welt zu verstehen, mit dem Anfang des Kosmos, dem Big Bang, aus einer Quantenfluktuation. Damit beginnt eine unfassbare Folge von Zufällen oder Notwendigkeiten, die zu unserer Existenz führen, zu dem Sternenstaub, aus dem wir bestehen, und zu unserer wohnlichen Erde. Hier sehen wir die Geschichte unserer Erde und des Sonnensystems so passend für uns, sie ist wie massgeschneidert. Es ist das emotional so verführerische, nahezu nichtssagende anthropische Prinzip. Ganz besonders gilt dies für die Eigenschaften von Wasser, z. B. dass Wasser beim Gefrieren sich ausdehnt und bei unserer üblichen Temperatur überhaupt flüssig ist! Eine winzige Änderung in der Physik, und alles wäre anders.

Wir nehmen das Wasser und unsere Erfahrungen mit Wasser zum Lehrstück für den Zufall. Wasser als Flüssigkeit mit geringer Viskosität zeigt beides, Ordnung und Chaos oder Zufall. Insbesondere verstehen wir am Beispiel des Wassers ein universelles dynamisches Zufalls-Phänomen: Wirbel. Es ist ähnlich von fernen Galaxien bis zum Badewannenausfluss über 20 Grössenordnungen hinweg. Dazu studieren wir (wie Leonardo da Vinci) die Wirbel und ihre Entstehung aus kleinsten Anfängen und zeigen, dass es nahezu überall Ursachen dafür gibt, weil es nahezu überall rauscht, letztlich sogar auch immer „ganz unten", bei den Atomen, Molekülen, Elektronen oder Quanten. Häufig sind die Voraussetzungen gegeben, dass aus kleinem Zufall mehr und mehr Zufall wird – aber nicht unbegrenzt. Meistens begrenzt die Physik, denn es gelten ja die Sätze der Physik etwa für Impuls und Energie. Dazu bemerken wir, dass es zwei philosophische Möglichkeiten in der Welt nahezu nebeneinander gibt: geordnete Abläufe („deterministische") und chaotische („indeterministische").

Für besonders lehrreich halten wir den Wurf eines Steins oder den Sprung ins Wasser. **Für den See bricht damit ein Zufall herein. Es entsteht beim Aufprall ein Chaos, das alles in einem begrenzten Gebiet vermischt und einen grossen Teil der Vergangenheit vernichtet**.

Eine Fernwelle breitet sich aus, wird zunehmend schwächer bis das Ereignis im sichtbaren oder mikroskopischen Rauschen der Wasserfläche unwiederbringlich versinkt.

Die Implosion (wie nach dem Eintauchen) wird als allgemeiner Mechanismus identifiziert, der Struktur und Information vernichtet. Eine Spekulation ist hier, die Urzelle des kosmischen Big Bang als eine solche Implosionszelle anzusehen, die alles Vorhergehende auslöschte.

Damit sehen wir an den Wasserwellen die allgemeinen Zufallsprozesse:

- Aufbau des Zufalls aus winzigsten mikroskopischen Anfängen,
- Vernichtung von Information durch Implosion,
- Zerfall von Zufall und Rückkehr in das Mikroskopische (Rauschen).

Ein See bei Wind oder das Meer machen es mit ihren Wellen sichtbar: Dynamischer Zufall ist überall.

Literatur

Feynman, Richard. 1963. *The Feynman lectures on physics*, Bd. I. Amsterdam: Addison-Wesley.
Hehl, Walter. 2019. *Gott kontrovers*. Zürich: Vdf.
Wallace, Alfred Russell, 1904. *Man's place in the universe*. New York: McLure, Phillips & Co.

Drei Welten in der Welt, mit Zufall 5

„Die Welt ist voller magischer Dinge, die geduldig darauf warten, dass unser Geist schärfer wird." (Eden Phillpotts, englischer Schriftsteller, 1862–1960)

5.1 Kleine Geschichte der Philosophie

„Keines Menschen Kenntnis kann über seine Erfahrung hinausgehen."
John Locke, englischer Philosoph der Aufklärung, 1632–1704.

Die Physik versucht, die „Theory of Everything" zu finden, die Weltformel oder die Theorie von Allem. Damit ist eine physikalisch-mathematische Theorie gemeint, die alle Elementarteilchen zusammenfasst und beschreibt und damit alle physikalischen Kräfte in einem Guss erfasst. Für ein philosophisches Weltbild reicht dies nicht: *Wir* gehören dazu, unsere Psychologie, unser Bewusstsein, unsere Produkte wie etwa die Kunst. Dies ist alles nicht Physik. Betrachten wir kurz einige Ansätze hier geordnet nach der Zahl der Grundideen im Weltmodell.

- Monismus:
  Der klassische materialistische Versuch (Ende des 19. Jahrhunderts) der Erklärung mit materiellen Vorgängen. Dabei ist Materie der solide, naive Begriff des Alltags, repräsentiert etwa durch Eisenkugeln oder Holzbalken. Das Wort „Weltformel" und die Suche danach stammen von dem schon erwähnten du Bois (1872) und sind älter als „the Theory of Everything".
  Der deutsche Zoologe Carl Vogt ging in die Geschichte (der Wissenschaft wie der Philosophie) ein mit der schockierenden Bemerkung:

„Die Gedanken stehen in demselben Verhältnis zum Gehirn wie die Galle zur Leber oder die Niere zum Urin."

Er hatte als Zoologe richtig festgestellt, dass die geistigen Fähigkeiten zwangsläufig an das Gehirn gebunden sind. Ab dann wird sein Vergleich falsch: Die Gedanken sind nicht materiell. Das konnte er aber nur ahnen, nicht wissen.

Der Zufall ist für diese Phase des Materialismus transparent: Es gibt zwar Statistik für grosse Anzahlen zufälliger Ereignisse, aber man ist sich sicher, dass es eigentlich keinen Zufall gibt.

- Dualismus:

Der hervorragendste neuere Vertreter des Leib-Seele-Dualismus ist der französische Philosoph René Descartes (1596–1650). Er drückt das aus, was wir alle fühlen: einen Körper und einen nahezu unabhängigen Geist zu haben. Dieses Gefühl bringt das weitere Gefühl (und die Illusion) mit sich, dass der Geist unabhängig vom Körper existiert, ja sogar nach dessen Vergehen noch als „Ich" weiterlebt. Seine Erklärung ist kurios,

es gebe einfach keinen Grund, dass sie mit dem Körper vergehe.

In der Seele sieht er eine Art Substanz, deren Haupteigenschaft das Denken ist:

„Que chaque substance a un attribut principal, et que celui de l'âme est la pensée".
„Jede Substanz hat ihre Haupteigenschaft, und für die Seele ist es das Denken."

Er handelt sich ein eigentümliches Problem ein: Offensichtlich arbeiten Körper und Geist zusammen – aber wie geschieht das? Diese Aufgabe überträgt er einer Drüse, der Epiphyse (Zirbeldrüse); sie eignet sich logisch als Verbindungselement, da sie im Gehirn sitzt und unpaarig auftritt wie eine Brücke. Aber natürlich ist es ein Irrtum.

Der körperliche Teil der Welt folgt bei Descartes deterministischen Gesetzen, aber der geistige Teil ist für ihn frei.

- Trialismus:

Als eine moderne, einfache Modellierung der Welt in drei Ebenen betrachten wir die Drei-Welten-Theorie des österreichisch-britischen Philosophen Karl Popper (1902–1994). Karl Popper hat damit eine Einteilung unserer Welt vorgeschlagen, die den Dualismus erweitert (Popper 1978). Er nennt es „die drei Welten": Welt 1 ist die Physik als Grundlage von allem, Welt 2 sind die seelischen Vorgänge, bewusst oder unbewusst. Zusätzlich gegenüber dieser klassischen Dichotomie fügt er die Welt 3 hinzu: Es ist die Welt der Kultur, z. B. der Inhalt der Bibliotheken, die Mathematik, die Kunst. Bei Popper ist es eine recht willkürliche Einteilung (wie er selbst sagt):

„Es ist eine Metapher, die uns hilft, bestimmte Relationen zu sehen. Solche Dinge kann man nicht axiomatisieren; es sind Wegweiser, nicht mehr."

Wir werden der leicht geänderten Einteilung eine Bedeutung geben.

Eine Besonderheit ist Poppers Einstellung zum Zufall: Er sieht durch den Zufall hindurch eine Wirkung, die er englisch „Propensity" nennt vom lateinischen *propense* ‚geneigt', ‚tendierend zu', also eine im Zufall innewohnende Neigung. Der Gedanke sieht zunächst esoterisch aus, aber wir werden unten darin Sinn sehen.

Popper lässt auch, physikalisch undefiniert, offen, wie die Welt funktioniert, deterministisch oder chaotisch. Seine einprägsame Frage ist:

„Sind alle Wolken Uhren oder sind alle Uhren Wolken?"

Dies ist die zentrale Frage unseres Buchs!

Der Bedeutung nach gehört der Monismus der antiken Atomisten in diese kleine Philosophiegeschichte als kurioser Vorläufer auf dem Weg zum „wahren" wissenschaftlichen Weltbild. Wir haben die Atomistik ja schon recht ausführlich und empathisch eingeführt. Vielleicht ist es auch eher ein Polyismus wegen der vielen verschiedenen Atomsorten! Während die antike Atomistik reine (geniale) Spekulation war, ist der Monismus oder klassische Materialismus des 19. Jahrhunderts dagegen eine einzigartige „evidenzbasierte" Erfolgsgeschichte, und die Atome sind im Prinzip bewiesen.

Schon zwei Jahrhunderte vorher waren die Atome mehr als Ahnung gewesen. Der französische Mediziner Jean Magnen (Johann Magnenus) schätzt 1648 die Grösse der Atome bereits als sehr klein ein, da ja der Rauch eines Korns Weihrauch den Raum einer ganzen Kathedrale füllt! Allerdings verschwindet bei den ersten Atomisten der Neuzeit (wie auch dem Mathematiker und Astronomen Pierre Gassendi) der Zufall aus dem System; er wird domestiziert und christianisiert und durch den Willen des Schöpfers ersetzt.

Der amerikanische Naturforscher und Staatsmann Benjamin Franklin (1706–1790) hatte auf einem Teich in England, heute einem Park in London, einen Teelöffel Öl auf das Wasser geleert – und die erzeugte Ölfläche zu 2000 m^2 geschätzt. Die Atome existierten und mussten also wirklich klein sein.

Die antiken Atomisten stehen am Beginn der Geschichte des wissenschaftlichen Zufalls. Es ist das erste Mal, dass der Zufall systemrelevant ist! Aber für Rationalisten wie etwa für den römischen Politiker Cicero (106 – 43 v. Chr.) ist der Gedanke an Zufall lächerlich (Goldstein 2007):

„Was ist das für eine neue Ursache in der Natur, die das Atom abweichen lässt? Oder losen sie unter sich aus, welches seine Bahn verlassen soll und welches nicht?"

Die Atomisten würden etwas sagen, was der allgemeine Verstand mit Verachtung zurückweisen muss! Es ist allerdings sinngemäss das, was Einstein 2000 Jahre später auch sagen wird: Gott würfelt nicht.

Aber ein ganz einfaches Experiment sagt das Gegenteil. Es ist das Doppelspaltexperiment: Feuert man ein Elektron auf zwei nahe zusammenliegende Schlitze, dann sieht es so aus, als ginge es durch beide Schlitze gleichzeitig, erscheine dann aber doch hinter genau einem der Schlitze. Den Beweis, dass beide Schlitze beteiligt sind, liefert die Wiederholung des Versuchs. Dabei bauen sich nach und nach typische Interferenzmuster hinter den Schlitzen auf: Das Teilchen ist eine Welle. Der Versuch wurde 1807 vom englischen Physiker und Augenarzt Thomas Young mit Licht durchgeführt. Bei Licht sind wir dies gewöhnt, aber der Versuch funktioniert auch mit einzelnen Materieteilchen: 1959 hat ihn der Physiker Claus Jönsson entsprechend mit Elektronen demonstriert. Das Doppelspaltexperiment gilt als eines der wichtigsten (und schönsten) physikalischen Experimente überhaupt.[1] Für das Verständnis der Rolle des Zufalls in der Welt ist es zentral.

Der obige Satz von Cicero ist genau eine poetische Umschreibung der Quantenphysik: Die Teilchen losen unter sich aus, durch welchen der beiden Spalten wer geht.

5.2 Die Drei-Welten-Welt des Karl Popper Aktualisiert mit Zufall und Software

5.2.1 Mechanische Maschinen können nicht denken, Computer schon

> „Ich schlage vor, wir betrachten die Frage „Können Maschinen denken? …. Nichtsdestotrotz, ich glaube bis zum Ende des Jahrhunderts werden sich Wortschatz und intellektuelles Verständnis soweit verändert haben, dass man von denkenden Maschinen wird reden können, ohne dass man gleich Widerspruch bekommen wird."
> Alan Turing, britischer Informatiker, 1912–1954, im Jahr 1950.

Es hat sich viel verändert seit Descartes (17. Jahrhundert), seit Turing (1950) und auch seit Popper (1978). So haben sich in der ersten Hälfte des 20. Jahrhunderts durch die Relativitätstheorie und die Quantentheorie viele Begriffe verändert, und diese eklatanten Veränderungen sind in die Begriffswelt des Gebildeten eingedrungen, wenigstens ansatzweise.

Andere Meme sind weniger spektakulär und hartnäckiger gegen Veränderung, so die klassische Auffassung von Kausalität und Zufall, den es nicht gebe, und das Verständnis vom Computer als Rechenhilfsmittel, und zwar nur als Rechenhilfsmittel, das „nur das macht, was man (d. h. der Mensch) ihm gelehrt hat". Der klassische Ausgangspunkt der menschlichen Position gegenüber dem Computer ist:

Der Mensch ist überlegen. „Wir" können Dinge XYZ, die ein Computer niemals kann. Wir wissen nicht warum, aber nur wir können es.

Wir haben oben ja eine (zeitabhängige) Liste solcher fraglicher Fähigkeiten gegeben.

Diese Position vermeintlicher prinzipieller menschlicher Überlegenheit ist chauvinistisch und logisch unsinnig: Wir sind ebenfalls ein Computer. Warum sollte unsere Technologie in „Fleisch und Knochen" besser sein und unnachahmbar? Es ist „Human Chauvinism", gewachsen in vorwissenschaftlicher Zeit.

---

[1] Das Experiment mit Elektronen wurde 2002 von den Lesern der Zeitschrift „Physics World" zum schönsten („most beautiful") physikalischen Experiment gewählt.

Wenn wir zugeben, dass wir ein Computer aus Fleisch und Blut sind, stellen wir uns in eine Reihe mit den Tieren, die i. A. kleinere Computermodelle besitzen, und neben den digitalen Computer. Damit wird erklärt, warum so vieles mit dem Computer austauschbar wird, zu unserem Bedauern vielleicht auch unser Arbeitsplatz. Der „Human Chauvinism" ist in der Geschichte der Religionen und der Philosophie gewachsen und angesichts unserer (bisherigen?) Einzigartigkeit auch verständlich gewesen, aber er ist sachlich falsch in Bezug auf die intellektuelle und seelische Informationstechnologie. Auch die Tiere haben sie und natürlich immer besser die digitalen Computer.

Die obige Überlegenheits-These bedeutet technisch-wissenschaftlich die Behauptung, der Mensch habe im Gehirn eine unnatürliche Technologie, die ihm diese Überlegenheit gebe, und die uns wissenschaftlich unzugänglich sei. Das ist Pseudowissenschaft. Im Gehirn gibt es viele vage oder präzise Programmstrukturen, Hierarchien, schnellarbeitende, sich anpassende und schnell lernende Teile, langsam reagierende, langsam lernende und gar ererbte Teile, die insgesamt unsere Identität ausmachen. All diese Arten von Komponenten gibt es im digitalen Computer auch!

Die letzte Bastion des menschlichen Chauvinismus, in den heutigen Diskussionen jedenfalls, ist das Bewusstsein:

„*Ein Computer kann nie Bewusstsein haben.*" Das ist nicht nur informationstechnisch falsch, sondern auch philosophisch.

Informationstechnisch ist unser Bewusstsein zunächst das Betriebssystem unseres „Computersystems", das uns das Leben in unserer Welt ermöglicht. Dieses Betriebssystem ist zum grössten Teil unbewusst. Dazu haben wir intern die Möglichkeit, die Arbeit oder wenigstens den Aufruf mancher unserer inneren Softwareroutinen zu beobachten und sprachlich zu verfolgen. Ein Beispiel hierzu ist das Lesen von Lesematerial, hier der Vorgang des Lesens des Worts „Bewusstsein" oder „Bewußtsein":

Am Anfang stehen Signale „Schwarz-weiss" von der Retina, im Digitalen genannt Pixel, eigentlich zunächst in Farbe, von der sofort abstrahiert wird.
Daraus entstehen Strukturen wie Geraden mit Schleifen, mit denen Buchstaben identifiziert werden, die sich zu Worten fügen.
Dann sehen Sie ein Wort mit „ss" anstatt „ß" und denken eventuell: „Der Autor ist Schweizer?"
Jetzt sind Sie im bewussten Teil und denken weiter.

Dies ist alles reine, konventionelle Informationsverarbeitung. Ihr digitaler Computer kann dies auch und macht dies ganz ähnlich, nur in anderer Technologie.

Der amerikanische Philosoph Daniel Dennett (geb. 1942) bringt dies auf die knappe Formulierung:

The mind is the effect, not the cause – der Geist ist die Folge, nicht die Ursache.

Der Geist ist eine Art von laufender Software, nicht mehr. Die naive Vorstellung vom Geist als unabhängiger Macht, die unmittelbar wirkt, führte zu Vorstellungen wie der Telekinese (die Bewegung eines anderen Körpers durch Denken allein), der Telepathie (die Übertragung von Information von oder zu einem anderen durch Denken), von einem Fortleben des Geistes nach dem Tode und zu Spiritismus, der all diese Konzepte zusammenbringt.

Berühmt (als Irrtum) sind die Versuche des Physikers und Parapsychologen Robert Jahn (1930–2017). Jahn wollte durch Denken den Zufall beeinflussen. Er hatte dafür einen elektronischen Zufallszahlengenerator gebaut. Die Versuchsperson schaute auf die Zahlenanzeige des laufenden Geräts und musste denken: „Höher" (in englischsprachigem Denken wohl). Jahn war sich sicher, es funktioniere, die erzeugten Zahlen würden höher. Er scheiterte an den Tücken der Versuche mit Zufall. Es gibt keine Beeinflussung, seine Arbeiten sind in die Geschichte der Pseudowissenschaften eingegangen.

Viele Menschen haben eine Scheu zu akzeptieren, dass wir und sie selbst ein „Computer" sind: Wir sind doch viel besser, und ausserdem irgendwie etwas Besonderes, irgendwie Übernatürliches. Aber wir sind nicht besser, wir sind zwar etwas Besonderes, aber nichts Übernatürliches. Unser Körper und unser Geist folgen den Gesetzen der Natur einschliesslich denen der IT. Wir sind nur eine ganz andere Implementierung, d. h. eine andere Bauweise zum gleichen Grundzweck. Ich fordere auf, den Mut zu haben und uns selbst so zu denken. Es macht vieles leichter.

Wir betonen, dass dies kein „Physikalismus" ist, also eine Erklärung aus der Physik heraus: Physik und Information sind, wie in der Einleitung ausgeführt, zwei verschiedene fundamentale Welten. Das Microsoft Word-Programm, mit dem dieser Text geschrieben wird, hat mit den Transistoren des Labtop-Computers nichts zu tun (ausser sie zu verwenden). Für alles Lebendige ist im Gegenteil die Information, die Bit-Welt, wichtiger als die It-Welt der Physik. Eine mögliche neutrale Bezeichnung für diese Welterklärung ist *Naturalismus* mit der Betonung der Ablehnung von Aussernatürlichem.

Das Bewusstsein ist ein klarer, konzeptuell einfacher IT-Prozess. Die Besonderheit ist philosophisch: Das Ich steht nicht *neben* dem Gehirn und hört es sagen, überlegen und entscheiden, sondern:

Das Gehirn *ist* das Ich.

Der philosophische Trugschluss, das Bewusstsein sei etwas Unerklärliches, heisst als philosophische Frage „Qualia-Problem". Das Wort Qualia vom lateinischen *qualis ‚*wie ist beschaffen?' bedeutet hier das subjektive Empfinden einer Eigenschaft, z. B. einer der Farben in der Abb. 5.1a, etwa das Blau des einzelnen blauen Stifts. Der Begriff *Qualia* klingt scholastisch, taucht aber erst im Materialismus auf, in der Philosophie im Jahr 1866 beim Philosophen Charles Peirce – ja man muss dazu ein Descartessches dualistisches Weltbild haben, um es überhaupt als Problem zu sehen. Gottfried Leibniz schildert es so schön mechanistisch: Wenn das Gehirn gross wie eine Mühle wäre, in die man eintreten könnte,

so wird man nichts als Stücke finden, die einander stossen, niemals aber etwas, woraus man eine Wahrnehmung erklären könnte.

5.2 Die Drei-Welten-Welt des Karl Popper Aktualisiert mit Zufall und Software

Abb. 5.1 Zwei Beispiele von Objekten für geistige Eindrücke, „elementar" oder „höher". Bild (**a**) Farbeindrücke. (Quelle: Buntstifte, Wikimedia Commons, KLJ). Bild (**b**) Ein klassisches Buch. (Quelle: eigen/Fischer)

Das Gehirn ist keine Mechanik, sondern die Sensoren sind Psychophysik und Elektrochemie, das Gehirn Elektrochemie und vor allem Informatik. Das klingt so schlimm wie „das Gehirn sondert Gedanken ab wie die Nieren Urin", aber nur oberflächlich betrachtet. Es ist eine prinzipiell ganz andere Welt, die Welt des Computers im verallgemeinerten Sinn. Ohne dies zu verstehen, kann kein noch so kluger Kopf den Graben von Mechanik zum Intellekt und zur Seele überwinden, nicht Descartes, nicht Leibniz und auch noch nicht Popper. Meine Empfindung des „Blau" geht über *meine* Sensorik, *meine* Verarbeitung im Gehirn mit *meine* Software, *meine* Erinnerungen, und darauf aufbauend zu *meinen* Assoziationen. Wieso sollte Ihre, deine, seine Kette der Verarbeitung gleich sein? Sie ist natürlich verschieden.

Das wird noch deutlicher beim Betrachten von (Abb. 5.1b), einem Buchcover des Romans von Thomas Mann. Jeder Leser hat seine eigene Kette vom Sehen der Buchstaben zu den Assoziationen des Sanatoriums in den Schweizer Alpen. Der amerikanische Philosoph Daniel Dennett (geb. 1942) hat die Qualia zu Recht bezeichnet als

> **„ein ungewöhnlicher Ausdruck für etwas, das für uns alle nicht alltäglicher sein könnte: wie die Dinge uns erscheinen."**

Man möchte hinzufügen „ein unnötiger, aber vornehmer Ausdruck." Dennett, der grosse Philosoph, hält die Qualia für ein Beispiel der Neigung von Philosophen (das „Philosopher's syndrome") aus einem *„Mangel an Vorstellungskraft eine Einsicht in eine Notwendigkeit zu machen"*.

Das fundamentale philosophische Problem der Descartesschen Dualisten (und das sind auch heute noch viele Menschen) mit dem Computer ist, dass sie den Computer als ein mechanisches Hilfsmittel ansehen für das Ich, das als Hilfsmittel auf der nicht-geistigen, dummen Seite steht neben dem Ich. Das Ich steht aber nicht *neben* dem Gehirn und hört es sagen, überlegen und Vorschläge machen, sondern:

Das Gehirn ist das Ich. Ich, das Gehirn, denke und entscheide. Dies ist für viele Menschen schlicht undenkbar.

Wir sind ein Computer von innen! Den Gedanken, dass das Ich neben dem Gehirn steht, kann man mit einem Homunkulus verdeutlichen, einem Männchen, das in einer hinteren Ecke des Gehirns in Wahrheit unsere Entscheidungen trifft. Wir gehen bei der Diskussion über den sogenannten freien Willen auf diesen Trugschluss und die Metapher der Homunkuli näher ein.

5.2.2 Der Aufbau des Weltmodells

„Ich will eine Sicht des Universums vorschlagen, die wenigstens drei verschiedene wechselwirkende Teilwelten unterscheidet."
Karl Popper in den Tanner Lectures 1978.

Wir haben die Absicht, auf der Grundidee Poppers das Weltmodell zu aktualisieren. Vor allem das neue Verständnis der Informationstechnologie als Grundtechnologie auch des Lebens ist eine Triebkraft.

Wir definieren wie Karl Popper als erste Säule der Welt die Physik und ihre Abkömmlinge, etwa Astronomie, Chemie und Geologie. Diese Bemerkung ist nicht überheblich, sondern meint z. B. für die Chemie: Chemie ist das Teilgebiet der Physik, das die Eigenschaften und die Umwandlungen verschiedener Kombinationen von Atomen und ihrer Elektronenhüllen im Bereich weniger eV (Elektronenvolt) beschreibt.

Die erste Säule ist die Welt 1 mit allen Erscheinungen der unbelebten Welt, die sich aus sich selbst heraus entwickeln wie Schneeflocken aus kalter, feuchter Luft. Dann definieren wir als zweite Säule oder Welt 2' alles, was auf einem explizit gespeicherten Bauplan aufbaut, der ausgeführt werden kann. Die Säule beruht auf den Erfindungen der Natur, etwas Erfolgreiches weiterzugeben und nicht jedes Mal von Null anfangen zu müssen. Dazu gehört natürlich eine Vorrichtung, die dieses Wissen auch lesen und verarbeiten kann. Eine derartige Vorrichtung ist im allgemeinen Sinn ein Computer. Die zweite Säule umfasst alles, was „computerähnlich" ist bzw. von einer computerähnlichen Vorrichtung produziert wird.

- Die Pläne, die abgearbeitet werden, sind sozusagen die Software des Computers.
- Die Einheit, die das Wissen ausnützt und umsetzt, ist die Hardware.
- Die Regeln, die beides verbinden, ist die „Architektur".
- Das Abarbeiten selbst ist der Funke des Lebens, das von Befehl zu Befehl weitergeht.
- Dazu kommt Zufall – in der Natur mehr, im digitalen Computer weniger.

Physikalisch gesprochen läuft der „Computer" abseits des thermodynamischen Gleichgewichts, das erst beim Tod eintritt.

Diese Definition enthält alles Leben und alle Produkte der digitalen Informationstechnologie. Da wir Bewusstsein und Seele mit einbeziehen, überlappt sich unsere Welt 2' hier mit der Popperschen Welt 2. Aber wir positionieren hier auch noch, was früher mystisch war und für Popper die geistige Welt 3, etwa die Sprache, das Wissen und die Produkte der Sprache wie Spracherkennung, Verstehen und Übersetzungen. Es gibt ein einfaches und objektives Kriterium dafür, was Objekt oder Vorgang der Welt 2' ist:

Alles, was ein digitaler Computer im Prinzip nachvollziehen kann, ist auch Welt 2'.

Eine Nebenbemerkung hierzu: Es ist eine ausserordentliche Leistung der antiken Atomisten, dass sie schon eine von der Physik, d. h. von der Substanz, separate Welt 2 klar identifiziert hatten. Das vielleicht schönste Beispiel hierfür stammt vom späten Atomisten Galileo Galilei als *„das Kitzeln des Galilei"* aus dem Jahr in der Schrift „Il Saggiatore" von 1623 (Hehl 2017):

Galilei zeigt darin den Unterschied, wenn wir mit einer Feder den Fuss eines Menschen kitzeln oder den Fuss einer Marmorstatue: Das Kitzeln ist offensichtlich keine Eigenschaft („Substanz") der Welt 1-Objekte „Feder" oder „Marmorfuss", sondern entsteht im Menschen. Das Kitzeln ist keine Substanz und der Mensch ist etwas anderes, es sind Objekte der Welt 2'.

Diese Unterscheidung Welt 1 und Welt 2' findet man auch ansatzweise in der antiken Atomistik und deren Vorahnungen. Den beiden Welten entsprechen verschiedene Typen von Atomen, der Welt 1 grobe, zackige und schwere Atome, der Welt 2' feine, glatte, ideal kugelige und leicht flüchtige Seelenatome. In heutiger Sprache passt dies zur Unterscheidung von „it-Welt" und „bit-Welt". Die Seelenatome sind Information.

Damit wird der Umfang der Popper-Welt 3 wesentlich eingeschränkt, ja sogar als Ganzes in Frage gestellt. Wir sehen dies am Beispiel der Kunst, die wir neu bewerten gegenüber Karl Popper. Seit etwa 1965 haben Computer Musik komponiert und Bilder geschaffen – mit Hilfe des Zufalls. Es ist durchaus nicht mehr einfach, ein Gedicht oder ein Aquarell eines Computers von menschlichen Produkten zu unterscheiden! Mit den 3D-Druckern erstellt der Computer sogar Plastiken, die einem Menschen nicht möglich wären. Kunst ist, zumindest in guter Näherung, ein Informationsprodukt aus Regeln, Erinnerungen und Zufall.

Wir verwenden zur Illustration aller drei Welten das gleiche Beispiel wie Popper, die Fünfte Symphonie von Beethoven (Abb. 5.2). Der erste Schritt, die Komposition, ist ein Akt der Schöpfung eines Objekts der Welt 2' aus Regeln, Erinnerungen, Stimmungen und Zufall. Die resultierende Partitur ist Welt 2', geschrieben und gedruckt als Welt 1-Objekt. Die Erzeugung der Töne ist Physik und damit Welt 1. Der Dirigent leitet das Orchester nach Regeln, der Partitur, nach seinem Verständnis – es ist Welt 2' mit Zufall.

Die Identifikation der Welt 3' ist dagegen kritisch: Sagen Sie *„Es war ja ganz schön"* oder *„eine miserable Aufführung"* oder sagen Sie *„ein grosses Kunstwerk"*, *„wunderbar wie aus einer anderen Welt?"* Im letzten Fall geben wir dem Werk (der Partitur, der Ausführung) den mystischen Charakter der Welt 3'.

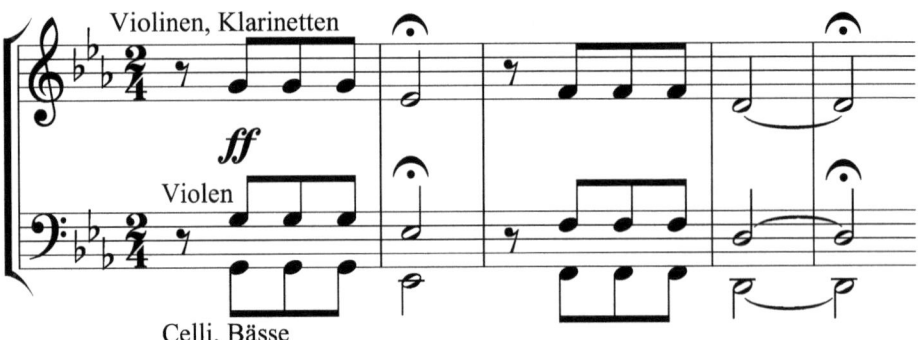

Abb. 5.2 Das Anfangsmotiv der Fünften Symphonie von Ludwig van Beethoven. Bild: Deutsche Wikipedia, Fünfte Symphonie

Es wird also Menschen geben, die als Welt 3'-Objekt den „Zauberberg" von Thomas Mann sehen, die „Sternennacht" von van Gogh oder eben Beethovens Fünfte – aber für andere ist der Zauberberg ein Bericht, die Sternennacht ein grobschlächtiges Gemälde und die Sinfonie nur langatmiger Krach. Entsprechendes gilt für das mögliche Welt 3'-Objekt „Liebe": nur Hormone, Eigennutz und Getue oder doch eine übermenschliche Kraft. Die Welt 3' ist deshalb eingeklammert.

Alles Konstruierte ist damit Informatik und Welt 2'. Eine sinnvolle Unterteilung betrifft unsere Kenntnis von den inhärenten Bauplänen. Bei einem Teil, nennen wir ihn Welt' 2 a), sind die Baupläne zugänglich, etwa in der Biologie oder bei vielen Programmen im digitalen Computer. In der Welt 2' b) ist die laufende Software nicht unmittelbar einsichtig, etwa in unserer Psyche, sondern kann nur mit Experimenten oder mit physikalischen Verfahren wie den bildgebenden Verfahren des Neuroimaging erahnt werden.

Ein grosser Unterschied des „Computers Gehirn" zum üblichen digitalen Computer betrifft den Zufall und seine Rolle. Im digitalen Computer soll im Einzellauf der physikalische Zufall (d. h. der Fehler) nicht auftauchen, es sei denn, er wird gebraucht und künstlich als Pseudozufall erzeugt. Angesichts der Millionen oder Milliarden von Befehlen, die der Computer pro Sekunde abarbeitet, würden auch sehr seltene Fehler den Computer laufend zum Absturz bringen. Es ist (eigentlich) das Ziel jeglicher Softwareentwicklung, so rasch wie möglich ein möglichst fehlerfreies Produkt zu liefern.

Anders im menschlichen Gehirn; hier spielt der Zufall eine grosse Rolle. Deshalb betrachten wir zwei Bereiche der menschlichen IT unten genauer: Entscheidungsfindung und „freier Wille" zum einen und die Kreativität zum anderen.

Googelt man nach Bildern zur Drei-Welten-Lehre von Karl Popper, so findet man dafür üblicherweise Darstellungen mit drei gleichberechtigten Kreisen für die drei Welten. Unsere Darstellung (Abb. 5.3) ist ganz anders:

5.2 Die Drei-Welten-Welt des Karl Popper Aktualisiert mit Zufall und Software

Abb. 5.3 Das aktualisierte Drei-Welten-Modell. Die Welt 1 umfasst das Unbelebte (die Physik), die Welt 2' alles Konstruierte (IT oder Software im erweiterten Sinn) und die optionale Welt 3' die „höheren Werte" wie z. B. die Kunst. Der Zufall, letztlich kommend aus Welt 1, bestimmt die Entwicklung in allen Welten mit. Blau: physikalische Grundlage Grün: Biologische IT Grau: Technische IT

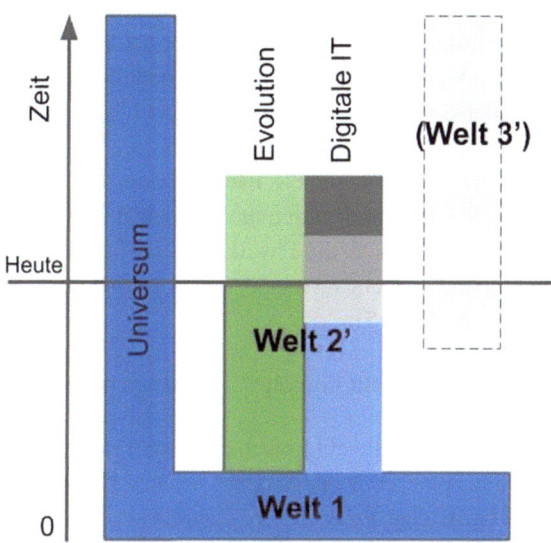

Wir bilden den Aufbau der Welt in Säulen ab; die Achse nach oben entspricht der Richtung der zeitlichen Entwicklung. Die linke, blaue Säule der Welt 1 („Physik") illustriert die (weitgehend) unbelebte Weiterentwicklung des Universums, die mittlere Säule der Welt 2' („Information") die Entwicklung des Lebens „hoch" zu uns Menschen, zu den Computern und eventuell weiter. Dies sind die beiden Hauptkräfte der Welt: Physik und Information. Der grüne Teil der Welt 2'-Säule entspricht der biologischen Evolution. Ab einem bestimmten Niveau der Entwicklung konstruieren die Menschen dann selbst Informationstechnologie, allerdings auf einer anderen physikalischen (blauen) Grundlage. Damit beginnt der angelehnte graue Teil, die immer mächtiger werdende digitale Welt. Ab jetzt laufen beide Welt 2'-Varianten, biologisch-grün und technisch-grau, nebeneinander und eng zusammen weiter mit ungewisser Zukunft. Eine Denkmöglichkeit ist die Verschmelzung von Biologie und Technik als „Transhumanismus", im schlimmsten Fall mit dem Verschwinden der Biologie.

Alle Objekte der Welt 2' benötigen ein (blaues) Fundament in der Welt 1, etwa in der Form von Proteinen in der Biologie, Neuronen oder Transistoren beim digitalen Rechner, und eine zugehörige Welt 1-Energiequelle. Deshalb ist jegliche Welt 2' auf der Grundlage der Welt 1 positioniert. Dies bedeutet eine grosse Änderung in der Philosophie. Der Geist ist keine Substanz und nicht unabhängig.

Damit entstehen zwei kontinuierlich wachsende Welten nebeneinander. Für uns als Menschen ist vor allem die Welt des Konstruierten, der Information, wesentlich, aufgesetzt auf der Welt der Physik. Die Welt des Konstruierten (des Lebens) ist ein Kontinuum, angefangen von der Chemie „hoch" zu uns und zu den digitalen Computern. Das Kontinuum ist nach oben offen.

Der Zufall durchdringt, ausgehend von der Welt 1, alle drei Welten. Die Welt 2' baut er sogar selbst auf, vielleicht auch die Produkte der Welt 3' wie die Kunst! Die Schnittstelle zwischen Welt 1 und Welt 2' des Weltmodells, grün auf blau, ist kritisch. Hier war der Gedanke der Spontanerzeugung lokalisiert („Leben entsteht einfach so"), heute ist es das Problem der chemischen Evolution (s. u.). Es gibt wichtige Rückkopplungen von der Welt 2' in die Welt 1, so z. B. die Erzeugung der Sauerstoffatmosphäre durch die Pflanzen und des Klimawandels durch die Menschen.

Wir betonen, dass die Physik und die Information einen fundamentalen Zusammenhang haben, der nicht verstanden ist. Das drückt sich z. B. in der grundsätzlichen Frage aus (Aguirre et al. 2015):

„It From Bit or Bit From It?" – Was ist primär, die Materie oder die Information?

Dies ist die vielleicht tiefschürfendste Frage der Physik. Für viele wesentliche Fragen der Philosophie, etwa das Körper-Geist-Problem, hat sie allerdings kaum Bedeutung: Unser Geist ist eine Funktion der komplexen Software-Strukturen „hoch oben", nicht der physikalischen Grundlagen „tief unten".

Das neue Drei-Welten-Modell ermöglicht eine Klärung zu den Denkschulen der schon mehrfach erwähnten grossen griechischen antiken Philosophen Aristoteles und Platon. Platon sieht die Welt aus der Sicht der „Ideen", den idealisierten Vorbildern zu den Dingen. Aristoteles baut die Welt von „unten" auf und versucht, die Welt aus der Erfahrung heraus mit einer Vorläuferform der wissenschaftlichen Methode zu erklären. Damit haben die beiden Philosophen extreme Denkpositionen im Weltmodell und verschiedene Denkrichtungen: Platon denkt von oben nach unten, Aristoteles von unten nach oben. Im Computeranalogon denkt Platon vor allem in den Spezifikationen der Objekte als „Ideen", Aristoteles untersucht systematisch die Grundlagen und versucht den Aufbau von unten nach oben, angefangen mit der Physik, und schafft damit die Grundlagen der Wissenschaft.

Die Welt 1 ist ganz für sich auch im Stande, sehr komplexe Strukturen aufzubauen ohne externen Bauplan, etwa die Welt der Sterne, Planeten und Galaxien. Dadurch ergibt sich die typische L-förmige Struktur in der Grafik. Der Querbalken des „L" der Physik trägt die IT-Welt.

Wir nehmen an, dass mögliche Welt 3'-Objekte auf unseren Gedanken und Erlebnissen aufbauen, also auf einer hinreichend hochentwickelten Welt 2'.

Ab jetzt werden wir vor allem von Welt 2' und Welt 3' reden, nicht mehr von den Popperschen Urformen. Wir werden allerdings den Strich (') beibehalten, um den Unterschied deutlich bestehen zu lassen.

5.2.3 Der Zufall ist notwendig

„Eine interessante Variante der Idee des digitalen Computers ist „ein digitaler Computer mit eingebautem Zufall".
Alan Turing, britischer Mathematiker, 1912–1954.

Alan Turing war sich der Bedeutung des Zufalls für die Mathematik bewusst: Wahre Zufallszahlen sind nicht durch Algorithmen berechenbar. Er hatte deshalb durchgesetzt, dass ein elektronischer Zufallszahlengenerator in den Computer Mark I eingebaut wurde, der allerdings offensichtlich nicht gut funktionierte. Sein Wunsch zum Einbau des Zufallsgenerators erschien seinen Kollegen wahrscheinlich genauso künstlich, wie 2200 Jahre früher der Einbau des Zufalls als Clinamen, als beständiges Zittern, in die Atomwelt des Epikur!

Turing hat mathematisches und physikalisches Interesse am Zufall. Er sieht den „echten" Zufall an als etwas, was jenseits der Berechenbarkeit ist über die er sich viele Gedanken macht. Damit ist der Zufallsgenerator verwandt mit seiner kaum bekannten philosophischen Idee eines magischen „Hypercomputers", den er Orakel nennt (Prisco 2018; Hodges 2019).

▶ **Definition Das Orakel von Alan Turing ist eine Black Box, die mathematisch Transzendentes liefert, z. B. nichtberechenbare Zahlen bzw. echten Zufall.**

Es gibt für Turing eine Art Transzendenz in der Mathematik, die mit den Namen von Kurt Gödel und Gregory Chaitin verbunden ist. Der echte Zufall und nicht berechenbare Zahlen gehören dazu. Im Zahlenkontinuum ist der überwiegende Grossteil der Zahlen nicht berechenbar, d. h. es gibt keine Vorschrift, um sie zu berechnen! In der Physik sind in diesem Sinn alle Quellen von Zufall (das Meer, das Rauschen von Elektronik, die Initialfluktuationen beim Big Bang oder der Tümpel von Darwin (s. u.)) solche Orakel.

Der Zufall interessiert ihn wohl auch aus einem anderen Grund. Alan Turing glaubt an parapsychologische Phänomene, vor allem an die Telepathie. Es ist die Blütezeit (vergeblicher) parapsychologischer Forschung, etwa im berühmten Institut für Extrasensorische Wahrnehmung des amerikanischen Botanikers Joseph Rhine ab 1931. Typische Versuchstechnik war z. B. das Erraten von verdeckten Spielkarten durch menschliche Medien. Dabei geht es darum zu sehen, ob ein Medium besser rät oder „irgendwie" sieht, welche Kartenwerte als nächstes gezogen werden, als es der Zufall vorhersagt. Die Wissenschaft wird die von Joseph Rhine behaupteten parapsychologischen Ergebnisse nie verifizieren können und nie akzeptieren. Aber Alan Turing hält die Telepathie für bewiesen. Der Zufallszahlengenerator wäre eine Vorbereitung für solche Versuche gewesen.

Aber es gab auch schon einen anderen willkürlichen Einbau von Zufall in ein theoretisches Gebäude, etwa zum Beginn des 19. Jahrhunderts. Es ist eine Randnotiz der Wissenschaftsgeschichte: Der deutsche Physiker Max Planck (1858–1947) hatte im Jahr 1900 die Formel empirisch gefunden, mit welcher Intensität ein Körper Wärmestrahlung verschiedener Farben aussendet. Aber bei der Herleitung dieser Formel gab es in der klassischen Physik ein Problem (Grimsehl 1988). Die Vielfalt der Oszillatoren für Wärmestrahlung war jeweils unabhängig voneinander und blieb es, da alle Gleichungen linear waren. Die Abb. 5.4a symbolisiert dies mit einem Spiegelkasten mit ausgerichteten Lichtstrahlen, die geordnete stehende Wellen darstellen.

 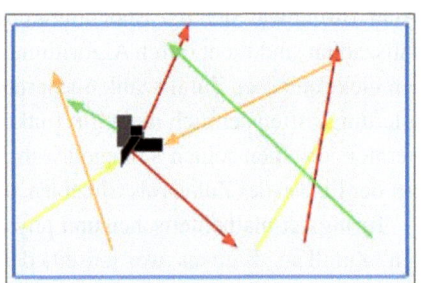

Abb. 5.4 Das Plancksche Kohlestäubchen bringt den Zufall. (**a**) Eine ideale klassische Box ohne Zufall. Die Lichtbahnen verlaufen wohlgeordnet. Es ist stellt sich kein thermisches Gleichgewicht ein. (**b**) Ein kleines, unregelmässiges Kohle-stäubchen bringt den Zufall in die Box. Damit ergibt sich thermisches Gleichgewicht

Planck führte einen Trick ein, um eine Kopplung zu erreichen: Ein kleines Stäubchen Kohle wird in den Kasten eingebracht (Abb. 5.4b). Das kleine Korn ist ein mikroskopisches Orakel im obigen Sinn. Es verwandelt Ordnung in Unordnung oder Zufall. Es absorbiert und sendet Licht aller Farben chaotisch aus. So wird die Strahlung verteilt und es ergibt sich die Unordnung des thermischen Gleichgewichts. Planck konnte genau die gewünschte Formel herleiten.

Ob Demokrit, Planck oder Turing, ohne Zufall ist die Welt langweilig, weil geordnet. Ohne Zufall wäre die Welt unnatürlich, eben nicht Natur.

Der Zufall erscheint zunächst nicht im Schaubild (Abb. 5.3), auch nicht bei Karl Popper: Es sieht alles nach geordnetem Wachsen aus. Das ist vollkommen falsch. Dazu stellen wir uns das Bild der Welt ohne Zufall, total geordnet, vor:

- Alle Blätter auf einem Baum wären gleich, ja alle Blätter einer Spezies,
- grosse Gruppen von Menschen wären gleich,
- die Wände und Mauern wären spiegelglatt,
- die Wellen auf dem See oder Meer wären wohlgeordnet und im Gleichschritt,
- die Wolken wären saubere Kugeln,
- die Sterne in der Galaxis gleichmässig verteilt oder in den Spiralarmen aufgereiht, usf.

Natürlich hätte es ohne Zufall genau genommen gar keine Spezies, Bäume oder Menschen gegeben, denn ohne Zufall gäbe es keine Evolution. Das Bild der Welt ohne Zufall ist absurd. Wir stehen hier wie die antiken Atomisten, die den Zufall einführten, um die Trivialität der Ordnung zu zerstören und um die Welt lebendig zu machen.

Zufall kann auf viele verschiedene Arten in den Lauf der Welt eingreifen. Die Abb. 5.5 illustriert eine „besonders zufällige" Möglichkeit. Der Himmelskörper 'Oumuamua kam bewiesenermassen von ausserhalb unseres Sonnensystems! Wenn er auf der Erde eingeschlagen hätte, wäre dies der perfekte Zufall in der Welt 1 gewesen, der auch für die Welt 2' eine Tragödie gewesen wäre!

Abb. 5.5 Der mögliche absolute Zufall: Ein Himmelskörper kommt von weit draussen aus dem All. Künstlerische Darstellung von 'Oumuamua, dem ersten bekannten interstellaren Objekt. Bild: Artist's impression of Oumuamua, Wikimedia Commons, ESO/M. Kornmesser

Der Zufall trifft die Welt 2' auf zwei Arten: Aus dem physikalischen Fundament heraus oder innerhalb der Informationswelt selbst.

Ein schönes physikalisches Beispiel sind die überall einfallenden kosmischen Strahlen, d. h. etwa 100.000 elektrisch geladene hochenergetische Teilchen pro Quadratmeter und Sekunde, die auf die Erdoberfläche gelangen. Seit etwa 1980 sind die elektronischen Bauteile von Computern so klein und damit so empfindlich auf Störungen geworden, dass einzelne Bits im Computerspeicher durch solche Partikel der kosmischen Strahlen „umfallen" können. Dies wird durch eingebaute automatische Korrekturen weitgehend verhindert. Die kosmischen Teilchen so wie die sonst vorhandene natürliche Radioaktivität durchdringen auch unsere Körper und beschädigen unsere IT, rufen Mutationen und Krebs hervor.

Zufälle auf der IT-Ebene innerhalb der Welt 2' sind vielfältig: Wenn sich die Keimzellen von zwei Menschen vereinigen, die sich zufällig getroffen haben, ist es ein Zufall, der die Welt verändern kann.

In der technischen IT-Welt kann es eine falsche Erkennung und Interpretation von Daten sein, ein zufälliges Ergebnis einer Google-Suche bei einer nur wenig veränderten Eingabe, eine Blockierung durch einen zufällig laufenden anderen Prozess und vieles mehr. Der Google-Suchalgorithmus findet bei vielen Suchanfragen Millionen von Treffern, sucht Tausende davon aus, spült ein Dutzend auf den ersten Bildschirm des Benutzers, der die obersten drei Vorschläge ansieht: Das Internet ist eine riesige informatorische Zufallsmaschine mit Neigungen, explizit gelenkt mit Werbung.

Insbesondere kann der Zufall in Welt 2' auch absichtlich eingesetzter Zufall sein aus einem physikalischen Zufalls- oder einem mathematischen Pseudozufallsgenerator. Derartige Verfahren diskutieren wir unten.

Auch auf der angenommenen Ebene der Welt 3 ist ein Wirken von Zufall denkbar: etwa wenn die abschweifenden Gedanken Beethovens und aufkommende Erinnerungen während des Komponierens den Fluss der Komposition verändern.

Den grössten Effekt des Zufalls finden wir an empfindlichen Entscheidungspunkten sowohl in der unbelebten Natur als auch im menschlichen Gehirn, aber vor allem in der konzentrierten Information im genetischen Material in der Biologie. Dort kann ein elementar-atomistischer Zufallsakt eine gefährliche Änderung hervorrufen und damit vielleicht zum Ausgangspunkt einer Pandemie werden.

Zusammenfassung des Kapitels

Die historischen Vorstellungen der Menschen vom Aufbau der Welt und ihrer Position darin ist eine kleine Geschichte der Philosophie. Wir zeigen, dass der frühe Materialismus scheitern musste, weil er nur *eine* Seite des Wissens besass, wenn er auch in diesem Bereich sehr erfolgreich war. Er konnte nicht viel mehr erklären als der naive klassische Dualismus von Leib und Seele. Etwas systematischer, aber noch konservativ, geht dann Karl Popper vor, der drei Bereiche (Welten) unterscheidet. Es ist die Welt der Dinge, der Gefühle und der Kulturgüter.

Ein Kleinod ist das älteste der philosophischen Modelle, die wir betrachten, der antike Atomismus. Er ist eine Vorahnung der Neuzeit mit Materie und Verwandlung, Seele und sogar mit eingebautem Zufall. Aber kein Philosoph hatte eine Chance, ein korrektes und sinnvolles Modell zu erstellen, solange man nicht den Computer in seiner philosophischen Bedeutung erkannte. Bis dahin waren Seele und Intelligenz mystische Begriffe. Tieferes Verstehen dieser Seite der Welt beginnt eigentlich erst mit Alan Turing (1950).

Der Autor fordert uns Menschen auf, keine Scheu zu haben und zu akzeptieren, dass wir auch Computer sind, allerdings ganz anders realisiert. Wir sind nichts Übernatürliches, aber doch noch etwas Besonderes.

Wir stellen ein trialistisches Weltmodell vor, ähnlich dem von Karl Popper, jetzt aktualisiert mit Informationstechnologie und Zufall:

Physik für das Unbelebte, IT (Computerähnliches) für alles Belebte und Konstruierte, und gegebenenfalls als drittes etwas Übermenschlich-Kulturelles wie Kunst und Liebe – wenn man an „wahre" Kunst und an „echte" Liebe glaubt.

Etwas Wesentliches kommt noch dazu und ist für den Aufbau der Welt erforderlich: Es gibt Zufall in der physikalischen Welt und in der IT-Welt. Es gibt überall kleine Sprünge im Ablauf, so wie es Epikur den Atomen schon zugeschrieben hat. Man versuche nur, sich eine Welt ohne Zufall vorzustellen! Es wäre eine verrückte Welt, mit gleichen Blättern an den Bäumen, geordneten Wellen und vielleicht exakten Kugelwolken. Natürlich gäbe es keine Spezies und keinen Menschen.

In der Mathematik entsprechen dem Zufall nichtberechenbare Zahlen und nichtentscheidbare Behauptungen. Der Informatiker Alan Turing hat das Konzept als Orakel in die Mathematikphilosophie eingeführt.

Der Zufall ist im Fundament der Welt eingebaut.

Literatur

Aguirre, Anthony, et al., Hrsg. 2015. *It from bit or bit from it? On physics and information.* Heidelberg: Springer.
Goldstein, Jürgen. 2007. *Kontingenz und Rationalität bei Descartes.* Hamburg: Meiner.
Grimsehl, Ernst. 1988. *Lehrbuch der Physik, Band III, Optik.* Leipzig: Teubner.
Hehl, Walter, 2017. *Galileo Galilei kontrovers.* Berlin/Heidelberg: Springer.
Hodges, Andrew. 2019. *Alan Turing. The uncomputable.* The Stanford encyclopedia of philosophy. plato.stanford.edu/archives/win2019/entries/turing. Zugegriffen im Juni 2020.
Popper, Karl. 1978. *Three worlds: The Tanner lecture on human.* Values.tannerlectures.utah.edu/lecture-library-php.
Prisco, Giulio. 2018. Karl. 1978. *The Turing oracle. Creative randomness from the beyond.* turing-church.net.
Turing, Alan. 1950. Computing machinery and intelligence. *Mind* 49:433–460.

6 Evolution – die Kreativität der Natur

6.1 Die Evolution ist keine Theorie

6.1.1 Teilhard de Chardin

„Die Evolution sollte nichts als eine Theorie, ein System, eine Hypothese sein? Keineswegs! Sie ist viel mehr! Sie ist die allgemeine Bedingung, der künftig alle Theorien, alle Hypothesen, alle Systeme entsprechen und gerecht werden müssen, sofern sie denkbar und richtig sein wollen.

Ein Licht, das alle Tatsachen erleuchtet, eine Kurve, der alle Linien folgen müssen, das ist Evolution."

Pierre Teilhard de Chardin, französischer Theologe und Philosoph, 1939.

Der Autor des langen Zitats ist (war) eine ausserordentliche Persönlichkeit, Jesuit, Wissenschaftler und christlicher Philosoph (Abb. 6.1). Aus Sicht der offiziellen Kirche und der Oberen seines Ordens war er ein Querdenker, denn er versuchte die ganze Evolution ins Christentum zu integrieren und abzubilden als den Weg zu einem Idealzustand, den er Omega-Punkt nannte. Vermutlich sind einige seiner mystischen Aussagen passend für die Diskussion als potentielle „Welt 3"- Objekte, etwa „die Liebe" und „das Weibliche". Über das ewige Weibliche schreibt er sogar ein kleines Buch *L'éternel féminin*, im Thema ganz ähnlich wie das des Autors (Hehl 2020) über die Frauen seines Lebens.

Dem Inhalt des obigen Zitats ist zuzustimmen; die kurze Fassung von Theodosius Dobzhansky haben wir schon erwähnt:

Nichts in der Biologie ergibt einen Sinn ausser im Licht der Evolution.

Das oft gehörte Wort „Evolutionstheorie" ist reichlich unglücklich gewählt, da man im allgemeinen Sprachgebrauch *„Theorie"* versteht als eine unbestätigte These. Dieses Schicksal hat der Begriff der Evolution gemeinsam mit der Relativitätstheorie, der speziellen wie der allgemeinen. Auch in diesen Bezeichnungen schwingt ein Zweifel mit, aber das ist bei

Abb. 6.1 Der Theologe und Anthropologe Pierre Teilhard de Chardin in einer Höhle in Castillo, 1913. Bild: Deutsche Wikipedia, Claude Cuénot

Evolution wie bei der Relativitätstheorie nicht angebracht, beides – Evolution in der Biologie und Relativität in der Physik – sind die wichtigsten und sichersten Bereiche der jeweiligen Wissenschaft!

6.1.2 Der Junge-Erde-Kreationismus

„Bei den Kreationisten klingt das Wort ‚Theorie' so, als sei es etwas, das man nach einer betrunkenen Nacht erträumt habe."
Isaac Asimov, russisch-amerikanischer Wissenschaftler und Autor, 1920–1992.

Die Evolution verdankt ihren umstrittenen Ruf, wenigstens im 19. Jahrhundert, der Konkurrenz der wörtlichen und naiven Auslegung der biblischen Geschichte. Danach sind alle Pflanzen am dritten Tag der Schöpfung „gemacht" worden, alle Wassertiere am fünften Tag und alle Landtiere (und der Mensch) am sechsten Tag.

Dazu mangelte es nicht an Versuchen, mit biblisch-historischer Analyse die zugehörige Jahreszahl festzustellen. Die berühmteste Zeitangabe stammt vom irischen Erzbischof und Primas von Irland James Ussher (1551–1656): Danach begann die Schöpfung am Sonntag, den 23. Oktober 4004 v. Chr. Ein weiteres wichtiges Pseudodatum ist der Tag der Landung der Arche Noah am Berg Ararat, es „war" Mittwoch, der 5. Mai 2348 v. Chr. Noah hat nach dem Anspruch der Bibel alle Tiere pärchenweise gerettet. Zur Zeit von Ussher sah man in dem Attribut „alle" kein unüberwindbares Problem, aber mit der Entdeckung der neuen, exotischen Länder nahm die Zahl der bekannten Arten drastisch zu. Die Frage nach der tierischen und pflanzlichen Besatzung der Arche ging in die wissenschaftliche Untersuchung der globalen Tier- und Pflanzenwelt über, in die Naturgeschichte.

6.1 Die Evolution ist keine Theorie

Ein weiteres Problem war die nach der biblischen Geschichte notwendige Neukolonisation der Welt. Alle Tiere waren am Berg Ararat lokal an einem Ort. Eine diskutierte Möglichkeit war, dass nach dem Fall des Turms von Babel (nach Bischof Ussher 106 Jahre später) die sich verstreuenden Völker ihre Tiere mitnahmen. Schon der englische Philosoph und Universalgelehrte Thomas Browne (1605–1682) wunderte sich 1646:

> **"Weshalb nahmen denn die Eingeborenen Nordamerikas die Klapperschlangen mit und keine Pferde?"**

Die (für den aufgeklärten Theologen veraltete) kreationistische Theorie sagt also:

- Die Erschaffung erfolgte zeitlich auf einen Schlag, der Zeitpunkt war, geologisch gesehen, vor kurzem,
- alle Tiere und Pflanzen konnte man auf kleinstem Raum konzentrieren,
- die Zahl der Tierarten ist typisch 100, die der Pflanzen in der Bibel etwa 40,
- die Pflanzen- und Tierarten werden als abgeschlossen und konstant angesehen.

Zu den biblischen Tieren existiert sogar ein Wikipediaartikel "List of Animals in the Bible". Und noch ein wichtiger Punkt der Kreationisten für uns Menschen und für die Tiere, leider oft zum Nachteil der Tiere:

- Der Mensch ist kein Tier, sondern etwas ganz anderes.

Insgesamt war dieser Kreationismus vielleicht menschlich befriedigend, aber von heute aus gesehen ist es kindliches Denken. Es hat wohl kaum je eine unsinnigere "Theorie" gegeben.

Die Tab. 6.1 zeigt für die Anzahlen von Tier- und Pflanzenarten die heutigen Schätzungen. Die Zahlen sind jetzt ernsthaft geworden und übersteigen das naive Verständnis eines antiken Naturfreunds um Grössenordnungen. Entsprechendes gilt für die anderen Punkte:

Tab. 6.1 Anzahlen bekannter Spezies auf der Erde

7,77 Millionen	Tiere,
953.000 davon	beschrieben und katalogisiert
298.000	Pflanzen,
215.000 davon	beschrieben und katalogisiert
611.000	Pilze
43.000 davon	beschrieben und katalogisiert
36.000	Protozoen (bewegliche Einzeller),
8000 davon	beschrieben und katalogisiert
27.500	Chromista (pflanzliche Einzeller)
13.000 davon	beschrieben und katalogisiert
8,74 Millionen	**Eukaryoten (Mehrzeller mit Zellkern)**

Angaben nach ScienceDaily, 8. August 2011

Die Entwicklung erfolgte über vier Milliarden Jahre, brauchte eine astronomische Zahl von Schöpfungsakten, war verstreut über die Erde und die Erdgeschichte, die Anzahl der Spezies war und ist viele Millionen Tiere und Pflanzen, und die Entwicklung war dynamisch und setzt sich heute noch fort.

Der Arbeitsraum der Evolution sind diese Millionen von Lebensformen und die zugehörigen viele Billionen von einzelnen Lebewesen. Dies ist zu vergleichen mit der Kleinheit des Gedankens der biblischen Schöpfung, wenn wissenschaftlich genommen.

Ein geistreiches klassisches Argument gegen die Evolution und für eine fertige Schöpfung stammt vom englischen Theologen William Payley (1743–1805). Es argumentiert gegen das Wirken des Zufalls und für einen fertigen, göttlichen Bauplan von allem. Das Argument erscheint in dessen Buch „Natürliche Theologie" aus dem Jahr 1802. Darwin kannte das Buch und damit auch die Analogie sehr gut. Er sagte 1859 zu einem Freund: *„Ich habe es früher einmal beinahe auswendig aufsagen können."* Die Parabel von Paley ist als „Uhrmacheranalogie" in die Geschichte der Philosophie eingegangen (Abb. 6.2). Der Sachbuch-Bestseller „Der blinde Uhrmacher" des britischen Biologen Richard Dawkins (geb. 1941) spielt geistreich auf das Uhrparadoxon an.

Der springende Punkt in der Parabel ist der ontologische[1] Unterschied eines Steins und einer Uhr, die beide auf dem Weg durch die Heide liegen. Der Stein ist ein Teil der Natur, schon immer oder wenigstens lange da liegend, die Uhr offensichtlich das Produkt eines intelligenten Menschen, eines Uhrmachers, und nicht aus der Welt der Heide, sondern aus der Zivilisation. Paley schliesst daraus, dass alles, was hinreichend komplex ist, einen Designer und einen Plan braucht.

Der Designer hat den Sinn des Geräts im Kopf, entwirft den Bauplan und fertigt die Uhr danach an. Paley und die meisten seiner Zeitgenossen halten dies für einen teleologischen Gottesbeweis. Für uns ist es ein hübsches Beispiel der Drei-Welten-Lehre und ein Blick voraus in die Bedeutung der Evolution:

Die Evolution hat diesen gefährlichen Gedanken *„ist hier etwa ein anderer Mensch (oder ein Tier) tätig, den ich nicht sehe"* in unsere Psychologie eingebaut als „Agent Detection Effekt". Es wäre gefährlich gewesen, ein solches Zeichen zu übersehen. Etwas mehr zum evolutionären Erbe in unserer Psychologie im Kapitel „freier Wille".

Der Stein ist leblos, ein Produkt von Physik, Chemie, Geologie usf., und damit ein (zufälliges) Objekt der Welt 1. Die Uhr basiert auf der Physik mit der Basis aus Stahl und Gold und ist ein konstruiertes Objekt der Welt 2', ähnlich wie andere Produkte, etwa wie ein Softwareprogramm mit vorgegebenem Sinn (der Spezifikation des Produkts), einer Entwicklung und Realisierung und schliesslich der Anwendung (dem Programmlauf). Aber natürlich sind die Pflanzen, Tiere und wir Menschen Lebewesen mit Bauplan, also Welt 2'. Paley hat auch noch die Tiere als eine Art Maschine angesehen, aber natürlich nicht uns Menschen.

Der Uhrmacher konnte die Uhr nach vielleicht drei Jahren Lehre herstellen, aber die Evolution entwickelte „uns" und unseren Bauplan in vier Milliarden Jahren und gab uns

---

[1] Ontologisch von altgriech. ὄν ón ‚seiend' heisst etwa ‚im Wesen, dem Wesen nach'.

6.1 Die Evolution ist keine Theorie

a

CHAPTER I.

STATE OF THE ARGUMENT.

IN croſſing a heath, ſuppoſe I pitched my foot againſt a *ſtone*, and were aſked how the ſtone came to be there, I might poſſibly anſwer, that, for any thing I knew to the contrary, it had lain there for ever: nor would it perhaps be very eaſy to ſhew the abſurdity of this anſwer. But ſuppoſe I had found a *watch* upon the ground, and it ſhould be enquired how the watch happened to be in that place, I ſhould hardly think of the anſwer which I had before given, that, for any thing I knew, the watch might have

VOL. I.   B   always

WELT 1 - Objekt

WELT 2' – Objekt

Abb. 6.2 Das „Uhrmacher-Paradoxon" des Theologen William Paley. (**a**) Der Originaltext (Ausschnitt). Bild: Paley Natural Theology, Wikimedia Commons, google books. (**b**) Ein Objekt der Welt 1: Ein Stein. Bild: eigen. (**c**) Ein Objekt der Welt 2': Eine Uhr. Bild: Montre Gousset, Wikimedia Commons, Isabelle Grosjean

(mehr oder weniger) Sinn *a posteriori*. Plan und Sinn haben sich zusammen entwickelt für das Ganze wie für die einzelnen funktionalen Komponenten. Es ist die Lösung für die Frage, die Paley sich nicht stellt: Wer hat den intelligenten Designer für die lebendige Welt gemacht? Die Evolution entwickelt die Komplexität selbst, aus sich heraus. Aber all dies und alle zugehörigen Grundlagen (Alter der Erde, Genetik und Proteomik, Informationstechnologie usw.) waren noch unbekannt und unvorstellbar. Es ist umso grossartiger, dass Darwin, ohne über all dies zu verfügen, einen wissenschaftlich einwandfreien Anfang machen konnte.

6.2 Evolution als Softwaretechnologie und Prozess mit Zufall

6.2.1 Das Prinzip

> „Evolution is an up-hill random walk in software space."
> „Die Evolution ist ein aufwärts führender Zufallsweg im Software-Raum."
> Gregory Chaitin, argentinisch-amerikanischer Mathematiker, geb. 1947.

Technisch gesehen ist eine Evolution im engeren Sinn der Lauf einer Software, die eine Zufallstechnik mit systematischen Versuchen anwendet um ein Ziel zu erreichen ohne tieferes Verständnis, was sie macht. Bei der grossen, biologischen Evolution gibt es dazu kein sichtbares Ziel, sondern nur die minimale Forderung „Weitermachen im System, nahezu egal wie".

Damit benötigen wir für den Start einer Evolution:

- eine Optimierungsaufgabe,
- ein Verfahren zur systematischen Erzeugung von Kandidaten,
- eine Möglichkeit, die Güte eines Kandidaten zu beurteilen
- eine Strategie zum Weitergehen.

Ein einfaches Verfahren zum Weiterschreiten ist es, die Punkte der näheren Umgebung jeweils als nächste Kandidaten zu verwenden und auf Verbesserung zu untersuchen.

Nehmen wir als Beispiel die kleine Antenne in Abb. 6.3. Diese Antenne wurde mit einem evolutionären Algorithmus für das Programm „Space Technology 5" entwickelt als eine *„sehr kleine, sehr unwahrscheinlich aussehende, aber sehr vielversprechende Antenne"*, wie ihre Produktbeschreibung sagt. Die Aufgabe war, die Abstrahlungs- und Empfangseigenschaften bei minimalem Gewicht zu optimieren. Die Prüfung der Güte einer vorgeschlagenen Antenne kann im Computer oder im Modell experimentell erfolgen. Das Ergebnis war ein neuer Design, wie ihn kein Ingenieur vorher erdacht hatte: Der Zufall hat ihn gesteuert geschaffen, der Zufall ist kreativ.

Mit diesem Kriterium für den Kandidaten erhalten wir eine Güteziffer oder ein Mass für die Fitness des Kandidaten im Sinne unserer Aufgabe, und darauf beruhend generieren wir die nächsten Kandidaten und wiederholen die Prüfung, bis wir mit der Güte zufrieden sind oder eine Ressource verbraucht ist, etwa die Zeit abgelaufen. Die Evolution ist in diesem einfachen Fall eine teil-gerichtete Irrfahrt durch ein unbekanntes Gebirge. Der Erfolg eines Schritts wird immer erst im Nachhinein bestätigt. Das Endergebnis ist etwas Neues, eine Emergenz. Der Begriff kommt vom lateinischen *emergere* – ‚auftauchen, emporkommen' und bedeutet in der neueren Philosophie, dass eine höhere Seinsstufe aus Niederem entsteht. Die Evolution kann damit etwas Unglaubliches: Sie schafft mit Zufall etwas Neues.

Bei einfachen Aufgaben könnte man daran denken, alle möglichen Kandidaten zusammen zu prüfen und damit die absolut beste Lösung zu haben; dies wäre die Lösung mit

6.2 Evolution als Softwaretechnologie und Prozess mit Zufall

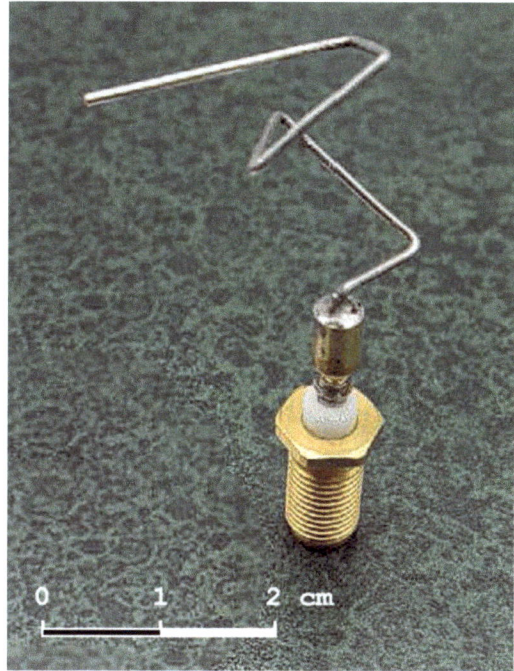

Abb. 6.3 Ein evolutionär entwickeltes Produkt. Bild: ST 5x Band Antenna, Wikimedia Commons, NASA

„brute force", mit roher Rechengewalt. Bei einer Handvoll von Kriterien, die alle Möglichkeiten für eine Lösung umfassen, kann man dies sogar auf einem Blatt Papier ausführen: Es ist das Verfahren der „morphologischen Box" des Schweizer Astrophysikers Fritz Zwicky (1898–1974) als Methode zum Lösen einer Aufgabe.

Man erstellt dazu eine Matrix aus den Merkmalen, die für das Problem wichtig sind, auf einer Seite und den zugehörigen Attributen auf der anderen, und analysiert alle Kombinationen. Die meisten Kombinationen werden erfahrungsgemäss sinnlos sein, aber die eine oder andere könnte funktionieren auf eine vorher ungeahnte Art. Dieses Verfahren wird als „Kreativitätstechnik" angesehen. Aber es ist sichtlich starr und damit nicht eigentlich kreativ.

Eine noch einfachere (und viel ältere) Variante dagegen wirkt eher kreativ, obwohl sie reine Mechanik ist, aber mit Zufall: Die mechanische Konstruktion zum Finden neuer Kandidaten. Es ist die Ars Magna, die grosse Kunst, des mallorquinischen Theologen und Philosophen Raymond Llull (1232–1316). Das Ziel ist es, durch Rekombination göttliche Weisheiten zu gewinnen. Auf einer Scheibe (Abb. 6.4) sind sieben drehbare konzentrische Ringe mit Begriffen angeordnet. Beim Drehen erzeugt man mit dem Zufall einen neuen Satz. Die „Figure of Merit", die Güteziffer, ist bei Llull der Grad des „spirituellen Eindrucks" des neuen Satzes.

Aber viele Probleme haben zu viele Möglichkeiten und interne Freiheitsgrade. Der Suchraum ist auch für den Computer viel zu gross, um alle Punkte zu untersuchen.

Abb. 6.4 Ein mechanisches Verfahren zur Erzeugung von neuem durch Rekombination. Drehscheiben von Ramon Llull, Ars Magna, 13. Jahrhundert. Bild: Ramon Llull, Fig. 1, Wikimedia Commons

6.2.2 Der rohe Zufall

Dies macht das bekannte „Problem des endlos maschinenschreibenden Affen" deutlich (Abb. 6.5):

Ein Affe sitzt vor der Schreibmaschine (oder mehrere Affen vor mehreren Maschinen, das macht keinen Unterschied) und schreibt bzw. betätigt zufällige Tasten. Kann dadurch z. B. zufällig der Hamlet von Shakespeare entstehen? Oder, wenn er nur Ziffern schreiben könnte, zufällig die ersten 15.000 Stellen der Zahl π, etwa 3,1415926 usw. erhalten? Für die letztere Aufgabe gäbe es noch eine ganz andere Möglichkeit zur zufälligen Lösung: Könnte der Affe zufällig ein Computerprogramm schreiben, das die Zahl π dann berechnet?

Die klassische Formulierung des einprägsamen Bilds vom schreibenden Affen soll in dem berühmten Streitgespräch des Darwin-Gegners Bischof Samuel Wilberforce mit dem Darwinisten und Biologen Thomas Huxley im Juni 1860 gefallen sein. Es ist das Gespräch, in dem der Bischof die berühmte sarkastische Frage gestellt haben soll: *„Stammen Sie eigentlich über einen Grossvater oder eine Grossmutter vom Affen ab?"* Diese Frage und die sinngemässe Antwort Huxleys: *„Lieber stamme ich vom Affen ab als von ihnen"* sind verbürgt.

Huxley soll leichtsinnigerweise zugunsten des blinden Zufalls argumentiert haben:

> „Sechs ewige Affen, die auf sechs ewigen Schreibmaschinen schreiben mit beliebig viel Papier und Tinte, könnten, wenn sie genügend Zeit hätten, einen Psalm, eine Shakespeare Sonette oder ein ganzes Buch produzieren, nur zufällig durch zufälliges Betätigen der Tasten."
> Deutsche Wikipedia, Infinite-Monkey-Theorem, gezogen Juni 2020.

Das ist kein triviales Argument, wahrscheinlich auch kein „echtes" Zitat, obwohl es schon im Jahr 1829 ein Patent auf einen „Typographen" gab!

6.2 Evolution als Softwaretechnologie und Prozess mit Zufall

Abb. 6.5 Der maschinenschreibende Affe als Beispiel für rohen Zufall. Early Office Museum und New Yorker zoologischen Gesellschaft. Bild: Monkey typing, Wikimedia Commons, New York Zoological Society

Der (an sich so intelligente) Affe (Abb. 6.5) steht hier für den dummen, ungerichteten Zufall. Es ist eine ungemein eindrucksvolle Vorstellung und ein interessantes intellektuelles Problem!

Es findet sich sogar bei Cicero als Argument gegen den absoluten Zufall, den er den Atomisten unterstellt:

„[Ein Atomist würde auch glauben] wenn unzählige Exemplare der einundzwanzig Buchstaben aus Gold […] auf den Boden ausgeschüttet würden, dann entstünden die Annalen des Ennius. Ich weiss nicht, ob der Zufall dies für einen einzigen Vers zustande brächte."
  Marcus Tullius Cicero, römischer Staatsmann und Politiker, in „de natura deorum", 45 v. Chr.

Die strenge Antwort ist ja, es wäre möglich, aber es ist kein gutes Argument für die Evolution. Cicero hat effektiv hier Recht. Die Bejahung gibt ein vollkommen falsches Gefühl von der Wahrscheinlichkeit. Die Un-Wahrscheinlichkeit in diesen plumpen Beispielen, durch blinden Zufall etwas Sinnvolles zu erzeugen, ist unglaublich. Der argentinische Schriftsteller Jorge Luis Borges (1899–1986) ist von dieser Quasi-Unendlichkeit von Zufallsbuchstaben fasziniert und geht noch weiter. Er erfindet damit eine magische Bibliothek mit dem totalen Zufall. Diese *Bibliothek von Babel* enthielte alle durch Buchstabenkombination möglichen 410-seitigen Bücher und damit alles Wissen der Welt, allerdings darunter so viel Unsinn, dass *„alle Generationen der Menschheit durch die Regale hätten gehen können, bevor nur eine erträgliche Seite gefunden würde."*

Wenn Huxley die obige Behauptung wirklich gesagt haben sollte, dann ginge der Punkt an den Bischof Wilberforce, auch wenn die Lehre Darwins korrekt ist. Um einen bestimmten Buchstaben (aus 25 möglichen Buchstaben) mit 50 % Wahrscheinlichkeit wieder zu erhalten, muss man bereits im Mittel 17.7 mal tippen, bei zwei vorgegeben Buchstaben sind es 433 mal, bei 1000 Buchstaben schon etwa 6037×10^{1397} Anschläge (Hehl 2016). Der Text des Hamlet umfasst aber ohne Interpunktion etwa 130.000 Buchstaben.

Diese Zahlen sind Mathematik und haben mit Physik nichts zu tun. Dabei sind auch Zahlen der modernen Physik sehr gross: So schätzt man die Anzahl der Atome im Universum zu etwa 10^{80} bis 10^{82}, dies ist eine sehr grosse Zahl von physikalischer Bedeutung. Eine sehr grosse Zahl aus der IT zum Vergleich ist etwa die Zahl der Befehle, die ein heutiger Supercomputer (10 Petaflops) in einem Jahr ausführt: 3×10^{23} Operationen.

Es gibt damit mehrere Stufen von „grossen" Zahlen mit einer typischen Umgebung und eigenen Gesetzen:

- Im täglichen Leben ist für uns bereits eine Million (10^6) *„gross"*,
- für die Physik sind Zahlen wie 10^{23} bis 10^{82} gross oder *sehr gross*,
- dagegen sind Zahlen wie 10^{1000} oder „10 hoch 10 hoch 10" ganz andere mathematische Welten mit eigenen Gesetzen, aber wohl ohne unmittelbaren physikalischen Sinn und ohne zugehörige abzählbare Objekte.

Die erste Stufe ist die Welt der menschlichen Anzahlen von Objekten, die zweite Stufe sind Zahlen, die wenigstens im unteren Bereich noch für Supercomputer erreichbar sind, der obere Bereich kommt durch die Kombinatorik von grossen Zahlen zu Stande und ist keine übliche Physik mehr. Schon die zweite Stufe ist für uns Menschen effektive Unendlichkeit. Die „echte" mathematische Unendlichkeit wäre dann die Stufe vier!

Das Problem ist die Grösse des Suchraums, der Menge aller Möglichkeiten, wenn man alle Örter zulässt, auch sozusagen die Ecken. Der Fachausdruck dafür ist „ergodisch" vom griechischen ἔργον ‚Werk' und ὁδος ‚Weg'. „Ergodizität" bedeutet, dass in einem System alle Ecken zugänglich und von den vielen Teilnehmern auch besucht werden. Ein Evolutionsmechanismus muss aber nicht in alle Ecken gehen, sondern nur zu den richtigen Stellen der Landschaft.

Bereits beim Hamlet-Text muss man eigentlich nur einen Bruchteil aller Punkte des Suchraums betrachten: Es ist ja englischer Text, d. h. die Buchstaben treten nicht alle gleich wahrscheinlich auf, es müssen englische Wörter entstehen und es muss englische Grammatik beachtet werden – allerdings entsprechend der Zeit Shakespeares. Dazu kommen, bei aller dichterischen Freiheit, auch die Einschränkungen, was überhaupt Sinn ergibt. Wenn man an Stelle des reinen Zufalls lieber ein Programm schreiben würde, das im Stile Shakespeares am laufenden Band zufallsgetrieben Texte produziert, dann wäre der Umfang des Problems nochmals kleiner.

Die Evolution arbeitet sowieso vor allem auf der Programmebene in der kompakten Form der Baupläne. Deshalb ist allgemein die Lage besser, wenn man nicht direkt ein optimales Produkt schaffen will, sondern die zugehörige optimale Produktionsmethode erzeugen. Ein Programm zu schreiben, das im Stile Shakespeares Sonetten schreibt oder im Stile von Johann Sebastian Bach Kantaten (Abb. 7.7) komponiert – das ist heute nicht mehr unmöglich. Das folgende Beispiel mit dem zufälligen Tippen von π zeigt es realistisch: Das Programm kann sehr kompakt sein.

Hier eine realistische Implementierung zur Berechnung:

"Michal Majer verbesserte sein Assemblerprogramm[2] und erreichte ein winziges ausführbares Assemblerprogramm von 121 Bytes, das die ersten 9280 Stellen von pi berechnet."
Herunterladbar von pi.com.

Ein Programm kann also kurz sein und einen langen Zug von sinnvollen Daten erzeugen. Sucht man im Suchraum nicht nach dem Output, den Phänotypen, sondern nach den erzeugenden Programmen, den Genotypen, so wird die Suche kompakter, allerdings kann eine kleine Änderung am Programm eine beliebig grosse Änderung im Verhalten des Programms erzeugen. Oft bedeutet dies den Absturz des Programmlaufs entsprechend dem Tod des Individuums in der Biologie.

Es gibt zwei Massnahmen, um trotz der gewaltigen Zahl von möglichen Kombinationen in die Nähe des Optimums zu kommen:

- Eine Strategie, wie man von einem erreichten Punkt am besten weitergeht und
- massive Parallelität, d. h. gleichzeitige Versuche an vielen, an sehr vielen Stellen. Wir Menschen haben ein Problem, uns die gewaltige Dimension der Parallelität der globalen Evolution vorzustellen.

6.2.3 Der gerichtete Zufall und die „Propensität"

Der Zufall und die Lenkung des Zufalls spielen eine entscheidende Rolle:
Wie wählt man die Anfangswerte? Und wie geht man weiter? Unsere Evolution bewegt sich ja suchend in einem hochdimensionalen Raum. Aber das Gute ist:

- Wir müssen vom Funktionieren der Lösung keine Interna kennen,
- wir müssen uns in dem Suchraum nicht auskennen.

Allerdings müssen wir auch damit rechnen, dass

- wir nicht die allerbeste Lösung finden.

Man versucht einen Irrlauf (Random Walk) in einer Landschaft, um den Berggipfel zu finden. Die Abb. 6.6 nach Hehl (2016) zeigt in der Grafik (a) einen Zufallsweg von Punkt A nach B. Die beiden Skizzen (b) und (c) deuten zwei Wegstrategien an, um von A nach B zu kommen: eine Methode, die ungerichtet nach allen Seiten sucht, und eine Methode mit einer Strategie, die gezielt sucht und weitergeht.

Die (Abb. 6.6c) nimmt an, dass wir die Kandidatensuche intelligent durchführen können und dabei einer gewissen günstigen „Neigung" folgen. Das Wort „Neigung" hier kommt in

---

[2]Assembler ist eine einfache Programmiersprache, die auf einen bestimmten Computertyp ausgerichtet ist.

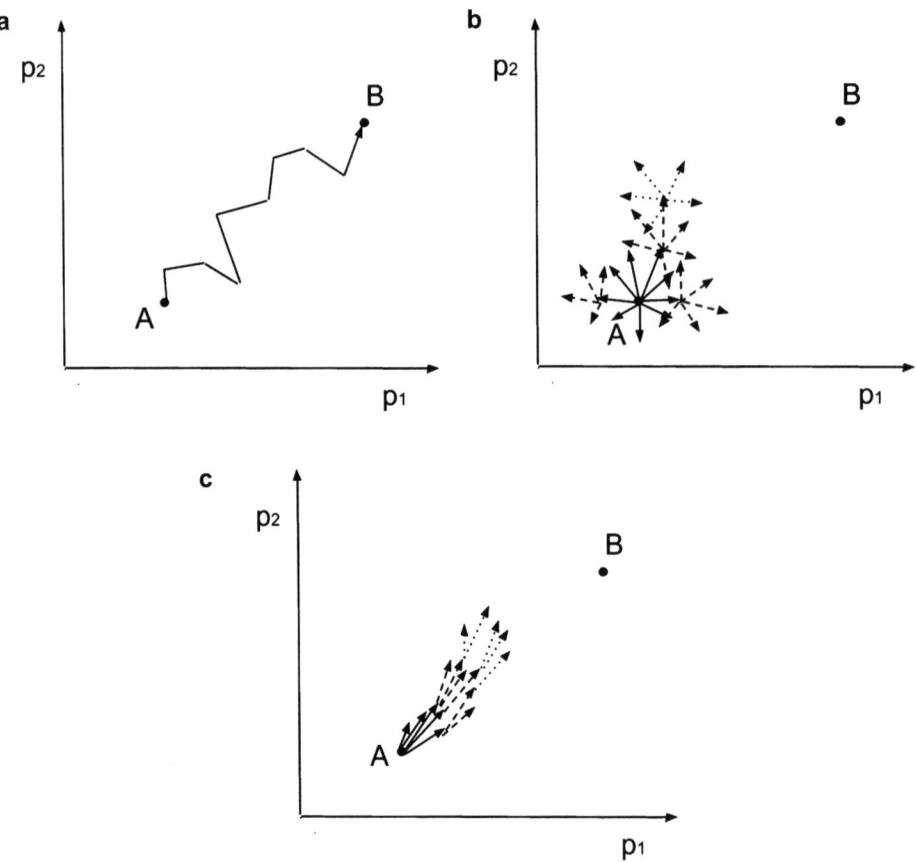

Abb. 6.6 Ein Weg im Zustandsraum: Der tatsächliche Weg zum Optimum B, die ungerichtete und die gerichtete Suchstrategie. Bild: eigen, Hehl (2016)

diesem Sinn aus der Philosophie von dem schon erwähnten Karl Popper und, noch älter, vom amerikanischen Philosophen und Mathematiker Charles Sanders Peirce (1839–1914). Der Philosophenkollege Bertrand Russell bezeichnete Peirce im Jahr 1959 als den grössten amerikanischen Philosophen. Sie nannten den Zufall mit Neigung wie er beim Würfeln mit gezinkten Würfeln auftritt „Propensity" (Propensität). Gezinkte Würfel hat es schon in der Antike gegeben und damit ein erstes Verständnis von Stochastik! Bei Popper (der schon die Quantentheorie kennt) ist es eine innewohnende Richtung auch der Quantenmechanik, für Peirce ist es eine fundamentale Neigung der Natur, um aus den Regeln und Gesetzen auszubrechen.

Das Merriam-Webster-Wörterbuch definiert:

▶ **Definition Propensity – eine oft intensive natürliche Neigung oder Präferenz, vom lateinischen propensus – ‚geneigt, herunter hängend'.**

6.2 Evolution als Softwaretechnologie und Prozess mit Zufall

Gemeint ist nicht der Zufall, sondern die Neigung zu einem Zufall und insbesondere zu einem speziellen Zufall.

Popper unterstellt mit dem Begriff des „gerichteten" Zufalls den mehr oder weniger zufälligen Vorgängen eine Art von vager Kraft, die die realen Kräfte und den Zufall in seiner Wirkung einschliesst. Physikalisch ändert sich nichts, aber philosophisch wird der Zufall aufgewertet und Bestandteil der Welt.

Wir verdeutlichen den gerichteten Zufall an einer gerichteten Zufallskonstruktion: dem Wachsen einer Schneeflocke. Wenn man so will, ist es ein Beispiel für „Propensity", sowohl im Sinn von Popper wie von Peirce.

Es ist in der Wissenschaft seit vier Jahrhunderten ein Problem und war lange ein Rätsel:

„Warum zeigen Schneekristalle, noch bevor sie grosse Schneeflocken werden, immer sechs Ecken und sechs Arme, wie eine Feder?"
Johannes Kepler, in „Vom sechseckigen Schnee", Strena seu de nive sexangula, 1611.

Die Abb. 6.7 zeigt eine perspektivische Ansicht des Gitters aus Atomen bzw. von Wassermolekülen. Jedes Sauerstoffatom ist mit zwei Wasserstoffatomen direkt (über eine chemische Bindung) und je zwei indirekt (über eine Wasserstoffbrücke) verbunden. Das Bild zeigt einige Ebenen der Fläche, in der die Schneeflocken wachsen, und die sechsstrahlige Symmetrie der Struktur. Beim Wachsen des Kristalls lagert sich ein Wassermolekül aus der kalten, wasserdampfgesättigten Atmosphäre aussen wieder genau passend an: hexagonale Ringe in der Ebene, Tetraeder räumlich um jedes Sauerstoffatom.

Das Wachstum der Flocke ist zufällig, aber mit hexagonaler Symmetrie. Der Vorgang ist kausal, zufällig und mit sechsstrahliger Symmetrie – eine Art abgeschwächte Kausalität mit gerichtetem Zufall, eine „Propensität". Ohne diese „Neigung" gäbe es keine Flocken,

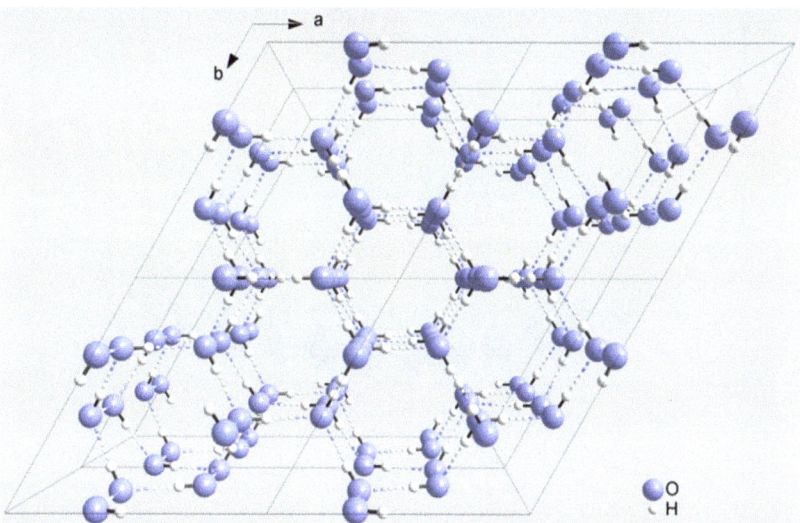

Abb. 6.7 Kristallstruktur von üblichem Eis mit Blick entlang der c-Achse, senkrecht zur Schneeflocke. Die Schneeflocke wächst in Ebenen nach aussen. Bild: MCryst struct ice, Wikimedia Commons, Solid State

sondern kleine Kügelchen aus Eis. Es existieren dazu eindrückliche Computersimulationen für den Wachstumsprozess.

Die Suche mit Zufall und einer Suchstrategie ist ein pragmatisches allgemeines Vorgehen, genannt eine „Metaheuristik". Das zu Grunde liegende Verb ist

$εύρίσκω$ *(heurískō)* ‚sich zufällig ereignen, finden, entdecken, erhalten'.

Dazu gehört auch der berühmte Ausruf *„heúrēka"* – ich habe es gefunden.

Eine Metaheuristik liefert i. A. nicht die absolut beste und exakte Lösung, nur eine „relativ beste" Lösung. Vorschläge für Verfahren zur gerichteten zufälligen Suche haben sehr bildhafte Bezeichnungen und Vorstellungen, etwa

„Bergsteigeralgorithmus" wie ein Bergsteiger, der im Nebel den Gipfel sucht, oder *„Simuliertes Ausglühen"*, als ob man den Atomen durch Erhitzen viel Energie gibt, um auch über einen Hügel zu gelangen und ein anderes, besseres Optimum zu finden.

Ein besonders schwieriges Gelände für eine halbzufällige Irrfahrt und eine Suche nach dem höchsten Gipfel oder nach dem tiefsten Tal ist eine mathematische Landschaft mit vielen Gipfeln und Tälern wie in Abb. 6.8. Der russische Mathematiker Leonard Rastrigin hat im Jahr 1974 dieses „Testgelände" erfunden. Es ist ein Testgelände für evolutionäre Algorithmen: Findet man lokale und überlokale Extrema? Oder bleibt in einer Region hängen und findet den höheren Gipfel daneben nicht? Wir werden das Bild im Kapitel „biologische Evolution" noch anders interpretieren.

Allerdings sind die einfachen „brute Force"-Methoden ebenso wie diese raffinierteren „gerichteten" Zufallsmethoden nur Untermengen und einfache Reflektionen des grossen Spiels, der Evolution der Arten.

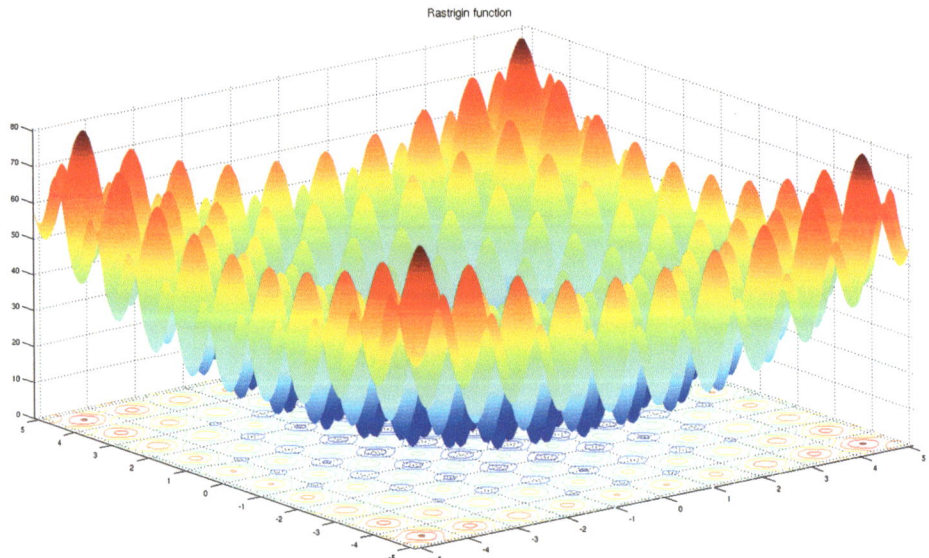

Abb. 6.8 Die Rastrigin-Funktion als Testfunktion mit vielen lokalen Maxima bzw. Minima. Bild: Rastrigin function, Wikimedia Commons, Diegotorquemada

6.3 Die biologische Evolution als kreativer Zufall

6.3.1 Charles Darwin

„Noch nie hat sich eine von einem einzigen Manne aufgestellte Lehre [...] so wahr erwiesen wie die Abstammungslehre von Charles Darwin."
Konrad Zacharias Lorenz, österreichischer Zoologe und Nobelpreisträger, 1903–1989.

Wahrscheinlich hat auch nie mehr ein einzelner Wissenschaftler einen derart grossen Einfluss gehabt auf die Wissenschaft und „benachbarte Kulturbereiche"! Dabei waren die wissenschaftlichen Möglichkeiten, die Darwin hatte, sehr beschränkt. Vergleichen wir dazu folgende Ausgangspunkte zu seiner Zeit:

- die Welt der „Früh-Kreationisten" wie oben beschrieben mit menschlichen kurzen Zeiten, menschlichen Anzahlen wie Tausenden von zeitlich beständigen, festen Arten und einem Schöpferkönig, der anschaulich alles „macht",

und

- die heutige abstrakte Auffassung der Evolution mit den Milliarden von Jahren für die Entwicklung, um die es geht, mit vielen Millionen von Arten, die sich laufend wandeln, und mit vererbten DNA-Kernen für alles in ungeahnt winzigen molekularen Dimensionen.

Betrachten wir die Welt des Jahres 1859 in Biologie und Religion, so sind wir erstaunt über den Mut und die wissenschaftliche Grösse Darwins. Darwin schrieb 1844 an den Botaniker Joseph Hooker:

„Ich bin beinahe überzeugt (ganz im Gegensatz zur anfänglichen Meinung), dass die Arten – das ist wie das Geständnis eines Mordes – nicht unveränderlich sind."

Der besondere und schlagende Beweis dafür sind die Gruppe von Vögeln, die er auf den Galapagos-Inseln beobachtet (und geschossen) hat, und die heute seinen Namen tragen: die Darwinfinken (Abb. 6.9).

Er hat auf seiner Reise mit der Beagle im Jahr 1832 eindeutig eine Mikroevolution beobachtet, bzw. ihr Ergebnis: Die Galapagos-Inseln sind 1000 km vom Festland Ecuador entfernt; wahrscheinlich ist ein Pärchen als Gründerpaar durch Sturm oder auf Treibholz auf eine der Inseln gelangt. Von hier aus „strahlten" die Finken auf andere Inseln aus mit separaten Anpassungen (sog. Adaptive Radiation). Heute kennt man 18 eng verwandte Vogelarten. Darwin hatte diese Vögel im Tagebuch und Reisebericht beschrieben, aber in der ersten Auflage seines Werks nicht als Argument verwendet. Erst die Zusammenarbeit mit dem Ornithologen John Gould wurde ihm die Bedeutung klar.

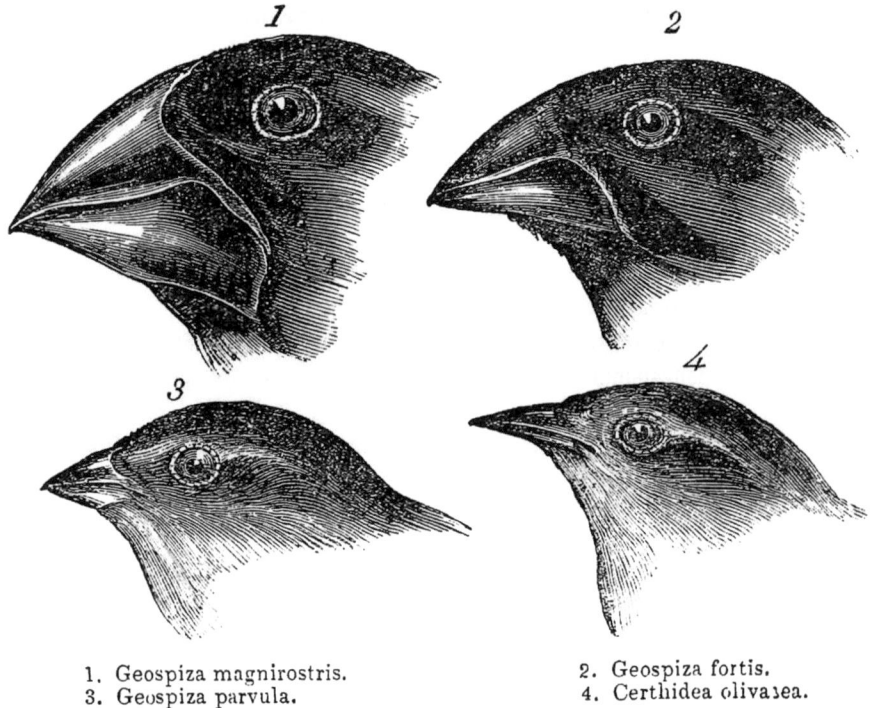

1. Geospiza magnirostris.
3. Geospiza parvula.
2. Geospiza fortis.
4. Certhidea olivasea.

Abb. 6.9 Vier Darwinfinken oder Galapagosfinken. Aus der Reise der Beagle, Darwin, 1845. Bild: Darwin finches by Gould, Wikimedia Commons

Aber die Vögel und die Reise zu den Galapagosinseln waren und sind ein Glücksfall, um klar und ohne Hightech die Veränderung der Arten zu sehen bis zur Trennung in separate Spezies, nach der keine Paarung mit der alten Spezies mehr erfolgreich ist (reproduktive Isolation). Heutige Technologie hat das Gen ALX1 identifiziert, das für die verschiedenen Schnäbel verantwortlich ist:

> „Ich wäre nicht überrascht, wenn sich herausstellt, dass Mutationen, die die Funktion des ALX1-Gens minimal verändern, auch zu der verblüffenden Vielfalt in menschlichen Gesichtern beitragen."
> Leif Andersson, schwedischer Genetiker, geb. 1954.

6.3.2 Der Begriff Evolution

Allgemein ist eine Evolution (von lateinisch *evolvere* „herausrollen", „auswickeln", „entwickeln") die allmähliche Weiterentwicklung eines Systems, besser eines Systems aus vielen Systemen. Heute versteht man unter Evolution die Entwicklung der Biosphäre als Ganzes, natürlich mit dem Menschen als vorläufigem Endpunkt. Eine Evolution im enge-

6.3 Die biologische Evolution als kreativer Zufall

ren Sinn ist die wechselseitige Entwicklung eines Systems von Teilnehmern mit Zufall und einem Erfolgskriterium. Neben der biologischen Evolution fällt unter diesen Begriff z. B. die Entwicklung der Technologien oder der Literatur. In der Biologie wie in der Wirtschaft ist das Erfolgskriterium das Wachsen, zumindest das Weiterleben. Von Darwin stammt der Lehrsatz:

> **„Es ist nicht die stärkste Spezies, die überlebt, auch nicht die intelligenteste, sondern diejenige, die am besten auf Veränderungen reagiert."**

Die biologische Evolution ist wohl das grossartigste Schauspiel des Zufalls, das wir kennen, mit den verschiedensten Formen des Lebens einschliesslich von uns Menschen und damit von fundamentaler Bedeutung, auch für uns.

Für Darwin war das Wort „Evolution" zunächst ein suspektes Wort, belegt vor allem von einem wenig wissenschaftlichen Vorgänger, dem erfolgreichen schottischen Autor Robert Chambers (1802–1871). Chambers hatte 1844 in journalistischem Stil den Bestseller geschrieben *„Spuren der Naturgeschichte der Schöpfung"* (*Vestiges of the Natural History of Creation*). Das war wenige Jahre vor dem Hauptwerk Darwins, *„Über den Ursprung der Arten durch natürliche Selektion"* im Jahr 1859. Das Buch von Chambers verwendete und verwässerte den Evolutionsbegriff zu jeglicher Entwicklung – des Kosmos, der Sterne, der Erde, der Tiere und Pflanzen bis zum (kaukasischen) Menschen. Es war eine Ansammlung von Spekulationen, z. B. mit der Behauptung von der „spontanen Erzeugung von Insekten durch Elektrizität". Für die Evolution selbst lieferte es keine Methode. Das Buch wurde zwar eifrig gelesen, z. B. von Königin Viktoria und Präsident Abraham Lincoln, aber es rief unter den Wissenschaftlern (und der Kirche) viel Kritik hervor. Dies war der Grund, dass Darwin so lange mit seiner Veröffentlichung zögerte.

Darwin verwendet das Wort „Evolution" erst in der sechsten Auflage seiner *Origin of the Species*. Aber er hat im Gegensatz zu Chambers eine wissenschaftliche Methode für die Evolution: Variationen in den Organismen produziert durch Zufall und dann natürliche Selektion in einer Welt mit Zufall. Darwin schreibt, recht wörtlich übertragen:

> **„ … dass jedes Wesen, wenn es auch noch so gering in einer für es profitablen Art und Weise variieren würde, unter den komplexen und manchmal sich ändernden Lebensbedingungen eine bessere Überlebenschance haben wird und deshalb natürlich ausgesucht (,selektiert') wird."**

Darwin bezeichnet dieses wechselwirkende Leben der Organismen in der Vielfalt des Zufalls als „Sporting".

Wir unterscheiden heute:

- die chemische Evolution, die allererste Entwicklung der komplexen und kopierfähigen Moleküle aus einfachen Stoffen, die für eine Entwicklung von Organismen auf Proteingrundlage benötigt werden,

- die biologische Evolution, manchmal unterteilt in Makroevolution (die grossen Schritte) und Mikroevolution (kleine Veränderungen, z. B. was in unseren Lebenszeiten direkt sichtbar ist).

Mikroevolution ist direkt zu sehen oder zu spüren, etwa die Ausbildung der Schnabelformen der Galapagosfinken oder die häufig beobachtete erworbene Resistenz von Bakterien gegen Antibiotika. Sie ist offensichtlich.

Heute wissen wir, dass es keinen harten Unterschied zwischen Mikro- und Makro gibt, etwa die Grenzen der Spezies als Trennungslinie. Die Grenzen einer Spezies sind durchlässig geworden, im Labor kürzlich, aber schon immer in der Natur. Die Makroevolution ist die langzeitliche Integration von Mikroevolutionen. Sowohl der Mensch als auch die Natur können DNA einer Spezies in die DNA einer anderen Spezies einsetzen. Vor allem Bakterien können Erbgut auch zwischen verschiedenen Spezies austauschen unabhängig von Vermehrungsvorgängen. Typisch werden einige Kilobytes bis einige Hundert Kilobytes in die fremde Zelle eingeschleust.

Anders gesagt: Die Evolution geht nicht nur vertikal weiter mit Zufall von Generation zu Generation der Organismen, sondern entwickelt sich auch horizontal weiter mit Zufall quer durch die Spezies. Die Evolution ist ein zweidimensionales Zufallsnetz von Softwareblöcken, die meistens im Weiterschreiten komplexer und funktional mächtiger werden. Aber nicht immer!

Es gelten die Gesetze der Entwicklung grosser Softwaresysteme wie bei der Softwareentwicklung von Microsoft, IBM oder Credit Suisse (Hehl 2016). Vertikal werden diese Systeme weiterentwickelt von Programmversion zu Programmversion, horizontal wird bewährter Code mit anderen Entwicklern ausgetauscht und wiederverwendet.

6.3.3 Mechanismen der Wirkungsweise der Evolution

Mutationen

Die Aufgabe der biologischen Evolution ist tiefergehend als z. B. das Finden einer optimalen Flügelform allein. Sie musste zunächst die richtige „Hardware" finden für das Leben und schliesslich das Programm, das die optimale Flügelform baut. Die Veränderung der Baupläne, meistens Verschlechterung und die gelegentliche Verbesserung erfolgt durch spontane Mutationen, etwa durch Radioaktivität und immer vorhandene kosmische Strahlung oder durch chemische Einflüsse:

> „Ich vermute alle Sorgen über ‚genetisches Engineering' sind wohl unnötig. Genetische Mutationen kamen immer natürlich vor, sowieso."
> James Lovelock, britischer Physiker und Vordenker der Ökologiebewegung, geb. 1919.

Zumindest der zweite Teil des Zitats ist unzweifelhaft! Organismen sind auch in dieser Hinsicht wie digitale Computer: Nach Sonneneruptionen treffen Teilchenströme von der

Sonne auf die Erde und es nehmen die Mutationen und auch die Fehler in den elektronischen Datenspeichern von Computern zu.

Auf molekularer Ebene können die Mutationen vielerlei bedeuten, z. B. Austausch in einem Aminosäuren-Basenpaar, Einsetzen eines zusätzlichen DNA-Strangs, Duplizieren eines Stücks DNA oder Änderung der Anzahl von Wiederholungen im Strang. Mehr Zufall geht beinahe nicht. Ein kosmisches Teilchen aus einer Supernova Tausende von Lichtjahren von uns entfernt erzeugt eine Kaskade von Teilchen in der Atmosphäre und eines davon ist in uns kreativ!

Findet die Mutation in einer Zelle statt, aus der später Keimzellen entstehen, so wird die Veränderung in die Population und deren Genmenge, den Genpool, übertragen. Es entsteht ein neues Merkmal in der Population.

Rekombinationen

„Gott plant alle perfekten Kombinationen."
David Brainerd, Missionar der nordamerikanischen Indianer, 1718–1747.

Durch sexuelle Fortpflanzung werden in einer Population die Gene vermischt. Es können ganze Chromosomen neu kombiniert werden oder Teilstücke. Die Zahl der Kombinationsmöglichkeiten ist dadurch astronomisch hoch: Der Mensch hat 23 Chromosomenpaare: Um daraus einen einfachen („haploiden") Chromosomensatz zu bilden gibt es 2^{23} Möglichkeiten. Wenn bei der Befruchtung der normale, doppelte („diploide") Chromosomensatz gebildet wird, dann erhält man 2^{23} x 2^{23} Möglichkeiten: Das sind etwa 70 Billionen Varianten für den möglichen Zufall bei einem Vermehrungsakt. In dieser Zahl versteckt sich auch der gerichtete Zufall bei der Partnerwahl mit den Vorlieben für die Haarfarbe des Partners …

Selektion

„Der Mensch wählt nur zu seinem Eigennutz aus; die Natur wählt das, was sie kümmert."
Charles Darwin, Ursprung der Arten, 1859.

Die natürliche Selektion als wissenschaftlicher Begriff stammt von Charles Darwin: Alle erblichen Merkmale, die zu einem Unterschied in der erfolgreichen Fortpflanzungsrate führen, beeinflussen die Wechselwirkung mit den anderen Organismen der gleichen Spezies, der anderen Arten und der Umwelt. Der Vorteil oder Nachteil wirkt sich zwangsläufig, quasi deterministisch, im Zusammenleben in der Population aus. Dadurch verändert sich der Genpool.

Aber der Zufall bricht auch im Grossen über Populationen herein, rasch mit dem Einschlag eines grossen Meteoriten oder gar Asteroiden, mit einem Vulkanausbruch von globaler Bedeutung oder langsamer mit einer Klimaänderung, bei der sich z. B. die Wüsten ausdehnen.

Dann kommt es auf die Anpassungsfähigkeit an, auf das *„Survival of the Fittest"*, das Überleben der am besten an die jeweiligen lokalen Umweltbedingungen angepassten Individuen oder Arten. Darwin hat in der fünften Auflage seiner „Origins of Species" diesen so oft missverstandenen Ausdruck für die natürliche Selektion übernommen, aber nicht im „sportlichen" Sinne, sondern im Sinne der besten Anpassung.

Populationsbewegungen und Zufall

> „Alle heute lebenden Geparde sind so nahe miteinander verwandt wie Labormäuse nach langer Inzucht. Als möglicher Grund wird vermutet, dass die Population der Geparden einmal durch einen Flaschenhals (Bottleneck) gegangen ist, d. h. knapp vor dem Aussterben stand."
> **Universität Wien, Franz Embacher, Skriptum, Bedrohte Arten, das Schicksal der Genen und der Zufall in der Evolution'.**

In den bisherigen Mechanismen hat der Zufall direkt auf die Individuen gewirkt und sie verändert, aber der Zufall verändert auch indirekt die ganze Gen-Zusammensetzung einer Population, einfach durch seine Gesetze und seine Verteilung. Die meisten Genveränderungen der Individuen sind neutral gegenüber der Selektion, weder vorteilhaft noch nachteilig, aber es gibt trotzdem Veränderungen durch Änderungen der Gruppe selbst.

Flaschenhals-Effekt

Trifft ein Unglück eine Population, etwa eine Epidemie oder schiesswütige Einwanderer oder eine Nahrungsknappheit, und es werden dadurch viele Individuen entfernt, so wird damit aus der Population eine Zufallsprobe erzeugt mit einer neuen, engeren statistischen Verteilung. Bei sehr kleinen Proben werden nun die statistischen Schwankungen mit den übrig gebliebenen Individuen drastisch gross und die Probe hat insbesondere eine ganz spezielle Zusammensetzung von Genvarianten, die von der Ausgangspopulation abweicht.

Dies sollen die Skizzen in Abb. 6.12 illustrieren. Durch Naturereignisse reduziert sich die Population zum kleinen Kreis. In der kleinen Probe ist die grüne Genvariante („Allele") nicht vertreten. Wenn sich die Population durch Vermehrung erholt hat im rechten Kreis, so ist die Variantenverteilung viel gleichmässiger und ärmer geworden. Zufällig können manche Genvarianten sogar verschwunden sein. Man sagt: Der Genpool ist (oder hat) gedriftet.

Etliche Spezies haben Flaschenhals-Entwicklungen durchgemacht oder sind heute in einem derartigen empfindlichen und kritischen Stadium – schliesslich ist eine realistische Alternative dann Extinktion, das Verschwinden der Art. Ein Beispiel ist der Gepard (Abb. 6.10). Aufgrund genauer genetischer Untersuchungen wird geschätzt, dass das Drama vor etwa 10.000 Jahren passiert ist. Das würde bedeuten, dass alle heutigen Geparde von nur wenigen Individuen abstammen. Alle heute lebenden Tiere sind dadurch so nah verwandt, dass ohne Abstossungsreaktion Gewebe von einem Gepard auf einen beliebigen anderen übertragen werden kann, als wären sie eineiige Zwillinge.

6.3 Die biologische Evolution als kreativer Zufall

Abb. 6.10 Gepard als Beispiel einer Spezies mit geringer genetischer Variabilität. Bild: Gepard im Ngorogoro-Krater. (Quelle: Acinonyx jubatus, Wikimedia Commons, Rob Old on Flickr)

Es scheint, als sei auch der heutige Mensch durch einen engen genetischen Flaschenhals gegangen. Eine Hypothese nimmt einen dramatischen Zufall und einen kurzen Flaschenhals an. Der böse Zufall sei vor etwa 70.000 Jahren der Ausbruch des Toba-Vulkans in Indonesien gewesen. Nach einer anderen Hypothese dauerte der Flaschenhals der Menschheit etwa 100.000 Jahre. Danach hätte es bis zur Altsteinzeit nur wenige Menschen gegeben. Jedenfalls ist die Geschichte der Menschheit ein dramatisches Spiel mit dem Zufall im Kleinen wie im Grossen.

Inzucht ist ein absichtlich erzeugter genetischer Flaschenhals mit künstlich begrenztem Angebot an Genvarianten:

> **„Wenn Sie sich die meisten Königshäuser in Europa anschauen, da war die Inzucht schon ganz ausserordentlich."**
> **Nikolaj Coster-Waldau, dänischer Schauspieler, geb. 1970.**

Geht es bei Königshäusern um politische Aspekte, so gilt bei der Tierzucht das Augenmerk den gewünschten körperlichen und charakterlichen Eigenschaften. Es wird dabei allerdings als Nebeneffekt der „gute" Zufall, der für genetische Gesundheit sorgt, reduziert und der vorhandene ungünstige Zufall bleibt. Beim Menschen ist es z. B. das Potential von genetischen Störungen; heute sind davon etwa 6000 verschiedene Möglichkeiten beschrieben und es kommen laufend neue Defekte dazu.

Die Abb. 6.11 zeigt einige Erbkrankheiten, die sich einem Gen auf einem bestimmten Chromosom zuordnen lassen. Es ist ein grosses Roulette-Spiel mit vielen „Gewinnchancen", das wir alle hier mitspielen oder besser schon gespielt haben!

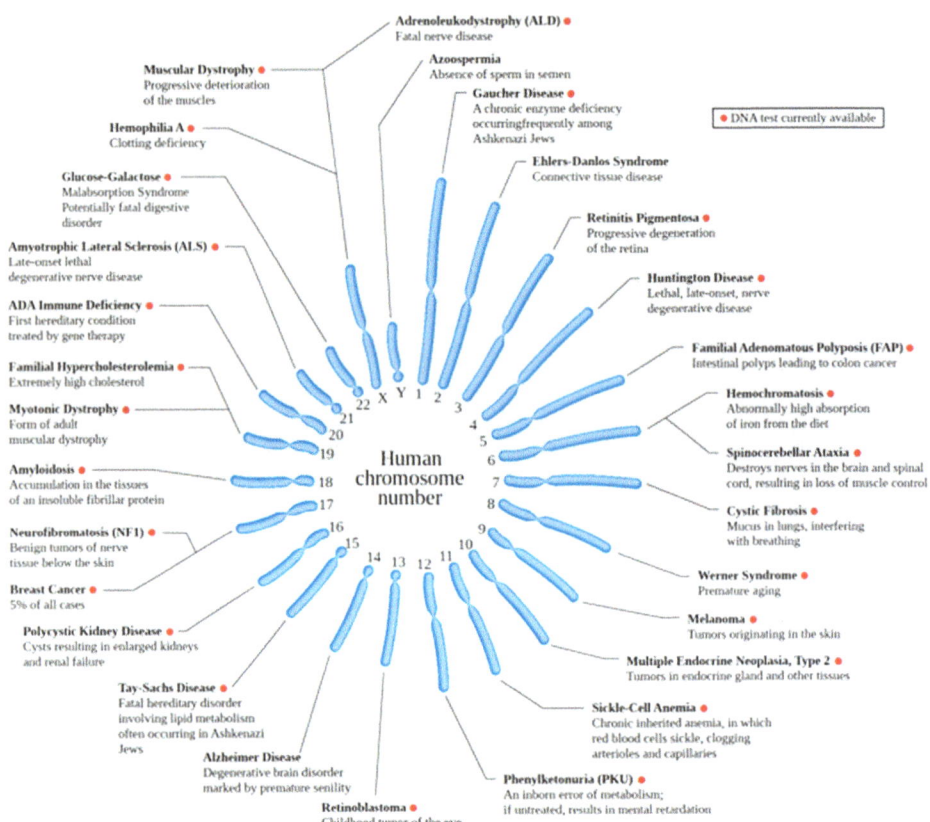

Abb. 6.11 Das Roulette unserer Gene. Beispiele von Erbkrankheiten per Chromosom. Krankheiten, die mit DNA-Analyse festgestellt werden können, tragen einen roten Punkt. (Quelle: Human Chromosome Diseases Set, Wikimedia Commons,Ігор Пєтков)

Und es ist nicht das einzige Roulette, in dem wir und unsere Vorfahren gespielt haben: Die Geschichte und Vorgeschichte unseres Lebens ist Zufall über Zufall über Zufall.

Eigentlich spielen wir laufend russisches Roulette:

„**Ein blödes Glücksspiel, das mit einem teilweise geladenen Revolver gespielt wird.**"

Und viele nicht-geborene Menschen haben sogar „polnisches" Roulette gespielt:

„**Ist wie russisches Roulette, aber mit einer automatischen Pistole (so dass der erste Schuss trifft)**".

Beide Definitionen sind aus dem Urban Dictionary, gezogen April 2020. Wir spielen diese Spiele als Individuen für uns, als Eltern für unsere Kinder, als Spezies *homo sapiens*, d. h. als ganze Menschheit.

Gründer-Effekt

Der Übergang von einer kleinen Population zu einer grossen Population (die rechte Seite der Abb. 6.12) begründet eine Besiedlung mit einer Spezies. Der Übergang von grosser Population zu kleiner Population können wir auch als geographischen „Ausbruch" interpretieren, etwa wie die Reise der erwähnten Darwinfinken vom Festland Ecuador auf die Galapagosinseln. Der Genpool ist kleiner geworden, die Restpopulation empfindlicher auf Störungen. Aber die Voraussetzung zur Bildung einer eigenen Spezies ist in der Isolation besser!

In physikalischer Sprechweise ist beim Übergang zur kleinen Population die Entropie drastisch verringert worden. Bei der Vermehrung mit geringeren Variationsmöglichkeit bleibt die Entropie niedriger als im Ausgangszustand. Physikalisch gesprochen erhöht also eine bürgerliche Hochzeit die Entropie des Königshauses! Hohe Entropie ist evolutionsbiologisch gesund.

Dieser mathematische Effekt des Zufalls ist in der Statistik wohlbekannt, wenn auch in der anderen Richtung, die Regression zur Mitte. Dazu kann man die Abb. 6.12 vom kleinen Kreis (also einer Stichprobe) nach links lesen. Lernt man zuerst eine kleine Probe aus einer Menge kennen, etwa eine Person aus einer Gruppe oder man erhält eine einzelne Quizfrage, und man findet diese Person sympathisch oder man kann diese Frage glänzend beantworten, so mahnt der Effekt der „Regression zur Mitte" zu Vorsicht. „Normalerweise" sind die Leute dieser Gruppe nicht so freundlich und es lassen sich die Fragen i. A. auch nicht so leicht beantworten.

Zum Schluss des Kapitels eine physikalische Beobachtung über eine kuriose und vielleicht interessante Parallele zum Flaschenhals-Effekt aus einem ganz anderen Bereich des Zufalls, dem oben geschilderten Wurf eines Steins ins Wasser. Bei der physikalischen Implosion werden ebenfalls Details der Vergangenheit vernichtet. In der Physik ist es das energetische Aufeinanderprallen der Energie im Implosionsbereich, hier die heftigen stochastischen Abweichungen vom Gleichgewicht bei der stochastischen Implosion in der reduzierten Menge an Individuen.

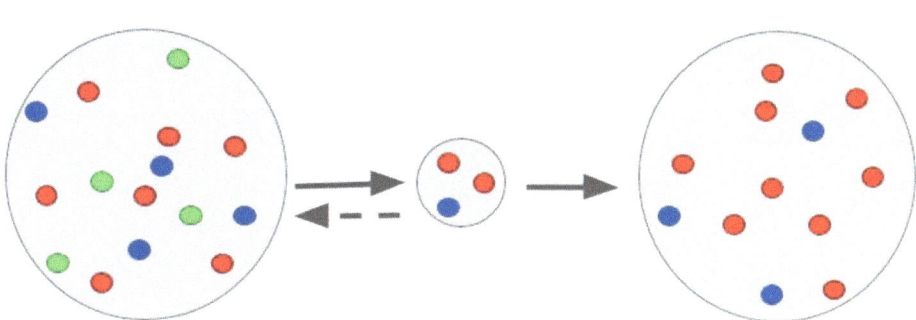

Abb. 6.12 Gendrift, Prinzipskizzen Flaschenhals-Effekt (linker Pfeil nach rechts), Gründer-Effekt (rechter Pfeil nach rechts) und „Regression zur Mitte" (gestrichelter Pfeil nach links)

6.4 Anthropisches und Kopernikanisches Prinzip

„Je mehr ich das Universum erforsche und Einzelheiten von seinem Aufbau kennen lerne, desto mehr Beweise find ich, dass das Universum irgendwie gewusst haben muss, dass wir kommen."
Freeman John Dyson, englisch-amerikanischer theoretischer Physiker, 1923–2020.

Der Physiker Dyson ist äusserst vielseitig; er beschäftigt sich erfolgreich mit Quantenphysik, Mathematik und Raketenantrieben, aber auch mit Astrophysik, Science Fiction, Klimaerwärmung und Evolution. Dieses Zitat ist eine geistreiche Umschreibung des „anthropischen Prinzips". Der Ausdruck ist vom australischen Astrophysiker Brandon Carter 1973 erfunden worden als Gegenstück zum „kopernikanischen" Prinzip (s.u.). Das Wort vom griechischen *anthropos* ‚Mensch' bezieht sich auf uns Menschen, das anthropische Prinzip auf unsere Stellung im Universum.

Das anthropische Prinzip sagt tautologisch, dass alles im Universum und unserer Geschichte so sein muss, damit wir es beobachten: Wäre es nicht so, dann wären wir auch nicht da. Wir haben es schon oben diskutiert, aber es hilft in der Erkenntnis nicht weiter. Zunächst hat die Vermutung des Giordano Bruno (1548–1600) mehr Substanz, das so genannte „kopernikanisches Prinzip".

Die Abb. 6.13 illustriert das „kopernikanische Prinzip" aus der Sicht des Astronomen Johannes Kepler um 1600. Jeder Stern im Bild ist eine Sonne wie unsere Sonne, und der Buchstabe „M" steht für *mundus* – für unsere Welt. Der Stern M kennzeichnet den *stella mundi*, unsere Sonne. Unsere Welt ist eine von vielen und das Universum ist offen, nicht wie vorher eine geschlossene Sphäre. In einem anderen Bildchen sind die Sterne auch unregelmässig verteilt, also mit Zufall. Kopernikus hatte noch alle Fixsterne an die grosse äussere Kristallsphäre geheftet, also in gleichem Abstand von der Sonne.

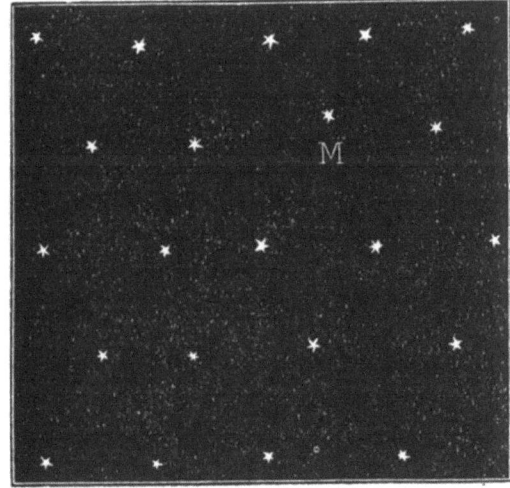

Abb. 6.13 Das Universum des Giordano Bruno bei Kepler. Aus den *Epitome Astronomiae Copernicanae* von Johannes Kepler, 1618. Bild: Kepler-Bruno, Wikimedia Commons

6.4 Anthropisches und Kopernikanisches Prinzip

Deshalb rührt das Prinzip eher aus der Vorstellung des Naturphilosophen und Magikers Giordano Bruno, der – ohne jeden Beweis, als reine Spekulation – schrieb:

„Im Universum gibt es keinen Mittelpunkt und keinen Umfang, der Mittelpunkt ist überall" und *„Die zahllosen Welten im Universum sind nicht schlechter und nicht weniger bewohnt als unsere Erde."*

Vielleicht liegt die Wahrheit zwischen den beiden Prinzipien „Kopernikus bzw. Giordano Bruno" und „anthropisch". Wir haben von der Astrophysik bis zur Erfindung der Intelligenz eine lange Kette von Bedingungen für unser Leben. Manche Glieder der Kette sehen aus, als würden sie notwendig weiter führen, etwa dass Supernovae schwere Elemente für den Aufbau vielseitiger Moleküle generieren. Manche Eigenschaften sehen so aus, als wären wir unter vielen Kandidaten im Universum eben zufällig die Glücklichen, z. B. mit der besonderen habitablen Zone für unsere Art von Leben. Letztlich gibt es Bedingungen oder wenigstens Hilfestellungen, die unsere Existenz schlicht wie einen einzigartigen Zufall aussehen lassen. Ein Beispiel ist der Erdenmond.

Unser Mond entstand vor etwa 4,4 Milliarden Jahren, als die junge Erde von einem Planeten der Grösse des Mars getroffen wurde mit dem hypothetischen Namen Theia. Dies führte zu zwei ausserordentlichen und günstigen Randbedingungen für die Entwicklung des Lebens (Kleine 2019):

- Der grosse Mond hat die Erde vor zu grossem „Torkeln" bewahrt. Das Erde-Mond-System ist wesentlicher stabiler als die Erde allein.
- Der einfallende Planet kam aus dem äusseren Bereich des Sonnensystems und brachte deshalb viel Eis (Wasser) mit. Wir verdanken diesem Event unsere Ozeane.

Wir können es nicht entscheiden, ob alles „Nichts Besonderes" ist im Sinne von „Es ist alles nur üblicher, kleiner Zufall". Aber vielleicht ist doch ein besonderer dabei, ein „grosser, einzigartiger" Zufall, der alles einzigartig macht im ganzen Universum. Sind wir die einzigen Spieler, die auf dem Spielfeld so weit gekommen sind? Sind wir etwas so Besonderes?

Dazu wieder ein Zitat des Physikers Freeman Dyson mit einem Schmunzeln aus einem Interview eine Woche vor dessen Tod (Mack 2020):

„Die Schönheit der Wissenschaft ist es, dass alles wichtige unvorhersehbar ist. Der Optimist in mir sagt, dass die Natur so gemacht wurde, dass das Universum so interessant ist wie möglich."

Eine andere Art von Optimismus ist es, dass unsere Geschichte so abläuft, dass es uns bisher gegeben hat, aber auch weiter gibt. Nicht nur die Evolution, sondern auch Steinzeit, Bronzezeit, Eisenzeit, Industrie auf Kohlebasis, Kernenergie und Klimawandel mussten und müssen sein, kein Weg führte daran vorbei. Schliesslich geht es weiter ohne Atomkrieg und mit einer nachhaltigen Wirtschaft – sagt der Optimist.

6.5 Evolution – alles Zufall oder auch Notwendigkeit?

6.5.1 Das Auge als Beispiel

„Der ganze Prozess vom ersten Rhodopsin, dem Augenpigment, bis zum Sichtorgan mit hoher Auflösung dauerte ungefähr 170 Millionen Jahre und war zu Beginn des Kambriums vor etwa 530 Millionen Jahren nahezu abgeschlossen. Die Evolution von Schattendetektoren bis zu multidirektionalen Fotoempfängern hat zu Sekundärentwicklungen in der Augenentwicklung geführt in Muscheln, Lüfterwürmern und Käferschnecken.
Daniel E. Nisson, schwedischer Biologe, in „Eye Evolution and ist functional evolution", Vis Neurosci, 2013.

Das Auge ist ein beliebtes historisches Objekt der Evolution durch seine wunderbare Technologie und seine sichtbare Perfektion; es war schon für Darwin das schwierige Objekt „seiner" Theorie. Heute ist es klar, dass das Auge kein NO-GO-Problem darstellt. Nach dem deutsch-amerikanischen Biologen Ernst Mayr gibt es 40 unabhängige Evolutionswege zum Auge. Die Evolution des Auges im ganzen Tierreich bis hin zum Menschen ist ein etablierter und ausgearbeiteter Teil der Evolutionsbiologie geworden.

Die Schwierigkeit, sich das Auge als Ergebnis von Zufall vorzustellen, beruht auch auf der Vorstellung, die Komplexität des Auges entstehe als Ganzes. Dies ist aber nicht der Fall. Auch komplexe Softwaresysteme bestehen aus funktionellen Schichten und vielen Bausteinen. Die Evolution hatte hunderte von Millionen Jahre Zeit, um das Auge zu bauen.

Aus Sicht der Evolution ist der Gesichtssinn eine relativ klare Aufgabe, teleologisch gesprochen: Die physikalische Aufgabe ist klar, nämlich die Lichtsignale in Information z. B. über ein Beutetier oder Raubtier zu verwandeln. Damit ist offensichtlich ein wesentlicher Nutzen für den Träger gegeben. Der Gesichtssinn ist folglich für die Evolution eine mögliche *Konvergenz*-Eigenschaft.

▶ **Definition** Wir definieren eine Eigenschaft als *konvergent* in Bezug auf die Evolution, wenn die Entwicklung bei anderen Anfangsbedingungen, aber den gleichen äusseren Bedingungen, wieder eine ähnliche Lösung finden würde.

Da die Evolution vielfache Schichten an passendem Zufall bedeutet, bis z. B. wir entstehen konnten, ist dies nicht selbstverständlich. Wenn man annimmt, dass eine Funktion sich nicht ein zweites Mal entwickeln würde, weil sich nicht wieder eine passende Kette zusammenfinden würde, dann definieren wir diese Eigenschaft als *kontingent* nach dem philosophischen Ausdruck für Zufall, nämlich Kontingenz vom lateinischen *contingentia* ‚Möglichkeit, Zufall'.

Die Abb. 6.14 zeigt eine Modellierung des Linsenauges nach einer klassischen Arbeit von Nilsson und Pelger (1994). Ausgehend von einem lichtempfindlichen Fleckchen entsteht in dieser Simulation nach etwa 400.000 Generationen die Optik des menschlichen Auges. Die Zahlen zwischen den Stufen geben ein Mass an für den Unterschied der äusseren Merkmale vom Beginn einer Entwicklungsstufe zur nächsten. Nach der Aussage dieser

Abb. 6.14 Eine klassische Simulation der Entwicklungsschritte des Linsenauges. Die Zahlen geben die benötigten Simulationsschritte der optischen Weiterentwicklung an. Bild: Model eye Nilsson und Pelger, Wikimedia Commons, Gagea

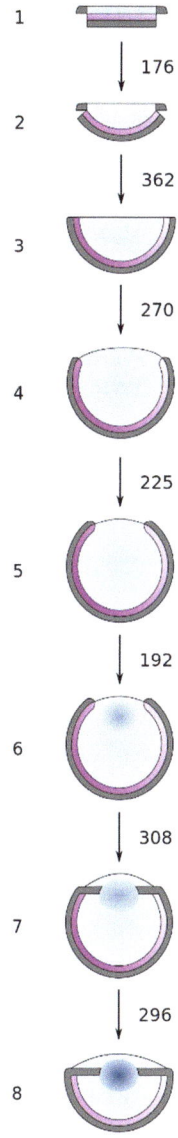

Arbeit sind die inneren Annahmen „pessimistisch" gewählt (also eher zu schwierig für die Weiterentwicklung) und man hat insbesondere kein hartes Problem, einen „Show-Stopper" für die Entwicklung zum optisch guten Linsenauge gefunden. Die etwa 400.000 Generationen entsprechen einer geologisch kurzen Zeit, Grössenordnungen kürzer als die Zeit, die es Leben auf der Erde gibt. Allerdings ist mit dem Auge nur die sensorische „Hardware" des Gesichtssinns entwickelt. Erst die zugehörige und passende neuronale Verarbeitung und Anwendung machen den Wert des Gesichtssinns für das Lebewesen aus. Und es bleibt das Problem des Beginns, die kleine chemische Evolution des lichtempfindlichen Grundstoffes.

6.5.2 Die grosse Frage: kleiner Zufall oder ganz grosser Zufall?

Die Frage von Kontingenz der Evolution, Zufall ja oder nein, ist eine philosophische Fortsetzung der astrophysikalischen Frage, ob es anderes Leben gibt im All auf irgendwelchen Exoplaneten. Dass die Evolution auf der Erde alles so gut bereitet hat, zumindest in den biologischen Grundlagen, ist eine Tatsache. Die Evolution wirkt (de facto) offensichtlich durch viele kleine Zufälle. Die Frage gilt dem einzigartigen, ganz grossen Zufall: Gab es ihn? Es ist zunächst wieder ein „anthropisches Prinzip", denn wir sind ja da, um es zu beobachten. Aber sind wir kontingent, d. h. zufällig-einzigartig?

Würde sich die Evolution in etwa so wiederholen, wenn wieder die gleiche Urerde zur Verfügung stünde?

Oder gab es in „unserer" Evolution derartig unwahrscheinliche Zufälle, dass die neue Evolution stecken bliebe? Vielleicht bei anaeroben Bakterien, bei Algen oder bei Sauriern?

Diese Frage lässt sich für viele Funktionen des biologischen Lebens recht sicher verneinen, aber (noch) nicht für alle. Ein Artikel (Blount et al. 2018) nennt die Aufgabe kurz:

Replaying the tape of life – Spulen wir das Band des Lebens zurück?

Es ist einfach zu verstehen, dass es zu evolutionären Entwicklungen kommt, wenn die physikalischen Grundlagen vorhanden oder leicht erreichbar und klar mit einem evolutionären Nutzen verbunden sind.

Ein Beispiel ist etwa die Form des Delphinkörpers mit dem sehr kleinen Widerstandskoeffizienten C_w von 0.03, optimiert auf das schnelle Schwimmen im Wasser. Jeder Körper, für den Schnelligkeit im Wasser ein Vorteil ist, muss notwendigerweise eine ähnliche Form annehmen.

Auch das Auge mit Linse gehört eher in diese Kategorie. Eine Einrichtung, die mit Licht ein präzises Bild der Umgebung ergeben soll, wird auf gekrümmte Flächen kommen und damit schliesslich zu Linsen. Der Lebensvorteil ist offensichtlich und wächst tendenziell mit besserer Bildqualität – und es erschliessen sich neue Nischen auf dem Futtermarkt!

Die Evolution hat eine Reihe allgemeiner Optimierungsaufgaben zu lösen, etwa bei Pflanzen die passende Oberfläche der Blätter, gering bei Wüstenpflanzen, gross bei Schattenpflanzen. Bei Tieren und Pflanzen ist es die Verteilung und Sammlung von Flüssigkeiten. Wenn einfache Diffusion nicht mehr ausreicht, weil die Dimensionen zu gross werden, dann ist die verbreitete Lösung ein hierarchisches Netzwerk aus Adern und Kapillaren. Bei Blättern geht es um die Optimierung des mechanischen Systems von Stamm und Zweigen einerseits und der Blätter andrerseits. Darwin schrieb schon 1865:

„Das Ziel aller kletternden Pflanzen ist es, das Licht und die freie Luft mit so wenig Aufwand an organischem Material wie möglich zu erreichen."

Details der Blätter sind zufällig, aber die Gesamtstrukturen sind ähnlich um den Materialverbrauch zu minimieren, die Stabilität zu maximieren und um optimale Bescheinung durch die Sonne zu erreichen. Wie schon Galilei beobachtet hat, kann die Natur die gleiche Konstruktion vergrössern oder verkleinern, aber nicht einfach linear, sondern mit Skalieren nach eigenen Gesetzen (Abb. 3.12).

6.5.3 Retrograd gerichteter Zufall

Die Evolution übt damit „gerichteten Zufall" aus, zumindest in dem Sinn, dass der Zufall durch die Selektion nach dem Ereignis geprüft und gegebenenfalls annulliert wird:

Das Weiterleben macht aus dem Zufall Sinn für das Lebewesen – oder nicht.
  Der Zufall passiert einfach. It happens.
  Klaus Mainzer, deutscher Philosoph, 2007.

Oder etwas vulgärer, wenn der Zufall sich schlecht auswirkt: „Shit happens."

Der gerichtete Zufall bei der Schneeflocke war vorwärts gerichtet und unmittelbar aufbauend, aber auch die Mechanismen der Evolution wirken wie eine „Poppersche Propensität", allerdings retrograd, im Nachhinein. Die biologische Evolution hat für die Wissenschaft einen grossen Vorteil gegenüber der politischen und menschlich-historischen Evolution: Man kann in kleinen Stücken das „Band des Lebens" im Labor neu abspielen, z. B. in Bakterienkulturen.

Dies lässt sich etwa mit dem berühmten E. coli (genannt nach dem Ansbacher Arzt Theodor Escherich, daher das E.) experimentell durchführen. Bei Bakterien ist die Generationenfolge schnell und man kann sogar Kulturen einfrieren und später wieder verwenden für spätere Vergleiche.

Der Forscher kann Evolution im Kleinen spielen und in den verschiedensten Varianten entwickeln lassen, etwa mit

- mehreren identischen Populationen in identischer Umgebung,
- identischen Populationen in verschiedenen Umgebungen und
- verschiedenen Populationen in der gleichen Umgebung.

Das wohl berühmteste Experiment dieser Art ist das Langzeit-Evolutionsexperiment LTEE der Universität von Michigan. 66.500 Generationen von E. coli in zwölf Linien wurden über 20 Jahre verfolgt. Elf Linien entwickelten sich ähnlich, eine Linie ganz anders – sie hatte eine neue Fähigkeit entwickelt, nämlich auch Zitronensäure zu verarbeiten. Die Analyse ergab, dass eine einzige Mutation zufällig den Weg dafür vorbereitet hatte. Die meisten Entwicklungen waren konvergent, aber nicht alle. Aber auch die konvergenten Populationen zeigten feine genetische Unterschiede in den vorhandenen Mutationen und Anzeichen der Aufspaltung in eine zweite Art.

Die kleinen, positiven Schritte der Mikroevolution sind mit hoher Wahrscheinlichkeit reproduzierbar. Die Abb. 6.15 symbolisiert dies durch die vielen Maxima, die jeweils eine relativ stabile Spezies darstellen sollen: Konvergente Evolution führt auf einen der Stabilitätsgipfel oder auf dem Gipfelbereich herum.

6.5.4 Schwierige Anfänge und Megatrajektorien

Die schwierigste Situation und am empfindlichsten für den richtigen Zufall sind die Anfänge von Ketten, die schliesslich zu einer sinnvollen Funktion führen. Am allerschwierigsten war (vermutlich) der Beginn von allem, von der Evolution selbst. Ein IBM Jargonwort dafür ist *Bogey*, ein Ausdruck, der ursprünglich vom Golf-Spiel kommt:

Bogey n. *Ein Ziel, insbesondere ein schwieriges oder unangenehmes. Verwendet in Planungszyklen, wenn die Leute oder das Budget gekürzt werden. Das neue Ziel ist dann ein „Bogey" und bedeutet die unangenehme Vorgabe, die innerhalb der vorgegebenen Grenzen erreicht werden muss. Nachklang der Sprechweise der Piloten im zweiten Weltkrieg.*

Für den Anfang einer funktionellen Entwicklung ist es am schwierigsten, für die innovative Errungenschaft eine evolutionäre „Belohnung" zu erhalten, es sei denn, die neue Funktion lässt sich bereits ganz einfach beginnen wie das Auge als unscheinbarer, aber schon nützlicher lichtempfindlicher Fleck. Die zugehörige materielle Innovation, eine lichtempfindliche Substanz, ist die recht komplexe Verbindung Rhodopsin aus einem Protein und einem farbtragenden Molekül, einem Verwandten des Vitamins A (Abb. 6.16). Die Abbildung macht klar, dass das Rhodopsin eine Substanz ist, die ebenfalls schon Evolution benötigt hat.

Bei einigen Meilensteinen der Evolution liegt der Verdacht auf „Kontingenz", d. h. auf einmaligen Zufall, und folgende Divergenz, d. h. Auseinanderlaufen der Merkmale auf

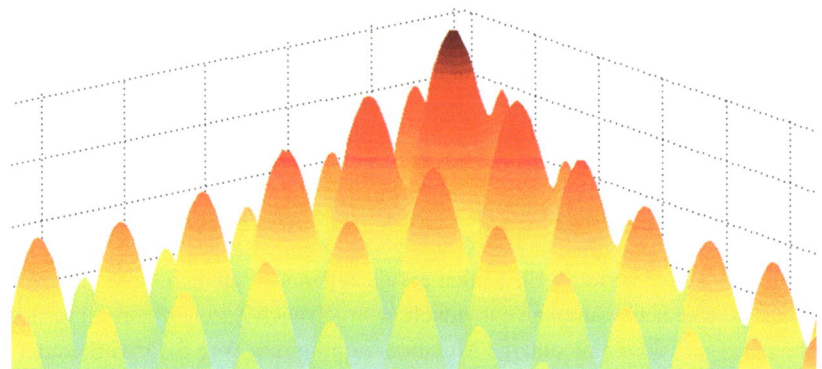

Abb. 6.15 Die Stabilitätsgipfel in der Landschaft von Spezies (symbolisch). Bild: Ausschnitt der Rastrigin Funktion, Wikimedia Commons, Diegotorquemada

Abb. 6.16 Veranschaulichung der Komplexität des Sehpigments. Strukturmodell des Rhodopsin. Bild: Bovine Rhopsine, Wikimedia Commons, Jähnichen

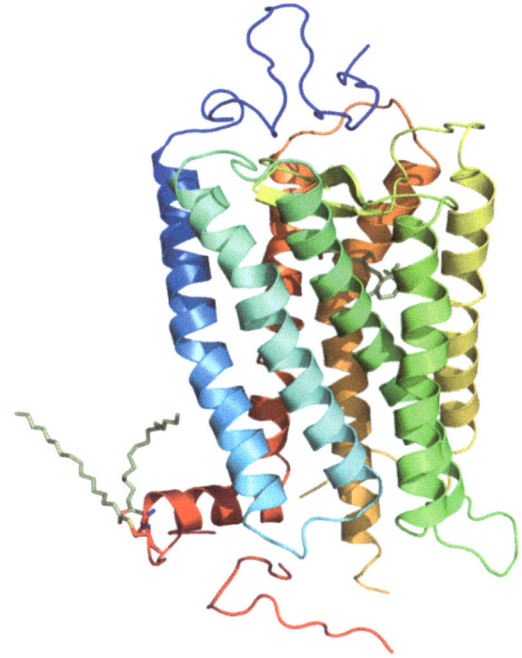

verschiedene Arten. Es sind Entwicklungen mit schwieriger Rückkopplung der ersten Erfolge, aber dann grosser folgender Verbreitung der Erfindung als „Megatrajektorie". Dies ist z. B. die Entstehung:

- des Lebens selbst aus Chemie, genannt Abiogenese,
- von schützenden Zellwänden,
- von Mehrzellern höherer Leistungsfähigkeit,
- der Photosynthese, um aus der Sonne Energie zu beziehen,
- der sexuellen Vermehrung zur Erhöhung der Variabilität,
- von Intelligenz zur besseren Anpassungsfähigkeit.

Die Abb. 6.17 illustriert die Entwicklung der Evolution schematisch vom Standpunkt der algorithmischen Komplexität. Die Komplexität der Organismen wächst an, da i. A. höhere Komplexität auch bessere Funktionalität bedeutet (Ausnahmen s.u.). Das Mass für die Komplexität ist so gewählt, dass sich in etwa ein lineares Wachstum gibt. In der Sprache der Softwaretechnologie entspräche dies der Messung der Komplexität in Funktionspunkten, dem Auftreten von neuer Funktionalität. Dann finden wir Zeiten mit sehr geringem Wachstum (die Kurve ist flach), mit rascher Zunahme (steiler oder gar sprunghafter Kurve) und „normale" Perioden. So könnte es sein, dass ein neuer Makroschritt aus der obigen Liste viele Versuche und viel Entwicklungszeit benötigt, bis „es gelingt"; danach gibt es eine rasche Weiterentwicklung. Zeiten mit hohem Druck auf die Lebewesen, wie

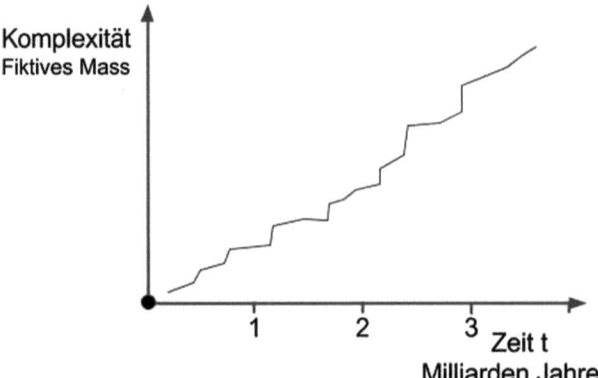

Abb. 6.17 Prinzipskizze zum Wachstum der algorithmischen Komplexität des Systems der Biologie mit der Zeit. Bild: eigen/Hehl (2019)

etwa der Einschlag des Yukatan-Meteoriten, könnten ebenfalls anschliessend einen Innovationsschub auslösen.

Die Serie der Trajektorien des Lebens liesse sich jenseits der Biologie fortsetzen in die Jetztzeit im kulturellen Bereich, etwa mit der Erfindung der Schrift, des Buchdrucks, des Computers und damit verbunden dem Erschaffen von Software durch den Menschen selbst einschliesslich der Erzeugung von künstlicher Intelligenz.

Der amerikanische Astrobiologe Christopher Chyba, geb. 1960, sagte,

> wenn ihm jemand eine exakte Kopie der Erde vor 4,2 Milliarden Jahren geben würde, er würde nicht wissen, ob sich Leben sicher entwickeln würde oder nur mit einer Chance von 1: 100 000 000 000 (eins zu hundert Milliarden). Ja, wir wissen es, es geschah hier – aber könnte es nicht reiner Zufall sein?
> **Washington Post, 04.04.2014.**

Dies ist eine fachmännische, wenn auch unbefriedigende Antwort auf unsere obige Frage, ob sich die Evolution wiederholen würde.

Die „Megatrajektorien" in der tieferen astrophysikalischen Vergangenheit des Lebens haben wir schon erwähnt. Dort ist es zwar klar, dass die Sonne kein besonderer Stern ist, aber die Erde ist besonders. Die „habitable Zone" in unserem Sonnensystem ist zumindest „ein wenig" aussergewöhnlich, der grosse Mond der Erde ist „recht aussergewöhnlich".

Jede Stufe der Evolution trägt damit eine Zufallswahrscheinlichkeit für das erfolgreiche Passieren der Stufe mit sich, die vom Stande des Wissens und vom zugehörigen Kontext abhängt. Jede Stufe könnte uns zu etwas ganz Einzigartigem im All machen, nicht nur zu etwas Besonderem, wie wir es zweifellos sind.

Die Evolutionsexperimente zeigen, dass unser Schicksal an einer einzigen (zufälligen) Veränderung an einem Molekül hängen konnte.

6.6 Abiogenese und chemische Evolution

„So verwandelt er [der Geist] den Schweiss der Frauen und Hunde in Flöhe und Läuse, und den Tau in Heuschrecken und Raupen, den Leim in Aale, die Erde in Pflanzen, das Aas in Würmer, den Kot in Käfer, neben unendlich vielem Neuen und Ungewöhnlichen."
Johannes Kepler, Brief an David Fabricius, 1605.

Bis vor zwei Jahrhunderten war es schlicht klar, dass zumindest einfache Lebewesen spontan und zwangsläufig entstehen. Die obige Stelle aus einem Brief von Johannes Kepler ist hier aufschlussreich! Die Frage der Entstehung des Lebens ist nicht nur wissenschaftlich interessant, sondern auch philosophisch und vom Standpunkt der Religion.

Bis ins 17. Jahrhundert war es ganz normal, das Entstehen von zumindest einfachem Leben spontan aus Fäulnis anzunehmen. „Einfaches" Leben wurde von Gläubigen als Lebewesen ohne Seele angesehen, wie z. B. die gar nicht so einfachen Organismen im obigen Zitat. Die Beobachtung von Einzellern und Mikroben nach der Erfindung des Mikroskops schien dies zu bestätigen. Diese Organismen schienen primitiv zu sein und so war eine sexuelle Vermehrung (als Zeichen höherer Entwicklung) bei ihnen unvorstellbar. Spätestens seit den Versuchen von Louis Pasteur um 1860 wurde es offensichtlich: Auch das einfache Leben der Mikroben entsteht nicht spontan, d. h. nicht einfach so notwendigerweise. Der englische Biologe Thomas Huxley machte die Problematik klar, als er den Begriff der Abiogenese einführte, die Entstehung von Leben aus toter Materie, aus anorganischen oder einfachen organischen Chemikalien.

Diese Beobachtung stärkte die Ideen der abrahamitischen Religionen und die Vorstellung eines Schöpfers, der alle Lebewesen einfach und ein für alle Mal geschaffen hatte. Mit der wissenschaftlichen Evolution wird die Entwicklung der Arten offensichtlich, aber es bleibt – religiös wie wissenschaftlich – die Frage des Anfangs von allem. Ein Gedanke kommt bereits von Charles Darwin. Es ist die Idee des berühmten *„some warm little pond"*, des kleinen warmen Tümpels. Er schreibt in einem privaten Brief ganz vorsichtig:

„Aber wenn (und Oh! was für ein grosses ‚wenn'!) wir uns vorstellen, dass in einem kleinen warmen Tümpel, in dem alle Arten von Ammoniak und phosphorhaltigen Salzen, Licht, Wärme, Elektrizität usw. vorhanden waren, sich eine Eiweissverbindung bildete und dabei war, noch kompliziertere Verwandlungen zu durchlaufen, dann würde am heutigen Tage ein solcher Stoff augenblicklich verzehrt oder absorbiert werden, und genau das konnte vor der Entstehung lebender Wesen nicht der Fall gewesen sein."
Charles Darwin in einem Brief an Joseph Hooker 1871.

Es sieht so aus, als habe Darwin mit dieser Vermutung, die er nur vorsichtig äussert, nicht ganz falsch gelegen. Allerdings hat der Fortschritt der beteiligten Wissenschaften und insbesondere der neu entstandenen Astrobiologie, Zellbiologie, Virologie und molekularer Biochemie die Komplexität der Aufgabe „Erschaffung von Leben aus einfacher Chemie" erst richtig klar gemacht!

Die Entstehung der organischen Grundsubstanzen des Lebens aus anorganischem Material ist dabei in verschiedenen Umgebungen nachgewiesen, etwa in einer Uratmosphäre mit elektrischen Entladungen (dem Urey-Miller-Experiment), in der Umgebung von heissen Quellen auf dem Meeresboden, oder sogar in verschiedenen Bereichen des Weltalls, von Dunkelwolken bis zu analysierten Meteoriten.

Eine vielversprechende Richtung der ersten Abiogenese, der chemischen Evolution, ist die Entstehung von Leben in der heissen, mineralstoffreichen Umgebung der „hydrothermischen Schlote" auf dem Meeresboden in der Nähe von Vulkanismus (Abb. 6.18). Es sind Umgebungen, die an die erste Phase der Erdgeschichte noch ohne Sauerstoffatmosphäre erinnern. Verschiedene chemische Reaktionen sind als Energiequelle denkbar, z. B. die Umwandlung von Eisensulfid mit der Bildung von Schwefelwasserstoff oder die Wasseraufnahme von Felsgestein wie Olivin mit der Bildung von Wasserstoff und Methan („Serpentinisierung").

Die schon mehr als hundert Jahre alte Idee der „Panspermie" des schwedischen Chemikers Svante Arrhenius (1859–1927) versucht das Leben auf der Erde durch Keime zu erklären, die aus dem Weltall zu uns gekommen sind. Damit wird das Problem der chemischen Evolution aber nicht gelöst, sondern nur ins All verschoben und erhält damit einen Science-Fiction-Charakter.

Die Entstehung des Lebens steht in unserem post-Popperschen Weltmodell an der Schnittstelle der Welt 1 (Physik) und der Welt 2' (Informatik). Die Abiogenese hat in diesem Sinn zwei Grundaufgaben zu lösen.

Abb. 6.18 Eine potentielle Umgebung für die Entstehung von Leben. Weisse flockige Matten bei einem unterseeischen heissen Schlot. Bild: Champagne vent white smoker, Wikimedia Commons, NOAA

Aus Sicht der Physik ist die Aufgabe, die freie Energie für Lebensvorgänge zur Verfügung zu stellen. Die physikalische Grundaufgabe ist es, unter den Bedingungen der irdischen Uratmosphäre aus Kohlendioxid Kohlenwasserstoffe (wie Methan) und weitere organische Verbindungen zu erzeugen und die energetischen Voraussetzungen für Leben zu schaffen. Die Anhänger der „*Metabolism first*" oder „Stoffwechsel zuerst"- Richtung halten dies für die erste Triebkraft.

Die informatorische Grundaufgabe ist es, Strukturen zu schaffen, die sich selbst kopieren können. Der erste Kandidat für eine solche Substanz ist die vielseitige Ribonukleinsäure RNA, die sowohl Information weitertragen als auch verschiedene katalytische Reaktionen auslösen kann. Die langfristige Speicherung von gesammelter Information übernimmt dann die viel stabilere DNA. Diese These ist die *Replicator first* – Lehre.

Aus unserer anthropozentrischen Sicht ist das grosse Endziel schliesslich, den Turm der Welt 2, der Informatik, aufzubauen mit uns Menschen und unseren geistigen Produkten in der Spitzenposition.

Es hilft nichts. Bei der Frage der chemischen Evolution oder der Abiogenese werden die meisten Biologen zu Philosophen mit verschiedenen Ansichten. Tendenziell sind die Hypothesen plausibel und sprechen für den „kleinen" Zufall, der „üblicherweise" zum Leben führen sollte. Aber niemand kann heute den grossen, einzigartigen Zufall für die grosse astrophysikalisch-chemisch-biologische Kette zu uns Menschen ausschliessen. Damit gilt das kopernikanische Prinzip abgeschwächt:

„*[Die Welt, das Leben] ist nichts Besonderes*" – das meiste, aber vielleicht manches doch!

Der Astrobiologe Stephen Blair Hedges gibt zur Beantwortung eine kleine Hilfestellung wenn er sagt (2015):

„Wenn das Leben relativ rasch auf der Erde entstanden ist, dann könnte es etwas Gewöhnliches im Universum sein."

Vielleicht wird ja der Mars mit möglichen Vorformen von Leben hier Hinweise geben. Das ist zumindest einer der Beweggründe für die aktuellen Marsmissionen.

Nach heutiger Sicht sind die ältesten Mikrofossilien aus ozeanischen Schloten zwischen 3,77 bis 4,28 Milliarden Jahren alt; die Ozeane selbst sind vor etwa 4,4 Milliarden Jahren entstanden. Von den 13,8 Milliarden Jahren des Alters des Universums aus gesehen, sieht dies nach kurzer Entstehungszeit aus! Aber es ist wahrscheinlich, dass es eine Epoche mit heftigen ersten Lebens-Entwicklungen gab, deren Spuren nur schwer zu finden sind.

6.7 Die Evolution als zufallsgetriebenes Softwaresystem

„Wettbewerb ist etwas für Verlierer. Wenn man dauerhaften Wert schaffen und erhalten will, dann muss man versuchen ein Monopol aufzubauen."
Pierre Thiel, Mitgründer von PayPal und Palantir.

Der Vergleich der biologischen Evolution mit der Evolution von digitalen Softwaresystemen hat naturgemäss Grenzen. So bestehen Differenzen zwischen Biologie und digitaler Entwicklung:

- Das Individuum ist in der Biologie aktiver Teilnehmer und nicht nur passive Kopie wie das übliche Softwareprodukt.
- Das Softwareprodukt wird in der digitalen IT *a priori* nach einer Spezifikation entwickelt, also teleologisch oder „top-down", von oben herab. Die Evolution gibt den neuen Funktionen *a posteriori* ihren Sinn oder sie zieht sie zurück, indem die Träger „vom Markt" verschwinden.
- Der Raum der möglichen Befehle zur Konstruktion von Programmen ist in der IT wohldefiniert, in der Evolution eher chaotisch.

Allerdings geben auch digitale Kunden Feedback zu ihrer Zufriedenheit und zu Fehlern und sind damit nicht nur passiv. Die nachträgliche Verleihung einer Art von Spezifikation in der Evolution oder Sinngebung – wenn man die Wirkung einer Innovation erkennt – ist gar nicht so verschieden von einer vorausgehenden Spezifikation, die dann gar nicht streng eingehalten wird!

> „Seit wann ist die Computersoftware das, was die Leute wollen? Es ist einfach eine Frage von Evolution."
> **Bill Gates, amerikanischer Unternehmer und Programmierer, geb. 1955.**

In der Tat ist ein grosser Teil der Entwicklung der Technologie durch die Technologie und ihre Möglichkeiten getrieben und nicht durch die Wünsche der „User". Dies drückt auch der berühmte Spruch des Autobauers Henry Ford (1863–1947) aus: *„Wenn ich die Leute gefragt hätte, was sie wollten, so hätten sie gesagt ‚schnellere Pferde.'"* Dies gilt vor allem für die grossen neuen Durchbrüche, die Megatrajektorien. Von den vielen ähnlichen Sprüchen noch eine Vorhersage, hier von Ken Olsen (1926–2011), dem damaligen Präsidenten und Gründer der ehemals grossen Computerfirma DEC (Digital Equipment Corporation) im Jahr 1977: *„Es gibt keinen Grund, dass irgendjemand einen Computer zu Hause würde haben wollen."* Es war die Zeit der grossen Rechnerkästen und Rechenzentren, die die Verwaltung von Unternehmen ausführten.

Anders sieht es bei kleinen Wünschen nach Verbesserungen und Änderungen an einem Produkt aus. Da gibt es typischerweise zu jedem Zeitpunkt des Lebens eines Produkts eine lange Liste von kleinen und grossen Wünschen und Problemen.

6.7.1 Die Evolution als Grosssystem

> „Die gegenwärtige Schätzung der Anzahl von Arten liegt zwischen 5.3 Millionen und 1 Billion."
> **Tanya Latty and Timothy Lee, April 2019, theconversation.com.**

6.7 Die Evolution als zufallsgetriebenes Softwaresystem

Die lebendige Natur ist auf jeden Fall ein sehr grosses, zusammenhängendes Softwaresystem. Je grösser ein technisches Softwaresystem ist, umso ähnlicher wird es im Verhalten einem biologischen System: Es enthält mehr und mehr Zufall. Es geschieht immer mehr im System, das auch die Entwickler nicht oder nur schwer verstehen – auch wenn alle einzelnen Programmschritte elementar sind und typisch nur eine Handvoll Bits verändern und verschieben. Ein grosses Softwaresystem ist voller Zufall: Durch Fehler beim Bau und im Lauf, durch die Benutzer und deren Verhalten und deren Wünsche. Es wird ein verteiltes System, das sich während des Laufs weiterentwickelt. Es gibt private Softwarebibliotheken in den Firmen und es gibt Software, die zwischen Unternehmen ausgetauscht wird. Manche auftretenden Fehler werden „quick und dirty" gelöst durch Flicken im lauffähigen Code („gepatched"), bessere Korrekturen und neuentwickelte Funktionen werden gesammelt und als Paket, als neue Version, ausgeliefert.

Alle lebendigen Organismen sind – sozusagen per Definition – laufende Softwarepakete mit viel innerem und äusserem Zufall.

Physikalisch bedeutet das Laufen eines Programms im Computer die Weitergabe des Lebensfunkens an den nächsten Arbeitsschritt, wahrscheinlich sauber getaktet durch die Uhr des Computers. Selbst beim Nichtstun gibt es einen Schritt um den anderen, es wird etwas Energie verbraucht und das laufende System bleibt physikalisch ausserhalb des thermodynamischen Gleichgewichts.

Bei der Evolution eines Softwareprodukts „lebt" das Produkt, solange vom Kunden berichtete Fehler noch korrigiert werden. Der Name des Produkts – „Windows" oder „WhatsApp" – ist übergeordneter Lebensfunke und ein Wert. Unter dem Namen im Produkt kann sich die Technik ändern, der Name lebt so lange wie möglich weiter. Das ist ähnlich bei dem übergeordneten evolutionären System, einem Unternehmen. Ein Beispiel ist hier das Unternehmen Nokia: Produkte von Nokia Oyj waren in chronologischer Reihenfolge

Papiererzeugnisse,
Gummistiefel und Fahrradreifen,
Mobiltelefone, auch als Weltmarktführer,
Kommunikationsnetze und Kartendienste,
Netzwerkausrüster und technische Spezialprodukte.

Die Mitarbeiter sind andere, es wurden Firmen dazugekauft oder abgestossen. Was ist geblieben? Wahrscheinlich wird man sagen: Der Geist von Nokia. Ein kleiner Teil des Gens „Nokia" ist über die Jahre geblieben, etwa *„finnisches Unternehmen, Sitz in Espoo mit Namen Nokia"*.

Das Wichtigste ist offensichtlich gewesen

1. **Weiterleben um jeden Preis und**
2. **So fit zu sein wie möglich und/oder auf Änderungen so gut vorbereitet zu sein wie möglich.**

Der Punkt 2 beinhaltet zwei Formulierungen des Darwinismus, in der populären Form vor allem der Slogan „*The survival of the fittest*" – ‚Das Überleben des Tauglichsten' vom englischen Philosophen Herbert Spencer (1820–1903). Das Unternehmen Nokia war übrigens in seiner grössten Blütezeit so fit und so adaptiv und innovativ wie nur vorstellbar. Man hatte alle klassischen Innovationsmechanismen für Unternehmen etabliert (der Autor war ein wenig integriert), ist aber dann trotzdem an einer neuen Megatrajektorie gescheitert. Das Produkt Mobiltelefon mutierte vom Telefon zu einem Vielzweckcomputer mit Millionen von Apps. Das Nokia-Management merkte es zu spät und baute (etwas überspitzt formuliert) weiter nur gute Telefone.

Es ist auch kein Zufall, dass es systemische Ähnlichkeiten zwischen der biologischen natürlichen Evolution und der Evolution von grossen künstlichen Softwaresystemen gibt. Diese Ähnlichkeiten sind erkennbar, wenn man die beobachteten Gesetzmässigkeiten aus der Softwareindustrie betrachtet, die sog. Gesetze von Lehman. Der Softwaretechnologe und IBM Kollege Meir Lehman (1925–2010) machte zwischen 1974 und 1996 Beobachtungen zur Softwareentwicklung grosser Systeme in grossen Unternehmen. Der Softwarefachmann Madhavji fasst die Unsicherheit zusammen zum Prinzip der Unsicherheit in der Welt 2', der Softwarewelt:

„Egal wie häufig ein Software-System schon zufriedenstellend funktioniert hat, der Ausgang der nächsten Durchführung ist ungewiss."
Nazim Madhavji, amerikanische Softwaretechnologe, 2011.

Wohlgemerkt, Nazim Madhavji sagt es für die technische digitale, so sicher scheinende Welt. Aber jeder hat wohl erlebt, dass sein PC nach einer harmlosen Aktualisierung nicht mehr funktionierte. Im Digitalen ist die obige Aussage etwas extrem, denn natürlich gibt es auch zuverlässige Softwaresysteme. Ein berühmtes Beispiel ist das Computersystem des Space Shuttle, das man besonders robust konstruierte – mechanisch wie softwaretechnisch (Abb. 6.19).

Zur Sicherheit befanden sich fünf Computer an Bord, von denen vier redundant rechneten – der fünfte war der Back-up und für Start und Landung zuständig. Man hatte alles nach dem Stand der Softwaretechnik Mögliche getan, um sicheren Betrieb zu gewährleisten. Das System sollte auch nach einem aufgetretenen Fehler noch zuverlässig und korrekt funktionieren.

Die Software-Gesetze von Lehman sind keine Gesetze im Sinne der Physik, sondern eher etwas wie die „Gesetze" in den Sozialwissenschaften, z. B.:

Anhaltender Wandel: Ein Softwaresystem muss sich dauernd ändern und anpassen, sonst degeneriert es und wird ineffizient.
Zunehmende Komplexität: Die Komplexität eines entwickelnden Softwaresystems entwickelt sich exponentiell zur Lebensdauer, zumindest solange es nicht gewartet oder bewusst in der Komplexität reduziert wird.
Selbstregulierung: Die Software-Entwicklung ist als Ganzes ein multipler Feedback-Prozess und muss als solcher behandelt werden.

6.7 Die Evolution als zufallsgetriebenes Softwaresystem

Abb. 6.19 Das Emblem der NASA zur Erinnerung an das Space Shuttle Programm. Bild: Space Shuttle Program Commemorative Patch, Wikimedia Commons, NASA/ Dumesnil

Die Ähnlichkeit und die Anwendbarkeit dieser Sätze auch auf die biologische Evolution und das biologische System sind offensichtlich. Diese Bilder sind für viele zunächst nur Metaphern, aber sie sind doch mehr!

Auch die folgenden Bemerkungen aus der Beschreibung der Eigenschaften des Umfelds der Softwareentwicklung sehr grosser Systeme passen auf die biologische Evolution (nach Northrop 2006):

Dezentrale Entwicklung und Betrieb; Arbeit unter sich inhärent widersprechenden Bedingungen; Weiterentwicklung im Betrieb; Versuche mit verschiedensten Fähigkeiten, die auch wieder aufgegeben werden; heterogene und sich rasch ändernde Elemente; Entwicklung neuer Steuerungsmechanismen; Fehlschläge in der Entwicklung sind eher die Regel als die Ausnahme (niemals funktioniert alles bestens).

Northrop spricht von „*wicked problems*", verflixten Problemen: Jeder Versuch, eine Lösung zu finden, ändert das System. In der Evolution ändert jede geänderte oder neue Spezies die Welt. Dies gilt ganz besonders von uns Menschen.

6.7.2 Die Evolution als agile Softwareentwicklung

> „Agile Entwicklungsmethoden kommen ohne Pflichtenheft aus. Der Kunde gibt am Anfang nur wenige Basisfunktionalitäten vor, das Projekt startet sofort.
> Homepage it-agile.de, gezogen 01. 08. 2020.

Das Pflichtenheft eines Projekts beschreibt das Ziel des Projekts und damit seinen Sinn. Sogenannte „agile" Projekte (lat. *agilis* flink, beweglich) haben kein detailliert beschriebenes Endziel und kein vorgegebenes Endprodukt. Auch die Evolution hat kein Pflichtenheft! Ein Pflichtenheft für ein Softwareprojekt macht nur Sinn, wenn Aufgabenstellung und Umgebung der Softwareentwicklung hinreichend stabil bleiben. „Agile" Entwicklung versucht, alle Teilprozesse möglichst einfach und beweglich zu halten um eben „agil" zu sein. Angesichts der schnellen Entwicklung der Informationstechnologien und der Digitalisierung ist es nicht verwunderlich, dass die überwiegende Anzahl von Entwicklungsprojekten heute „agil" durchgeführt wird.

Es ist frappierend zu sehen, wie die Natur die Grundsätze guten agilen Programmierens und Entwickelns verwirklicht. Die Regeln für den agilen Programmierer (Hehl 2016) lassen sich in der Arbeitsweise der Evolution wiederfinden, z. B.:

- Beginn ohne festgelegtes Ziel,
- so schnell wie möglich zu ausführbarer Software kommen,
- Änderungswünsche rasch aufnehmen und nicht ablehnen,
- enge Zusammenarbeit „im Team".

Der Begriff „Team" ist dabei umfassend zu verstehen mit der eigenen Spezies einerseits und den anderen Organismen, z. B. den Beutetieren, andrerseits. Das Wesentliche ist das Funktionieren und damit ergibt sich das Mass für den Fortschritt. Es gibt viele Fehlversuche, in der Natur sogar sehr, sehr viele, aber insgesamt entsteht etwas funktionsfähiges Neues. Für den Programmierer wie für die Evolution gilt der Spruch des amerikanischen Informatikers Alistair Cockburn (geb. 1953):

„Wir machen die Dinge falsch bevor wir sie richtig machen."

Insgesamt können wir die Evolution, also die globale Softwareentwicklung der Natur, charakterisieren durch die Beobachtung:

Die Evolution ist eine durch Zufälle selbstlaufende agile Softwareentwicklung über 4 Milliarden Jahre.

Die Analogie geht weiter in viele Details. So verwendet die Evolution gerne Programmcode, der sich schon bewährt hat, immer wieder, auch wenn er nicht die beste Lösung ist. Dazu passt diese Programmiererweisheit:

„Die besten Programmierer schreiben niemals ein Programm neu, wenn sie ein altes für eine neue Aufgabe benützen können."
Gerald Weinberg, amerikanischer Informatiker, 1933–2018.

Es ist bekannt, dass bewährte Codeteile in der Industrie lange verwendet werden und in der Produktion laufen, auch wenn der Designer nicht mehr existiert und niemand mehr das Programm versteht. Im Finanzbereich sind es deshalb immer noch COBOL-Programmierer, die gesucht sind, also Spezialisten für eine Programmiersprache aus der Frühzeit des Computers vor 70 Jahren!

Allerdings wenn die Qualität eines Programms mit der Zeit nach vielem Flicken zu schlecht wird, dann startet man in der Industrie ganz von neuem, oft unter der Decke des alten Markennamens. Aber auch dies macht die Evolution mit der Verzweigung zu einer neuen Lebenslinie. Die algorithmische Komplexität reduziert sich an solchen Stellen kurzzeitig, bis sie erneut anwächst durch die Weiterentwicklung. Hoffentlich geschieht solch ein Neustart nicht mit der Spezies Menschheit!

Eine andere Weisheit aus der IT-Branche und dem Marketing gilt auch in der Evolution: *The winner takes all* – der Gewinner bekommt (nahezu) alles. Diese Aussage gilt für eine ganze Spezies, für ein Männchen in einem Rudel genauso wie für eine Anwendungssoftware.

6.8 Religiöses, die Evolution und der Zufall

„Wenn Mutter Natur spricht, so schweigen selbst die Götter."
Abhijit Naskar, indisch-amerikanischer Neurowissenschaftler und Autor, geb. 1992.

Die Evolution selbst ist insgesamt bewiesen, so wie sie von Charles Darwin ohne Hightech korrekt erdacht wurde. Sie ist ein zentraler Pfeiler moderner Wissenschaft. Aber sie ist ein abstraktes System, dessen Grossartigkeit sich erst zeigt, wenn man sich die ungeheuren Dimensionen dieser Entwicklung in Zeit und Umfang klarmacht. Die Grösse wird besonders deutlich im Vergleich zu den anthropomorphen Geschichten der Schöpfung wie etwa zur Genesis des Alten Testaments. Es ist Wissenschaft gegen Literatur und Symbolik. Aber die menschlichen Konzepte sind einfach, verführerisch und fest verankert in unserer Psychologie und Geistesgeschichte. Der Paradigmenwechsel war (oder ist) nicht einfach.

Der bekannteste Theologe und Evolutions-Evangelist (mit eigenwilligen theologischen und philosophischen Ergänzungen) ist der schon oben zitierte französische Jesuit und Philosoph Teilhard de Chardin, 1881–1955. Er hat aus der Evolutionslehre einen grossen weltgeschichtlichen Optimismus gezogen. So versteht er die Evolution als eine Weiterentwicklung des Menschen mit ungeahntem Ausgang. Sein Lebensziel ist die Vereinigung von Evolution und christlicher Lehre. Aber die abrahamitischen Religionen können nicht ohne weiteres eine Weiterentwicklung annehmen, weil wir Menschen ja der feste Höhe- und Schlusspunkt sind, die Krone der Schöpfung! Deshalb war sein Leben auch ein einziger Konflikt mit der katholischen Kirche und seinem Jesuitenorden. Seinen Lehrstuhl hatte de Chardin schon 1920 verloren, die Veröffentlichung seines im Jahr 1940 fertigstellten Hauptwerks sollte er nicht erleben. Erst nach seinem Tod konnten seine Bücher gedruckt werden, sie erreichten in kurzer Zeit Millionenauflagen. Heute liegt bei Papst Franziskus die Bitte, die kirchliche Rüge an Teilhard de Chardin aus dem Jahr 1962 aufzuheben (Kathpedia, gezogen 25. 06. 2020).

Die klassische abend- und morgenländische Alternative zur Evolution ist der Kreationismus mit der wörtlichen Auslegung der Bibel. Die Abb. 6.20 demonstriert die Absurdität dieser Lehre mit dem „Nachbau" der Arche Noah. Zu den Ausstellungsstücken gehören nach Medienberichten auch zeitlich unpassende Dinosaurier und fiktive biblische Einhörner.

Aber auch die moderne Wissenschaft hat zwei philosophisch-theologische Achillesfersen:

- Es sind die noch nicht geklärten kritischen Verzweigungen in der Zeitlinie der Evolution, insbesondere der Beginn (was natürlich verständlich ist, da dort die ersten Anfänge des Neuen gefunden werden müssen),
- es ist alles Zufall, d. h. man kann nicht kausal weiter kommen. Man muss bescheiden sein.

Dass die Verzweigungspunkte besonders schwer mit Fossilien nachzuweisen und auch zu verstehen sind, ist offensichtlich.

Noch ist es möglich zu denken: An den Verzweigungspunkten hat (ein) Gott nachgeholfen und z. B. die Sexualität in die Evolution eingeführt. Dieser Gedanke ist aber nicht anders tiefer als die Vorstellung: *„Gott hat mich gerade vor dem Unfall bewahrt"* oder *„Gott hat mir in der Abiturprüfung geholfen"* – beide Aussagen sind nicht zu widerlegen, aber auch ohne jeden sachlichen Mehrwert, wenn auch vielleicht mit psychologischer Befriedigung. Allerdings wird der Gläubige sich auch sagen müssen *„Gott hat mir diese*

Abb. 6.20 Die fiktive „Arche Noah" im Ark Encounter in USA. Symbol des naiven Frühkreationismus: Dinosaurier, Sintflut und Mensch zusammen. Bild: Ark Encounter, Wikimedia Commons, OlinEJ

Krankheit als Strafe oder Prüfung geschickt"; der Gedanke geht zum Guten wie zum Schlechten.

Stellen wir uns das Extrem vor, dass Gott die ganze Evolution direkt steuert, auch die Mikroevolution in jedem Einzelschritt! Das führt zunächst zum problematischen Gedanken, dass auch die Schattenseiten der Evolution explizit von Gott verursacht werden – allerdings ist dies nichts theologisch-philosophisch Neues. Es ist das Problem der Theodizee, von altgriechisch θεός theós ‚Gott' und δίκη díkē ‚Gerechtigkeit', also „Gerechtigkeit Gottes" oder „Rechtfertigung Gottes". Es gibt offensichtlich Ungerechtigkeit und Böses in der Welt im Widerspruch zum Bild des „gütigen Gottes". Für das Individuum ist dies die biblische Geschichte von Hiob, der Leid erfährt als Prüfung. Für die Menschheit als Ganzes wäre entsprechend, eine Pandemie als Prüfung oder Strafe für die Spezies Mensch anzusehen.

Allerdings, wenn die gesamte Evolution ein Wirken Gottes ist – aberbillionen Mal in der Sekunde überall auf der Welt – dann geht diese Lehre in einen Pantheismus über: Gott wird identisch mit der Welt und Gott ist der Zufall, der kleine wie der grosse. Der Zufall wird zum Gott und Gott wird zum Zufall. Dann wäre Gott ein anderes Wort für Zufall. Freundlich drückt dies Albert Schweitzer, deutsch-französischer Arzt und Theologe (1875–1965), aus:

„Der Zufall ist das Pseudonym, das der liebe Gott wählt, wenn er inkognito bleiben will."

In diesem Sinn ist Gott die „quasi-Person", die hinter dem Zufall steht. Damit ist Gott die Übermenge aus der Menge der Naturgesetze in der Welt plus der Menge des von ihm erzeugten Zufalls in der Welt – aber es ist „technisch" nur ein Name ohne jeden Mehrwert.

Der Begriff eines Schöpfers, der nur die Bewältigung kritischer Phasen in der Evolution übernimmt, hat mindestens zwei Probleme: Er ist erstens logisch unbefriedigend (wo ist die Grenze zwischen „göttlichem" und „normalem" Zufall?), und zweitens deprimierend für die Gläubigen als ein „Gott der Lücken".

Logisch ist es keine konsequente Lösung: Der Schöpferbegriff versucht allgemein die Lösung eines Problems dadurch zu erreichen, dass die Lösung der Aufgabe „Schöpfung" auf eine mystische Intelligenz verschoben wird, die man per Definition nicht erklären kann. Genauso weit kommt man aber doch auch mit dem Zufall! Eigentlich müsste man doch rekursiv immer weiter fragen:

Wer hat den Designer designed? Wer designed den Designer des Designers usf. in unendlicher Regression.

Dies ist unsere erste versteckte unendliche Regression, die zweite versteckte Regression später beim freien Willen mit dem Homunkulus-Effekt.

Es ist nicht so wie in der Mathematik, bei der in einer Regression der fortgeschobene Restfehler immer kleiner wird, etwa bei der Folge $1 + 1/2 + 1/4 + 1/8 + 1/16 + 1/32 + 1/64 +$ usf. usf.: Hier ist das gesamte „Usf. Usf." nur noch insgesamt $1/64$ und kann beliebig klein gemacht werden. Anders in der obigen logischen Kette, die den Designer und Schöpfer immer weiter schiebt, Stufe um Stufe nach hinten: Die Aufgabe bleibt aber immer gleich, sie wird eher immer grösser!

Warum hat der intelligente Designer so viele Fehlversuche der Evolution zugelassen, deren Fossilien wir als Beweise haben, wenn er doch mit einem „Streich" (in der Software mit einem „Patch") das Vollkommene hätte einführen können? Dieser Gedanke entspricht dem oben erwähnten Problem der Theodizee in der Moral in der Gesellschaft, nämlich „Warum gibt es Böses?"

Die Form des Intelligenten Designs als selektiver Eingriff an kritischen Punkten der Evolution ist theologisch eine typische God-of-the-Gaps-Idee, eine Idee, dass Gott dort zu suchen ist, wo es Lücken in der Wissenschaft zu einem bestimmten Zeitpunkt gibt. Dies illustriert der berühmte und vielverwendete Cartoon „Sie sollten hier etwas ausführlicher sein" (Abb. 6.21). Das Bild wird verwendet vom Brexit bis zur Psychologie und hier zur Evolution. Bei der Evolution passt er auf die letzten Lücken – wobei *„das hat ein intelligenter Designer gemacht"* keine eigentliche, explizite Erklärung ist. Es ist ein anderes Wort für *„miracle"* Wunder. Ein natürlicher, denkbarer Zufall als Überbrückung ist in der Wirkung gleich, aber ohne Mystik.

Nach Darwin war das Linsenauge für hundert Jahre eine solche Lücke und „Bogey" für die Erklärung. Heute ist die Evolution des Auges im Tierreich mit vielen Besonderheiten – etwa Farbsehen, Nachtsehen, Weitsichtfähigkeit, Unterwassersehen oder unabhängigem Sehen mit zwei Augen – eine etablierte Wissenschaft mit fundiertem Wissen. Allerdings

Abb. 6.21 Der berühmte Sid Harris-Cartoon: „Sie sollten hier etwas ausführlicher sein!" Hier bei uns: Zum Intelligenten Design und zu den Lücken der Erkenntnis. Bild: Sidney Harris, ScienceCartoonsPlus.com

6.8 Religiöses, die Evolution und der Zufall

ist es nicht klar, ob es einen gemeinsamen Vorgänger für das Auge gibt oder ob wesentliche Eigenschaften wie die Linse, die Netzhaut und Fotorezeptoren über getrennte Wege entstanden sind und zum Auge konvergierten.

Für viele Theologen ist der Rückzug der Religion auf Unbewiesenes und Unerforschtes ein äusserst unbefriedigendes Verhalten (Hehl 2019). Schon 1893 schrieb der schottische Evangelist Henry Drummond (1851–1897), angeregt durch die Idee der Evolution und den Darwinismus (Hehl 2019):

> **„Es gibt Gläubige, die ohne Unterlass die Natur und die Bücher der Wissenschaft durchstreifen auf der Suche nach Lücken [gaps], Lücken, die sie mit Gott füllen wollen. Als ob Gott in den Lücken lebte! Was für eine Sicht der Natur oder von der Wahrheit ist dies, wenn das Interesse in der Wissenschaft nicht darin besteht, was man erklären kann, sondern was nicht, deren Streben ist Unwissenheit und nicht Wissen, deren tägliche Angst es ist, dass sich die Wolke erhebe …"**

Der deutsche lutherische Theologe Dietrich Bonhoeffer wird 1944 das Entsprechende schreiben. Er hatte über die zeitgenössische Quantenphysik gelesen und war sich der Glaubens-Problematik durch die fortschreitende Wissenschaft bewusst geworden:

> **„[Wenn] sich die Grenzen der Erkenntnis immer weiter hinausschieben, wird mit ihnen auch Gott immer wieder weggeschoben und befindet sich demgemäss auf einem fortgesetzten Rückzug."**

Auf jeden Fall ist der (oder das) sogenannte Intelligente Design weit von der Wissenschaft entfernt und auch weit von der Bibel.

Die Evolution gibt die nüchterne technische Grundlage. Sie entwickelt sich wie ein Strom, basierend auf den Naturgesetzen und mit viel Zufall. Es ist möglich, sich dahinter mehr vorzustellen, etwa eine treibende Kraft und einen Sinn – die nüchterne technische Entwicklung der Evolution sagt nicht mehr aus. Punkt.

Der amerikanische Theologe Gordon Kaufman (1925–2011) und „Professor of Divinity", also Theologieprofessor in Harvard, hat versucht, aus dieser unerbittlichen Evolution durch Zufall die Konsequenz zu ziehen; er schrieb (Kaufman 2001):

> **„Kreativität geschieht einfach, es ist ein absolut erstaunliches Mysterium"**.

Da unsere Welt anscheinend funktioniert, spricht er von der „Serendipität[3] der Kreativität" als Synonym für den Gottesbegriff. Dieser Gott wirkt nicht durch den Zufall, sondern er _ist_ der Zufall. Er macht eine eigentlich beunruhigende Eigenschaft des Zufalls, nämlich per Definition unergründlich zu sein, zu einer religiösen, zum Mysterium.

Gott ist damit die Summe der Naturgesetze und des Zufalls selbst, nicht ein Wesen dahinter, nicht der Schöpfer, der Herr oder der Vater. In theologischer Klassifizierung ist

---

[3] Zum Begriff der Serendipität (Serendipity) siehe Abschn. 7.1.2 „Kreativität".

Kaufman ein Pantheist (d. h. der abstrakte Gott ist identisch mit der Welt), zum Vergleich ist Albert Schweitzer ein Panentheist (d. h. Gott ist in der Welt und ausserhalb der Welt).

Die positive Einstellung zur Welt, die sich im Begriff der Serendipität, dem glücklichen Zufall ausdrückt, rückt Kaufman in die Nähe des deutschen Philosophen Gottfried Leibniz (1646–1716), der schrieb:

> *„Wir leben in der besten aller möglichen Welten. Alles, was geschieht, ist gut."*

Leibniz erhielt viel Spott für diese paradoxe Behauptung, und auch Kaufman kann sich theologisch nicht durchsetzen; seine Gedanken sind zu abstrakt. Was ist mit der menschlichen Kreativität, die auch mit Zufall arbeitet? Ist unsere Kreativität auch göttlich? Spätestens bei Beethoven, Shakespeare und van Gogh und ihresgleichen ist die Frage nicht mehr blasphemisch.

Die Bedeutung der Evolution geht weit über die Biologie hinaus. In ihr kommt alles zusammen: die Physik, unser körperliche Existenz, unser geistiges Wesen und die Macht des Zufalls.

Ein hübscher abschliessender Spruch zu „Evolution" und „Religion" stammt vom Schweizer Aphoristiker Walter Fürst (1932–2019):

> **„Ich fürchte, Gott ist ein Anhänger Darwins."**

Zusammenfassung des Kapitels

Der Zufall ist überall, selten so gross wie ein Asteroideneinschlag, sondern klein und mikroskopisch und meistens sogar irrelevant. Wen kümmern i. A. die Feinstruktur der Kiesel auf einem Weg oder der Blätter an einem Baum! Nicht so in der Evolution. Dort ist es vor allem der kleine Zufall im Erbmaterial und in den Zellen, der grosse Wirkung hat. Jede Umstellung in den Molekülen der Kette ist ein Event. Die Evolution findet vor allem in den Konstruktionsplänen der Welt 2' statt und vervielfacht damit die Wirkungen:

> **Die Evolution ist die Geschichte der Welt 2' mit der chemischen Evolution ganz unten und uns (und den Computern!) ganz oben.**

Es ist eine einzige grosse Zufallsgeschichte. Sogar die Erde, selbst Welt 1, hat der evolutionäre Zufall verändert mit der Erzeugung der Sauerstoffatmosphäre durch die Pflanzen aus Welt 2'. Heute gibt es eine Fülle wissenschaftlicher Informationen zur Evolution, die ihre intellektuelle Grossartigkeit zeigen im Vergleich zur kindlichen und naiven Kleinheit des Junge-Erde-Kreationismus!

Aber man darf auch nicht naiv an die Evolution herangehen. Der maschinenschreibende Affe ist keine Option, dieses Bild ist reine Mathematik und hat nichts mit der Realität zu tun. Es gibt für statistische Prozesse eine gewisse Neigung im Zufall, etwa wie

Schneekristalle wachsen mit Zufall und hexagonaler Symmetrie. Wir nennen es nach Popper „Propensität". Diese Neigung reduziert die Grösse der Aufgabe.

Technisch ist die Evolution eine softwaretechnologische Methode, um Neues zu erzeugen. Naturgemäss haben wir in der IT das Prinzip der Natur abgeschaut. Dies ist eigentlich etwas Unerhörtes, denn die übliche Weisheit ist *„Computer können nichts Neues. Sie machen nur das, was der Mensch in sie hineingesteckt hat beim Programmieren."* Diese Behauptung wird schon widerlegt, wenn der Computer einen gesprochenen Text versteht. Das Verstandene ist eine neue „emergente" Qualität, mehr als die akustischen Signale der Stimme. Allerdings hat der Mensch hier die Methode vorgegeben. Aber bei einem evolutionären Verfahren wird eine Lösung gefunden, an die der Mensch nicht dachte oder nicht denken konnte, und beim genetischen Algorithmus wird eine Methode, ein Programm, selbst erfunden.

Die Evolution ist auch für die Natur die Methode für Neues, für Emergenz. Die Evolution hat dabei alles geschaffen oder erfunden: die geeigneten chemischen Grundlagen, die grundlegenden Methoden des Lebens wie die funktionellen Lösungen, die Spezies. Der Zufall erhält im Nachhinein seinen Sinn durch das Leben.

Aber auch grosse technische Softwaresysteme sind selbst Evolutionen mit viel Zufall; an ihnen verstehen wir jedes Detail und können so die Gesetze der Evolution lernen. Die Anwendbarkeit dieser Lehmanschen Gesetze aus der Softwareindustrie auf die Evolution ist frappierend. Die Natur wendet das Prinzip Evolution und die gleichen Gesetze im Grossen an, mit sehr vielen Teilnehmern, sehr vielen Strukturen und Rückkopplungsprozessen und mit viel, sogar sehr viel Zufall. Manche resultierenden Phänomene lassen sich schon auf der Systemebene verstehen. Das war das Glück für Darwin und seine Beobachtungen auf den Galapagos-Inseln!

Die Evolution wirkt mit Zufall, der *a posteriori* bestätigt oder abgelehnt wird, weiterlebt oder untergeht, und der dadurch eine Richtung erhält. Der Aufbau der Komplexität ist damit verständlich bis auf kritische Stellen, an denen neue Megatrajektorien gestartet werden, etwa die Sexualität oder insbesondere der erste Anfang des Lebens in der Chemie, die Abiogenese.

Zweifellos ist Zufall die treibende Kraft, aber wir können nicht alle Zwischenschritte belegen. Es liegt in Natur dieser Anfänge, dass sie auch schwer zu verifizieren sind. Es bleiben (naturgemäss) dadurch weisse Flecken auf der Karte.

Die Entstehung des komplexen Linsenauges galt lange Zeit insgesamt als eine unüberwindliche Hürde für die Akzeptanz der Evolution. Es ist psychologisch verführerisch, die Komplexität des Auges als Ganzes zu sehen. Heute versteht man die Entstehung sehr detailliert mit vielen Zwischenschritten und Varianten, nur die ersten Anfänge, die Entstehung der benötigten lichtempfindlichen Stoffe, nicht.

Wissenschaftlich, philosophisch wie theologisch bleibt nun die Frage: Ist alles „gewöhnlicher" Zufall oder sind wir etwas Besonderes, also ein irgendwie „einzigartiger" Zufall im Kosmos. Die Folge der verketteten positiven Ereignisse fängt mit der Sonne an, dann die Erde, unser blauer Planet, dann die Eigenschaften von Wasser, der grosse Mond, und sie reicht bis zur Entstehung des *Homo sapiens* und noch darüber hinaus bis zur künstlichen Intelligenz (als positive Entwicklung angesehen). Gilt das „kopernikanische Prinzip"? Das heißt ist dies alles (also auch wir) im All nichts Besonderes?

Wir können die Frage nicht beantworten, aber wir können zeigen, dass einfache Antworten wie der „Intelligente Designer" zwar nicht ganz verwerflich sind, aber nicht weiterhelfen und auch religiös nicht empfehlenswert sind. Es resultiert nur ein unwürdiger Lückenbüsser-Gott.

Die Evolution ist die Methode der Natur um Neues zu erzeugen. Zum Erzeugten gehören auch wir selbst. Die Maschinerie läuft. Einfach so. „It happens".

Literatur

Blount, Zachary, et al., 2018. Contingency and determinism in evolution: Replaying life's tape. *Science* 362. https://doi.org/10.1126/science.aam5979.

Hehl, Walter. 2016. *Wechselwirkung – wie Prinzipien der Software die Philosophie verändern.* Heidelberg: Springer.

Hehl, Walter. 2019. *Gott kontrovers*. Zürich: Vdf.

Hehl, Walter. 2020. *Meine fünf Frauen*. Berlin: Epubli.

Kaufman, Gordon, 2001. *In the beginning … creativity*. Minneapolis: Fortress Press.

Kleine, Thorsten. 2019. *Formation of moon brought water to earth*. ScienceDaily.com. Zugegriffen am 21.05.2019.

Mack, Katie. 2020. *Freeman Dyson's quest for eternal life*. nytimes.com/2020/03/02/opinion/contributors/freeman-dyson.html. Zugegriffen im Juni 2020.

Nilsson, Dan-Erik, und Susanne Pelger. 1994. A pessimistic estimate of the time required for an eye to evolve. *Proceedings of the Royal Society of London* B525:53–58.

Die Kreativität des Menschen und der Zufall 7

> „Kreativität war ursprünglich ein Ausdruck, der den Göttern vorbehalten war."
> Jon McCormack, australischer Informatiker.

In diesem Sinn war die Kreativität das Erschaffen von etwas Neuem aus dem Nichts, *creatio ex nihilo*. Die Kreativität des Individuums hat in unserem heutigen Verständnis der Kreativität die Götter abgelöst.

7.1 Arten Menschlicher Kreativität

7.1.1 Als es noch keine Kreativität gab

> „Der Maler bildet die Bettgestelle ab, die er im Material verwirklicht sieht, er hat es also mit dem Nachbild des Nachbilds des Tisches-selbst zu tun. Und wenn der Tisch-selbst die Wahrheit ist, dann ist der Maler weit von der Wahrheit entfernt."
> Platon, Politeia 10. Buch, nach Martin Suhr, 2001.

In Platons Welt (Abb. 7.1) ist für Kreativität im heutigen Sinn kaum Raum. Es gibt einerseits das Echte, die Welt der Ideen (z. B. die Idee eines Bettes als Lager zum Schlafen) und auf der anderen Seite die Welt der Nachahmung (der Tischler drechselt ein Holzbett nach dieser Idee). Der Maler eines Bildes vom Holzbett ist dann nur der Nachahmer des Nachahmers. Die Idee ist vorgegeben und der Künstler hat sie „nach allen Regeln der Kunst" zu realisieren. Phantasie, etwa im Theater, ist nicht erwünscht, sondern lenkt nur von der Suche nach der Wahrheit ab. Platon verbannt deshalb die Dichter aus seinem Idealstaat.

Aristoteles (Abb. 7.1) lehnt abstrakte Ideen, die jenseits der wahrnehmbaren Dinge existierten, ab. Er sieht in allem Neuen immer schon die vorhandene Grundlage oder das vorhandene Vorbild. Das gilt natürlich für die Konstanz der Tierarten. Ein amüsantes Pro-

Abb. 7.1 Platon und Aristoteles. Ausschnitt des Freskos im Vatikan. Platon links. Bild: Platon and Aristotle in the School of Athens, Wikimedia Commons

blem ist für Aristoteles der Maulesel, von dem er weiss, dass er unfruchtbar ist (Jansen 2002). Er muss offensichtlich immer neu entstehen. Aber der Maulesel ist nicht richtig etwas Neues, er ist ein Hybrid. Es gilt die ähnliche Argumentation wie bei der Erklärung des von ihm zitierten antiken Sprichworts: *„Libyen brütet laufend etwas Neues aus."* Es seien nur Hybride, die entstünden, wenn sich die Tiere an den wenigen Wasserstellen zusammendrängten (Hartung 2010).

Wir haben solche einfache kombinatorische Kreativität schon an zwei neueren Beispielen gesehen, den Kombinationsscheiben von Ramon Llull und der Kombinationsmatrix von Fritz Zwicky. Im modernen Verständnis sind es primitive Grenzfälle menschlicher Kreativität, denen der Schöpfungsakt praktisch fehlt. Das Bild von der Kreativität ist sehr begrenzt: Der Mensch schafft die Natur nur um und macht dazu Abbildungen. Und die Materie war schon immer da, schon vor den Göttern.

Aristoteles reduziert das Göttliche auf den unbewegten ersten Beweger, der alles loslaufen lässt.

Für Platon sind in alle Erfindungen in diesem Verständnis Handwerk. Alle Künstler sind Handwerker, die versuchen, die vorgegebenen Ideen zu realisieren. Sogar der Weltschöpfer selbst, der Gott, der die Welt gemacht hat, ist für Platon ein Handwerker nach dem altgriechischen Wort δημιουργός oder *dēmi(o)urgós,* dem „Handwerker" oder „Erbauer". Die Ideen kommen für Platon aus einem festen, göttlichen Vorrat an Ideen und Bauplänen, wir können nur ausarbeiten. Diese Sicht steckt noch heute im Wort „Schöpfer" oder „Schöpfung": Geschöpft werden kann nur aus der Menge des Vorhandenen.

7.1 Arten Menschlicher Kreativität

Dieser Welt der Ideen steht die materielle Welt gegenüber. Es ist also auch ein Dualismus wie heute mit der Welt 1, der Physik, und der Welt 2', der Informatik, jetzt beginnend mit den komplexen Bauplänen.

Berühmt ist Platons Haltung zu den Dichtern und deren Kreativität: Er will die Dichter aus dem Staat vertreiben. Allerdings nicht, weil sie Erfundenes, Verlogenes verbreiten, sondern weil sie nicht pädagogisch Positives verbreiten. Die Lüge (die „Fake News") ist erlaubt für den guten Zweck des Staates (Mecke 2015).

Dem modernen Verständnis künstlerischer Kreativität sind wir näher, wenn Platon sagt, dass Poeten nur dichten können, wenn sie bis zur Bewusstlosigkeit betrunken sind (allgemeiner gesagt, göttlich inspiriert) – es ist eine Vorahnung der Idee des Genies ... Platon lässt Sokrates sagen:

> „Nun aber werden die größten aller Güter uns durch den Rausch zuteil, wenn er als göttliches Geschenk verliehen wird. [... Darum ist] der aus Gott stammende Rausch edler als die von Menschen stammende Besonnenheit."

Damit sind wir auch dem Chaos und dem Zufall und damit dem modernen Verständnis von Kreativität näher gekommen!

Im christlichen Mittelalter dominiert das Wort „*creatio*" vom Lateinischen „ich mache", und zwar gedacht „*ex nihilo*", aus dem Nichts. Die Auffassung von Kreativität war in dieser Zeit gespalten, das Göttliche einerseits, das Menschliche und nur Imitierende in der Kunst und in der Technik andererseits. Ein Vorreiter der neuen Auffassung ist der italienische humanistische Autor Giovanni Pietro Capriano (1520–1580); er schreibt 1555 in „*Della vera poetica*" (Weinberg 1961):

> „Die wahren Dichter müssen ihre Dichtung aus dem Nichts erschaffen",
>   ‚di nulla fingere la lor' poesia'.

Das Nichts ist nahe am Zufall in einem modernen Sinn, aber noch schreibt er nicht „*creare*" – noch nicht das göttliche Erschaffen, sondern „*fingere*" – vortäuschen. Aber der Geist der Künstler dieser Zeit ist im Aufbruch zu Unabhängigkeit und Freiheit in allen Bereichen. Die Künstler bezeichnen ihre Tätigkeit als „*Ausdenken*", als „*Vorausbestimmen*", „*Erfinden, was es nicht gibt*" oder „V*erdichten von Ideen*". Leonardo da Vinci erfindet „*Formen, die die Natur nicht kennt*". Der Architekt Cesare Cesariano (1477–1543) beschreibt den Architekten, der seine Ideen verwirklicht, als einen Halbgott, „*come semidei*". Es entsteht der Begriff des Renaissance-Menschen, wie er vor allem von Leonardo da Vinci verkörpert wird.

Während so die Göttlichkeit auf den Menschen übergeht, entwickelt sich gleichzeitig die nüchterne Aufklärung. Der mysteriöse Akt der künstlerischen Inspiration passt nicht in diese rationale Welt, auch nicht in die bildende Kunst, solange die Kunst wie in der Antike starren Regeln unterliegt. Beispiel dafür war vom 17. bis zum 19. Jahrhundert der „akademische Stil" in Malerei und Bildhauerei, der sich unter dem technischen Druck der Fotografie und dem sozialen Druck der freier werdenden Gesellschaft auflöste. Die Regeln verschwanden zusehends, die Kreativität gewann die Oberhand – aber das Wort „Kreativität" gab es noch nicht.

Abb. 7.2 Kreativität in der Malerei: Der Zufall subtil oder evident. (**a**) „Unbekannte Frau", Alfred Agache, um 1880. Bild: Unbekannte Frau, Wikimedia Commons. (**b**) „Juan Gris malt Pablo Picasso", 1912. Bild: Juan Gris Pablo Picasso, Wikimedia Commons

Die beiden Gemälde der Abb. 7.2 illustrieren den Übergang von akademischer Kunst zu abstrakter Kunst. Die Abbildung links ist vom französischen akademischen Maler Alfred Agache, Mitglied der Société des Artistes Français, 1843–1915. Rechts ein Portrait von Picasso, gemalt vom spanischen Maler Juan Gris, 1887–1927. Links die realistische unmittelbare Menschlichkeit, rechts die kubistische, verfremdete und zerhackte Gestalt, beide Personen undurchschaubar. Links ist der Zufall versteckt in den Details der realistischen Szenerie, rechts grob sichtbar im Muster der geometrischen Formen.

Das Wort „Kreativität" taucht für die Fähigkeit, Neues zu erzeugen, erst erstaunlich spät auf, ab 1927 beim britischen Philosophen Alfred North Whitehead (1861–1947). Ein Beispiel seiner philosophischen Verwendung des Begriffs ist das folgende Zitat in eigener Übersetzung:

„Die Kreativität der Welt ist die pulsierende Bewegtheit der Vergangenheit, die sich in eine neue Transzendenz schiesst. Es ist der fliegende Pfeil des Lukrez, der über die Grenzen der Welt fliegt."
Alfred Whitehead in „Adventures of Ideas", 1933.

Der Kern des fliegenden Pfeils ist – wie im speziellen Fall der Evolution – in unserem Verständnis der Zufall, häufig versteckt, aber manchmal auch sichtbar.

7.1.2 Formen der Kreativität

„Die endgültigen Lösungen von Problemen sind rational, der Prozess der Findung dagegen nicht." Joy Guilford, amerikanischer Psychologe.

7.1 Arten Menschlicher Kreativität

In unserem Verständnis steht hinter diesem Satz der Zufall, sichtbar oder unsichtbar!

Der Beginn der Kreativität im heutigen, psychologischen oder psychologisierenden Sinn ist ein Vortrag des amerikanischen Psychologen Joy Guilford (1897–1987) erst im Jahr 1950. Guilford beschäftigt sich vor allem mit dem Phänomen Intelligenz und dessen Analyse: Intelligenz ist der nüchterne Bruder der Kreativität. Der Begriff der Intelligenz im Sinne der Psychometrie entstand schon ein halbes Jahrhundert früher.

Serendipity

Der Zufall ist besonders auffällig, ja der entscheidende Punkt, bei den hübschen Geschichten unverhoffter Erfindungen mit „*glückbringendem Zufall*", der Serendipity, etwa bei:

der Entdeckung von LSD, Penicillin, Post-It, Teflon, Velcro, des Viagra, usf. usf.

Das englische Originalwort wird vorzugsweise auch im Deutschen verwendet. Der niederländische Augenarzt Pek van Andel hat tausend (!) Beispiele von Serendipities gesammelt und analysiert (van Andel 1994). Man definiert:

▶ **Definition** Eine *Serendipity* ist eine unerwartete Entdeckung, die zu einem bleibenden sinnvollen Ergebnis führt.

Wenn man zur Zeit der glücklichen Entdeckung auf etwas anderes, aber Ähnliches, gefasst war, so spricht man von *Pseudo-Serendipity*. In der Liste sind z. B. Penicillin und Viagra Pseudo-Serendipities, denn Viagra wurde schon als Medikament getestet, allerdings gegen Bluthochdruck, und der Penicillin-Entdecker war schon erfahrener Antibakteriums-Jäger und Entdecker der Substanz Lysozym. Sir Alexander Fleming schrieb:

„Es war ein glücklicher Umstand, dass ich immer nach neuen bakteriellen Inhibitoren ausschaute … ich war hinreichend interessiert in der antibakteriellen Substanz, die der Schimmel produzierte."

Das wunderbare Wort „*Serendipity*", das man nie mehr vergisst, erfand im Jahr 1754 der englische Schriftsteller und Politiker Horace Warpole, Graf von Orford, nach einem „albernen Märchen" aus Persien von den „*Drei Prinzen Serendip*"; Serendip ist der alte persische Name für Sri Lanka. Serendipity ist ein etablierter Begriff; der gegenteilige Begriff „*Zemblanity*" ist dagegen eine Randbemerkung geblieben. Der schottische Schriftsteller William Boyd (geb. 1952) hat es erfunden für „unglückliche und ohnehin erwartete Entdeckungen", auf Englisch „unpleasant unsurprises". Die sibirische Insel Nowaja Semlja stand für diesen Begriff Patin – es war auch der Ort für die sowjetischen Kernwaffenversuche.

Eine besondere Art von Serendipity sind gute Zufälle, die durch persönliches, besonderes gerichtetes Verhalten provoziert werden. Der Neurologe und Autor James Austin hat dafür das Wort *Altamirage* vorgeschlagen, wenn man den Zufall „erzwingt" durch hartnäckiges Erarbeiten (Austin 2003). Der Begriff rührt von der Wiederentdeckung der Höhle von Altamira in Spanien und der mühsamen Entdeckung der Deckengemälde nach zehn

Jahren von Höhlenbesuchen. Die Helferin für die Entdeckung war die kleine Tochter des Hobbyarchäologen María Justina de Sautuola, die plötzlich im Halbdunkel rief: *„Papa, Papa! Mira! Toros pintados!* – gemalte Stiere! Zu Altamirage-Zufall passt auch das Zitat von Prosper Merimée, dem Autor der Novelle zur Oper „Carmen", denn ein Hund hatte die Höhle ja „wiederentdeckt":

„Perro que anda, hueso encuentra" – der Hund, der herumläuft, findet den Knochen.

Oder die Aussage des Erfinders und Philosophen Charles Kettering (1876–1958):

„Mach weiter und Du wirst auf etwas stossen, vielleicht gerade dann, wenn Du es am wenigsten erwartest." Akademischer, professioneller und berühmter ist der Spruch von Louis Pasteur:

„Dans les champs de l'observation le hasard ne favorise que les esprits préparés"
– der Zufall hilft dem Vorbereiteten.

Es hilft, wenn man in seinem Gebiet und den Nachbargebieten möglichst viel weiss!

Es gibt offensichtlich viele Arten von Serendipity, von rohem Zufall bis zum erarbeiteten Zufall, der wieder in gewissem Sinn ein „geneigter" Zufall ist (s. Propensity). Wir wollen insgesamt zwei Typen des kreativen Erschaffens unterscheiden: Neues mit extern wirkendem Zufall (Serendipity) und Neues durch intern, im Kopf des Kreativen arbeitenden Zufall während des Kreativitätsprozesses. Die wohl ersten Versuche, einen solchen Prozess für Erfindungen und wissenschaftliche Entdeckungen zu definieren, stammen vom deutschen Physiker und Erfinder Hermann von Helmholtz (1821–1894) und ähnlich vom französischen Mathematiker und Physiker Henri Poincaré (1854–1912). Die lineare Struktur besteht aus vier Phasen:

1) Vorbereitung und Sättigung: Hier entwickelt sich die Problemstellung oder man untersucht alle Aspekte einer schon vorhandenen Problemstellung, z. B. das Vorwissen, der „State-of-the-Art".
2) Inkubation (Grübelphase): Distanzierung von der Aufgabenstellung und Lockerung. Im Hintergrund oft Zweifel an sich und am Sinn der Aufgabe.
3) Illumination („Geistesblitz"): Eine plötzliche Einsicht in die Zusammenhänge und das Aufflammen einer Lösung.
4) Verifikation und Umsetzung: Eventuell am nächsten Tag die Idee durchdenken und die Verwirklichung planen.

Nach der Verifikation wird aus dem Problem (mit unbekannter Lösung) eine Aufgabe (mit vorgegebenem Lösungsweg) und die Verwirklichung ergibt per Definition eine Innovation. Alle vier Stufen der Arbeit beinhalten Zufall; die Phasen 2) und 3), Grübeln und Finden, werden vom Zufall sogar dominiert.

Der Text in der Abb. 7.3 gibt einen Einblick in die klassische Arbeit von Henri Poincaré. 1908 schrieb er von der *„long travail inconscient antérieur, le rôle de ce travail inconscient"* und dann von *„les apparences d'illumination subite"* – also von der plötzlichen Erleuchtung nach der langen unbewussten inneren Arbeit.

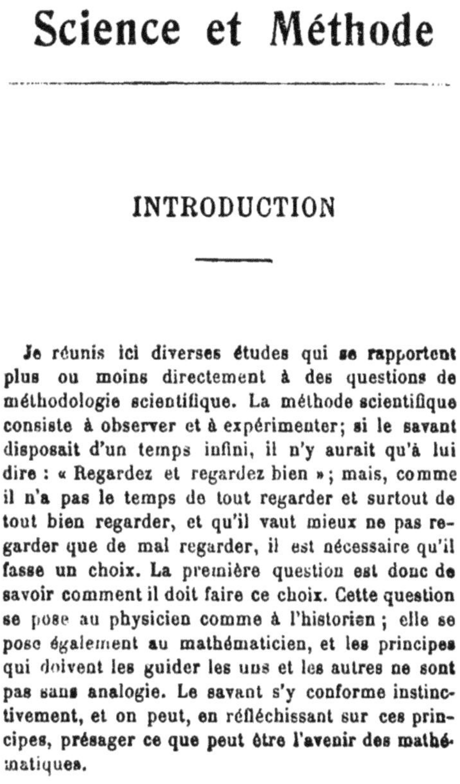

Abb. 7.3 Die erste Seite von „Wissenschaft und Methode" des Physikers Henri de Poincaré aus dem Jahr 1908. Der Text zeigt exemplarisch Ideen unseres Modells für Kreativität. Bild: Document numérisé de la Bibliothèque Interuniversitaire Scientifique Jussieu UPMC

Science et Méthode

INTRODUCTION

Je réunis ici diverses études qui se rapportent plus ou moins directement à des questions de méthodologie scientifique. La méthode scientifique consiste à observer et à expérimenter; si le savant disposait d'un temps infini, il n'y aurait qu'à lui dire : « Regardez et regardez bien » ; mais, comme il n'a pas le temps de tout regarder et surtout de tout bien regarder, et qu'il vaut mieux ne pas regarder que de mal regarder, il est nécessaire qu'il fasse un choix. La première question est donc de savoir comment il doit faire ce choix. Cette question se pose au physicien comme à l'historien ; elle se pose également au mathématicien, et les principes qui doivent les guider les uns et les autres ne sont pas sans analogie. Le savant s'y conforme instinctivement, et on peut, en réfléchissant sur ces principes, présager ce que peut être l'avenir des mathématiques.

Die Illumination kann ein wunderbares Erlebnis sein. Plötzlich fügt sich aus den vage vorhandenen und wechselnden Mustern im Kopf des Künstlers, Erfinders oder Wissenschaftlers ein Muster heraus, das „funktioniert" oder wenigstens zu funktionieren verspricht. Henri Poincaré beschreibt in „*Wissenschaft und die Hypothese*" explizit schon 1902 die Rolle des Unbewussten („*inconscient*") und des Unterbewussten („*le moi subluminal*").

Der Mathematiker Carl Friedrich Gauss hat folgendes Erlebnis 1805 in einem Brief an den Hobbyastronomen Wilhelm Olbers aus dem Geist seiner Zeit heraus beschrieben:

„Endlich vor ein paar Tagen ist's gelungen – aber nicht meinem mühsamen Streben, sondern bloss durch die Gnade Gottes möchte ich sagen. Wie der Blitz einschlägt, hat sich das Räthsel gelöst; ich selbst wäre nicht im Stande, den leitenden Faden zwischen dem, was ich vorher wusste, dem, womit ich die letzten Versuche gemacht habe, und dem, wodurch es gelang, nachzuweisen."

Berühmt ist die Anekdote des Chemikers Auguste Kekulé (1829–1896) zur Illumination bei der Entdeckung der Strukturformel des Benzols, C_6H_6. Das Molekül des Benzols hat nämlich die Form eines Rings bestehend aus sechs Kohlenstoffatomen. Kekulé schrieb zu seiner Entdeckung wie er im Bus in London geträumt hatte:

„Ich versank in Träumereien. Da gaukelten vor meinen Augen die Atome ... wie sich Alles in wirbelndem Reigen drehte. Ich sah, wie grössere eine Reihe bildeten und nur an den Enden der Kette noch kleinere mitschleppten ...
Der Ruf des Conducteurs, Clapham Road, erweckte mich aus meinen Träumereien."

Allerdings könnte es nur eine hübsche Geschichte sein, erfunden von Kekulé bewusst als Pointe oder Marketing Gag oder unbewusst. Wir werden letztere Möglichkeit als „Presseamt" in der Entscheidungsprozess einbringen (Abb. 7.27 und 7.28).

Bis heute ranken sich Dutzende, ja wohl Hunderte von Methoden mit Kursen und Büchern um diese Prozesse für Kreativität und Management im Allgemeinen, für das Management von Innovationen oder das Schaffen von Kunstwerken im Besonderen. Vor allem für die Stufe „Inkubation" gibt es Ratschläge wie *„nicht zu viel Existierendes lernen"* (um sich nicht zu blockieren), *„ausserhalb der Box denken"* (um auf ganz Neues zu kommen) und massvoll Alkohol trinken (um geistig lockerer zu werden).

Hier ein Titel von „Psychology Today", 4. April 2012:

Alcohol Benefits the Creative Process
Being moderately intoxicated gets people to think „outside the box". Leicht beschwipst fangen die Leute an, unkonventionell zu denken.

Andrerseits gibt es in diesem Zusammenhang auch eine Korrelation von Kreativität und mentalen Krankheiten, z. B. Borderline- Störungen!

Das Wort „Zufall" (oder „hazard" oder „chance") erscheint in der Literatur der Kreativität kaum, aber die ersten drei Etappen des Prozesses sind voller Zufall: Die Auswahl der Bereiche, die einzelnen Vergleiche, die Erinnerungen, die hochkommen, und natürlich der Geistesblitz selbst oder wenigstens die Voraussetzungen dafür sind zufällig. Als Synonym verwendet der Psychologe Joy Guilford die Bezeichnung „divergentes Denken" für vom Zufall bestimmtes Denken.

Die Stufe 4 bedeutet „konvergentes" Denken, es ist der Bereich, wo „Kreativität" in „Intelligenz" übergeht. Wir definieren beide Begriffe:

▶ **Definition** Kreativität ist die Fähigkeit, sinnvolles Neues zu schaffen oder zu denken. Der Kontext bestimmt, was sinnvoll ist.

1790 spricht der deutsche klassische Philosoph Immanuel Kant im Zusammenhang mit dem kreativen Künstler von „originell und exemplarisch", d. h. das Neue muss Bestand haben und im jeweiligen Bereich weitergehen. Für die Fähigkeit „Intelligenz" definieren wir:

▶ **Definition** Intelligenz ist die Fähigkeit, eine komplexe Aufgabe zu lösen, auch wenn in der Beschreibung oder im Lösungsweg noch Unsicherheiten bestehen.

Die Unsicherheit besteht in der Unklarheit der Randbedingungen und Anfangswerte, in der Grösse des Problems oder in der Unbestimmtheit des Lösungsverfahrens. Wenn in der

7.1 Arten Menschlicher Kreativität

Aufgabe alles klar ist, in der Aufgabenstellung wie in der Lösungsmethode, und die Komplexität nur in dem grossen zahlenmässigen Umfang besteht, so erfordert die Lösung nicht eigentlich Intelligenz. Ein „Rechenknecht" mit einem deterministischen Algorithmus löst das Problem mit „brute force", mit brutaler rechnerischer Gewalt und gehorsamem Befolgen der Anleitungen. Zufall wäre nur störend. Auch bei umfangreichen Aufgaben ist es der triviale Grenzfall der Intelligenz: Die Komplexität der Lösung steckt im Algorithmus. Dies entspricht gerade der Unterscheidung von „Problem" und „Aufgabe".

- Bei der Kreativität steht der Zufall im Zentrum.
- Bei der Intelligenz geht es um den richtigen Umgang mit dem Zufall, nämlich um den sinnvollen und erfolgreichen Einbau des Zufalls in ein rationales Lösungssystem.
- Beim Algorithmus will man möglichst keinen Zufall, denn hier wäre der Zufall ein Fehler.

Die drei Stufen von Determinismus zu Indeterminismus, viel Zufall, wenig Zufall bis zu gar keinem Zufall, illustrieren wir am Beispiel von Brettspielen, etwa Mühle oder Dame oder Schach oder Go:

a. *„Kreativität"*: Ohne viel Wissen über das Spiel oder bei sehr vielen Zugmöglichkeiten. Es dominiert zunächst der Zufall. Es entwickeln sich Methoden, um mit dem Zufall besser umzugehen.
b. *„Intelligenz"*: Mit Wissen und Erfahrung, aber vielen Möglichkeiten entwickeln sich Erfahrungsmuster und Strategien.
Wir definieren Strategie als ein kleines System von Regeln, das Handeln erlaubt, ohne einen vollen Überblick über eine Situation zu haben und in der Erwartung von Zufall.
c. *„Algorithmus"*: Das Spiel ist in allen Möglichkeiten transparent, entweder lässt sich jeder Zug durchrechnen oder es gibt eine Bibliothek mit allen möglichen Zügen.
Ein Algorithmus ist kein Spiel, sondern eine Arbeitsvorschrift.

Im Laufe der zeitlichen Entwicklung der Mächtigkeit der Computer und der entsprechenden Spielesoftware durchlaufen Spiele die Phasen a) bis c), genauso wie ein Mensch die Phasen Anfänger, guter Spieler und (eventuell) „Champion" durchläuft. Für den Anfänger erscheint vieles als Zufall, was sich für den Könner als gesetzmässig darstellt. Wenn ein Spieler oder eine Software das Spiel in allen Möglichkeiten durchschaut, dann ist alles nur ein Algorithmus. Der Algorithmus ist per Definition eine klare Handlungsvorschrift, die zum Ziel führt.

So lässt sich beim Mühlespiel der gesamte Raum an möglichen Stellungen in einer Datenbank mit 17 GigaBytes für ein perfekt spielendes Programm speichern, beim Dame-Spiel sind entsprechend alle 10-Steine-Endspiele in einer Datenbank. Wikipedia sagt lakonisch:

„Heute können auf PCs laufende [Dame-] Programme eigentlich nicht mehr gegen menschliche Gegner verlieren."

Nachdem 1997 der Mensch beim Schachspiel vom Computer überholt worden war durch IBMs *Deep Blue*, geschah dies zwei Jahrzehnte später beim Spiel GO, das als komplexestes abstraktes Spiel gilt. Seit 2015 gewinnen Varianten der Google-Software *AlphaGo* gegen die besten menschlichen Spieler. Die Abb. 7.4 zeigt eine Kleinvariante von GO am PC mit Hilfen und auf einem Spielfeld 9x9 anstelle von 19x19.

Der Fortschritt der Informationstechnologie entfernt laufend den Zufall aus diesen Spielen und Problemen und ersetzt es durch Wissen. Wenn der Zufall und die Unsicherheit ganz verschwinden, ist dies nach unserer Definition keine richtige Intelligenzleistung mehr – und auch kein Spiel, sondern Arbeit.

Kreation durch Assoziation
Bei den Beispielen von Serendipity ist das Eindringen des Zufalls wunderbar sichtbar, ja es macht den Reiz der Geschichten aus. Um eine Kreation im Kopf zu verstehen oder wenigstens zu illustrieren, verwenden wir das Vokabular der *äusseren* Kreation von Pek van Andel, der die Entwurfsmuster für die sichtbare Entstehung von Kreationen am Beispiel der Serendipidäten gesammelt hat.

Die Grafik der Abb. 7.5 soll an das Rad des Philosophen Llull in Abb. 6.4 erinnern: Der Zufall stellt die verschiedensten Verbindungen der Denkmuster mit den Wissensgebieten

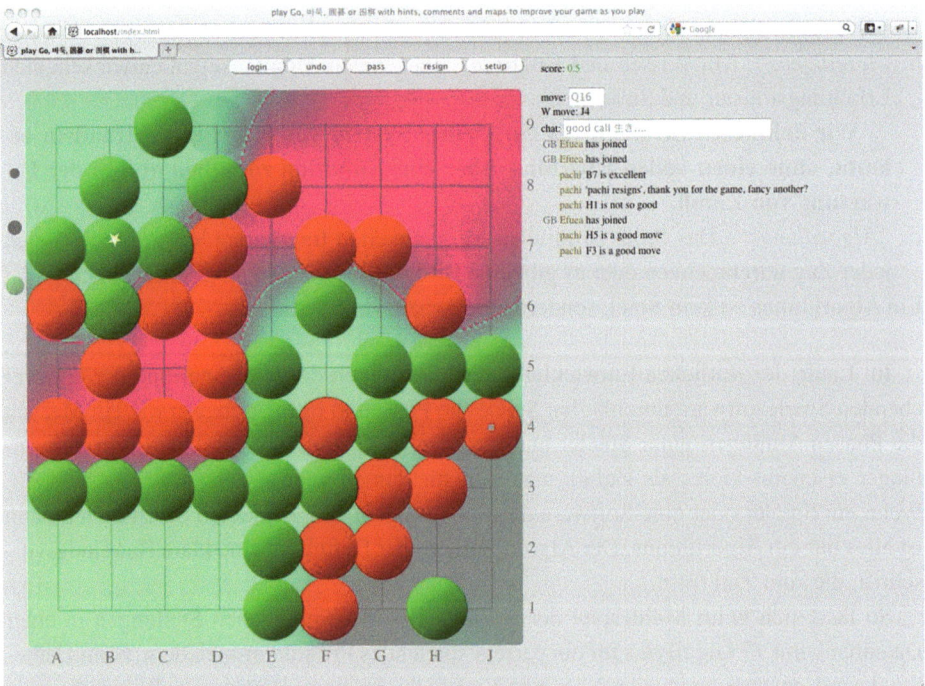

Abb. 7.4 Das Spiel GO in einer 9 x 9 Version am PC. Mit Hilfen. Das Spiel GO wird als eines der komplexesten Spiele angesehen. Bild: 9 by 9 Go Game with Maps, Wikimedia Commons, Signbrowser

7.1 Arten Menschlicher Kreativität

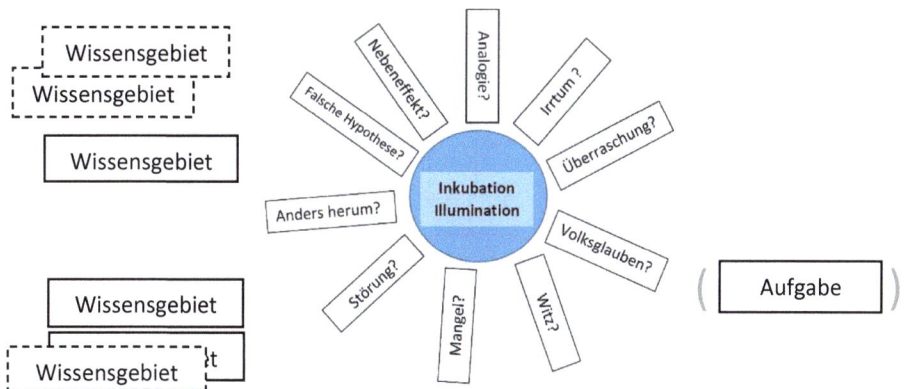

Abb. 7.5 Illustration des Entstehens einer Kreation durch Assoziation. Der gerichtete Zufall verbindet laufend Wissen mit Denkmustern. Im Kreis eine Auswahl von kreativen Mustern, links symbolisch die Wissensgebiete („Mental Spaces"), die geprüft werden und rechts (optional) die Spezifikation einer Aufgabe, wenn vorhanden. Bild: Die Denkmuster nach van Andel, Bild eigen

her und überprüft ihre Sinnhaftigkeit. Das Schema der Abb. 7.5 ist assoziativ, d. h. es werden (zufällig) Assoziationen zur Aufgabenstellung gesucht und analysiert. Die Abbildung gilt dabei für zwei Typen von Kreationen, nämlich zum einen für konkrete, vorgegebene Aufgabenstellungen und zum anderen für freie Schöpfungen, deren mögliche Bedeutung erst nach der erfolgreichen Erzeugung bestimmt wird. Für die Aufgabenstellung „freie künstlerische Schöpfung" werden wir unten noch das Modell von gekoppelten Assoziationen, den „Bisoziationen" nach Koestler vorstellen (Abb. 7.6).

Für einfache Beispiele reicht die Matrix des Herrn Zwicky, die wir schon kennengelernt haben. Ein komplizierteres Verfahren für Ingenieure und mit grösserer Variantenmatrix ist die aus der Sowjetunion stammende Matrix-Methode des TRIZ zum systematischen Erfinden.

Im Kopf des Erfinders oder Problemlösers wirkt wieder „gerichteter Zufall": Manches Wissensgebiet liegt näher als das andere, manche Testfrage ist wichtiger als eine andere.

Es ist Zufall beteiligt, denn die Zahl der gespeicherten Elemente ist zu gross und der Zugriff erfolgt unscharf. Wenn die Lösung einer Aufgabe klar ist – etwa „es ist dunkel, und da ist eine Taschenlampe" oder „da ist eine Banane und dort ein Stöckchen zum Heranholen" – dann ist wenig Zufall beteiligt. Dann ist es aber (für den Menschen zumindest) auch keine schöpferische Leistung – aber vielleicht für den Schimpansen.

Am Ausgang der Illumination wird die Idee geprüft. Im Falle der Mathematik wird sie an der Tafel durchgerechnet, bei einer möglichen Ingenieurs-Erfindung wird gezeichnet, bei einer Software ein Prototyp entworfen und bei einem Kunstwerk ein Entwurf skizziert. Eine schmerzliche Erfahrung kann sein, dass die Verifikation der so guten Idee ernüchternd ausfällt, wie der Autor aus eigener Erfahrung weiss: Die Erfindung funktioniert doch nicht!

In den Lehren und Therapien des Schweizer Psychologen und Psychiaters Carl Gustav Jung (1875–1961) spielen diese Phasen der Inkubation und Illumination eine grosse all-

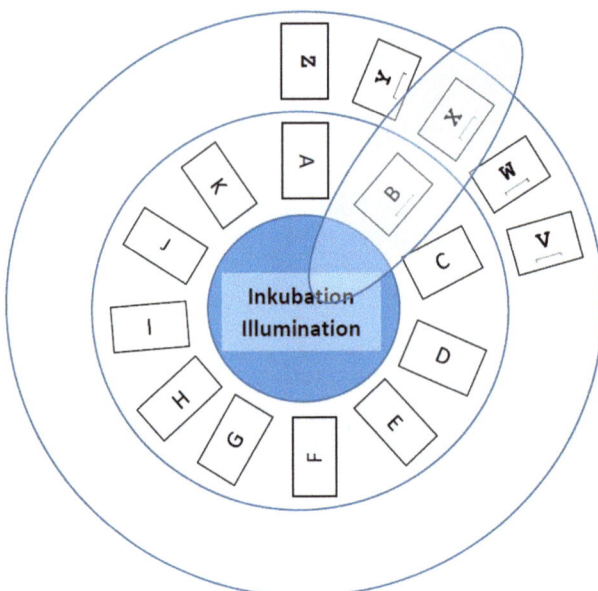

Abb. 7.6 Illustration zum Entstehen einer Kreation mit Bisoziation oder „Conceptual Blending". Im Sinne von Ramon Llull symbolisieren die beiden Kreise unterschiedliche Begriffsräume („Mental Spaces"), die sich beim Verdrehen verschieden kombinieren

gemeine Rolle; er verwendet hier Ausdrücke aus der spätmittelalterlichen Alchemie: *imaginatio fantastica* ist die Welt der freien Ideen und Muster, *imaginatio vera* die realistische: Die Lösungen, die wirklich funktionieren. Auf Neudeutsch: Es sind die Ideen, *down-to-earth* gebracht.

Kreation und Bisoziation: Die Mischung von Konzepten

> „Der kreative Akt des Humoristen bestand darin, zwei normalerweise getrennte Formen für einen Augenblick verschmolzen zu haben. Die wissenschaftliche Entdeckung kann … ähnlich beschrieben werden als die dauerhafte Fusion von Denkformen, die vorher für unvereinbar gehalten wurden."
>
> Arthur Koestler, ungarisch-britischer Schriftsteller, aus „The Act of Creation", 1964/1989.

Im Gegensatz zur Assoziation sieht Arthur Köstler (Koestler 1964) das Neue aus der Kombination von Entgegengesetztem entstehen. Sein Paradebeispiel ist die Entdeckung, dass die Bereiche der Elektrizitätslehre und des Magnetismus zusammengehören und zusammen z. B. Licht erklären. Er hat dafür den Begriff der *Bisoziation* geprägt, die Psychologen Gilles Fauconnier und Mark Turner bezeichnen es als „*Conceptual Blending*", als Verschmelzen von Begriffsräumen im Unterbewussten (Fauconnier and Turner 2002).

Die beiden Ringe der Abb. 7.6 sind den Scheiben des mallorquinischen Philosophen Ramon Llull nachempfunden: Verdrehen der Ringe bringt zwei Begriffsräume zu Paaren zusammen, im Bild X und B. Im Menschen agiert hier der Zufall unsichtbar. Die Synthese von X und B kann im Unterbewusstsein versucht werden. Vielleicht trägt die Person einen Gedanken aus dem Raum X für Monate in sich, und es werden unbewusst Hunderte von Ideen aus den anderen Begriffsräumen verglichen. Nichts geschieht im Unterbewusstsein allerdings so mechanisch wie die Drehung der Scheiben im Analogon – es ist wieder „gerichteter Zufall" im Sinne von Karl Popper.

Das Genie und der Zufall

> „Es gibt kein grosses Genie ohne einen Schuss Verrücktheit."
> Aristoteles, griechischer Naturphilosoph, 384 v. Chr.- 322 v. Chr.
> „Wenn die Leute wüssten, wieviel Arbeit darin steckt, würden sie es nicht „Genie" nennen."
> Michelangelo Buonarotti, italienischer Maler und Bildhauer, 1475–1564.

Der Begriff des Genies hatte seine Hochblüte in der Zeit der Romantik. In die deutsche Sprache ist es über das französische *génie* aus dem lateinischen *genius* gekommen, ursprünglich „die erzeugende Kraft". Das Genie gibt (oder gab) es in den verschiedensten Gebieten – wissenschaftlich, mathematisch, politisch, wirtschaftlich, aber vor allem in der Kunst. In der Romantik vereinigte das Genie in sich das romantische Lebensgefühl. Ihm werden nahezu übernatürliche Kräfte zugeschrieben, z. B. mehr zu sehen und mehr zu fühlen als ein normaler Mensch. Heute wird eher journalistisch vom Genie gesprochen, weniger in den Wissenschaften.

Für „Genies" und ihre genialen Werke bestand die Vermutung von etwas Besonderem, vielleicht sogar ausserhalb unserer rationalen Erklärung mit Zufall Liegendem. Dann wäre das Geniale ausserhalb der Möglichkeit künstlicher Intelligenz. Eine der Vermutungen war eine ausserordentlich hohe allgemeine Intelligenz des Genies – aber dies scheint nicht der Fall zu sein. Eher sind einzelne kognitive Eigenschaften im Fachgebiet überragend. Zum romantischen Ideal des Genies passen hauptsächlich extreme Kreativität und hohe Produktivität – allerdings extrem bis an die Grenze zu psychopathologischen Randgebieten, ja bis zu Vorstufen der Schizophrenie.

Ein Grund für die erhöhte Kreativität ist wohl die Eigenschaft der geringeren „*verdeckten Hemmung*" (latenten Inhibition) bei den sog. Genies:

Es ist möglich, einen Reiz öfters zu sehen, ohne dass er besonders auffällt, ja sich daran zu gewöhnen. Die Chance, ihn bewusst wahrzunehmen, nimmt dabei laufend ab. Der Reiz ist zu sehen (oder die mögliche Assoziation ist naheliegend oder „eigentlich liegt der Gedanke auf der Hand"), wird aber durch diese „latente Hemmung" nicht wahrgenommen – es ist ein Schutz vor Überforderung. Diese Hemmschwelle ist beim Genie niedriger, wenigstens in der jeweiligen Fachrichtung dieser Menschen. Kommen nun Faktoren dazu wie eine Verehrergemeinde, gutes Marketing etwa mit aussergewöhnlichen Attributen, z. B. im Äusseren oder im Verhalten, der richtige Zeitgeist und der glückliche Zufall, so kann sich die Karriere zum Genie vollziehen.

Das Genie besitzt keine übernatürlichen Kräfte, sondern Kreativität (und der Zufall) werden ins Extreme getrieben. Das bedeutet, dass auch der Computer ein Genie sein kann.

7.2 Kreativität und Computer

7.2.1 Computer sind mit dem Zufall kreativ

> „Les ordinateurs sont inutiles. Ils nous donnent que les réponses."
> **Computer sind sinnlos. Sie geben uns nur die Antworten.**
> **Pablo Picasso, spanischer Maler und Bildhauer, 1881–1973.**

Die Deutung des Zitats hinge vom Zeitpunkt ab, an dem Picasso dies sagte – aber ich konnte ihn nicht genauer fixieren als „vor 1973". Aber der Inhalt geht mehrfach an den Tatsachen vorbei, die damals natürlich schwer zu sehen waren.

Die bekannteste Antwort eines Computers ist wohl die „42". Es ist die Antwort des Computers Deep Thought auf die recht unbestimmte Frage „nach dem Leben, dem Universum und dem ganzen Rest". Diese Unbestimmtheit ist das Problem, siehe Wikipediaartikel 42 (Antwort).

Präziser und auch allgemeiner ist es, den Computer als Befehlsempfänger zu verstehen (dies sieht allerdings zunächst auch nicht kreativer aus): Wenn Sie eine Taste drücken wie „entfernen" bedeutet es eigentlich „Entferne!", bei „kopieren" ist es die Befehlsform „Kopiere!" Aber es gibt schon ausführbare höhere, also „kreativere" Kommandos wie „Formatiere!" (einen Text in eine schöne, saubere Form bringen) oder „Übersetze!" (z. B. einen gesprochenen Satz von Mandarin auf Deutsch). Seit etwa 60 Jahren gibt es sogar die faktische Antwort auf den Befehl: „*Komponiere und spiele ein Musikstück im Stil von Bach*", „*Dichte*", „*Male*", und heute sogar „*Baue in 3D*" mit Hilfe des 3D-Druckers.

Ab Mitte der Fünfziger Jahre des vorigen Jahrhunderts gab es im Kreis um den Philosophen und Physiker Max Bense (1910–1990) die ersten Versuche mit „Kunst und Kybernetik" an der Universität Stuttgart, damals Technische Hochschule: Gedichte und Grafiken wurden am Röhrenrechner Z22 generiert und mit Lochkartenstanzer und Plotter (einem computergesteuerten Zeichengerät mit Stiften) ausgegeben. Es ist erstaunlich, wie weit man mit einfachsten Mitteln schon kommt, d. h. was vom menschlichen Publikum als menschliches Produkt oder als anscheinend menschliches Produkt anerkannt wird. Wir haben oben ja schon Joseph Weizenbaum und die erfolgreiche Geschichte seines minimalintelligenten Programms *Eliza* erwähnt.

Ein kleines Beispiel hierzu war eine einfache aber erfolgreiche Art von Puppe, genannt IBM Pong, um 2000. Eigentlich nur eine ovale Scheibe mit zwei beweglichen Augäpfeln, die dem Beobachter folgen konnten – aber die Puppe wirkte trotzdem leblos. Fügte man

7.2 Kreativität und Computer

zur Augenbewegung eine dauernde kleine zufällige Zitter-Bewegung bei, so wirkte sie lebendig. Es ist so etwas wie das Clinamen der Atomisten vor 2200 Jahren! Der Zufall ist in mehr als einem Sinn (lebens-) notwendig.

Max Bense schrieb „*Der Zufall wird gegeben, die Gelegenheit wird ergriffen.*" Dies ist eine gute Beschreibung der Funktion des Zufalls! Kreativität entsteht aus der Summe von Regeln und der Injektion von Zufall, der als Input dient, um Gelegenheiten für verschiedene Aktionen zu bieten. Im einfachsten Fall ist der Zufall einfach eine „echt" zufällige Zahlenfolge, die abgelesen oder im Fluge erzeugt wird. In der Praxis verwendet man oft eine Folge von beinahe oder „unecht" zufälligen Zahlen. Jedes computergenerierte Werk entsteht mit neuen Zufallszahlen und ist wieder ein Original.

Heutige Programme verbinden das Finden der Regeln mit dem Lernen an vielen Beispielen. Es war von Anfang an klar, dass sich Musik besonders gut für die Arbeit am und im Computer eignet; schliesslich sind Musiknoten ja eigentlich auch eine Software:

Der Vorgang des Komponierens ist eine Art von Programmierung, die Noten sind das Programm und der ausführende Musiker eine Art von computergesteuerter Ausgabe-Vorrichtung. Beim Komponieren erzeugt und beobachtet der Kompositeur den Zufall selbst in seinem Kopf.

Wir erinnern uns: Dies entspricht im Weltmodell Informatik-Aktionen in der Welt 2', erst in der optionalen Welt 3' wird aus Musik eventuell mehr, nämlich wahre Kunst.

Der Anfang der künstlich komponierten Musik wurde mit der ersten vom Computer geschaffenen Musik bereits in den fünfziger Jahren des letzten Jahrhunderts gemacht. Der Musiktheoretiker und Chemiker Lejaren Hiller hat schon 1957 mit der „*Illiac Suite*" ein Streichquartett mit dem Computer der Marke Illiac geschaffen.

Ein grossartiges Musikbeispiel sind in der Musik die Choräle von Johann Sebastian Bach (Abb. 7.7). Sie sind grossartig als Musik zu hören, grossartig in den verschlungenen Tonfolgen und sie sind grossartige Zielobjekte für künstliche Komposition in vorgegebenem Stil: Sie bringen nach strengen Regeln Melodie und Harmonie zusammen, enthalten

Abb. 7.7 Der Choral *Wenn wir in hoechsten Noethen* aus der *Kunst der Fuge* von Johann Sebastian Bach. Ausschnitt aus dem Erstdruck. Bild: Bach Kunst der Fuge Erstdruck, Wikipedia.de, Rarus

(oder benötigen) aber auch hinreichend Zufall um lebendig zu sein. Ein modernes Programm ist DeepBach von Sony Labs Paris (Hadjeres et al. 2017). Aus den 389 bekannten Bach-Chorälen hat es den Stil mit „Deep Learning", durch Lernen aller Kompositionsmuster, herausgezogen und *„kann jetzt Bach"* auf Knopfdruck. Diese Musik ist für musikalische Laien nicht und für Fachmusiker schwer vom „alten" Bach zu unterscheiden.

Eine ähnliche Entwicklung durchlebte und durchlebt die Bildende Kunst seit dem Anfang mit computergesteuerten Plottern von hochauflösenden Videos bis zu 3D-Druckern. Zur Erinnerung: Wir befehlen dem Computer zu komponieren, zu zeichnen, zu musizieren oder gar zu bauen. Der Computer seinerseits setzt die Aufgabe um in Noten, in Stiftbewegungen oder Tintentropfen oder Materieklümpchen an der richtigen Stelle.

Eine der ersten und berühmtesten Realisierungen von Bildender Kunst im Computer war das System Aaron des britischen Künstlers und Informatikers Harold Cohen (1928–2016). Aaron konnte insbesondere auch darstellende Bilder produzieren, etwa Stillleben oder Portraits. Die Abb. 7.8 zeigt Vasen und Pflanzen in Farbe; das Bild wurde 1995 gefertigt und befindet sich im Computer Museum Boston. Jede neue Fähigkeit des Künstlers Aaron musste mühsam professionell programmiert werden. In diesem Sinn ist es ein Gemeinschaftswerk des Menschen Harold und des Programms Aaron und natürlich des Zufalls. In unserer Definition sind beide, Mensch und Computer, kreativ, die Maschine etwas mehr als der Mensch, der ja im Wesentlichen bekannte Regeln implementiert.

Mit freundlicher Genehmigung Computer Museum Boston und Harold Aaron Trust.

Cohen selbst ist viel vorsichtiger und sagt:

„Wenn das, was Aaron macht, keine Kunst ist, was ist es denn, und wie unterscheidet es sich vom ‚real thing', vom Richtigen? Wenn der Computer nicht denkt, was macht er dann eigentlich?"

Bei unseren Definitionen ist es technisch klar, dass sein Computer DEC VAX 750 denkt. Die kreative Aufgabe ist auf den digitalen Computer und den menschlichen

Abb. 7.8 Bild von Harold Cohen, produziert mit dem Programmsystem Aaron, 1995. Aus dem Computer History Museum Boston, Blogbeitrag 40 years Harold Cohen and Aaron

7.2 Kreativität und Computer

Computer im Kopf des Künstlers verteilt. Schwieriger ist es, den Wert der geschaffenen Objekte zu beurteilen.

Mehrere menschliche Aspekte machen den Wert problematisch:

- Der Vorteil, jederzeit beliebige Anzahlen verschiedener Werke in nahezu beliebiger Komplexität produzieren zu können, ist nach den Marktgesetzen problematisch. Einzigartigkeit würde den Preis erhöhen. Vom amerikanischen Computerkomponisten David Cope (geb. 1941) wird erzählt, er habe einmal sein Programm EMI (Experiments in Music Intelligence) aus Versehen über die Mittagspause laufen lassen. Als Cope zurückkam, hatte der Computer 5000 „Original"-Bach-Choräle komponiert.

  Bei kopierbaren Werken drängt sich als praktische Lösung die künstlich limitierte Auflage auf.
- Der Vorteil, etwas Neues zu sein, nützt sich sehr rasch ab.
  Andrerseits gibt es gerade im Bereich von IT und Digitalisierung laufend neue Entwicklungen auch fundamentaler Natur und ein nahezu unerschöpfliches Reservoir an experimentierfreudigen Talenten.
- Die Abstraktheit einer Software oder Maschine ist ein Nachteil auf dem Markt. Es gilt hier ausdrücklich die Weisheit des vorsokratischen Philosophen Protagoras (etwa 490 – 420 v. Chr.), der sog. Homo-Mensura-Satz:

  „Aller Dinge Mass ist der Mensch, der seienden, dass sie sind, der nichtseienden, dass sie nicht sind."

  Vor allem zählt für uns Menschen der Wert an einer Sache, den andere Menschen der Sache beimessen.

Die Abb. 7.9 von einer Christies Versteigerung zeigt, dass – trotz der obigen Probleme – Werke der Computerkunst einen wachsenden Markt darstellen und, wie im Kunstmarkt üblich, risikoreiche Investitionen darstellen, genauso wie andere moderne Richtungen menschengemachter Kunst. Das gezeigte und verkaufte computerverfremdete Portrait „Edmond de Belamy" stand offensichtlich am 25.10.2018 auf einer Kunstmarkt-Ebene mit Andy Warhole und Roy Lichtenstein, den beiden berühmtesten Vertretern der Popart.

Unbestreitbar hat der Computer als Handwerker den Vorteil, unermüdlich zu sein und dem Kunstobjekt beliebig viele, Tausende oder gar Millionen Details mitzugeben, geschöpft aus millionenfachem Zufall. Dies erinnert in der Bildenden Kunst zunächst an die menschengemachten computerähnlichen Werke von Victor Vasarely und M. C. Escher. Wenn Vasarely schreibt (Smale 2005):

„Die Einheiten meiner Werke: Kreise und Quadrate in vielen Farben, entsprechen den Sternen, Atomen, Zellen und Molekülen, aber auch den Sandkörnern, Steinen, Blättern und Blumen"

gilt dies erst recht für den Computer, sogar dreidimensional. Die Details können dreidimensional sein und für den Menschen schon im Einzelnen handwerklich gar nicht

AI Art at Christie's Sells for $ 432,500
Oct 25, 2018.

Last Friday, a portrait produced by artificial intelligence was hanging at Christie's New York opposite an Andy Warhol print and beside a bronze work by Roy Lichtenstein. On Thursday, it sold for well over double the price realized by both those pieces combined.

Abb. 7.9 Bild generiert mit Künstlicher Intelligenz und daneben die Verkaufsnotiz in der New York Times. „*Portrait des Edmond de Belamy*". Das Bild hier ist gemeinfrei, weil es von der künstlichen Intelligenz des französischen Kollektivs Obvious geschaffen wurde. (Quelle: Edmond de Belamy, Wikimedia Commons)

möglich. In der Architektur entwirft und baut der Computer ungeahnte neue Konstruktionen, im Film ganz neue Welten.

Computerkunst kann also nach der Logik des Markts Kunst sein. Kunst ist in unserem Weltmodell eigentlich ein möglicher Teil der Welt 3'. Vielleicht ist die über den Markt definierte Kunst zumindest eine Art von Schattenwelt dazu!

7.2.2 Computer denken beinahe menschlich, auch ohne zu verstehen

> „Tiefe neuronale Netze sind für einige der grössten Fortschritte verantwortlich, die die moderne Informatik gemacht hat".
> Jeff Dean, amerikanischer Informatiker, geb. 1968.

Technisch anspruchsvoller und philosophisch interessanter sind die Werke des Computers, die ohne detaillierte technische Vorgaben entstehen. Eine im Prinzip einfache Basistechnologie dafür sind neuronale Netzwerke, die etwas lernen können ohne es zu verstehen – wie wir ja auch. Wir haben ja schon die Bemerkung von John von Neumann zum Verstehen in der Mathematik erwähnt.

Es liegt auch an der jeweiligen Definition des „Verstehens":

▶ **Definition** Einen Vorgang zu verstehen kann heissen, ein Modell des Vorgangs zu haben, das mindestens eine Stufe tiefer geht als offensichtlich, z. B. „Ich verstehe, dass die Aktien XYZ heute gestiegen sind, weil die Firma XYZ ein tolles neues Produkt angekündigt hat."

Diese Definition ist bewusst nicht absolut, sondern nur relativ abgefasst. Wenn das Verstehen in einer Stufe nicht ausreicht, so forscht man in der Wissenschaft weiter („tiefer") oder holt in der Technik bei einem Problem den „tieferen" Experten, als letzte Zuflucht den Entwickler selbst.

Ein laufendes neuronales Netzwerk ist wie ein Filterglas, durch das man die Welt sieht, also empfängt, oder durch das man umgekehrt ein Bild sendet, etwa indem man ein Rauschbild hindurch schickt. Durch sehr viele (eventuell Millionen von) Katzenbildern wird der Filter „Katze" erzeugt; mit diesem Filter können in Bildern Katzen gefunden werden oder umgekehrt Katzenbilder erzeugt oder in Szenen eingeblendet werden. Ein solcher Filter erzeugt ein Weltbild mit dem Hang, Katzen zu sehen, es ist eine Art von Propensität nach Popper, jetzt aber nicht physikalisch die Neigung einer Schneeflocke, hexagonale Punkte zu finden, sondern im Lebendigen die programmierten Objekte zu sehen oder zu projizieren. Der Computer lernt mit den gegebenen Beispielen ganz allein, was eine Katze ist, auch könnte er von allein lernen, dass diese Objekte im deutschen Sprachraum wahrscheinlich „*Katze*" heissen, im Englischen „*cat*". Computer lernen bzw. die Software lernt, obwohl eine Volksweisheit sagt: „Computer *können nichts lernen*". Philosophisch gesprochen, entwickelt das Programm aus der aristotelischen Äusserlichkeit die platonische Idee *Katze*.

Ein Beispiel ist Google DeepDream, ein neuronales Netzwerk, das zunächst Objekte erkennt, aber vor allem unter internem Zufall Strukturen in vorgegebene Bilder einsetzt (Mordvintsev et al. 2015). Es ist ein „tiefes" neuronales Netzwerk, d. h. mehrere Netze oder Filter sind hintereinandergeschaltet. Der Ausgang des einen Netzes ist der Eingang zur nächsten Stufe bei etwa 10–30 Stufen übereinander. So sieht die erste Ebene zunächst Ecken und Kanten. Eine mittlere Schicht sieht schon Einzelobjekte wie eine Tür oder ein Blatt, die letzte Ebene konstruiert dann Holistisches, ein Gebäude oder einen Baum.

Zu einem realen Bild kommen die geisterhaften Zusätze durch das Programm mit den gelernten Strukturen (Abb. 7.10). Die Presse nennt die Ergebnisse und die Eindrücke von „simpel" über „künstlerisch" bis „grauenhaft" oder von „wunderschön" bis „angsteinflössend".

In der Tat entstehen psychodelische Welten von Jungscher Manier, die aus dem Roten Buch des CG Jung stammen könnten. So zeigt die Abb. 7.10 drei Männergestalten, deren innere Darstellung im System sehr verstärkt wurde bis zum Eindruck archetypischer, menschlicher, mittelamerikanischer Formen.

Besonders eindrucksvoll sind Videos vom „tiefen Eintauchen" in die Welt der unteren Schichten. Eine „Deep Zoom"-Technik ist allgemein ein nahezu spirituelles und philosophisches Erlebnis durch das Auftauchen immer neuer zufälliger oder zufällig wirkender Strukturen.

Hier drei Arten von tiefen Zooms:

- Tiefes Zoomen in der realen Welt: Von den Atomen zu Galaxien.
- Tiefes Zoomen in der mathematischen Welt, nämlich in die Mandelbrot-Menge hinein.
- Tiefes Zoomen in die psychodelische Welt von DeepDream.

Abb. 7.10 Bild generiert mit Google DeepDream nach Vorlage „drei Männer". Bild: DeepDream-Scope, Wikimedia Commons, Jessica Mullen

Das Zoomen in der realen Welt von Atomen bis zu Galaxienhaufen geht etwa über 35 bis 40 Zehnerpotenzen von physikalischen Strukturen und Zufall, das Versinken in der exakten, aber nach Pseudozufall aussehenden Welt der Mandelbrot-Menge über mehr als 100 Grössenordnungen, das Trudeln in die psychodelischen Tiefen über unbestimmte viele Ordnungen von gelenktem Zufall. Alle diese Reisen in Tiefen lassen erschauern, die Physik und die Mathematik zeigen uns unsere Kleinheit, mit jedem Schritt ins Grössere oder Kleinere mehr, und die Zooms in das Seeleninnere (oder zumindest das Softwareinnere) werden immer mystischer und bedrohlicher.

Erschaffung des Bildes aus dem „Nichts". Bild: DeepDream White Noise, Wikimedia Commons, Martin Thoma

Die höchste Stufe der Kreativität ist das Wachsen realistischer oder leicht bis stark psychodelischer Bilder aus einem reinen, bunten Rauschen heraus ohne bewusst vorgegebene Information – so wie auch Träume z. T. aus dem entstehen, was man am Vortag gesehen und erlebt hat (Abb. 7.11). Im Bild wachsen hier Hunde oder „Hundsähnliche".

Wir können diese Bildtechnologie philosophisch sehen als sichtbar gewordene Propensity, sichtbare Neigung des Zufalls in einem System. Mit Software wie DeepDream wird der Zufall durch eingeprägte, unbewusste psychologische Muster beeinflusst entsprechend dem physikalischen Zufall durch die Symmetrie der Wassermoleküle.

Hier einige Stufen der „Bearbeitung" eines Bildes, angefangen von unintelligent (nur Physik), über automatisch verändernd (via Elektrotechnik) zu intelligenter Manipulation der Eingabe (mit Software):

7.2 Kreativität und Computer

Abb. 7.11 Allein aus dem Rauschen geschaffenes DeepDream-Bild.

- Droste-Effekt: Optische Abbildung einer Szene in die Szene hinein, etwa mehrfache Spiegelungen. Zu erleben zwischen zwei Spiegeln; man blickt in den Abgrund oder fällt in die Tiefe. Dies wird auch *mise en abysme* genannt, deutsch „*in den Abgrund gestossen*" oder Droste-Effekt nach einer Kakao-Dose, die sich selbst auf der Packung abbildete. Die Verfremdung ändert am Objekt nichts, es ist nur „eine affine Abbildung". Wir Menschen identifizieren das Objekt trotzdem.
- Video Feedback: Richtet man eine Kamera auf einen Monitor, der ihr aufgenommenes Bild zeigt, so entsteht eine Feedback-Schleife, die entweder von einem mitaufgenommenen Objekt beeinflusst wird oder allein aus dem Anfangsrauschen entsteht.
  Die Abb. 7.12 zeigt die Antwort des Systems beim Blick der Kamera um 45° gedreht auf den zugehörigen Monitor. Es entsteht auf dem Monitor ein Blick in die Tiefe, in den Abgrund, umrahmt von Quadraten und Achtecken.
- Tiefe Neuronale Netze (Google DeepDream): Erzeugung von neuen Texturen und neuen Figuren, z. B. von Fischen oder Vögeln, wie vorher gelernt.
  Die Bilder in Abb. 7.13 zeigen einen Ausschnitt des Blicks vom Balkon der Abb. 3.14 in zwei Fassungen. Es sind leicht psychodelische Verstärkungen des gleichen Bildteils, zweimal aufgerufen mit dem gleichen Programm und den gleichen Einstellungen. Das DeepDream-Programm kennt offensichtlich Fische und Vögel sehr gut – verschiedene Exemplare sind im Bild sichtbar, im linken Bild sitzt ein Fantasietier auf dem Balkongeländer, rechts sind es exotische Vögel.

Die stärksten zufälligen (oder pseudozufälligen) Veränderungen gibt das „tiefe Träumen" der Software. Hier kann man sogar beunruhigende Propensity sehen. Diese Szenen und Videos geben in Bildform wieder, welche Impressionen in einer Schicht des vielschichtigen kreativen Netzwerks jeweils dominant sind; die Entwickler nennen dies „Inception" nach dem gleichnamigen Film, in dem man in die Träume anderer Menschen eindringen kann, sich dort Information holen aber auch Information ablegen.

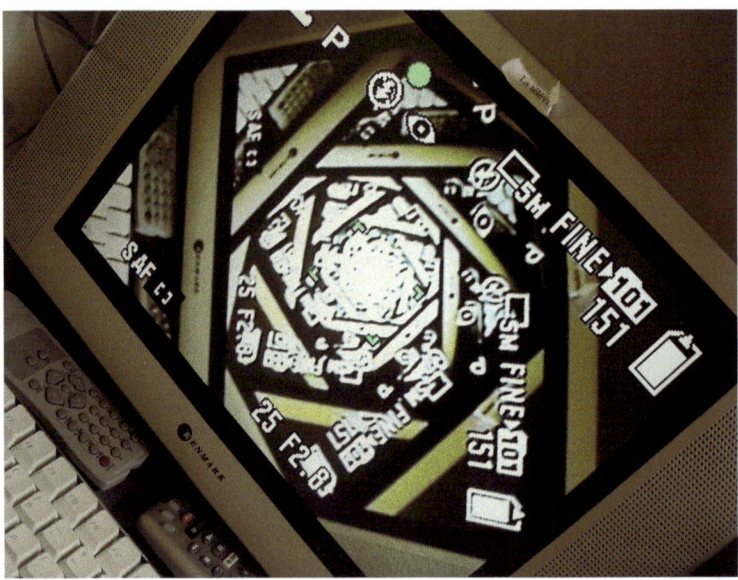

Abb. 7.12 Simpler Video Feedback mit verdrehter Kamera. Man ist dadurch auch „mis en abysme". Bild: Video Feedback Octagon, Wikimedia Commons, DeathGleaner

Abb. 7.13 Ausschnitt des Originalbildes der Abb. 3.14 (Balkonszene mit Grün und See). Dieselbe Stelle in zwei Läufen hintereinander von DeepDream mit den gleichen Einstellungen bearbeitet. (Quelle: eigenes Bild, zweimal DeepDream im Modus Deep Dream, Inception Tiefe normal)

Es wäre interessant, das Arbeiten einer wirklich dreidimensionalen Version zu sehen mit sich bewegenden, wachsenden und verschwindenden Monstern – festgehalten mit Momentandrucken vom 3D-Drucker.

Wir betrachten die Inception als Lehrstück und als Visualisierung für das philosophische Qualia-Problem: Hier sieht man nämlich, wie sinnliche Eindrücke in einem anderen „Lebewesen" entstehen. Am Computerbeispiel kann man es mitverfolgen, man kann das Programm anhalten und zusehen auf den verschiedenen Ebenen. Auf unterer Ebene sieht man besondere Texturen, auf höherer Ebene schemenhafte Tiere. Natürlich ist selbst für das gleiche Programm der Ablauf immer etwas anders – anderer Zufall, andere Vorbedingungen, andere Szenen.

Bei uns selbst, mit unserem Gehirn-Computer aus Fleisch und Blut, ist es schwieriger, die innere Arbeitsweise zu sehen, vor allem weil wir selbst „drin" sind. Wir sind der Computer. Die Idee unterer Schichten oder überhaupt unbewusster Schichten „unterhalb" unseres Bewusstseins hat sich mühsam herausgebildet. Sie kommt aus der Philosophie. So sagt z. B. der deutsche Philosoph Immanuel Kant um 1833:

> „… dass das Feld unserer Sinnesanschauungen und Empfindungen, deren wir uns nicht bewusst sind, unermesslich sei, die klaren dagegen nur unendlich wenige Punkte derselben erhalten, die dem Bewusstsein offen liegen."

Der Autor des DeepDream-Programms schrieb beim Start seiner Software:

> **„Wir fragen uns ob Neuronale Netze ein Werkzeug für Künstler werden könnten … oder vielleicht Licht in die Frage bringen, wie Kreativität ganz allgemein funktioniert."**
> Alexander Mordvintsev, Google Designer, 2015.

Beides kann man wohl mittlerweile wenigstens teilweise bejahen.

7.3 Der Mensch im Computermodell mit Zufall

7.3.1 Menschliche Kreativität und Computermodell

„Sie sind aus Fleisch!" „Fleisch?". „Ja, vollständig aus Fleisch. Wir haben einige auseinander genommen. Sie sind durch und durch aus Fleisch." „Das ist unmöglich. Wer hat die Signale gemacht?" „Maschinen. Sie haben Maschinen gemacht." „Das ist lächerlich! Wie kann Fleisch Maschinen bauen? Du willst, dass ich an denkendes Fleisch glaube?"
  Terry Bisson, amerikanischer Autor, in „Meat", 1990.

Das Gehirn als elektrische Maschinerie
Der Vorspann ist aus der berühmten und auch verfilmten Kurzgeschichte „They are made out of meat" – ‚Sie sind aus Fleisch gemacht'. Wikipedia sagt im Artikel Hirn (Lebensmittel) zum Gehirn aus materieller Sicht:

„Hirn besteht aus einer weichen, grauweissen Masse, die sich überwiegend aus etwa gleich grossen Teilen Fett und Eiweiss zusammensetzt."

Schon die Grundlage unseres Geistes ist aus naiver Sicht unvorstellbar. Wie kann überhaupt Elektrizität im Hirn entstehen? Die unglaubliche Idee von Elektrizität im Fleisch hat ihren Anfang am 6. November 1780 genommen, als der italienische Arzt Luigi Galvani das Zucken von Froschschenkeln unter dem Einfluss von Elektrizität entdeckte und wenige Jahre später der italienische Physiker Giovanni Aldini bei galvanischen Experimenten mit den Köpfen Hingerichteter ihre Gesichter zucken liess (Abb. 7.14).

Die Erforschung der Physik des Gehirns begann mit den Arbeiten oder besser Gedanken des dänischen Psychologen Alfred Lehmann (1858–1921) zur Energieerhaltung im System Gehirn. Der Satz von der Erhaltung der Energie war frappierend – konnte es nicht sogar eine psychische Energie im Gehirn geben?

Nächste Meilensteine auf dem Weg zum Verständnis der technischen Arbeitsweise des Gehirns waren um 1875 die Entdeckung schwacher Ströme am lebendigen tierischen Körper durch den englischen Arzt Richard Caton und um 1924 die ersten Messungen an Menschen durch den deutschen Neurologen Hans Berger. Er schuf die Elektroenzephalographie, ein Verfahren zur Aufzeichnung der von aussen auf der Kopfhaut gemessener Spannungen. Unser Kopf rauscht nach aussen elektrisch (und natürlich auch magnetisch) mit Frequenzen zwischen 0,1 und 30 Hz[1] und mit einer mit der Frequenz abnehmenden

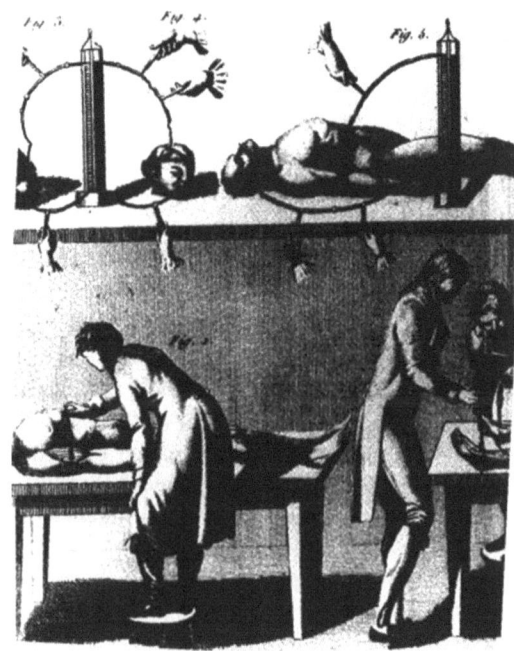

Abb. 7.14 Elektrische Experimente des Giovanni Aldini an dem Hingerichteten Doppelmörder George Foster. Bild: George Foster, Wikimedia Commons, Lokilech

---

[1] Typische Frequenzen moderner Computerchips sind 2 bis 3 GHz.

7.3 Der Mensch im Computermodell mit Zufall

Amplitude („rosa Rauschen"). Allerdings sind verschiedene Muster eingebettet, die von der Gehirnaktivität abhängen.

Hans Berger war auf der Suche nach der psychischen Energie; er schrieb in sein Tagebuch:

„Die P.E. [psychische Energie] ist eben die herrlichste Energieform, welche ungeheuren Einfluss auf den Ablauf aller Vorgänge gewinnt …".

Für sie sollte exakt auch der Energieerhaltungssatz gelten, so wie es ein Mechanik-Wärme-Äquivalent gibt! Es gibt die P.E. nicht in dieser Form. Die psychischen Vorgänge verbrauchen Energie, etwa ein Drittel unserer Gesamtenergie, zum Schalten von Neuronen.

Alle elektrischen und elektronischen Geräte, auch Computer, senden derartige elektromagnetische Strahlung aus, weil in ihnen Ströme fliessen und geschaltet werden. Allerdings müssen die Entwickler eines technischen Geräts darauf achten, „elektromagnetisch kompatibel" zu sein. Das bedeutet, sie dürfen keine anderen Geräte (oder sich selbst) stören. Sich selbst zu stören heisst, dass Teile der Elektronik in andere, abgesonderte Teile noch hinreichend starke Signale einbringen und dann deren Funktion zu stören.

In der Hirn-Computer-Schnittstelle (BCI) wird die Computeranalyse der Hirnsignale benützt, um von innen nach aussen, aus dem Gehirn heraus, Signale zu geben. Damit kann ein gelähmter Patient z. B. Befehle erteilen an einen Rollstuhl. Technisch handelt es sich um Mustererkennung, das Herausfiltern von Bedeutung aus dem vielfachen Rauschen in den typischerweise 32 Messelektroden.

Der Traum der Pioniere Lehmann und Berger war:

„Ein wirkliches Psychoskop, einen Apparat mittels dessen man mit nicht geringer Sicherheit den Gemütszustand einer Person zu diagnostizieren vermag." (Lehmann und Bendixen 1899).

Heute gibt es eine Reihe von Verfahren des Neuroimaging zu solcher „Psychoskopie" von normalen und anormalen Gehirnzuständen. Abb. 7.15 zeigt das wohl verbreiteste Verfahren der „funktionellen Magnetresonanz", das im Wesentlichen die Bereiche erhöhter Durchblutung wegen erhöhter Aktivität zeigt. Das erinnert den Historiker an Aristoteles: Für ihn war das Gehirn ein Organ zum Kühlen des Blutes …

Die Verfahren zeigen, dass durch das Gehirn ganze Wellen elektrischer Erregung laufen. Das Gehirn ist ein System voller möglicher Zufälle:

- Es ist zum einen die grosse Zahl der beteiligten Elemente, viele Tausende der Nervenzellen (Neuronen) laufen synchron in eine Welle.
- Insgesamt hat das menschliche Gehirn 86 Milliarden Zellen, davon 16 Milliarden in der Grosshirnrinde.
- Dazu kommen als Verbindungen von Zelle zu Zelle die Synapsen, etwa 100 Billionen davon, pro Neuron etwa 1 bis 200.000 Verbindungen.
- Jedes Neuron empfängt Spikes, elektrische oder chemische Pulse von Tausenden von Nachbarn, und diese von anderen und so fort.

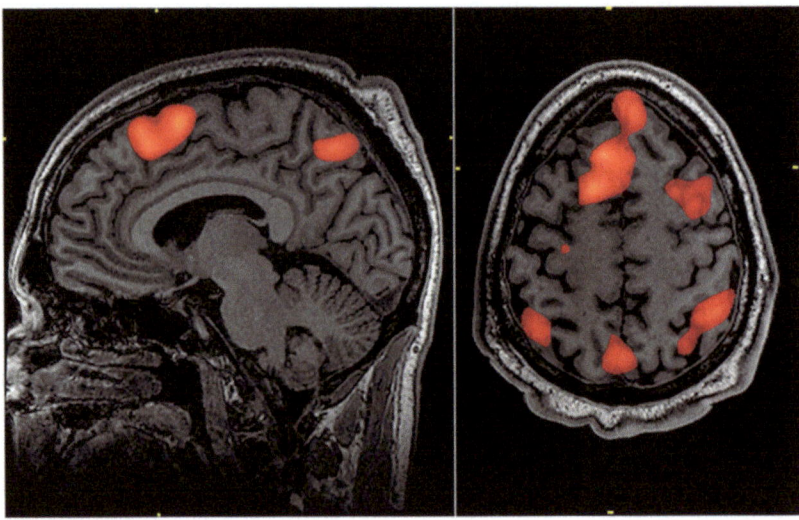

Abb. 7.15 Bild eines fMRI Scans. Sichtbar sind Zonen der Gehirnaktivität. Bild: fMRI Scan during working memory tasks, Wikimedia Commons, John Graner

- Die unterste Stufe von Zufall oder gerichtetem Zufall ist das Feuern eines Neurons selbst: Neuronen feuern beständig, etwa 0,1 bis 2 Mal pro Sekunde, im Reizfall bis zu 1000 Mal die Sekunde.

Kurz: Das Gehirn ist ein eindrucksvolles, gewaltiges, funktionierendes stochastisches System. Es gibt zwar anatomisch feste Verbindungen, aber das laufende System „Gehirn" ist dynamisch, flexibel und gerichtet – zufällig. Es ist erstaunlich, dass Sie diesen Text trotz der vielen Stochastik präzise lesen können!

Die Abb. 7.16 illustriert das Erkennen eines Apfels als kleines Beispiel einer mehrstufigen Mustererkennung, das die Ähnlichkeit menschlichen Erkennens und Computererkennens zeigen soll. Die Ebene a) zeigt den Apfel vermischt mit Blättern als neutrale Objekte. Aber die beiden Datentypen werden in Ebene b) verschieden verarbeitet: der Apfel als Nahrungsmittel, die Blätter als „uninteressant". Ab Ebene c) und höher wird das Objekt weiter interpretiert, zum Beispiel nach der Apfelsorte eingeordnet, mit dem Lieblingsapfel verglichen oder noch höher als Kulturobjekt betrachtet. Realisiert wird diese Analyse durch *adhoc* geschlossene und verstärkte Verbindungen und Gewichtungen der Neuronen, ganz ähnlich wie wir dies bei den künstlichen Neuronalen Netzen etwa bei DeepDream gesehen haben. Wir sind auch ein grosses Netz von neuronalen Netzen.

Das Gehirn als Computeranalogie

> „Ich denke, dass das Gehirn im Wesentlichen ein Computer ist und das Bewusstsein so etwas wie ein Computerprogramm. Es wird stoppen, wenn der Computer abgeschaltet wird. Theoretisch könnte es in einem neuronalen Netzwerk nachgeschaffen werden,

Abb. 7.16 Ebenen der Aufmerksamkeit, die zu Konnektivität werden. Bild: eigen

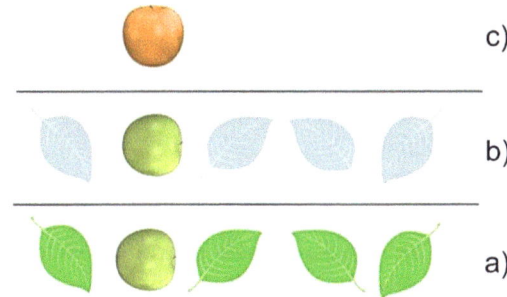

aber das wäre recht schwierig, denn man würde alle Erinnerungen der Person benötigen."

Stephen Hawking, britischer Physiker, auf die Frage: Was glauben Sie, was nach dem Tod mit unserem Bewusstsein geschieht? Times, 2010.

Dieser Spruch ist zwar recht elementar, aber drückt wohl das aus, was das Gehirn und alles Lebendige überhaupt ist: Es sind Objekte der ‚Welt 2', der Welt mit akkumulierten Bauplänen. Den Unterschied zwischen Welt 1 und ‚Welt 2' zu akzeptieren, fiel nicht nur historisch schwer. Viele Menschen sind heute noch ‚du Bois', wie oben beschrieben: Wie entsteht „Rot"? was ist ein „Gedanke"? was ist „Wissen"? was ist „Identität"? was ist der „Tod"? – das sind Fragen zu Objekten der ‚Welt 2'. Man kann sie nur verstehen, wenn man das Bild von Hawking akzeptiert.

Historisch hat es damit drei Klassen von Erklärungen des Geistes (bzw. Versuchen dazu) gegeben

1. Physik (Welt 1): „Gehirn kühlt das Blut", eine Frankensteinsche elektrische Maschine, …
2. Metaphysisch: „Irgendwie", „Übernatürlich", etwa ein „Kanalsystem für Geist" (Descartes), …
3. Informatik (Welt 2'): Komplexe Informatik auf physikalisch-chemischer Grundlage. Nicht mehr.

Aus der Physik allein lässt sich der Geist prinzipiell nicht verstehen. Als konstruiertes Welt 2'-Objekt klärt sich vieles, jedenfalls auf philosophischer Ebene, schlagartig. Die mystische Hypothese ist Literatur oder Psychologie. Das Festhalten an der Mystik ist mehr emotional bedingt: Es ist für uns Menschen wichtig, etwas Besonderes zu sein. Das betrifft natürlich auch Wissen und Sprache (und Autofahren).

Aber sowohl im menschlichen Körper wie in unserer menschlichen Informationstechnologie ist alles natürlich und damit sogar nachbaubar (s. u.).

Einige klärende Gedanken seien ihrer Bedeutung wegen wiederholt:

- Computing muss nicht in einer Box sein, muss nicht mit Transistoren ablaufen, muss nicht digital sein,

- Zusammenspiele von einer Hardware (ausführende Funktion) und zugehöriger Software (befehlende und Funktion) gibt es in vielen Paarungen,
- Komplexe Hardware wie ein Computerchip oder das Gehirn sind eigentlich auch Software, denn sie werden nach Bauplan gebaut: Der Chip mit wenig, das Gehirn mit viel Zufall!

Auch Computerchips werden am Computer mit Software weiterentwickelt – so gesehen ist Software der zentrale Begriff der Welt 2' und in der Software ist ihre Komplexität das Wesentliche (Hehl 2016).

Unsere menschengemachten Softwaresysteme sind bereits ebenfalls gigantisch; einzelne Programme umfassen leicht 10 bis 100 Millionen Zeilen oder, anders ausgedrückt, Tausende von Menschenjahren systematischer Arbeit, nicht ganz so zufällig wie die Arbeit der Evolution in ihren vier Milliarden Jahren. Es gibt Gesetze (oder Empfehlungen) wie man grosse Softwaresysteme baut, und unsere Annahme ist hier: *Diese Gesetze gelten auch für den Bau des grossen Gehirns, z. B.* [2]

- Grosse Systeme baut man in Schichten, die in sich enger gekoppelt sind als dazwischen.
- Aufgaben fasst man zusammen und bestimmt, was man ihnen mitgibt, was man von ihnen erwartet.
- Bewährtes verwendet man weiter.

Und spezieller:

- Die Technik der neuronalen Netze ist im Menschen wie im Computer nützlich.

Die „Gesetze" des Baus grosser Softwaresysteme hat die Computerbranche mühsam erlernt, etwa beim Aufbau kommunizierender Computernetze in den 80er-Jahren des 20. Jahrhunderts. Grosse Systeme müssen systematisch gebaut werden um die Komplexität zu beherrschen. Der Autor hat die Probleme von historischen Alles-in-einem-Programmen selbst erfahren: Sie waren nicht mehr handhabbar.

Vom Standpunkt des Softwareengineerings unterscheiden wir drei Schichten (Abb. 7.17), die auch drei Zuständigkeitsgebieten entsprechen

Die Grundlage bilden die Schaltungen und Prozesse auf der physikalischen und chemischen Ebene, die die neurologischen Grundelemente formen und Grundfunktionen zur Verfügung stellen wie Zeit- und Raumbegriff und Hervorhebung von Änderungen. Die mittlere Ebene ist übliche Informatik mit Mustererkennung und neuronalen Netzen, Speicher- und Adressierverfahren und Speichern mit Zugriffsgeschwindigkeit, Umfang und Speicherdauer. Die wichtigste IT-Infrastrukturaufgabe ist das Bewusstsein, mit dem wir

---

[2] Die früher erwähnten Lehmanschen Gesetze für Softwaresysteme betreffen das Leben der Systeme, nicht die erste Entwicklung.

7.3 Der Mensch im Computermodell mit Zufall

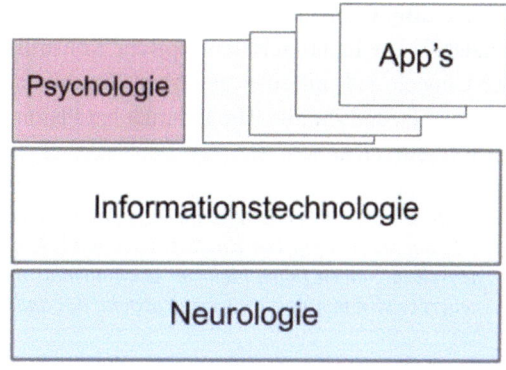

Abb. 7.17 Ein elementares Modell des Gehirns mit drei Ebenen im Sinne des Softwareengineerings

unser praktisches Leben bewältigen (siehe die folgende Definition). Auf der Ebene darüber ist die Psyche, unsere wichtigste IT-Anwendung, die unsere zwischenmenschlichen Beziehungen regelt.

Die untere Ebene ist der Fachbereich des Neurologen (auf physikalisch-chemischer und elektrotechnischer Grundlage), die mittlere Ebene die des Informatikers und die oberste Schicht die der Psychologen und Psychiater und der Spezialisten für spezielle Anwendungen. In unserer Definition sind weitere Apps z. B. das Autofahren, die höheren Ebenen einer Sprache und die dazu gehörende Kultur, eine Wissenschaft, vielleicht auch Philosophie? Dies alles befindet sich in Welt 2'. Der amerikanische Philosoph Daniel Dennett (geb. 1942) definiert ganz in diesem Sinn: *„Der bewusste menschliche Geist ist so etwas wie eine sequentielle virtuelle Maschine, die – ineffizient – auf der parallelen Hardware implementiert ist."* Wir definieren das Bewusstsein:

▶ **Definition Das Bewusstsein gründet auf den Funktionen, die zum pragmatischen Handhaben des Lebens in der Welt notwendig sind. Diese Funktionen bilden unser Betriebssystem des Lebens.**
Ein Teil der Funktionen wird bewusst gemacht in einer Art von App und mit Sprache belegt. Diese App ist das Bewusstsein im engeren Sinn.

In Sinne der Informatik ist das Bewusstsein nichts Besonderes. Einige harte Teile der Aufgabe sind schon verwirklicht, etwa beim selbstfahrenden Auto. Das Besondere am Bewusstsein ist für uns persönlich, dass wir „Ego-shooter" sind – wir sind es selbst. Die App des Bewusstseins selbst muss im Gehirn auch nicht lokalisiert und in einem Bereich zentralisiert sein. An Computernetzen haben wir gelernt, dass Kontrolle und Funktionen in einem System auch verteilt sein können. Allerdings gibt es Spekulationen, dass die Gehirnregion *„Claustrum"* (lat. die Vormauer) der Bereich der Integration von Wahrnehmungen ist.

Das Bewusstsein ist ein wohldefiniertes informationstechnisches System, das im Mittelpunkt des philosophischen und wissenschaftlichen Interesses steht. Die grosse eigentliche philosophische und informationstechnische Aufgabe in der Wissenschaft des Geistes, die „Big Challenge", ist es, die Identität eines Menschen über sein Leben hinweg zu verstehen. Die Identität ist das typische Konstrukt eines Menschen aus sich heraus und aus der Umwelt und mit einer gefühlten Kontinuität durch das ganze Leben, trotz aller Veränderungen und Zufälle. Die Identität hat Platon im *Symposium* („dem Gastmahl") Sokrates formulieren lassen:

> *„Jedes einzelne lebende Wesen wird, solange es lebt, als dasselbe angesehen und bezeichnet: z. B. ein Mensch gilt von Kindesbeinen an bis in sein Alter als der gleiche. Aber obgleich er denselben Namen führt, bleibt er doch niemals in sich selbst gleich, sondern einerseits erneuert er sich immer ... das eine entsteht, das andere vergeht."*

Die Aufgabe ist es heute, diese Schilderung von Sokrates informationstechnisch zu verstehen. Wie erhält sich die Marke „Ich"?

Computerkreativität und gerichteter Zufall
Wir haben die verbreitete Meinung schon erwähnt, dass ein Computer „nichts Neues" machen kann, *„weil der Mensch ja alles hineinstecke"*. Eine Erfahrung, die diese Überzeugung bedauerlicherweise zu stützen scheint, ist der Programmierunterricht in der Schule. Es geht dort ja darum, kleine Uhrwerke zu bauen! Aber „echte" Softwaresysteme sind nicht so, ja schon einfache Programme nicht. Wenn wir die obige Weisheit erweitern zu der Behauptung: *„Computer können nichts Überraschendes machen, weil der Mensch ja alles eingegeben hat"*, kann dem eigentlich niemand mehr zustimmen.

Wir sind damit aber umgekehrt nahe an der Kreativität. Der Informatiker und Computerkunst-Pionier, Philosoph und Physiker Max Bense (1910–1990) schrieb 1965:

„Kunst beruht auf dem frivolen Wesen der Überraschung"
Max Bense nach dem „Spiegel", 18/1965.

Wir erheben das Überraschen zur schwachen Definition von Kreativität. Damit fällt auch der Humorist im Zitat von Arthur Koestler in die Definitionsmenge, ganz im Sinn von Arthur Koestler und Gilles Fauconnier. Auch jede hinreichend komplexe Berechnung kann, obwohl deterministisch, mit Überraschendem „Kunst" liefern. Mit seinen ersten Werken der Computerkunst, kleinen Zufallsgrafiken, entsetzte Max Bense die Künstler, die sich in ihren Schöpfungsmöglichkeiten konkurrenziert fühlten.

Max Bense geht ganz in unserem Sinne weiter, wenn er schreibt, dass ein Maler zwar das Thema des Bildes, das er malen will, kennt, etwa „Leda mit dem Schwan" (Abb. 7.18), aber erst zum Schluss des Malens haben sich alle „mikroästhetische Einzelheiten" ergeben.

Damit haben wir zwei Stufen der Kreativität:

a) „Grosse" Entscheidungen, etwa das Thema des Bildes überhaupt, den Grad der Erotik, die Haltung von Leda, usf.,
b) „kleine" Entscheidungen wie das Haar der Leda, die Details der Federn des Schwans, die Blümchen auf dem Boden, die Blätter am Baum, usf.

Abb. 7.18 Ein Kunstwerk als Beispiel von Max Bense für die „makroästhetischen" und die „mikroästhetischen" Züge. Bild: Anonym nach Leonardo da Vinci. Um 1510–1515. Bild: Leda and the Swan 1510–1515, Wikimedia commons, Web Gallery of Art

Beide Züge sind mehr oder weniger stark gerichteter Zufall, der Makroeffekt mehr philosophisch-inhaltlich ausgerichtet, der Mikroeffekt mehr unbewusst aus dem Rauschen heraus. Den Fall a) modellieren wir in der Tradition von Llull als doppelte Assoziation („Bisoziation") nach dem ungarisch-britischen Schriftsteller Arthur Köstler, den Fall b) frei nach dem Psychologen Dietrich Dörner und den amerikanischen Informatiker Ray Kurzweil im nächsten Kapitel.

Zentral ist in beiden Fällen der Zufall – aber er wird in all den Diskussionen um Kreativität nicht erwähnt, und wenn, dann eher negativ als unkreativ. „Es" geschieht einfach, es kombiniert, es erscheint. Erst wenn man den Vorgang konkret in Software abbilden will, dann braucht man den Zufall explizit.

Hier ist zum Teil die englische Sprache schuld: „Randomness" ist eben nicht ein kreatives und aktives Wort, der „Zufall", der wie ein Blitz einschlägt, dagegen schon.

Computer haben durch ihre Leistungsfähigkeit und die gewaltigen Speichergrössen ein gewaltiges Potential – zusammen mit dem Zufall – auch „kreative" Anwendungen auszuführen, etwa

- Bildende Kunst, real und virtuell, in zwei und drei Dimensionen, „kreieren",
- Musik schreiben,
- Gedichte verfassen,

- Mathematik beweisen,
- Ingenieurlösungen erfinden,
- Geschichten erzählen und Geschichten „verstehen", z. B. Inhaltsangaben schreiben,
- Witze schreiben und erklären.

Die letzten beiden Punkte sind besonders menschlich und dadurch interessant aber auch problematisch. Inhaltsangaben zu schreiben und einfache Fragen zu beantworten sind anspruchslose Aufgaben, aber schwieriger ist es eine als menschlich empfundene Geschichte zu generieren. Durch die Steuerung per Zufall hätten die Protagonisten beim zweiten Erzählen aber andere Namen und Rollen, vielleicht hätte die Geschichte sogar einen ganz anderen Ausgang.

Witze zu erfinden, die menschlich gesehen „gut" sind, ist die Königsdisziplin der künstlichen Intelligenz:

Für Doppeldeutigkeiten haben wir mit der Bisoziation einen Zugang. Aber es braucht auch das Verständnis von Ironie, Sarkasmus, sozialen Grenzen und ein umfangreiches Alltags-Wissen. Dazu gibt es Anfänge, aber noch ist der Wunsch für den deutschen Muttersprachler nicht erfüllbar: Einen angelsächsischen Joke zu hören, ihn einfach nicht zu verstehen obwohl man jedes Wort kennt, und dann die „Hilfe"-Taste drücken zu können und ihn erklärt zu erhalten! Eher ist es möglich, im Internet nach Witzen zu suchen und mir die zu zeigen, die mir gefallen sollten auf Grund meiner bisherigen Beurteilungen von Witzen.

Der Zufall und der Computer kommen direkt und indirekt zusammen. Indirekt stellen sich Zufallscharakter und Stochastizität von selbst ein, wenn es sich um grosse Anzahlen realer Objekte – seien es Bilder, Textmengen oder Kundendaten – handelt.

7.3.2 Das Problem mit dem künstlichen Zufall

„Als Werkzeug, um etwas zufällig auszusuchen, gibt es nichts Besseres als Würfel."
Sir Francis Galton, britischer Naturforscher und Statistiker, 1890.

Menschen können nicht einfach Zufallszahlen produzieren. Ein einfaches Beispiel ist die Aufforderung an eine Versuchsperson: *„Nennen Sie eine [zufällige] Zahl zwischen 1 und 10!"* Die Abb. 7.19 zeigt eine typische Verteilung der Nennungen. Die Grenzen 1 und 10 sind unbeliebt und werden in ihrer Grenzeigenschaft als „nicht zufällig" eingestuft; überhaupt wirkt die Nähe zu den Grenzen abstossend. Die wahrscheinlichste Antwort ist in der Abbildung und nach verschiedenen Quellen die Primzahl 7.

Die Verteilung ist weit weg von der idealen Gleichverteilung von 10 % für jede Zahl.

Wird in einer Aufgabe direkt eine Injektion von Zufall gebraucht, etwa um Musik zu komponieren, so benötigt man viele Zufallszahlen, insbesondere „gute" Zufallszahlen, d. h. Zahlen, die keine oder keine unerwünschten Korrelationen in sich tragen. Besonders „gute" Zufallszahlen benötigen Rechenverfahren, die eine Vielzahl gleichartiger Zufalls-

7.3 Der Mensch im Computermodell mit Zufall

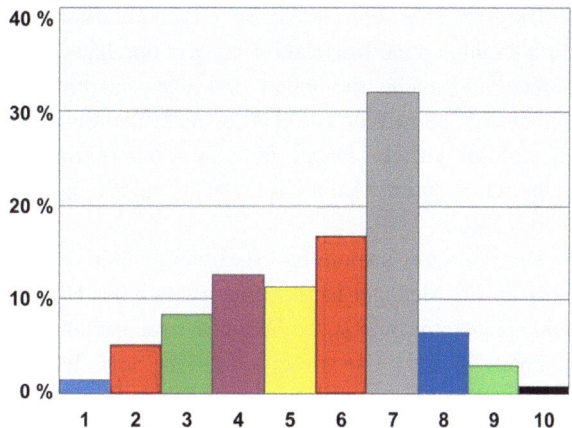

Abb. 7.19 Beispiel einer Verteilung menschlicher Zufallszahlen zwischen 1 und 10. Bild: eigen nach Bericht in imgur.com/gallery/wXSwdXr

experimente durchführen um etwas zu berechnen, was sonst nicht oder nur schwer zu bestimmen wäre, sog. Monte-Carlo-Methoden. Jede Abweichung vom idealen Zufall würde die Genauigkeit der Verfahren reduzieren oder falsche Effekte erzeugen. Die härtesten Anforderungen an die Güte des Zufalls stellt die Kryptographie. Ein Schlüssel in einem Verfahren darf nicht durchschaubar sein, denn er steuert die ganze geheime Unterhaltung. Der Mechanismus zur Erzeugung mag bekannt sein, aber es muss unmöglich sein, auf den inneren Zustand des Erzeugers zu schliessen. In einem Strom von Zufallszahlen sollte kein Muster sein, das auch nur tendenziell eine Vorhersage erlaubt. Dies ist auch die Anforderung für digitale Roulettespiele, etwa der Online-Casinos.

In unserer Terminologie soll der Zufall vollkommen richtungslos sein, neutral, sauber und ohne Propensity.

Alle Stellen des Zahlenraums sollen gleich zugänglich sein.

In der Praxis kommt noch die Forderung nach der einfachen und ökonomischen Herstellung dazu. Dabei sehen wir Menschen es einer numerischen Zahlenfolge sehr schwer an, ob sie „richtig" zufällig ist oder Trends in sich trägt. Der Computer findet dies rasch heraus, aber wir schaffen dies auch bei geeigneter Visualisierung: Trägt man die Zahlen etwa als Bitmap in ein Bild auf, ‚0' ist weiss, ‚1' gibt schwarz, so sehen wir (d. h. unser Gehirn-Computer, Abteilung Gesichtssinn, entdeckt) sehr leicht Muster. Dies demonstrieren die Bilder Abb. 7.23 und 7.24.

Ein kurioses Gegenbeispiel, dem wir die Eigenschaften nicht ansehen, ist die Zahl des britischen Mathematikers David Champernowne (1912–2000), die Champernowne Konstante. Im Zehnersystem ist es die Folge C_{10}:

$$C_{10} = 0.12345678910111213141516171819202122 2324\ldots$$

Es ist einfach die Folge aller ganzen Zahlen hintereinander geschrieben! Das Erstaunliche ist, dass die Häufigkeiten einzelner Ziffern, von Ziffernpaaren, Ziffernttripeln, Quadrupeln usw. identisch sind wie bei „echten" Zufallszahlen – aber es ist offensichtlich keine Zufallszahl.

Die Abb. 7.22 zeigt das typische Punktemuster einer Menge von „sehr gut zufälligen" Zufallszahlen ohne Korrelation. Es gibt durchaus Bereiche, die dunkler sind, also dichter besetzt, und solche, die lichter sind. Dies entspricht der bekannten Beobachtung in einer Dimension, beim Würfeln, dass es nicht unmöglich ist, auch dreimal hintereinander die „Sechs" zu würfeln. Dabei gibt es ein menschliches Problem. Eine zufällige Folge mit mehreren Sechsen wird nicht mehr als zufällig empfunden. Dies drückt der Cartoon der Abb. 7.20 aus.

Der Witz des Cartoons hat eine unternehmerische und eine wissenschaftliche Seite: Der Witz für die Manager ist das Finanzwesen des Dilbert-Unternehmens, das einen Zufallszahlengenerator besitzt, um aktuelle oder geplante Geschäftszahlen zu generieren (sog. Ballpark Figures). Die wissenschaftliche Seite demonstriert doppeldeutig, dass im Strom von Zufallszahlen auch Unwahrscheinliches auftauchen kann – es ist eben Zufall. Wenn man will, dass etwas sicher wie Zufall aussieht, muss man bewusst davon abweichen und etwas wie „6 x Neun" unterdrücken. Die Abb. 7.23 zeigt eine Punktmenge mit vermenschlichten Zahlen, genannt „Zufallszahlen mit niedriger Diskrepanz".

Die menschliche Reaktion und Bewertung des totalen Zufalls ist philosophisch recht interessant, auch im Vergleich zum Zufall in der Natur:

- Totaler Zufall wirkt leicht unnatürlich („6 x Neun" ist verdächtig),
- totale Ordnung ist langweilig (zu viel Regelmässigkeit bedeutet zu wenig Überraschung),
- gezähmter Zufall ist Leben (ab und zu auch zweimal eine Sechs beim Würfeln macht es spannend, oder ein kleines Zittern der Augen bei der Puppe PONG erzeugt den Eindruck von Lebendigkeit).

Die Extreme in der Natur sind wieder etwas Besonderes, etwa das totale Durcheinander (z. B. das frische, chaotische Lavafeld nach einem Vulkanausbruch) auf der Seite des Zufalls, und die Faszination der Kristalle auf der Seite der Perfektion oder Beinah-Perfektion.

Abb. 7.20 Der Zufallsgenerator der Finanzabteilung. Cartoon der Serie „Dilbert" vom 25.10.2001. Andrews McMeel Universal

7.3 Der Mensch im Computermodell mit Zufall

Das Problem, gute Zufallszahlen für Computeranwendungen zu erhalten, ist etwa so alt wie der Computer selbst. Wie erwähnt, hat Alan Turing den ersten Zufallszahlengenerator für den Computer entworfen und durchgesetzt – er hatte die Bedeutung des Zufalls bereits erkannt. Nach ersten Spezialgeräten erhielt 1951 ein allgemeiner Computer, der Ferranti Mark I, die Hardware, um per Programmbefehl zwanzig Zufallsbits aus dem Rauschen der Elektronik zu erzeugen. Erzeugt wurde mit diesem Zufall das erste computergenerierte Gedicht der Geschichte. Der Zufall suchte aus dem Verzeichnis der „romantischen Wörter" die Folge aus, hier der Anfang, mit eigener Übersetzung:

JEWEL LOVE	Juwel meiner Liebe
MY LIKING HUNGERS FOR YOUR INFATUATION	Mein liebender Hunger für Deine Verliebtheit
YOU ARE MY EROTIC ARDOUR	Du bist meine erotische Glut
ETC	usw.

Angesichts des hohen Werts von Rechenzeit auf dem Computer brauchte es wohl viel Humor, den Computer für eine Art von Gedicht zu verwenden, – und dazu die Voraussicht, damit vielleicht in die Computer- und die Literaturgeschichte einzugehen.

Seit etwa 1940 entstehen die neuen Monte-Carlo-Methoden, wohl zuerst erdacht von Enrico Fermi um 1930. Es sind Rechenverfahren, die besonders geeignet für die kommenden Computer sind, und die Zufallszahlen brauchen, die keinerlei Wechselwirkung miteinander haben. In der Terminologie Poppers dürfen sie keine noch so versteckte „Propensity" haben, oder im Jargon der Kryptografen (und Magier) dürfen die Zahlen „nichts im Ärmel haben".

Die mathematische Erzeugung von Pseudozufallszahlen ist bereits möglich, aber problematisch:

> „Jeder, der erwartet, dass man mit arithmetischen Methoden [gute] Zufallszahlen erzeugt, der sündigt."
> **John von Neumann, ungarisch-amerikanischer Mathematiker, 1951.**

Um 1950 war man sich damit der Bedeutung „guter" Zufallszahlen bewusst, aber es war problematisch, sie zu erzeugen (der Hardwaregenerator von Turing war fehleranfällig).

Es entstand für die Praxis eines der berühmtesten und kuriosesten Bücher in der Mathematik, ja überhaupt: das Buch der „*1 Million Random Digits with 100.000 Normal Deviates*" – eine Million Ziffern mit 100.000 Normalabweichungen (Abb. 7.21). Die Abbildung und das Buch sind als Zufallszahlen rechtlich in einer kuriosen Position. Die Lizenzierungs-Notiz von Wikimedia für die Abb. 7.21 lautet:

```
73735  45963    78134  63873
02965  58303    90708  20025
98859  23851    27965  62394
33666  62570    64775  78428
81666  26440    20422  05720

15838  47174    76866  14330
89793  34378    08730  56522
78155  22466    81978  57323
16381  66207    11698  99314
75002  80827    53867  37797

99982  27601    62686  44711
84543  87442    50033  14021
77757  54043    46176  42391
80871  32792    87989  72248
30500  28220    12444  71840
```

Abb. 7.21 Ein kleiner Ausschnitt des Buchs „A Million Random Digits …". Bild: Random Digits, Wikimedia Commons, RAND Corporation

„Dieses Werk kann kein Urheberrecht erhalten. Es ist deshalb Gemeingut, denn es besteht vollständig aus freier Information und hat keinen ursprünglichen Autor."

Wir hatten ja schon beim Würfeln die Frage nach der genauen Ursache verboten! Die Vorarbeit zum Buch begann um 1947 mit einer Art „elektrischem Roulette", das rohes Zahlenmaterial lieferte (Abb. 7.22, 7.23 und 7.24).

Das Buch ist in Neuauflage heute erhältlich für ca. 200 $ und ist zu einem Kultobjekt geworden. Hier einige der 700 Leserkommentare von Amazon.com:

An wen kann ich die Tippfehler berichten? Die erste ‚7' in der 3. Zeile Seite 48 sollte eine ‚3' sein. Die ‚7' dort ist nicht zufällig. Aber sonst ist es ein gutes Buch."
Ein wunderbares Referenzbuch! Aber es ist schade, dass man die Zahlen nicht geordnet hat, dann würde man die Zahl, die man sucht, schneller finden.
Ein fesselndes Buch, spannend bis zur letzten Seite.
Spoiler Alert: Das Ende ist 41.998. Lesen Sie es trotzdem, Sie kommen nie darauf, wie es dazu kommt!

Abb. 7.22 Bildhafte Darstellung einer Menge idealverteilter Zufälle. Bild: random 10000, Wikimedia Commons, Robert Dodier

Abb. 7.23 Bildhafte Darstellung einer Menge von Zufallszahlen mit niedriger Diskrepanz. Bild: low discrepancy 10000, Wikimedia Commons, Maksim/Dodier

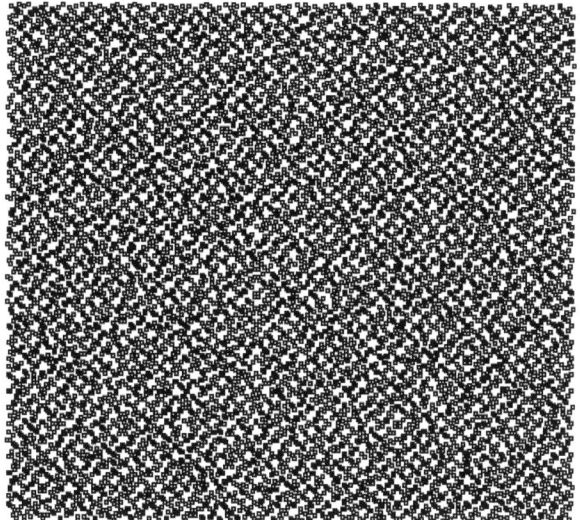

Es ist ein Vergnügen, die Kommentare zu lesen inkl. vom jungen Mann, der mit dem Buch für eine Telefonumfrage Zufallsnummern brauchte und damit seine zukünftige Frau so fand, eine echte „Zufallsfrau".

Heute gibt es viele Verfahren, um Zufallszahlen über Physik zu erzeugen, klassische wie die Würfel seit etwa 5000 Jahren, exotische-kuriose (Abb. 7.25) sowie moderne Verfahren in höchster Qualität. Ein Problem vieler mathematischer Verfahren ist es, dass sich die Folge der generierten Zahlen (zu schnell) wiederholt. Die Forderungen sind also höchste Sicherheit des Nichtwiederholens der Folge der gelieferten Zahlen und höchstmögliche Gleichverteilung oder, anders gesagt, maximale Entropie (Abb. 7.26). Etwas vornehmer kann man die Erzeugung von Zufallszahlen als die „Erzeugung von Entropie" bezeichnen.

Abb. 7.24 Bildhafte Darstellung einer intern korrelierten Menge von Zufallszahlen. Bild nach Bo Allen, boallen.com/randomnumbers. Mit freundlicher Genehmigung

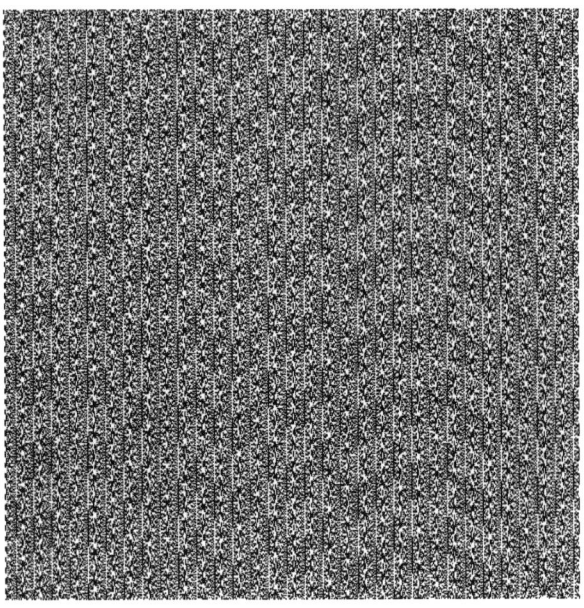

Der für den physikalischen Zufall verantwortliche Kern dieser Prozesse liegt in der Tiefe der Atomkerne, in den thermischen Bewegungen einer Flüssigkeit oder im Rauschen von beweglichen Elektronen, gemessen als elektrische Spannungs- oder als Lichtpulse.

Kurios war die professionelle Anwendung der chaotischen Bewegung der Flüssigkeitsblasen innerhalb von Lavalampen (Abb. 7.25) als Geber für einen Zufallsgenerator. Die Computerfirma Silicon Graphics hatte einen Generator damit gebaut: Eine Kamera erzeugt ein Bild der Lampe und daraus eine Zufallszahl mit 140 Bytes für die weitere Verarbeitung. Es ist eine der schönsten Möglichkeiten, Zufallszahlen zu erzeugen und dabei ein repräsentatives Büroobjekt zu haben.

Der moderne Zufallszahlengenerator des Schweizer Unternehmens ID Quantique an der Bleistiftspitze in Abb. 7.26 benützt grundsätzlich das gleiche physikalische Prinzip wie der Zufallsgenerator des Alan Turing, nämlich das Rauschen von Elektronen. Im Jahr 1951 war es das Rauschen des Anodenstroms in einer Elektronenröhre, heute ist es das Rauschen in einer LED, deren erzeugte Photonen gemessen werden. Es ist das Schrotrauschen, das Walter Schottky 1918 entdeckt hatte, und das wir akustisch analog hören, wenn Regentropfen auf ein Blechdach klopfen. Allerdings hat sich die Technik seit Schottky und Turing sehr verändert und ist viele Millionen Mal empfindlicher geworden: Beim wenige Millimeter kleinen Chip reichen ein paar Elektronen und Photonen aus oder sogar nur ein einzelnes Photon, um den Zufall festzuhalten.

Mathematik und Computer können heute ausgezeichnete Zufallszahlen erzeugen, aber sie sind eben deterministisch. Die mathematische Konstruktion von „sicherem" Zufall ist zu einem anspruchsvollen Zweig der Mathematik geworden.

7.3 Der Mensch im Computermodell mit Zufall

Abb. 7.25 Lavalampen. Lavalampen können der Zufallsgeber sein für einen Zahlengenerator. Bild: Lava lamps, Wikimedia Commons, Dean Hochman

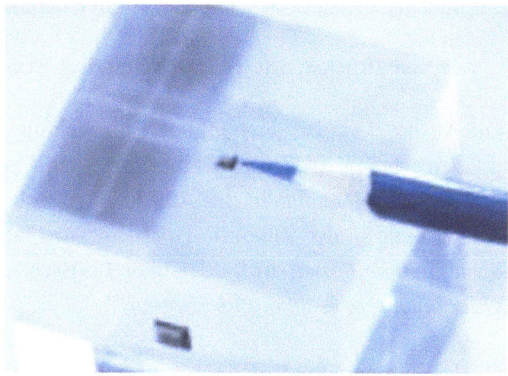

Abb. 7.26 Ein modernes Zufallschip. Quantenchip von ID Quantique für Sicherheitsanwendungen. Bild: Firmenbild ID Quantique, SK und Samsung (Ausschnitt)

Mathematische Software, die Zufall erschafft, ist, ebenso wie der „echte", der physikalische Zufall, auch philosophisch interessant (Hehl 2016):

- Der Kern der Software, die den Zufall erzeugt, ist deterministisch-mathematisch.
- Das Verfahren und das Programm können bekannt oder unbekannt sein.
- Das Verfahren kann Randbedingungen für den Zufall vorgeben (eine Propensität).
- Mindestens ein Element kann die Vorhersage des Ausgabeevents verhindern.
- Nur der Programmierer und/oder der Starter des Programms kennen dieses Element.
- Ein Eingriff in den Lauf des Programms ist nicht möglich. Er würde die Idealität zerstören.

Wir schliessen daraus, dass es keinen Unterschied gibt zwischen „echtem" Zufall und „gutem" Pseudozufall: Es sind Events, die aus einer undurchdringlichen Mauer herauskommen, hinter der sich das Orakel des Alan Turing befindet. Das Orakel ist mathematisch konstruiert oder physikalisch gewonnen; wir haben eine Reihe von Möglichkeiten schon erwähnt.

Für geringe Ansprüche an künstlichem Zufall reicht schon der Mensch als Erzeuger aus, allerdings nur für den ersten Beginn. Die Bewegungen der Maus am Computer durch den Menschen lassen sich z. B. als Zufalls-Anstoss nehmen (als „Samen" oder „Seed" für einen Algorithmus) um damit Software zu starten, die mit Mathematik einen Strom von Pseudozufallszahlen erzeugt.

Die klassische Methode, um z. B. für eine Umfrage Personen einfach „zufällig" aus dem Telefonbuch zu nehmen, reicht nicht aus, um eine gute Zufallsmenge zu erhalten. Früher nicht, als viele Leute noch kein Telefon hatten, und heute nicht, weil viele keinen Eintrag haben, vielleicht sogar kein Festnetztelefon. Auch die Wahl aller Namen mit dem Anfangsbuchstaben „H" gibt keine Zufallsmenge!

7.3.3 Computer und Mensch entscheiden

„In jeder Erfolgsgeschichte findet man jemanden, der eine mutige Entscheidung getroffen hat."
Peter Drucker, österreichisch-amerikanischer Ökonom, 1909–2005.

Die Ausdrucksweise „eine mutige Entscheidung treffen" sagt es schon: Manche Entscheidungen werden im Zustand einer gewissen Unsicherheit getroffen. Es ist Unsicherheit durch die Ungenauigkeit des Ausgangswissens und es ist Unsicherheit in Bezug auf die Auswirkung in der Zukunft. Trotzdem wird entschieden. Über Kleinigkeiten: *Soll ich diese Schuhe bestellen?"* oder über Grosses: *„Soll ich mein Unternehmen verkaufen? Oder in andere Richtung investieren?"*

Drei Szenarien der Entscheidung mit Zufall: Gruppe, Computer und einzelner Mensch

Wir betrachten den Entscheidungsprozess in drei Szenarien: Entscheidung in der Gruppe (mit Führung), Entscheidung per Computer und Entscheidung seelisch/rational des Individuums.

Um die Schritte des Entscheidungsprozesses zunächst zu verstehen, bilden wir einen externen Entscheidungsvorgang ab, z. B. die Managemententscheidung in einem Unternehmen durch den „Präsidenten" oder CEO mit seinem Team. (Abb. 7.27). Durch die Verteilung des Entscheidungsprozesses auf die Personen einer Gruppe wird die Struktur besser sichtbar.

Hier ein kleines fiktives Beispiel. Gegeben sei das Problem, die Strategie einer Firma der geänderten Marktlage anzupassen. Die aktuelle Aufgabe sei es, die neue Strategie für die fiktive Metallwaren AG zu bestimmen:

Will die MWAG wieder Waffen bauen?

Berater1: Wenn wir den Umsatz halten wollen, dann brauchen wir ein neues Geschäftsfeld. Ich schlage neuartige Waffen vor. Da haben wir schon ein gutes Patent.
Berater2: Wir sollen wieder Waffen produzieren? Das gibt keine gute Reaktion.
CEO: Dazu habe ich gerade einen Bericht gelesen: Der Umsatz der Waffenbranche steigt. Da sollten wir uns ein Stück vom Kuchen abschneiden können.

7.3 Der Mensch im Computermodell mit Zufall

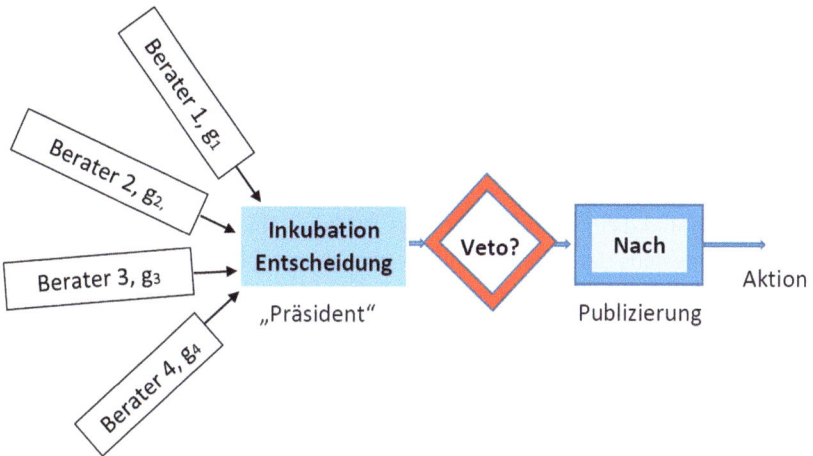

Abb. 7.27 Die schematische Darstellung der Entscheidungsfindung eines „Präsidenten" mit einer Gruppe. In der Stufe „Publizierung", dem Presseamt, wird die Entscheidung nachträglich begründet. Bildidee nach Ray Kurzweil (2012) und Walter Hehl (2016)

Grossaktionär (Veto): Ich bin dagegen. Ich schlage den Einstieg in … vor. usf.
CEO: Wir machen dies so. Unsere Kommunikation muss dies positiv herausstellen.
Pressemitteilung: Die MWAG wird ihre Aktivitäten erweitern. Es wird keinen Stellenabbau geben.

Die Rationalität des Prozesses bedeutet Abhängigkeit von Informationsquellen. Externes und internes Wissen bringen die Berater, deren Bedeutung bewertet wird durch die Gewichtsfaktoren g_n. Eine der Quellen ist das Wissen des Präsidenten selbst. An den Beratungen der Berater unter sich braucht der Präsident nicht teilzunehmen. An der Inkubationssitzung entscheidet der Präsident. Eventuell gibt es noch die Möglichkeit eines Vetos – es geht vielleicht doch nicht so einfach wie gedacht, der Vorschlag wird unterdrückt, der Prozess geht zurück und es wird eine andere Lösung gesucht. Endlich fällt die Entscheidung. Die Ausführung der Aktion beginnt und parallel dazu wird die Nachricht für die Presse ausgegeben, die eine schlüssige Argumentation liefert.

Das Schaltbild suggeriert eine Präzision, die häufig nicht vorhanden ist, denn nahezu alle Grundlagen sind inhärent unsicher in der direkten Information und die möglichen Entscheidungen verstärken diese Unsicherheit in den Auswirkungen. Unsicherheit bedeutet aber Raum für Zufall!

Dies gilt auch für die Entscheidung per Computer. Der Computer findet immer häufiger Anwendung, um im grossen Stil Entscheidungen zu treffen, z. B. für

die Voranalyse von Bewerbungen bei Stellenausschreibungen in Unternehmen,
die Einschätzung eines Kriminellen bezüglich einer möglichen Beurlaubung,
die Erstellung einer Krebsdiagnose.

Alle Funktionsblöcke entsprechen hier Software mit Information. Auf der Grundlage der beschränkten Information über die Kandidaten und der Unsicherheit der Kriterien wirkt ebenfalls der Zufall mit. Die Regeln für die Entscheidung sind festgelegt, nachvollziehbar und – zumindest für den Programmierer – einsehbar. Das Gefühl der Bevölkerung ist gerade anders herum: Entscheidungen per Computer werden als unheimlich angesehen, als „Macht der Algorithmen". Aber menschliche Entscheidungen sind auch problematisch, willkürlich und dazu volatil! Allerdings ist damit eine Regelung durch die Gesellschaft (oder wenigstens der Wunsch danach) absehbar, wichtiger als der allgemeine Datenschutz: Es geht unmittelbar um Entscheidungen, die das Schicksal beeinflussen.

Der Programmierer (oder der Gesetzgeber) ist der Schöpfer, für den alles möglich ist. Er kann bevorzugen oder ablehnen, gerecht sein oder ungerecht, Mitleid haben oder nicht. Durch die Unsicherheit in den Eingangsdaten enthält die Entscheidung Zufall, der sich in der Zukunft weiterentwickelt.

Der menschliche Entscheidungsprozess ist noch weniger determiniert: Determiniertheit („Entscheidung bei Sicherheit") ist die (langweilige) Ausnahme. Menschliche Entscheidungen sind üblicherweise „Entscheidungen mit Risiko". Der Entscheidende kennt die wahren Werte nicht sicher, ist sich selbst nicht sicher. Hier ein Bonmot dazu:

„Die Leute sagen gern: Was meinen Sie damit eigentlich genau? Ich würde antworten ‚ich meine es, aber nicht genau'"
Jean-Luc Godard, französisch-schweizerischer Filmregisseur, geb. 1930.

Das Schlüsselwort ist Fuzziness oder Vagheit. Das Wort bedeutet nach Wiktionary

„Fuzzy: bedeckt mit fuzz (Fussel), oder mit einer grossen Menge winziger Fasern".

Effektiv ist die Fuzziness eine Übertragung des „Rauschens" aus der Physik und Elektrotechnik auf Information:

Fuzzy Information ist ungenaue, ungeeignete, falsche oder gar absichtlich gefälschte Information zusammen mit der „wahren" Information. In diesem Sinn ist das ganze Internet leider „fuzzy".

Zur Illustration sind in Abb. 7.28 verschiedene Blöcke unscharf gezeichnet und dafür mit der „Paintbrush" nachgezogen: Es gibt durchaus korrekte und exakte Information, aber vieles ist unscharf. Das betrifft insbesondere unbewusste Vorgänge und unbewusste „Berater". Im Gegensatz zu den personifizierten Funktionen der Abb. 7.27 sind die Funktionen dieses Blockschaltbilds als Funktionen im Gehirn gedacht, allerdings ohne eine räumliche Lokalisation zu implizieren. Die linke Seite der Abbildung ist vor allem unbewusst, es ist Wissen vermischt mit Emotionen. Nur die gewinnenden Prozesse kommen zum Bewusstsein.

Im Gehirn treffen sich elektrisch-physikalisches Rauschen und informatorisches Rauschen, die ganze Vielfalt an Denkmustern und Informationsstücken. Spontanes elektri-

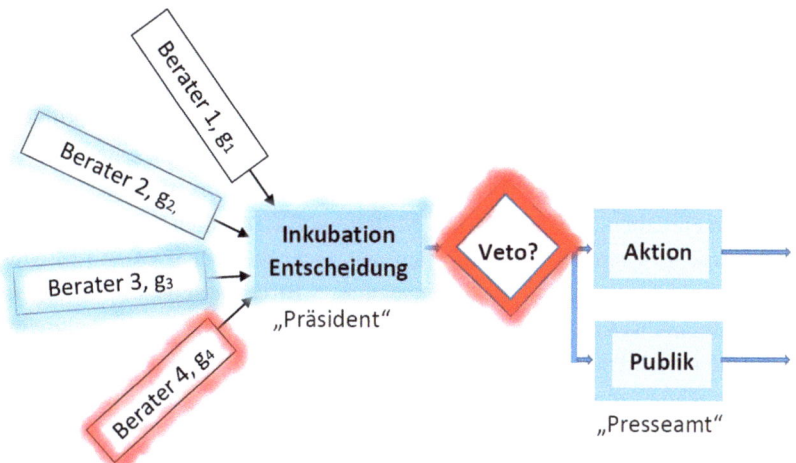

Abb. 7.28 Die schematische Darstellung einer individuellen Entscheidungsfindung mit der Betonung der Unsicherheit oder „Fuzziness". Die Blöcke sind hier im übertragenen Sinn als interne, unbewusste psychologische Funktionen gemeint

sches Rauschen ist eine Eigenschaft unseres Gehirns, ob es beschäftigt ist oder nicht (Nicolic 2018). Es sind weitgehend kleine Spitzen, aber gelegentlich grössere, lawinenartige Events. Injiziert man ein Betäubungsmittel, so ändert sich das Rauschen kaum. Es gehört grundsätzlich zum lebendigen Gehirn, von der molekularen bis zur psychologischen Ebene.

Im Sinne unseres Themas „Zufall" ist eine wesentliche Eigenschaft der Gehirnaktivität die Einzigartigkeit jeder Aktion. Eine elementare Computeraktion ergibt beim gleichen Input immer das gleiche Ergebnis, anders im Gehirn (Segal 2019):

> „Im Gehirn, sogar mit dem exakt gleichen Stimulus, erhält man eine andere Antwort von einem Versuch zum andern."
> Michael Segal, israelischer Informatiker, geb. 1972.

Übrigens ist es bei einem Computersystem mit sehr vielen zusammenwirkenden Prozessen oder auch beim Arbeiten an der Grenze der Rechengenauigkeit nicht mehr sicher, dass die Resultate identisch sind.

Auf der IT-Ebene des Gehirns (Abb. 7.17) findet man ähnliche Konzepte wie in der modernen künstlichen Intelligenz, etwa die Anwendung von Mustererkennung und von tiefen neuronalen Netzen. Dazu kommt die charakteristische Software für die Innensicht, das Bewusstsein, weil wir ja im Innern des Computers sind. Aber die Grundlage der biologischen neuronalen Netze im Gehirn mit der unglaublichen Parallelität und der inhärenten Stochastik (der „Funkelei") ist anders und vieles ist noch unverstanden. Der Extremfall der „Funkelei" sind Quantenfluktuationen. Der Einfluss von Quanteneffekten ist nicht ausgeschlossen; aber im Normalfall sind am Feuern der Neuronen Millionen und Milliarden von Elektronen beteiligt. Die Architektur des Gehirns ist die eines Hochleistungscomputers in einer kuriosen, langsamen und an sich unzuverlässigen Technologie.

Eine andere Dimension des Zufalls im Gehirn erhält man beim Vergleich der Grösse des Bauplans des Gehirns mit der Grösse der reellen, ausgewachsenen Struktur. Es ist ein fundamentaler Unterschied. Natürlicherweise wird die Komplexität eines Baus über die Komplexität seines Bauplans definiert. Der Bauplan des Gehirns ist im gesamten Bauplan des Menschen enthalten, d. h. in den 3,27 Milliarden Basenpaaren des einfachen menschlichen Genoms.[3] In Computermasseinheiten entspricht dies zunächst 780 Mbytes (jedes Basenpaar entspricht 2 bits und ein Byte speichert 8 Bits). Der eigentliche Informationsgehalt des Genoms ist viel niedriger aus genetischen Gründen (interne Bedingungen der Kodierung oder Nichtkodierung) und Informatikgründen (allgemeine Redundanz). Diese effektive mögliche Kompression ist offensichtlich noch nicht voll geklärt. So kodieren nur 3 % des Genoms für Gene und ergeben Proteine, die restlichen 97 % kodieren dafür, wie, wo und wann diese Gene aktiviert werden oder sie sind einfach „Junk" (Watters 2019). Damit ist es plausibel, dass der Bauplan des Gehirns nur wenige hundert MegaBytes umfasst, weniger als eine konventionelle CD: In diesem Sinn ist das geflügelte Wort „*das Gehirn ist das Komplexeste, was es im Universum gibt*" problematisch, denn sicher gibt es Industrieprodukte wie Computerchips, deren Konstruktionsdaten umfangreicher sind! Die Baupläne der Natur sind unglaublich geschickt gepackt; der grösste Teil der Komplexität des fertigen „Produktes" kommt aus der Wechselwirkung mit der Umwelt oder ist eben Zufall.

Anders ist die Situation, wenn man die Komplexität auf das fertige Produkt „erwachsenes Gehirn" bezieht: Hier hat man knapp 100 Milliarden Neuronen, jeweils verschaltet mit bis zu 10.000 anderen Neuronen über ein Netzwerk (oder mehrere überlagerte Netzwerke) mit den 10^{14} bis 10^{15} Synapsen als Verbindungen. In der Wachstumsphase und während des Lebens wird eine gewaltige Informationsmenge geschaffen durch die Aufbauaktion der DNA mittels Biochemie auf körperlicher Seite und durch das lebenslange Lernen auf geistiger Seite. Eine Überschlagsrechnung gibt viele TeraBytes oder gar PetaBytes für die fertige Konstruktion, allerdings mit unbekannter Redundanz. Im Bau des Gehirns zeigt die Natur ja eine Meisterschaft in der Kompaktheit. Ein grosser Teil der Gesamtinformation ist Zufall, allerdings in verschiedenen Formen:

- „fossiler" Zufall in der individuellen DNA aus der Evolution, beinahe zu einem Naturgesetz geworden.
- Individueller Zufall des Lebens, geprägt durch das teils zufällige Wachsen, Leben und Lernen.
- Zufälligkeiten der lebenslangen Wechselwirkung mit der Umwelt, regelrechte „Randomness".

---

[3] Jedes Chromosom nur einmal gerechnet, nicht doppelt wie in einer Körperzelle.

Hier ist der Begriff *Randomness* angebracht als Bezeichnung vieler zufälliger Kleinigkeiten, aber doch mit grosser möglicher Auswirkung bei der einen oder anderen Zufälligkeit. Unser Gehirn enthält viel Zufall in der vorgegebenen statischen Struktur und es arbeitet dynamisch mit funkelndem Zufall.

Philosophischer Grenzfall der Entscheidung: Der Esel des Buridanus
Der Extremfall der Entscheidungs-Aufgabe ist in der Philosophie wohlbekannt als das Problem des Buridanus. Es gehört zum Begriffsschatz des Gebildeten wie dieser Ausschnitt eines Dialogs aus der amerikanischen TV-Serie *The Big Bang Theory* zeigt:

Amy: „Was machst Du da?"
Sheldon: „Ich schaue den Esel des Buridanus an".
Amy: „Ich verstehe. Dann lasse ich Dich allein."
Sheldon: „Wie, Du weisst was dies bedeutet?"
Amy: „Aber natürlich."

Es geht um das Problem der Entscheidung, wenn rational gesehen alle Argumente gleichwertig sind. Dieser Gedanke findet sich in der Geschichte in den verschiedensten fiktiven Situationen:

In der verbreiteten Version verhungert ein Esel zwischen zwei gleich appetitlichen Heuhaufen (Abb. 7.29). Jean Buridan (1300–1358) beschreibt das Problem mehrmals: ein Hund verhungert bei ihm, weil er sich nicht zwischen zwei Futterquellen entscheiden kann, ein Wanderer verzweifelt an einer Weggabelung und ein Segler in Seenot, der seine Ladung nicht ins Wasser werfen will. Bei Aristoteles und bei Dante soll sich ein Mensch zwischen gleich attraktivem Trinken und Essen entscheiden, beim persischen Philosophen Al-Ghazali zwischen zwei gleich saftigen Datteln (oder zwei Gläsern Wasser). Dazu kommt die kosmisch-physikalische Variante beim griechischen Philosophen Anaximander (610 – 546 v. Chr.). Er denkt sich die Erde im Weltall aufgehängt gleich weit entfernt von allem sonst im Universum. Nun sind alle Richtungen gleichberechtigt und die Erde bleibt deshalb freischwebend und in Ruhe.

Dass sich die Erde im Zentrum des Alls befindet, weil keine Richtung ausgezeichnet ist, ist ein gutes physikalisches Argument, wenn man nur eine einzige Erde zulässt. Das ist damit eine logische Umkehrung des kopernikanischen Prinzips.

Sheldon, der Held der TV-Serie, weiss sogar, dass der Gedanke der Fabel auf Aristoteles zurückgeht. Aristoteles macht sich über das Dilemma lustig; es sei so lächerlich wie

„ein Mann, der so hungrig ist wie durstig, und sich zwischen Essen und Trinken befinde, sich nicht rühren könne und zu Tode käme."

Auch der niederländische Philosoph Baruch von Spinoza (1632–1677) macht sich über die Verhungernden bei gedecktem Tisch lustig; wahrscheinlich hat er das Problem des Buridanus bewusst mit einem Esel verknüpft. Dass es ein verhungernder Esel und nicht ein hungernder Mensch ist, deutet auf eine Verspottung hin. Jean Buridan, französischer Philosoph (1301–1359/62) schrieb 1340:

Abb. 7.29 Der Esel des Buridanus. Hier England vor der Wahl Paris vs. Berlin. Bild: Karikatur von Alfred Lepetit, 1870. (Quelle: Ane de Buridanus La Charge, Wikimedia Commons, Parismuséescollections)

„Werden zwei Handlungen als gleich eingeschätzt, dann kann der Wille den toten Punkt nicht überwinden. Alles was er tun kann, ist, die Entscheidung aufzuschieben, bis sich die Randbedingungen ändern und die richtige Handlung klar ist."

Die Meinungen der historischen Philosophen gehen auseinander, ja durcheinander: Für den einen löst der freie Wille das Problem, für den anderen blockiert er gerade. Der persische Philosoph Al-Ghazali (1058–1111) lässt sich modern interpretieren, wenn er um 1100 schreibt:

„Nehmen wir an, vor einem Mann sind zwei ähnliche Datteln. Er sehnt sich nach ihnen, kann aber nicht beide nehmen. Aber er wird sicher eine nehmen, denn er hat eine Eigenschaft in sich, die auch zwischen zwei ganz ähnlichen Dingen unterscheiden kann."

In der Technik, etwa im Computer, kommen derartige sich selbst blockierende Situationen, durchaus vor. Die *„Eigenschaft in uns"*, die zwischen ganz ähnlichen Dingen unterscheiden und die solche „Deadlocks" auflösen kann, ist der Zufall. Man kann z. B. den *„Datteln"* Zufallszahlen zuordnen und die höhere Zahl gewinnt (wird gegessen).

Im Kopf ist keine künstliche Zuordnung von Zufall notwendig. Es ist, wie oben gezeigt, immer Zufall in der Form von Rauschen vorhanden. Eine Rausch-Spitze und ein Zufallsmuster entscheiden. Wenn nach der Abb. 7.27 kein Berater klar dominiert, dann entscheidet ein Zufallsargument oder eine Rauschspitze gewinnt. Das Rauschen des Gehirns ist die Eigenschaft in uns, die Al-Ghazali umschrieb; der kleine Zufall löst die Blockade.

Physikalischer Grenzfall der Entscheidung: Der Dom von Norton

> „Die Newtonsche Physik ist deterministisch, tut mir Leid, Norton".
> Gareth „Gruff" Davies, Physiker und Erfinder, 2017.

Der Chemiker und Philosoph John Norton hat in einer Arbeit 2003 vermutet, eine Art von quantenmechanischem Indeterminismus in der klassischen Newtonschen Mechanik aufgedeckt zu haben, eine Art von aktivem Zufall. Norton hat sich getäuscht, aber er wurde mit seinem erdachten Objekt weltberühmt.

Ob die Lehre des Aristoteles, des Buridanus oder des Newton: es braucht immer eine Kraft, um aus der Ruhe zu kommen. Der Unterschied zwischen Aristoteles, Buridanus und Newton ist die Bewegung. Bewegung hört nach Aristoteles und Buridan von selbst auf, aber nach Newton geht sie auch ohne Ursache weiter. Ein Körper bleibt bei allen dreien in Ruhe, wenn auf ihn keine Kraft wirkt. Galileo Galilei ist übrigens noch mit einem Fuss in der Antike, er denkt noch, Kreisbewegungen gehen auch einfach „von selbst und für immer" wie die Planeten auf ihren Bahnen.

Lässt man eine (glatte) Kugel an einem (glatten) Hang los, so setzt sie sich abwärts beschleunigt in Bewegung. Betrachten wir nun eine Kugel auf einem eiförmigen Körper und verschieben wir sie auf dem Ei immer höher bis zur Spitze (das Ei sei dazu noch perfekt symmetrisch). Wir erhalten ungefähr das Bild der Abb. 7.30. Was ist mit dem Ei? Der Philosoph Norton hat eine spezielle Form erdacht, aber sie spielt, wie sich herausgestellt hat, für das Problem keine Rolle:
Entscheidend ist die infinitesimale Umgebung des höchsten Punkts.

- Wäre die Kugel balancierend auf der höchsten Spitze eines Kegels, so würde sie bei der geringsten Erschütterung mit konstanter Beschleunigung abwärts rollen. Aber die infinitesimale Umgebung ist ein kleines Stück Ebene.
- Wäre das Kügelchen auf der Spitze einer Kugel, so wäre sie auf einem kleinen Stück Tangentialebene – aber nur ein wenig fort von der Mitte, und schon gäbe es eine Präferenz, und damit ein definiertes Abwärts.

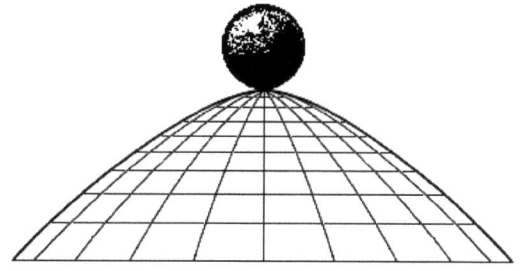

Abb. 7.30 Eine Kugel ruht auf der Spitze des Norton-Doms. Ein Gedankenexperiment zur Entscheidungsfindung. Bild: Nortons Dome, Wikimedia Commons, Witherk

Norton hat sich eine besondere Kurve ausgedacht, die die Kontur des Doms bildet: Diese Kurve ist an der Spitze besonders flach (der Krümmungsradius der Kurve ist an der Spitze unendlich).[4] Praktisch ist die obere Kugel auf der Domspitze sogar etwas stabiler positioniert als auf einer normalen grossen Kugel – im Gegensatz zur Vermutung von Norton, dass sie von selbst loslaufen kann. Der Rest der Arbeit ist physikalisch-philosophische Pseudodiskussion, in moderner Ausdrucksweise ist der Norton-Dom ein „Red Herring" (Davies 2017):

> *„Ein toter roter Hering wurde oft verwendet, um einen Jagdhund von der Fährte abzubringen und seine Nase zu testen."* (Urban Dictionary, gezogen 2020.)

Gehen wir lieber ins 11. Jahrhundert zum pragmatischen persischen Philosophen Al-Ghazali zurück. Wir Menschen haben den Sinn für realistische Begebnisse und das bedeutet hier für den Einfluss von Zufall. Bei der Kugel ist zum einen die Rauigkeit der beteiligten Flächen im Einzelnen zufällig. Diese Rauigkeit arbeitet schwach gegen das Kippen der kleinen Kugel. Zum anderen sind es die zufälligen Schwankungen der beiden Kugeln, gegen einander und mit der Grundlage. Der Zufall wird die Richtung des Abgleitens bestimmen. Der höchste Punkt des Norton-Eis ist eine künstliche Singularität der idealen Konfiguration, die der Zufall pragmatisch auflöst. Es ist der Unterschied zwischen realer Physik und idealer Mathematik.

7.3.4 „Freier Wille" und Zufall

„Freier Wille ist die Fähigkeit des Gehirns, aus inneren Beweggründen heraus, also nicht aufgrund von reaktiven Reflexen (Fluchtreflex) oder äußerem Zwang, Handlungen vorzunehmen und unabhängige Entscheidungen zu treffen."
Peter Ulmschneider, deutscher Astronom, geb. 1938.

Der „freie Wille" – die technische Funktionsweise
Das obige Zitat ist wohl eine weitgehend akzeptierte Definition, aber der Kern des Pudels sind „die inneren Beweggründe", und zwar sowohl das Attribut „innere" wie die „Beweggründe".

Wir bleiben auf der Ebene eines einfachen Blockschaltbilds. Die Abb. 7.27 ist gerade die metaphorische Abbildung der inneren Beweggründe aus IT- und Prozesssicht. Wenn man das Gehirn als informationsverarbeitendes System ohne übernatürliche Anteile betrachtet, dann muss man ein logisches Schaltbild zeichnen um es zu verstehen.

Da es sich um physische IT-Operationen und nicht (allein) um Philosophie handelt, ist das Bild auch eine zeitliche Abfolge der Schritte. Diese Abfolge wurde im Libet-Experiment gemessen vom amerikanischen Physiologen Benjamin Libet (1916–2007).

---

[4] Die 1. und 2. Ableitung der Konturfunktion sind Null an der Spitze, erst die 3. Ableitung existiert.

7.3 Der Mensch im Computermodell mit Zufall

Nach Wikipedia „Libet-Experiment" misst man in einem einfachen Experiment (der Proband muss irgendwann, nach seiner „freien" Wahl, einen Hebel betätigen), wann das Gehirn über seine Signale die Aktion meldet, wann der Proband seine Entscheidung klar fühlt, und wann die Hand sich wirklich bewegt. Der letztere genannte Zeitpunkt ist der Bezugspunkt Null:

- - 1050 msec, wenn der Proband die Aktion vorausgeplant hat,
- - 550 msec, wenn die Handlung spontan ausgeführt werden sollte,
- - 200 msec bis (in beiden oberen Fällen) die Entscheidung bewusst wurde.

Dazu gab es in den 200 msec vor der Entscheidung die Möglichkeit eines Vetos, hier bewusst, aber auch im Prinzip unbewusst möglich.

Das Libet-Experiment sagt nichts direkt aus über den philosophischen „freien Willen", aber es bestätigt die Gültigkeit eines Prinzipbilds wie das in Abb. 7.27.

Allerdings gibt es auf dieser Ebene der Vereinfachung kaum andere natürliche Möglichkeiten!

Danach ist der „freie Wille" informationstechnisch ein Zusammenwirken von Regelwerk und Zufall, und zwar aus psychologischen und faktischen Erfahrungen und dem Zufall. Im Bild ist der Zufall durch die unscharfen Konturen angedeutet; faktische Regeln und Informationen sind schärfer gezeichnet, psychologische und emotionale Einflüsse sind „fuzzier". Aber selbst harte Zahlenwerte können falsch interpretiert werden – z. B. ein zufälliger Irrtum in der Kommastelle bei grösseren Beträgen wie schon selbst erlebt bei alten Preisangaben in Peseten oder Lire ...

Der amerikanische Biologe Anthony Cashmore, Mitglied der Akademie der US Nationalen Akademie der Wissenschaften, sieht einen speziellen, genetisch fundierten Mechanismus für unseren (illusorischen) freien Willen als evolutionäre Funktion (Zyga 2010): Eigentlich bedeutet der freie Wille ja eine Art von vorausschauendem Organ, das, bewusst oder unbewusst, in die Zukunft schaut und virtuelle Alternativen vergleicht und dann entscheidet. Was wir als freien Willen empfinden, ist nur die unbewusste Reflektion des unterbewussten Organs. Das erinnert an den Pionier des Unbewussten, den österreichischen Psychologen Sigmund Freud (1856–1939). Anthony Cashmore schreibt:

„Freud hatte in einem Ausmass [bezüglich der Bedeutung des Unterbewussten] Recht, das viel grösser ist als er sich vorgestellt hat."

Wir formulieren es so:

Der freie Wille als bewusstes Gefühl verhält sich zu diesem unbewussten Mechanismus damit gerade so wie das ganze Bewusstsein zur unbewussten Software des Betriebssystems unseres praktischen Lebens.

Zur Verarbeitung von Eindrücken, die zu Entscheidungen führen, haben wir Menschen Unterprogramme, die in uns arbeiten und auf Grund der Erfahrung helfen, (meistens) hilfreiche Entscheidungen zu treffen. Die Psychologie nennt diese Hilfen Heuristiken. Wir haben schon Metaheuristiken kennengelernt. Metaheuristiken sind allgemeine Lösungsverfahren mit Ungewissheit. Heuristiken sind Verfahren, um mit begrenztem Wissen zu speziellen, praktikablen Lösungen zu kommen. Unsicherheit wirkt wie Zufall (oder bedeutet sogar Zufall). Geht in einer Heuristik die Unsicherheit gegen Null, so erhält man wieder einen Algorithmus. Andrerseits haben wir am anderen Ende des Spektrums die Fähigkeit, auch bei Unsicherheit gute Lösungen zu erhalten, als Intelligenz definiert.

Aber es gibt für diese inneren Entscheidungen viele systematische Fehlerquellen. Die Psychologie nennt sie *kognitive Verzerrungen* im Wahrnehmen und Beurteilen und führt dazu eine ständig länger werdende Liste. In Tab. 7.1 sind einige wenige Beispiele „kognitiver Verzerrungen" aus Wikipedia aufgelistet.

Tab. 7.1 Einige kognitive Verzerrungen, die Entscheidungen beeinflussen können. Auszug aus den entsprechenden Listen des deutschen und des englischen Wikipedia-Artikels.

Agent Detection	Die Vermutung der Anwesenheit eines anderen, unsichtbaren Wesens. Ein evolutionäres Relikt.
Apophänie	Erkennung scheinbarer Muster in Zufälligem
Bestätigungsfehler	Die Neigung, Informationen so auszuwählen, dass sie die eigenen Erwartungen erfüllen.
Cryptomnesia/ Falsche Erinnerungen	Fantasie als Erinnerung bzw. umgekehrt Erinnerung als Fantasie.
Halo-Effekt Heiligenschein-Effekt	Das unberechtigte Schliessen von bekannten Eigenschaften auf unbekannte.
Hot-Hand-Effekt	Die zufällige Häufung von Erfolgen im Glücksspiel wird als „Glückssträhne" wahrgenommen.
Illusorische Korrelation	Die fälschliche Wahrnehmung einer Korrelation zweier Ereignisse.
Kontrast-Effekt	Die intensivere Wahrnehmung einer Information, wenn sie mit Kontrastinformation präsentiert wird.
Kontrollillusion	Die falsche Annahme, zufällige Ereignisse durch eigenes Verhalten kontrollieren zu können.
Pareidolie	Erkennung scheinbarer Objekte in bildhaften Strukturen. Ein Spezialfall der Apophänie.
Quellen Vertauschung	Verwechslung von Erinnerungen.
Rückschaufehler	Die verfälschte Erinnerung an eigene Vorhersagen nach dem Eintreten des Ereignisses.
Semmelweis-Effekt	Die reflexartige Ablehnung von Neuem.
Verfügbarkeits-Heuristik	Was zuerst assoziiert wird, gewinnt.
Von Restorff-Effekt	Etwas Besonderes oder Isoliertes macht stärkeren Eindruck.
Wahrheits-Effekt	Die Tendenz, Aussagen, die schon einmal gehört wurden, höheren Wahrheitsgehalt zuzusprechen als solchen, die das erste Mal gehört werden.
Wahrscheinlichkeits-Ignorierung	Falsche Einschätzung in Situationen mit Unsicherheit.
Zeigarnik-Effekt	Unvollständige und unterbrochene Aufgaben werden besser erinnert als vollendete.

Die englische Wikipedia führt insgesamt etwa 190 (!) Verzerrungen auf. Viele Psychologen und Soziologen konnten sich in ihren Disziplinen mit einer „eigenen" Verzerrung verewigen. Der Schweizer Autor Rolf Dobelli (geb. 1966) hat darüber recht erfolgreiche Bücher geschrieben (Dobelli 2011).

Viele der Effekte in den Listen sind wohlbekannt. Wir wollen drei Effekte wegen ihrer philosophischen Bedeutung und wegen des Zusammenhangs mit Zufälligem kommentieren, die „Agent Detection" und die „Apophänie/Pareidolie" und – nicht aus der Wikipedia-Liste – die „Synchronizität" des Zürcher Psychologen CG Jung.

Agent Detection, auch *Hyperactive Agency Detection Device (HADD)* oder etwa „übertriebene Vermutung eines handelnden Lebewesens" ist eine psychologische Grundlage des „Uhrmacherparadoxons". Es ist die Neigung von Tieren, einschliesslich von uns Menschen, schnell die Tätigkeit eines (intelligenten) Lebewesens hinter einer Spur oder einem Schatten zu sehen, auch wenn die Indizien vage sind und es auch Zufall sein könnte.

Der evolutionäre Grund dafür ist die Gefahrensituation in der Natur. Da soll der Abdruck einer Löwenpfote nicht als harmlose Zufallsmulde im Sand interpretiert werden und das Knacken eines Astes im Dickicht nicht als Zufallsgeräusch. Es ist nicht schädlich, einmal zu oft aufmerksam zu sein, aber sehr gefährlich, einmal zu wenig. Grosse Formen von „Agent Detection" sind natürlich die handelnden Götter in den Religionen, die zu mehr oder weniger detaillierten Gestalten ausgearbeitet wurden. In diesem Sinn ist dieser Effekt ein Relikt aus der Evolution und bildet die evolutionäre psychologische Grundlage des Glaubens an Götter – die natürlich trotzdem existieren könn(t)en (Hehl 2019).

Apophänie ist die falsche Neigung, scheinbare Muster und Beziehungen in Zufälligem zu sehen und ihnen eine besondere Bedeutung beizumessen. Es ist die Quelle von vielen abergläubischen Weisheiten. *Pareidolie* ist der Spezialfall davon, die trügerische Identifikation von vertrauten Figuren in Dingen und Mustern. Der Begriff Apophänie entstammt ursprünglich dem Krankheitsbild der Schizophrenie, ist aber – wenn in Grenzen – ein normaler Vorgang und Quelle der Kreativität während der Inkubation. Dies vor allem, wenn die gefundene Beziehung Sinn macht, wie etwa bei der Entdeckung der Benzolformel des Auguste Kekulé oder auch der Theorie der Kontinentaldrift durch Alfred Wegener um 1915. Wegener war es aufgefallen, wie gut die Küstenlinien von Lateinamerika und von Afrika zusammenpassen würden, wenn sie etwas verschoben und gedreht würden. Ein anderes, zufälliges und damit falsches wissenschaftliches Beispiel zeigt Abb. 7.31.

Es ist das fiktive Gesicht in dieser Aufnahme, die die Sonde *Viking1* im Jahr 1976 von der Marsebene Cydonia aus 1800 km Höhe machte. Nach der Veröffentlichung wurde es als „Marsgesicht" berühmt, die Hügel daneben als „Inkastadt". Es entstanden die Gerüchte, es sei ein Werk von extraterrestrischen Besuchern, vergleichbar der grossen Sphinx von Gizeh. 31 Jahre später zeigt der *Mars Reconnaissance Orbiter* in hoher Auflösung den Berg. Es ist ein gewöhnlicher Berg mit zufälliger Form. Die Interpretation des ersten Fotos war eine Pareidolie. Zu spät! Das Marsgesicht ist bereits Bestandteil der Popkultur.

Der Zürcher Psychologe Peter Brugger schreibt 2012:

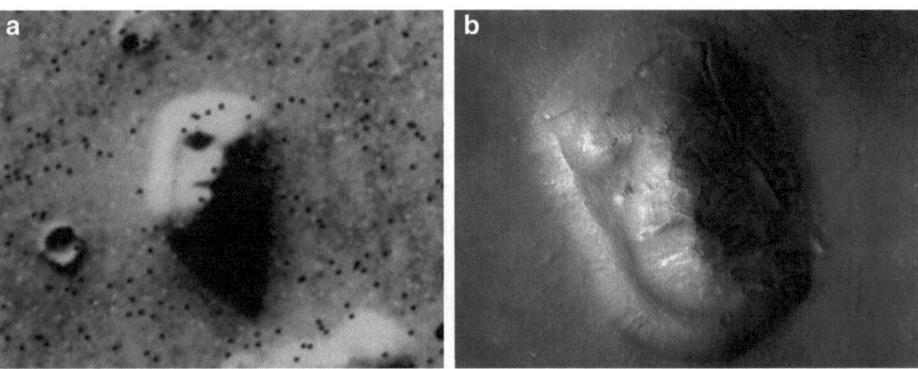

Abb. 7.31 (a) Das fiktive Marsgesicht als Beispiel für Pareidolia und Apophänie. Bild: Martian Face Viking cropped, Wikimedia Commons, NASA Viking1. (b) Derselbe Berg in besserer Auflösung und anderer Beleuchtung. Bild: HiRise Face, Wikimedia Commons, NASA/JPL

„Den Zufall per se können wir ja nicht einmal wahrnehmen. Wir können nur das wahrnehmen, was in die Augen sticht, was sich vom Rauschen im Hintergrund – dem Zufall – abhebt."

Wir bemerken nur das, was die oben erwähnte „verdeckte Hemmung" durchdringt, und das interpretieren wir. Bei einer paranoiden Psychose wird daraus schnell Entsetzliches.

Eine andere fiktive Wahrnehmung im Zufall ist durch den Schweizer Psychologen Carl Gustav Jung (1875–1961) in die Kulturgeschichte eingegangen: der Effekt der „Synchronizität". Darunter verstand CG Jung zwei Ereignisse, ein inneres (wie ein Traum) und ein äusseres (etwa ein Unglück), die er durch eine besondere Beziehung verbunden sah, eben „synchronistisch". Das innere Ereignis ist der Traum von einer Person, das äussere ein Unglück, das dieser Person oder einer nahe stehenden Person geschieht – möglichst gleichzeitig. Auf keinen Fall darf der Traum nach dem Unglück erfolgen. Das Erleben einer solchen Synchronizität kann sicher sehr eindrucksvoll und zwingend sein, aber wenn keine kausale Beziehung besteht, ist es Zufall. CG Jung hielt eine reale Kraft – jenseits der Physik – für solche Beziehungen verantwortlich. Dieser Teil seines Werks ist Pseudowissenschaft. Der Physiker und Nobelpreisträger Wolfgang Pauli (1900–1958) beteiligte sich aktiv an der pseudowissenschaftlichen Diskussion in einem berühmten Briefwechsel mit CG Jung (Meier 1992).Die Synchronizität ist weder Wissenschaft noch hat sie es als psychologischer Effekt und täuschendes Gefühl auf die erwähnten Listen der kognitiven Verzerrungen in Wikipedia geschafft.

Wir haben damit – wie oben definiert – die Fähigkeit des Gehirns analysiert, aus inneren Beweggründen heraus etwas zu entscheiden:

Es, d. h. unser Geist oder im Englischen „the Mind", ist technisch gesehen ein IT-System, das unscharf funktioniert mit Zufall und mit unzähligen verzerrenden Programmen. Damit ist der Geist Forschungsgegenstand von Neurologie, Psychologie und Informatik.

7.3 Der Mensch im Computermodell mit Zufall

Der „freie Wille" – die Innensicht: wir als Ego-Shooter

„Ein Meisterstück der Schöpfung ist der Mensch auch schon deswegen, daß er bei allem Determinismus glaubt, er agiere als freies Wesen."
Georg Christoph Lichtenberg, deutscher Physiker, 1742–1799.

Georg Christoph Lichtenberg ist ein genialer Physiker und bissiger Aphoristiker des 18. Jahrhunderts. Das folgende Zitat ist vom deutschen Philosophen Arthur Schopenhauer (1788–1860). Es ist etwas lang und in klassischem philosophischem Deutsch, aber es ist genial. Die wichtigsten Teile sind fett hervorgehoben, die kursiven Teile sind von Schopenhauer selbst betont:

„Daher bleibt die Frage: ist der Wille selbst frei? – Hier war nun also der Begriff der Freiheit, den man bis dahin nur in Bezug auf das *Können* gedacht hatte, in Beziehung auf das *Wollen* gesetzt worden und das Problem entstanden, ob denn das Wollen selbst *frei* wäre. Aber diese Verbindung mit dem *Wollen* einzugehen, zeigt, bei näherer Betrachtung, der ursprüngliche, rein empirische und daher populäre Begriff von Freiheit sich unfähig. Denn nach diesem bedeutet „*frei*" – „*dem eigenen Willen gemäß*": frägt man nun, ob der Wille selbst frey sey; so frägt man, ob der Wille sich selbst gemäß sey: was sich zwar von selbst versteht, womit aber auch nichts gesagt ist. Dem empirischen Begriff der Freiheit zufolge heißt es: „frei bin ich, wenn ich *thun* kann, *was ich will*": und durch das, „was ich will" ist schon die Freiheit entschieden. Jetzt aber, da wir nach der Freiheit des *Wollens* selbst fragen, würde demgemäß diese Frage sich so stellen: **„kannst du auch *wollen* was du willst?"** — welches herauskommt, als ob das Wollen noch von einem andern, hinter ihm liegenden Wollen abhänge.

Und gesetzt, diese Frage würde bejaht; so entstände alsbald die zweite: „kannst du auch wollen, was du wollen willst?" und so würde es ins Unendliche hinausgeschoben werden, indem wir immer ein Wollen von einem früheren oder tiefer liegenden abhängig dächten und vergeblich strebten, auf diesem Wege zuletzt eines zu erreichen, welches wir als von gar nichts abhängig denken und annehmen müßten.
Arthur Schopenhauer, deutscher Philosoph, 1841.

Schopenhauer hat damit quasi mathematisch bewiesen, dass die Frage nach dem freien Willen sinnlos ist. Es ist wie das Öffnen einer Matrjoschka-Puppe, die wieder eine Puppe enthält, die wieder eine enthält, usf. (Abb. 7.32). Der Punkt der Entscheidung wird immer weiter geschoben. Seine Arbeit gewann zwar einen Preis von der norwegischen Societät der Wissenschaften, aber die Hauptaussage war für die Öffentlichkeit wohl eher ein Bonmot. Einstein hat es bekannt gemacht:

„Ich glaube nicht an die Freiheit des Willens. Schopenhauers Wort: „Der Mensch kann wohl tun, was er will, aber er kann nicht wollen, was er will", begleitet mich in allen Lebenslagen".
Albert Einstein, deutsch-schweizerischer Physiker, 1936.

Abb. 7.32 Matrjoschka-Puppen Illustration zum Schopenhauerschen Beweis des unfreien Willens. Bild: Matryoshka Dolls, Wikimedia Commons, Stephen Edmonds

Gefühlsmässig ist der freie Wille ein Vorgang, der aus dem inneren Nichts kommt, einfach so, ohne Kausalität. Aber wir bestreiten, dass die Handlung Zufall wäre, wir begründen sie meistens (pseudo-)kausal, manchmal ist es ohne Begründung ein „ich will es". Ein Beispiel ist jener Raucher, der sagt:

„Natürlich könnte ich jederzeit mit dem Rauchen aufhören, *aber ich will nicht!*"

Erfolgt eine Entscheidung kausal auf Grund von Sachzwängen oder durch die Akzeptanz von Zufall, so ist weder das eine noch das andere „echt" freier Wille. „Kausal" ist ein Algorithmus und Zufall ist eine unbekannte und unkontrollierbare Macht. Wir versuchen zu definieren (Hehl 2019):

▶ **Definition** Ein System S hat dann einen freien Willen, wenn es in ihm ein Untersystem S_2 gibt, genannt *freier Wille*, das, losgelöst vom restlichen System S, alle Einflüsse beurteilt und eine ansonsten freie Entscheidung fällt.

Auf das System S_2 wirkt z. B. beim Raucher der Gedanke „*jetzt eine Zigarette wäre wunderbar*" aber auch „*Du hast doch das Modell der verteerten Lunge gesehen.*" Eigentlich ist jetzt System S_2 in der Rolle des freien Subjekts, das entscheiden soll. Wir müssen damit weiter gehen in der Definition:

▶ **Definition (fortgesetzt)** Das System S_2 hat dann einen freien Willen, wenn es ein System S_3 gibt, das in S_2 frei entscheidet; S_3 ist frei, wenn es ein freies System S_4 enthält, usf.

Es ist genau die iterative Definition, die Schopenhauer aufzeigt! Wenn man den Prozess ernsthaft im materiellen Gehirn weiterführt, würden die möglichen Bereiche immer klei-

7.3 Der Mensch im Computermodell mit Zufall

ner werden bis zu Atomen (und dem Zufall). Ansonsten geht die Iteration immer weiter. Es gibt keinen freien Willen im strikten logischen Sinn. Es gibt ihn nur gefühlt durch die App „Bewusstsein", aber die ist nicht frei.

Für das System S_2 (und die folgenden) gibt es eine Veranschaulichung und einen klassischen Namen, den vor allem der amerikanische Philosoph Daniel Dennett (geb. 1942) in die Philosophie des Geistes eingeführt hat: den Homunkulus, lateinisch das „Menschlein". Der Homunkulus war im späten Mittelalter ein künstlich geschaffenes Menschlein; der Arzt und Alchemist Paracelsus von Hohenheim gibt 1538 eine konkrete Anleitung für seine Erzeugung.

Dennett wollte damit den klassischen Dualismus Materie-Geist im Stile von Descartes *ad absurdum* führen und zeigen, dass eine Trennlinie zwischen Materie und Geist nicht funktioniert. Er nannte es „kartesisches Theater" (Abb. 7.33).

Zwar glaubt natürlich niemand an die reale Existenz des Menschleins im Gehirn, aber es ist die implizite Lösung des Körper-Geist-Problems: Das Auge wirft ein Bild der Aussenwelt auf die Netzhaut. Der Homunkulus betrachtet es und interpretiert es. Aber dabei wiederholt sich die Aufgabe: Der Homunkulus braucht wieder einen Homunkulus in seinem Gehirn, um das für ihn äussere Abbild zu interpretieren, usf. in unauflöslicher Regression.

Aber ein verstecktes Menschlein ist ein psychologisches Konzept, das wir immer wieder anwenden, wenn wir Dinge vermenschlichen und mit deren Homunkulus reden. Wenn das Auto nicht anspringt „*Wenn Du mich jetzt in Stich lässt, dann …*", wenn die Software aussteigt „*Jetzt komme doch endlich wieder …*", aber auch, wenn ein Programmierer die Wirkungsweise seines Programms beschreibt „*Jetzt holt er die Daten, jetzt prüft er sie,*

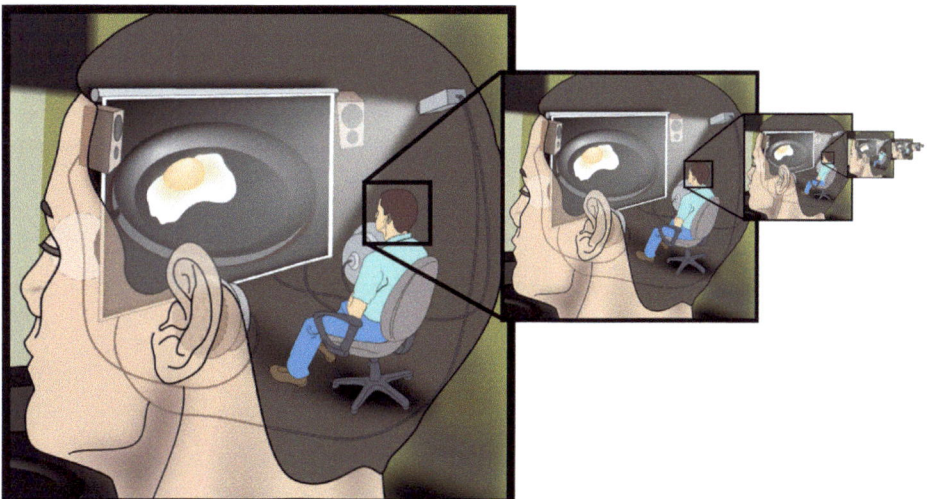

Abb. 7.33 Das kartesische Theater des Daniel Dennett, unendlich wiederholt. Bild: Infinite Regress of Homunculus, Wikimedia Commons, Original Jennifer Garcia/ (Reverie)/Pbroks13/ Was a bee

nun gibt er sie an Alice weiter, da ist der Fehler!" Es ist Homunkulus-Sprache, im letzten Fall sogar begründet, denn „er" tut ja wirklich etwas und ist im Tun beinahe menschlich, der Computer!

Gefühlsmässig sind wir im Leben „Ego-shooter" (vom griech./lat. *ego* ‚ich' und englischen *shooter* ‚Schützen'). Der Ausdruck ist im Deutschen ein Scheinanglizismus wie z. B. „Handy" und „Beamer" und bezeichnet Videospiele, in denen der Spieler aus der Ich-Perspektive in der dreidimensionalen Welt agiert. In Spielen mit Colts, MGs und Geschützen ist der Blick in die Welt natürlich über den Lauf einer Waffe hinweg. (Im Englischen redet man von First-Person-Shooter-Spielen). Die zwei Ego-Shooter-Bilder 7.34 illustrieren dies.

Bild: Ernst Mach Innenperspektive, Wikimedia Commons, Bild-PD-alt. (**b**) Aktionsszene in dem Ego-Shooter Videospiel „Red Orchestra". Bild: Red Orchestra25Shot0239, Wikimedia Commons, NASA/JPL. CC-Attribution 3.0 Unported

Sie sind auch Zeitdokumente: Die Zeichnung „Selbstanschauung" des Physikers aus dem 19. Jahrhundert auf seiner Couch (Abb. 7.34a) und die Szene aus dem Video über Kimme und Korn gesehen im 21. Jahrhundert (Abb. 7.34b). Die beiden Bilder symbolisieren das grosse Problem des Dualismus. Im Dualismus haben wir hier das Gehirn und dort das Ich. Die Bilder zeigen, was das *Ich* sieht, und das *Ich* <u>ist</u> der Computer: So sieht ein Computer die Welt.

Der Originalität wegen sei noch ein Mittelweg zwischen technischer und philosophischer Sicht erwähnt, den schon Daniel Dennett bemerkt: Die Stufen der Homunculi interpretiert als Computertechnik. Grosse Softwaresysteme bestehen, wie schon erwähnt, aus vielen Schichten und dazu aus vielen Unterprogrammen und Unter-Unterprogrammen, die sich gegenseitig aufrufen. „Höhere" Programme führen „höhere" Funktionen aus, rufen dabei tiefere Programme auf mit niederen, einfacheren Funktionen bis hinunter zu den Elementaroperationen – durch die Neuronen im Gehirn, bzw. die Transistoren im digitalen Computer- und dem eingebrachten Zufall. Werden die Homunculi als Wesen interpretiert,

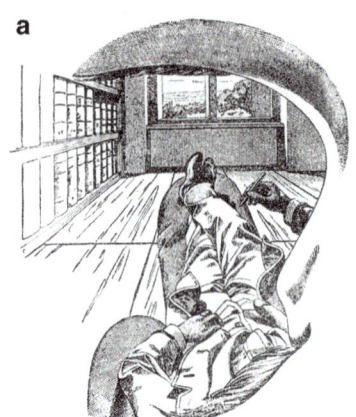

Abb. 7.34 (**a**) Die Ich-Perspektive. Zeichnung des Physikers Ernst Mach aus dem Jahr 1886.

7.3 Der Mensch im Computermodell mit Zufall

die nach unten immer weniger intelligent sind und immer einfacher, so wird aus der (nun nur endlichen) Regression der Homunkuli das Schaubild der Software unseres Gehirns.

Der deutsche Philosoph Immanuel Kant diskutiert die Problematik des freien Willens (und der Moral) ausführlich. So schreibt er (Wagner 2005)

> „Ich sage nun: Ein jedes Wesen, das nicht anders als unter der Idee der Freiheit handeln kann, ist eben darum in praktischer Rücksicht wirklich frei, d.i. es gelten für dasselbe alle Gesetze, die mit der Freiheit unzertrennlich verbunden sind, eben so, als ob sein Wille auch an sich selbst und in der theoretischen Philosophie gültig, für frei erklärt würde."
> Immanuel Kant, Grundlegung zur Metaphysik der Sitten, 1785.

Das bedeutet, dass Kant versteht, dass wir gar nicht anders können, als so zu tun, als wären wir frei. Und dass wir nicht einmal verstehen, warum wir so handeln, wie wir es tun, sagt er hier (Kant 2019):

> „Die eigentliche Moralität der Handlungen bleibt uns daher gänzlich verborgen. Unsere Zurechnungen können nur auf den empirischen Charakter bezogen werden. Wie viel aber davon reine Wirkung der Freiheit, wieviel der blossen Natur und dem unverschuldeten Fehler des Temperaments, oder dessen glücklicher Beschaffenheit (*merito fortunae*) zuzuschreiben ist, kann niemand ergründen."

Die Aufzählung passt zu den Einflüssen auf eine Entscheidung in unseren Schaubildern Abb. 7.27 und 7.28; sie enthält sogar den Zufall als *merito fortunae*, als Glück.

In der klassischen theoretischen Philosophie gibt es keine Erklärung, wie das „Geistige" entsteht. Materie und Geist sind getrennte Welten, und wir fühlen es so! Die Erklärung des Entstehens von Intellekt, Seele und Bewusstsein als Emergenz aus Informationstechnologie war und ist ein mühsamer Weg gegen gefühlte Freiheit. Wir haben es in den letzten 70 Jahren lernen müssen und lernen immer noch. Heute wissen wir, dass wir nicht frei sind, aber mit ein bisschen Glück denken wir es zu sein. Auch der Zufall und das Rauschen unserer geistigen Maschinerie sind verdeckt und irgendwo in unserem Freiheitsgefühl verschwunden. Aber damit sind wir auch verantwortlich und kommen zur dritten Sicht, der externen Sicht auf das Individuum.

Der „freie Wille" – die externe Systemsicht

> „So besteht die erste Absicht des Existentialismus darin, jeden Menschen in den Besitz seiner selbst zu bringen und ihm die totale Verantwortung für seine Existenz aufzubürden. Und wenn wir sagen, der Mensch ist für sich selbst verantwortlich, wollen wir nicht sagen, er sei verantwortlich für seine strikte Individualität, sondern für alle Menschen."
> Jean-Paul Sartre, französischer Philosoph, „L'existentialisme est un humanisme", 1945.

Für Jean-Paul Sartre (1905–1980) besteht das menschliche Leben vor allem aus Zufall und es beginnt mit einem grossen Zufall: der Geburt. Wir haben gesehen, dass innerer Zufall in unseren Entscheidungen eine Rolle spielt, zum einen in der Form der unsicheren „verrauschten" Informationen, aber auch direkt als zufällige Kombinationen. Dazu denken wir uns eine Grenze um ein Individuum gezogen, die der Oberfläche des Körpers entspricht. Wir können genau sagen, wo unsere Hand ist, die zu uns gehört. Wir haben den Zufall in uns mit eingeschlossen.

In Abb. 7.35 symbolisieren die drei Rauten drei Menschen; das Rautensymbol, auf Englisch ein Diamant, ein *„diamond"*, ist bei Flussdiagrammen das Symbol für eine Entscheidung. Die Pfeile im Schaubild illustrieren die Beziehungen zwischen den Menschen und nach aussen. Das Innere der Rauten symbolisiert unsere Erkenntnisse über Entscheidungsfindung. Insbesondere erinnern die Sterne im Inneren an den Einfluss des unsichtbaren Zufalls in uns; dazu gibt es den sichtbaren Zufall in der Aussenwelt. Die Gesamtheit der Einflüsse, gesetzmässig notwendig wie zufällig, nennen wir das Schicksal.

Die Definition des freien Willens von aussen gesehen ist damit einfach:

▶ **Definition Jede Entscheidung, die von einer Raute ohne äusseren Zwang getroffen wird, betrachten wir als frei getroffen und die Raute ist dafür verantwortlich. Ausnahmen sind Entscheidungen, die von aussen sichtbar durch Zufall verursacht werden.**

Die Definition ist unabhängig von der Frage, ob es einen freien Willen definitiv gibt oder nicht. Der belgische Physiker David Ruelle (geb. 1935) berichtet von Werner Heisen-

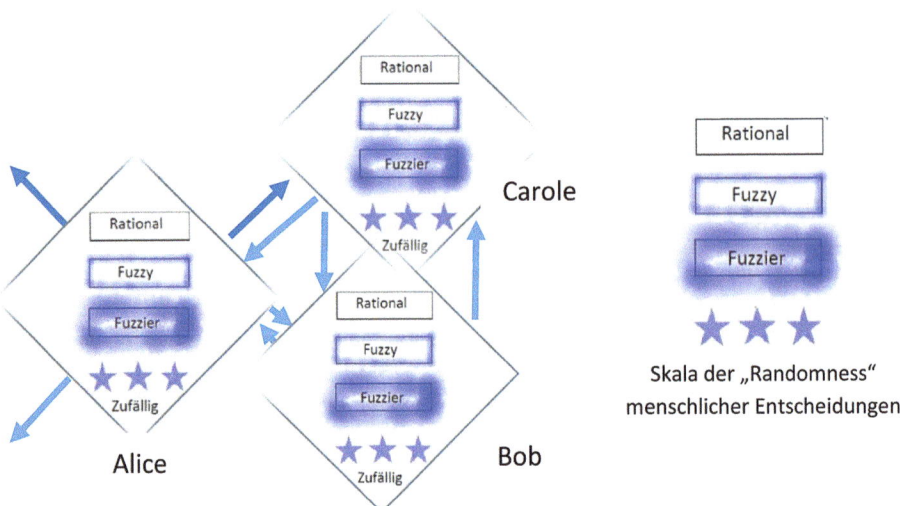

Abb. 7.35 Menschliche Beziehungen. Menschen schematisch als Quellen von Entscheidungen mit mehr oder weniger Zufall. Der inhärente Zufall gehört zum Menschen

berg, dass dieser bemerkt, dass die Vorstellung von freiem Willen andrer Leute überhaupt kein Problem darstellt (Ruelle 1994). In der Tat ist für uns beides vorstellbar, nämlich dass der andere gerade „frei" gehandelt hat oder so hat handeln müssen. Mit der Vorstellung des Homunkulus verstehen wir dies: Nach aussen hin ist es gleichgültig, ob das „Descartessche Ich", das „Homunkulus-Ich" oder das moderne psychologische Ich entschieden haben.

Damit sind wir für das innere Rauschen – die kleinen Zufälle in uns und die resultierenden Handlungen – offiziell mitverantwortlich. Das Rauschen im Gehirn gibt für manche Entscheidung, die wir treffen, den Ausschlag und wir können nichts dafür. Aber wir stehen als System doch in der Pflicht. Diese Illusion der Verantwortung hat durchaus auch evolutionäre Vorteile, spätestens im sozialen Bereich, wenn wir uns die Auswirkung einer Handlung überlegen.

Wir haben auch kein Problem, in diesem Rahmen den anderen als frei anzusehen so wie wir uns frei fühlen: Welchen Wein wir zum Essen wählen, mag zufällig sein, aber wir sind dafür verantwortlich, dagegen nicht, wenn der Wein „Korken" hat und uns der Geruchssinn fehlt, um den Korkengeruch zu erkennen. Die Verantwortung endet, wenn der Zufall sichtbar wird.

Wenn wir wieder von Propensität reden und von „geneigtem" Zufall, dann sind wir für die unsichtbaren Neigungen ebenfalls verantwortlich. Wir sind diese Summe zusammen mit unseren Genen, unserer Chemie und unserem bisherigen Lebenslauf mit allem, was wir erfahren und gelernt haben, etwa „Weisswein zu Fisch, Rotwein zu Braten." Man kann mit dem Begriff der Propensität auch den Charakter definieren, nämlich als die Summe aller unserer Neigungen. Das sind wir, und dafür müssen wir uns verantworten.

Darauf aufbauend kann man nun die üblichen Theorien für Staat und Zusammenleben entwickeln.

Der „freie Wille" – die Gesamtsicht

> „Es gibt so was wie freien Willen nicht, aber es ist besser wir glauben daran."
> **Titel eines Artikels im The Atlantic, Juni 2016.**

> „Ist der freie Wille eine Illusion? Traue Deinen Instinkten nicht, wenn es um freien Willen oder um Bewusstsein geht, sagen experimentelle Philosophen."
> **Titel eines Scientific American Artikels, November 2011.**

Die Vorstellungen vom freien Willen gehen auch heute noch durcheinander. Die Hauptgründe sind das Schwarz-Weiss-Denken in Determinismus gegen Indeterminismus und der Widerwillen, die gefühlte Freiheit aufzugeben. Wir haben zwei
Betonungen in die Diskussion eingeführt:

- Die Rolle der Systemgrenzen.
- Die Bedeutung des Zufalls.

Dadurch ist es klar, dass die Willensfreiheit im naiven Sinn (*„ich fühle es"*) oder naiv-philosophischen Sinn (*„es ist Geist in uns, keine Materie"*) illusorisch ist. Es ist heute unwissenschaftlich, an die Freiheit des Willens zu glauben. Und es gelten trotzdem die Aussagen:

- Es ist weder nur Determinismus noch Indeterminismus.
- Es ist nicht vorherbestimmt, was geschieht.
- Es ist nicht sinnlos, den Menschen für sein Tun verantwortlich zu machen.
- Es ist nichts Übersinnliches bei der Entscheidungsbildung (und im ganzen Bewusstsein).

Die Unschärfe oder Fuzziness der grossen Mengen interner Informationen (und Algorithmen) mit damit inhärentem Zufall, aber auch expliziter Zufall im Rauschen der Neuronen sorgen dafür, dass die Entwicklung nicht determiniert ist. Selbst eineiige Zwillinge entwickeln sich verschieden. Mit dem Begriff des Orakels des Alan Turing, der Quelle von Zufall, können wir recht bildhaft sagen: Wir sind auch ein Orakel.

Der Zufall schafft Alternativen und entschärft oder verhindert Determinismus. Startet die Welt ein zweites Mal mit den gleichen Bedingungen, dann ergibt sich ein anderer Weltenlauf (Earman 1986). Aber der Zufall unterliegt erst recht nicht unserer Kontrolle: Zufall bedeutet nicht freien Willen.

Die Skizzen des Abschnitts, etwa die Abb. 7.27, 7.28, 7.33 und 7.35, sollen helfen, die Gedanken zu diskutieren. Die Systemgrenzen zu sehen ist wesentlich. Der Autor hat gelernt, wie mühsam es ist, reine abstrakte Texte zu verstehen; deshalb die Empfehlung:

„Traue nie einem Autor, der ein komplexes philosophisches Problem ohne Skizze verstehen lassen will. Er ist wie ein Programmierer in einem Team, der einfach drauflos programmiert ohne sich um die anderen zu kümmern. Und dabei selbst wahrscheinlich etwas übersieht."

Zusammenfassung des Kapitels

Kreativität ist historisch eine göttliche oder halbgöttliche Tätigkeit; als psychologisches Forschungsgebiet gibt es Kreativität erst seit 1950. Kreativität ist eng mit dem Zufall verknüpft, sichtbar oder unsichtbar. Es ist der Weg, „wie das Neue in die Welt kommt" (Klaus Mainzer 2007). Am besten sichtbar und am erfreulichsten ist der Zufall, der bei Serendipity wirkt, beim glücklichen, unerwarteten Fund. Kreation kann unerwartet erfolgen oder planmässig versucht werden. Wir analysieren den Vorgang der Schöpfung einer Idee oder einer Erfindung. Wir folgen damit den ersten Analysen des Physikers Helmut Helmholtz und des Mathematikers Henri Poincaré, schauen wie eine Idee entsteht und definieren vier Phasen: Vorbereitung, Grübelphase (die Inkubation), Geistesblitz (die Illumination) und Verifikation. Alle Phasen haben Zufall in sich, vor allem die ersten drei.

Wir definieren drei Stufen intellektueller Tätigkeit: ohne Zufall, mit massvollem Zufall und mit viel Zufall. Der Grenzfall des intelligenten Arbeitens – ganz ohne Zufall, d. h. ohne Unsicherheit – ist der *Algorithmus:* eine Menge von Arbeitsanweisungen. Ohne Zufall oder mit wenig Zufall arbeitet die *Intelligenz*. Hier geht es um die Lösung von Aufgaben, die Unsicherheit beinhalten oder/und zu gross sind, um mit Arbeitsanweisungen direkt gelöst zu werden, und die Unsicherheit beinhalten. Die Mechanismen für die *Kreation*, das Entstehen von Ideen, mittlere oder normale Stufe, sind Assoziationen oder „Bisoziationen". Sie stehen in der Tradition der Räder des Ramon Llull aus dem 13. Jahrhundert oder der Methode des Fritz Zwicky im 20. Jahrhundert. Selbst der extremste Fall am Rande des Normalen, das Geniale, wird damit erfasst und befreit vom Verdacht des Übernatürlichen.

Damit ist der Weg frei für die Kreativität des Computers, schliesslich sind wir auch eine Art von Computer. Der Schlüssel ist wieder der Zufall, oft als Strom von Zufallszahlen. Mit dem Zufall lässt sich Musik komponieren, lassen sich Bilder malen, Gedichte schreiben, 3D-Objekte bauen. Der Computer kann lernen, ohne „zu verstehen" – wie wir auch – und er kann entscheiden. Wir erklären schematisch, wie eigentlich das „Entscheiden" funktioniert – bei einer Gruppe von Menschen im Konferenzraum, programmiert nach diesem Vorbild im digitalen Computer und in uns Menschen selbst. Wir zeigen damit, dass es zwar keinen freien Willen gibt – Zufall bedeutet ja nicht Freiheit – aber dass wir trotzdem Alternativen haben und nicht festgelegt sind. Dies funktioniert nur mit den verschiedenen Formen von Zufall. Der Zufall bringt extreme Situationen, die zwar geistreich aber unsinnig sind, in die Realität zurück. Dies gilt für „den Esel des Buridanus", der bestimmt nicht verhungern wird, oder den „Dom des Norton", der sich allerdings sowieso als eigentlicher Unsinn erweist.

So wie man sich klassisch den Geist des Menschen vorgestellt hat (oder noch vorstellt), ist es der Homunkulus-Fehlschluss. Wir sind ein verrauschter Computer, und das Rauschen als Quelle des Zufalls zieht sich durch die ganze Welt und gehört zu unserer Kreativität wie zum „freien" Willen. Unser inneres Rauschen ist nicht zu sehen, deshalb der Vergleich:

Unser Gehirn ist wie ein See mit sanften Wellen in leichtem Wind, manchmal mit Booten, die Wellenfurchen ziehen, manchmal mit Stürmen und überraschend hohen Wellen.

Literatur

van Andel, Pek. 1994. Anatomy of the unsought finding: Serendipity. *The British Journal for the Philosophy of Science* 45(2): 631–648.
Austin, James. 2003. *Chase, chance and creativity*. Cambridge, MA: MIT Press.
Davies, Gareth, 2017. Newtonian physics IS deterministic, sorry Norton. https://blog.gruffdavies.com/tag/the-dome/. Zugegriffen im Juni 2020.
Dobelli, Rolf. 2011. *Die Kunst des klaren Denkens*. München: Hanser.

Earman, John. 1986. *A primer on determinism*. Dordrecht: Springer.
Fauconnier, Gilles, und Mark Turner. 2002. *The way we think. Conceptual blending*. New York: Basic Books.
Hadjeres, Gaetan, et al. 2017. *DeepBach: A steerable model for Bach Chorales generation*. arxiv.org/abs/1612.01010. Zugegriffen im Juni 2020.
Hartung, Gerald, Hrsg. 2010. *Eduard Zeller, Philosophie und Wissenschaftsgeschichte im 19. Jahrhundert*. Berlin/New York: de Gruyter.
Hehl, Walter. 2016. *Wechselwirkung – wie Prinzipien der Software die Philosophie verändern*. Heidelberg: Springer.
Hehl, Walter. 2019. *Gott kontrovers*. Zürich: Vdf.
Kant, Immanuel. 2019. *Kritik der praktischen Vernunft. Kritik der reinen Vernunft & Kritik der Urteilskraft*. Dachau: OK Publishing.
Koestler, Arthur. 1964. *The art of creation*. London: Hutchinson.
Kurzweil, Ray. 2012. *How to create a mind*. New York: Viking.
Lehmann, Alfred, und F. Bendixen. 1899. *Die körperlichen Äusserungen psychischer Zustände*. Leipzig: Reisland.
Mainzer, Klaus. 2007. *Der kreative Zufall*. München: Beck.
Mecke, Jochen. 2015. *Du musst dran glauben*. Diegesis.Uni Wuppertal.de. DIEGESIS 4, H. 1.
Meier, Carl. 1992. *Wolfgang Pauli und C.G. Jung. Ein Briefwechsel*. Berlin: Springer.
Mordvintsev, Alexander, et al. 2015. *Inception. Going deeper into neural networks*. AI googleblog.com.
Nicolic, Danko. 2018. Why do brains have spontaneous activity? Sapienlabs.org/why-do-brains-have spontaneous activity.
Poincaré, Henri. 1908. *Science et Méthode*. Paris: Flammarion. jubilotheque.upmc.fr.
Ruelle, David. 1994. *Zufall und Chaos*. Berlin/Heidelberg: Springer.
Segal, Michael. 2019. *Why the brain is so noisy*. Nautil.us/issue/68.
Smale, Nick. 2005. *Victor Vasarely*. Artspace, Issue 23.
Wagner, Astrid. 2005. *Kreativität und Freiheit. Kants Konzept der ästhetischen Einbildungskraft*.Acamia.edu/2186012.
Watters, Brett. 2019. *How many bytes memory size is a humans DNA*. Answer in Quora.com.
Weinberg, Bernhard. 1961. *A history of literary criticism in the Italian renaissance*. Chicago: Hathitrust.com und University of Chicago Press.
Zyga, Lisa. 2010. *Freewill is an illusion, biologist says*. Phys.org/news/2010-03.

Zufall als Fundament der Welt

8

„Es würde der Vollkommenheit der Dinge widersprechen, wenn es keine zufälligen Ereignisse gäbe."
    Thomas von Aquin, italienischer Theologe und Philosoph, 1225–1274, in: Summa contra gentiles, Buch 3, Kapitel 74, um 1260.

Dies ist eine aus heutiger Sicht erstaunliche Feststellung des Zufalls im 13. Jahrhundert, genauso erstaunlich wie der Zufall bei Epikur im 4. Jahrhundert v. Chr. mit der Einführung des Clinamen, der Trudelbewegung in allem. Die „echte" Zitterbewegung wird dann 1827 vom Botaniker Robert Brown am Mikroskop entdeckt und der „echte" Zufall zeichnet sich im Jahr 1964 ab, als der nordirische Physiker John Stewart Bell die nach ihm bezeichneten Ungleichungen in der Quantenphysik veröffentlicht. Die experimentellen Prüfungen haben es dann bewiesen mit dem erfolgreichsten wissenschaftlichen Gebäude der Menschheitsgeschichte, der Quantentheorie: Es gibt echten Zufall. Dies war eine kurze Geschichte des physikalischen Zufalls!

Thomas von Aquin gibt dem Menschen Freiheit, denn als christlicher Theologe jongliert er zwischen der Allmacht Gottes und dem freien Willen des Menschen. Aber Thomas von Aquin gibt sogar der ganzen Natur eine gewisse Freiheit. Der Zufall ist zwar „kontingent", aber doch irgendwie auch göttlich; Gott greift beim Zufall nicht ein, aber er könnte (Scarani 2015).

Unser gefühltes Problem mit dem Zufall ist das weltliche Äquivalent zur Theologie des Thomas von Aquin: Wir jonglieren in dieser Denktradition mit dem Verstehen des Zufalls als Illusion und dem absoluten Zufall ohne Ursache im Prinzip. Es ist von der Evolution in uns gelegt worden, immer tiefer nach Ursachen fragen zu müssen. Wir haben gezeigt, dass es auch wie ein absoluter Zufall wirkt, wenn man die Ursachen nicht entwirren kann. Das bedeutet keine Verletzung der Kausalität; diese gilt weiter. Es ist einfach verboten, den Würfel zu fragen, warum er die Sechs geschaffen hat.

8.1 Rauschen als Zufallskontinuum und Motor

„Wo gehen die vergessenen Gedanken hin?"
Sigmund Freud, österreichischer Psychologe, zugeschrieben.

Wir haben schon verschiedenes Rauschen und verschiedene Rauschquellen diskutiert als eine Art von Störung, wenn man nur genau genug hinsieht oder hinhört. Aber Rauschen ist mehr. Es ist auch der Ort, wo die vergessenen Gedanken hingehen, und der Ort, wo manch neuer Gedanke entsteht. Wobei beim Vergessen, in Computersprache ausgedrückt, zuerst die Adressen der Örter der Gedanken „verrauschen", später der Inhalt. Dies mag die Erklärung sein, dass ein Gespräch oder eine Hypnose vergessene Inhalte noch zurückholen kann.

Das übliche, bekannte und uns Menschen zugängliche Rauschen ist auf der Skala des Rauschens in einer mittleren Position. Auf der untersten, feinsten Ebene des Zufalls stehen allgegenwärtige Quantenfluktuationen und thermische Schwankungen. Quantenfluktuationen sind winzige statistische Schwankungen in der Energie eines Raumpunkts für winzige Zeiten; das Produkt von Energie- und Zeitschwankung ist nach der berühmten Heisenbergschen Unschärferelation ein bestimmtes Vielfaches der (auch winzigen) Planckschen Konstante h. Thermische Fluktuationen sind kleine zufällige Schwankungen von Teilchen wie Atomen oder Elektronen im thermischen Gleichgewicht. Jede mögliche Bewegungsart der Teilchen erhält die gleiche winzige Menge Energie zum zufälligen Zittern, Rotieren oder Schwingen, je höher die Temperatur, desto mehr. Es bleibt sogar ein Teil dieser Energie am absoluten Nullpunkt unausradierbar! In diesem Sinne hätte dieses Buch auch heissen können: *Alles rauscht* in Analogie zum bereits erwähnten Spruch des Heraklit „*Alles fliesst – panta rhei*". Wir müssen nicht einmal so in die Tiefen der Physik hinuntergehen.

Ein wunderbares visuelles Beispiel für das Rauschen im Sinne „kleiner Störungen" ist das Meer oder ein See mit leichtem Wind, jetzt nicht zur Erklärung wechselwirkender Kräfte gesehen, sondern naturphilosophisch oder schlicht als Erlebnis.

Die Oberfläche des Sees ist ein „See" von Zufällen: in der Momentaufnahme in Abb. 8.1 nur räumlich und im zeitlichen Verlauf räumlich und zeitlich. Schon nach einer Sekunde wären die meisten Wellenhügel woanders bzw. die einzelnen Pixel des Fotos wären schon anders. Werfen wir jetzt dazu einen Stein in den See, so erzeugt dieser Zufallsevent Wellen, die nach aussen laufen, immer kleinere Amplitude haben und sich schliesslich im Rauschen des Sees und letztlich in dessen thermischer Bewegung verlieren. Anders ausgedrückt: Der Wurf des Steins in den See bringt zusätzliche Entropie in den See, die sich in die Entropie des Sees einbringt und untrennbar vermischt. Der Event „Steinwurf" verschwindet im Rauschuntergrund. Verschwinden heisst, es gibt eine Grenze, nach der ein einzelner Event auch mit Computeranalyse nicht mehr im Rauschen als Ereignis zu identifizieren ist (eine Kette von bekannten Events kann länger identifiziert werden).

Der einzelne Event ist mit all seinen Korrelationen, d. h. seiner Identität, in der Menge von Untergrund-Zufällen unwiederbringlich verschwunden (Abb. 8.2).

8.1 Rauschen als Zufallskontinuum und Motor

Abb. 8.1 Die wellige Oberfläche eines Sees als Momentaufnahme des Rauschens in einem dynamischen System mit Zufall. Abendstimmung am Zürichsee; die Stadt ist im Hintergrund sichtbar. Bild: Edith Geissmann

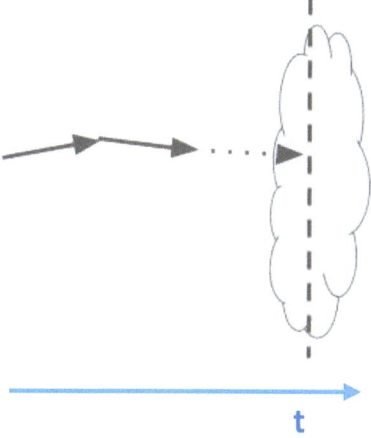

Abb. 8.2 Der umgekehrte Zufall. Das Verschwinden eines Events im Rausch-Untergrund und in der Unberechenbarkeit

In der klassischen Mechanik ist alles glatt und stetig, ja sogar mehr als stetig. Die Natur versucht, die Flugbahn eines Objektes so wenig gekrümmt wie möglich zu machen (Hertzsches Prinzip). Beim Rauschen ist es gerade umgekehrt: Die (mikroskopische) Flugbahn ist nicht mehr stetig, nicht mehr differenzierbar und in der Menge der Teilchen auch nicht mehr berechenbar.

Die grosse Form des Rauschens, zumindest auf der Erde, sind dann die Wellen auf den Ozeanen und die Schwankungen der Strömungen im Ozean. Aber auch Zufallsbewegungen in der Erdrinde, die als grosse Zufälle Vulkanausbrüche, Erdbeben und Tsunamis hervorrufen, sind zufallsbedingt. Und natürlich geht das Rauschen im Kosmos weiter bis hinauf in die grössten Strukturen, die Galaxienhaufen.

Für uns Menschen ist das neurologische Rauschen in unserem Gehirn das Wichtigste – als Zeichen des Lebens und als Ausgangsmaterial für Kreativität. Rauschen ist in vielen Formen, nicht nur in der Evolution, die Triebkraft für Veränderungen.

Das Rauschen bestimmt auch in der Natur die Grenzen der Berechenbarkeit. Beinahe eine Industrie ist die numerische Wettervorhersage, die seit der Verfügbarkeit von Computern auch zu einer angewandten Wissenschaft geworden ist: Wie weit im Voraus lässt sich das Wetter in der chaotischen Welt des atmosphärischen Zufalls vorhersagen? Heute sind es in mittleren geographischen Breiten etwa neun Tage. Die absolute Grenze ist nach dem amerikanischen Meteorologen Fuqinq Zhang etwa zwei Wochen (Carroll 2019). Dass es überhaupt eine Grenze des Berechnens gibt, lässt sich anhand unserer Stufung von „sehr gross" verstehen:

menschlich gross – physikalisch sehr gross – mathematisch sehr, sehr gross.

Die Supercomputer rechnen in einer Stunde typischerweise 10^{20} Operationen mit vorgegebenen Anfangsbedingungen, d. h. physikalisch sehr grosse Zahlenmengen. Die Komplexität der Natur steigt aber rasch an in ganz andere, unzugängliche Grössenordnungen. Durch die kombinatorische Wechselwirkung der vielen Teilchen wird es „mathematisch sehr, sehr gross" und jenseits der Berechenbarkeit. Dies gilt für das Weltwetter, aber auch schon für die Wellenmuster des kleinen Zürichsees, ja selbst für die Bewegungen des Wassers im Wasserglas. Die Abb. 8.3 illustriert das Phänomen: Die Anfangswerte mit ihren Unsicherheiten in der Wolke des Rauschens sind ein Hauptgrund, dass die Vorhersagen weiter in der Zukunft immer unsicherer und schliesslich wertlos werden. Der einzige „Computer", der dies „berechnen" kann, ist der Quantencomputer der Natur selbst.

Abb. 8.3 Die Berechenbarkeitsgrenze, etwa für die Wettervorhersage. Die Sicherheit der Vorhersage verschwindet an dieser Grenze

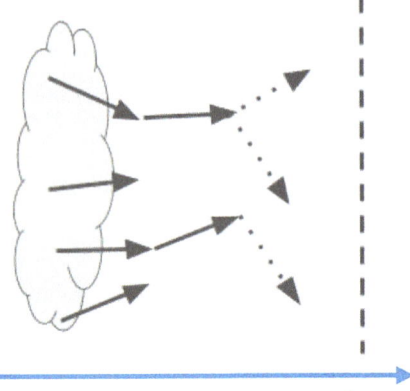

8.2 Der Zufall als System: Der Tychismus

Rauschen ist unfassbarer Untergrund, aus dem das Neue kommt und in dem vieles verschwindet. Der amerikanische Philosoph Charles Peirce spricht 1887 in seiner Schrift „*A Guess in the Riddle* – Vermutung über das [kosmische] Rätsel" vom „*womb of indeterminacy*", dem „Schoss der Unbestimmtheit" (arisbe 2006).

Das erinnert an den berühmtesten Schoss der Unbestimmtheit der Wissenschaftsgeschichte, an Darwins „*warm little pond*":

> „Aber wenn, oh was für ein grosses ‚Wenn', wenn wir uns einen kleinen warmen Teich vorstellen könnten, der alle Arten von Ammonium- und Phosphorsäuresalzen enthielte, dazu Licht, Hitze, Elektrizität, usw., so dass …." usf."
> Charles Darwin in einem Brief an den Botaniker Joseph Hooker, 1871.

Dies ist für Darwin sogar der mögliche Ort der Entstehung des ersten Lebens, in heutiger Terminologie der Beginn der (chemischen) Evolution.

Wir haben damit drei Varianten von Bildern für die Quellen von Zufall:

- Philosophisch, den *Schoss der Unbestimmtheit* von Charles Pierce.
- Wissenschaftlich oder vorwissenschaftlich, den *Tümpel* von Charles Darwin.
- Mathematisch, das *Orakel* des Alan Turing.

Erstaunlicherweise übt Rauschen auf Menschen in vielen Formen eine Faszination aus, insbesondere als Meeresrauschen, aber auch in der härtesten Form als stechendes, computererzeugtes weisses Rauschen, als Strom akustischer Zufälle:

> „Weisses Rauschen gilt allgemein als äusserst psychoaktiv und tranceförderend […] Es lässt sich hervorragend als Hintergrund für Hypnose, Selbsthypnose, Meditation oder für experimentelles Arbeiten mit Trance nützen."
> Hypnoseausbildung-Seminar.de

8.2 Der Zufall als System: Der Tychismus

> „Die endlose Mannigfaltigkeit in der Welt ist nicht per Gesetz geschaffen. Es entspricht nicht der Natur der Uniformität, Variationen hervorzubringen, noch der des Gesetzes, den Einzelfall zu erzeugen. Wenn wir auf die Mannigfaltigkeit der Natur starren, blicken wir direkt in das Gesicht einer lebendigen Spontaneität."
> Charles Peirce, amerikanischer Philosoph, 1839–1914.

8.2.1 Der historische Tychismus

> „Das ist heute sicher, [Peirce] ist der originellste und vielseitigste unter den Philosophen Amerikas und Amerikas grösster Logiker."
> Dictionary of American Biography. 1934.

Der Philosoph Charles Peirce ist ein Universalgelehrter gewesen, Mathematiker, Logiker, Chemiker und Philosoph. Als Philosoph gilt er als der grösste der USA. Er ist so etwas wie der amerikanische Immanuel Kant in der Komplexität seiner Philosophie und seiner Sprache, aber auch wie ein amerikanischer Teilhard de Chardin mit dem Fokus auf der Liebe. In allgemeiner Philosophie entwickelt Pierce einen praktischen, quasi wissenschaftlichen Ansatz, den er Pragmatismus oder Pragmatizismus nennt. Eine Maxime seiner Lehre ist, dass (nur) die praktischen und verifizierbaren Eigenschaften eines Gegenstands von Bedeutung sind. Der Pragmatismus wird zu einer Hauptströmung der Philosophie im 20. Jahrhundert werden.

Auf den Zufall und die grundlegende (Abb. 2.2a) zum Zufall angewandt bedeutet dies: Unzugängliche Ursachen, ob sie existieren oder nicht, sind unwichtig. Es gibt nur die rechte Seite der Skizze, die Quelle des Zufalls. Der Zufall steht im Mittelpunkt seiner Lehre vom Tychismus:

▶ **Definition** „**Tychismus ist die Lehre des amerikanischen Philosophen Charles Peirce, dass der absolute Zufall eine aktive Rolle im Universum spielt.**"
„Tychismus" in definitions.net

Peirce ist unzufrieden mit der Wissenschaft am Ende des 19. Jahrhunderts, aber aus einer ganz anderen Sicht als der nüchterne Emil du Bois. Du Bois hatte versucht, den „Geist" und die mechanistische Wissenschaft zu verbinden. Er war daran verzweifelt, wie aus der Bewegung von Kügelchen „ein Gedanke oder eine Empfindung entstehen sollte – das *„werden wir niemals verstehen, ignorabamus!"* Zur Lösung des Problems hatte die vollkommen andere Wissenschaft namens Informatik, gefehlt, und natürlich vieles mehr.

Für Peirce war die mechanistische Wissenschaft zu eng und zu fantasielos. Er war fasziniert von der Wirksamkeit der Evolution und der unglaublichen Vielfalt an Pflanzen und Tieren, die sie hervorgebracht hatte – durch Myriaden von Zufällen. Das Eingangszitat von Peirce geht weiter, ganz im Sinne etwa des Benoît Mandelbrot und unserer früheren Kapitel mit der Forderung nach „genauem Hinsehen":

„**Ein Tag des Umherstreifens auf dem Lande sollte das uns eigentlich nahebringen.**"

Peirce ist auch Wissenschaftler. Er kennt die Newtonsche Mechanik und die Thermodynamik zur Zeit der Entwicklung des Begriffs der Entropie. Vor allem ist er beeindruckt von der Lehre Darwins von der Evolution als dynamische Entstehung von Neuem durch Zufälle. Erstaunlich, wie er die Entstehung des Universums beschreibt (Reynolds 1996):

„**Im Anfang – unendlich weit entfernt – gab es ein Chaos unpersönlicher Gefühle, diese Gefühle, die hin und her schwanken in reiner Willkür, und beginnen allgemeine Strukturen aufzubauen.**" (Charles Peirce, CP 6.33, um 1898)

Es klingt wie eine poetische Beschreibung des Chaos in Abb. 4.1! Nach der Entwicklung der Allgemeinen Relativitätstheorie und der Entdeckung der Ausdehnung des Alls entstand dann 1931 durch den belgischen Theologen und Physiker Georges Lemaître die Idee, dass am Anfang des Universums eine Art „kosmisches Urei" stand. Es war nach heutiger Anschauung ein ultradichter, ultraheisser chaotischer Zustand (s. Kap. 4).

Peirce sieht viele Argumente dafür, dass der Zufall eine notwendige, kosmologische Kraft ist:

1. Die deterministischen Gesetze (es geht ja noch vor allem um Mechanik) können die Vielfalt der Natur nicht erklären, s. obiges Zitat. Es ist eine moderne Fassung der Idee des Epikur, dass die Atome Unordnung brauchen um sich realistisch zu bewegen (Clinamen).
2. Diese deterministischen Gesetze können die Tendenz zu wachsen, die Komplexität zu erhöhen und sich weiter zu entwickeln, und dies unumkehrbar in die *eine* Richtung, nicht erklären. Viele Naturgesetze lassen sich auch umkehren und die umgekehrten Vorgänge wären auch möglich, aber sie existieren im Grossen nicht. So gilt der Satz vom Wachstum der Entropie.
3. Die Evolution braucht als Ausgangspunkt einen indeterminierten Kern. Es ist der „Schoss der Unbestimmtheit der Welt", der *womb of indeterminacy*.

Zur Veranschaulichung der Vielfalt der Welt haben wir zwei Abbildungen eingefügt, eine „kosmische" und eine irdische. Das kosmische Bild der Abb. 8.4 zeigt die astronomischen Strukturen in unserer extragalaktischen Umgebung auf der sehr grossen Skala: Nur schwach sind Strukturen zu sehen, deren Feinheiten dann buchstäblich zufällig aussehen. Zufall in kosmischem Massstab hat hier mitgewirkt. Bunter und vertrauter ist die Abb. 8.5, die den tierischen Teil des irdischen Lebens zeigt. Die Spezies und die Individuen sind vom Zufall geprägt. In Abb. 8.4 ist es freilaufender Zufall, in der Abb. 8.5 systematisch angehäufter Zufall mit umfangreichen Bauplänen. Der Zufall ist nach Peirce im Kosmos vom allerersten Anfang an aktiv dabei.

Die wissenschaftliche Grundlage des Denkens von Peirce basiert einerseits auf dem Verstehen des Prinzips der biologischen Evolution, zum anderen auf der Mechanik und deren geheimnisvollstem Begriff, der Entropie, die Peirce fasziniert. Weiter in der Wissenschaft kann er um 1900 nicht gehen, nur ahnen. So fehlt ihm die Quantentheorie, die eine Generation später entsteht und eine neue Zufallskomponente in die Wissenschaft bringt. Er hätte sie begrüsst. Die Entdeckung der unbestimmten Quantenwelt greift tief in die Philosophie ein.

Vergleichbar in der Bedeutung ist die Ablösung des damaligen klassischen Dualismus „Materie und Geist" durch den modernen Dualismus „Materie und Information", d. h. Physik und IT, allerdings erst ein Jahrhundert später. Peirce tendiert dazu, die Materie nur als kraftlose Form des Geistes anzusehen. Aber er sieht die Entwicklung der gesamten Welt als eine grosse Evolution an, mit und durch den absoluten, d. h. undurchschaubaren Zufall. Die allgemein akzeptierte Evolution des Lebens ist sein grosses Denkbeispiel, aber er erweitert den Evolutionsgedanken (fälschlicherweise) auf die unbelebte Welt. In der

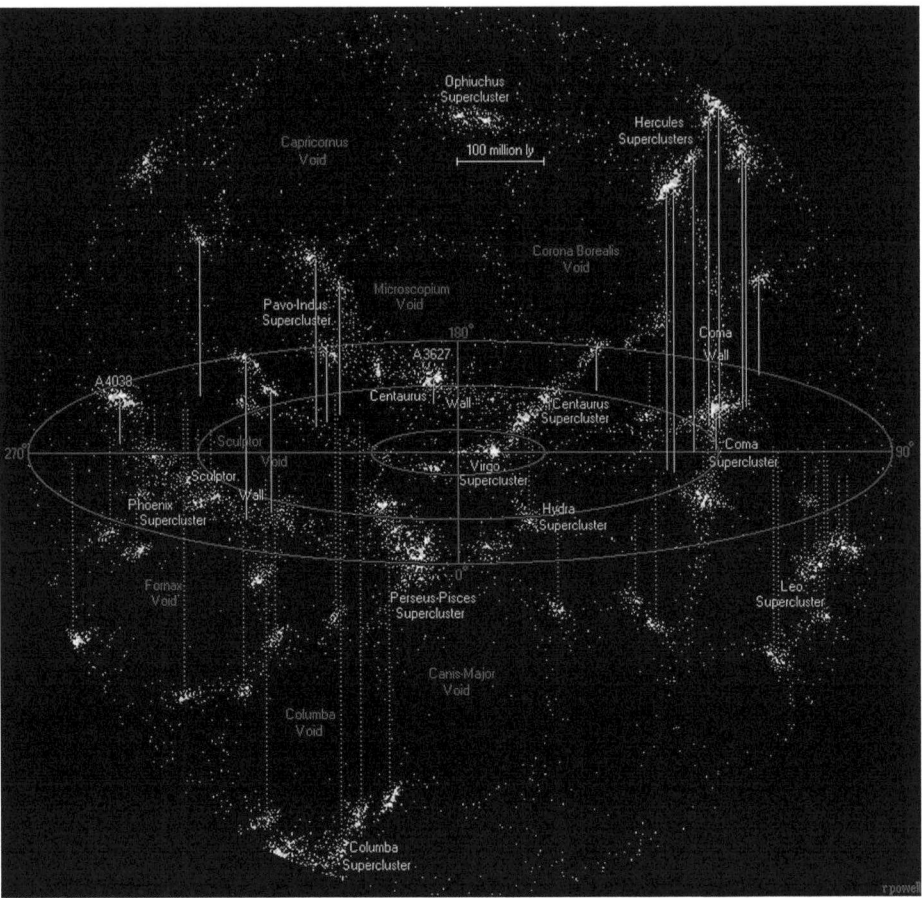

Abb. 8.4 Die Astrodiversität. Objekte in der „nahen" Umgebung unserer Milchstrasse. Die Voids und Supercluster in bis zu 500 Millionen Lichtjahren Entfernung. Bild: Nearsc, Wikimedia Commons, Richard Powell

unbelebten Welt ist Evolution nur ein vager Name für weitergehende Entwicklung, in der Biologie dagegen ein definierter Konstruktionsprozess. In unserer bzw. der Popperschen Terminologie geht es zum einen um die Entwicklung der unbelebten Welt 1, zum anderen um die Welt 2' bzw. Welt 2, beide unter dem Einfluss des Zufalls. Wir können dies unten klären.

Der zweite Grundmechanismus der Entwicklung der Welt nach dem absoluten Zufall ist für Peirce, die „*habits*" (die Gewohnheiten) zu entwickeln. Was er damit meint, wird aus folgendem Zitat deutlich:

„Die Tendenz, Gewohnheiten zu entwickeln oder zu verallgemeinern, erwächst aus der eigenen Aktion, durch die Gewohnheit, Gewohnheiten beim Wachsen anzunehmen",
(im Original „by the habit of taking habits itself growing").

Abb. 8.5 Die Biodiversität (Tierreich). Bild: Animal Diversity, Wikimedia Commons, zusammengesetzt aus Wikimedia Commons Bildern. Free Art License

Das moderne Wort dafür ist „Selbstorganisation". Der Begriff findet sich auch bei Immanuel Kant in der *Kritik der Urteilskraft* von 1790, allerdings nur für die Welt des Lebendigen, und vor allem beim schwäbischen Philosophen Friedrich Wilhelm Schelling, 1775–1854 (Heussler-Kessler 1994). Im modernen Sinn definieren wir:

▷ **Definition Selbstorganisation ist das Entstehen einer Struktur durch Zufall, wenn sie unmittelbar, ohne Code oder gespeichertes Programm, erfolgt, also vor allem in der Physik, aber auch in der Soziologie**.

Ein physikalisches Beispiel sind etwa die hexagonalen Strukturen von Schneekristallen, im Sozialen sind es z. B. Anhängergruppen eines Bloggers im Internet. Es ist adhoc-

Zufall. Die Evolution und die Entwicklung des Lebens selbst ist konstruktiv akkumulierter Zufall und hat eine ganz andere Dimension, sowohl im Grade der entwickelten Komplexität als auch im Rahmen der Zeit, nämlich 4 Milliarden Jahre an Stelle von Spontaneität! Aber natürlich sind beide im Grunde Zufallsprozesse. Pierce versteht unter dem Begriff des *habit-taking*, der Anpassung durch das Leben, auch die Evolution selbst, aber auch die soziale Entwicklung in der Gesellschaft. Das „*habit-taking*" bedeutet das Erfinden, das Prüfen, vielleicht auch das Ablehnen. Seine Kosmologie ist kurz:

„Drei Elemente sind in der Welt aktiv: Erstens, der Zufall, zweitens, die [Natur-] Gesetze und drittens, das Annehmen von Gewohnheiten."

Charles Peirce nennt seine Lehre von der Welt mit Zufall *Tychismus* nach der griechischen Göttin Tyche, entsprechend der römischen Fortuna. Tyche ist in der Mythologie für den wechselhaften Lauf der Geschichte verantwortlich. Sie erhöht und erniedrigt die Menschen. Griechische und römische Städte verehrten sie als eine Art Stadtschutzheilige. Die Abb. 8.6 zeigt vier Tychen aus dem vierten Jahrhundert vor Christus.

Der Begriff Tyche ist dann entpersönlicht und verweltlicht worden zu „Zufall"; nach Wikipedia wurde er sogar zu einem Fluch bei einem Missgeschick, etwa wie „verdammt" oder gar neudeutsch „fuck" (das letztere steht allerdings nicht in Wikipedia).

Die Weltgeschichte aus Sicht des Tychisten schildert Peirce ganz kurz so:

Abb. 8.6 Vier Tychen als römische Stadtheilige: Rom, Konstantinopel, Alexandria und Antiochus. Aus dem Schatz des Esquilino-Hügels. Britisches Museum, London. Bild: Tychai Esquiline Treasure, Wikimedia Commons, Recruos/Jononmac46

> „Die Evolution der Welt ist hyperbolisch. ... Der Zustand vor unendlicher Zeit ist das Chaos, ein Tohuwabohu, das Nichts ohne jede Struktur. Der Zustand in unendlicher Zukunft ist Tod, das Nichts, in dem Gesetz und Ordnung vollständig triumphieren und es keinerlei Spontaneität mehr gibt. Dazwischen sind wir [heute] in einem Zustand mit einer gewissen Spontaneität gegen die Gesetze und immer mehr Konformität mit den Gesetzen."
> 1891, in CP 8.317.

Zur Lebenszeit von Peirce im 19. Jahrhundert hatte die Wissenschaft den Determinismus zum Prinzip erhoben – damals vernünftigerweise. Schliesslich gab es noch viele Gesetze zu entdecken. Der Tychismus war sicher in jener wissenschaftlichen Welt eine Kuriosität.

Charles Peirce war auch als Person ein Exote. Seine Leistungen als Philosoph werden erst ein halbes Jahrhundert anerkannt:

> „Charles Peirce war einer der grössten Philosophen aller Zeiten."
> Karl Popper, österreichisch-britischer Philosoph, 1972.

Eine besonders bemerkenswerte Leistung von Peirce als Logiker war die Vorhersage im Jahr 1886 (!), dass man mit elektrischen Schaltkreisen logische Operationen werde ausführen können. Es würde bis 1940 dauern, bis Konrad Zuse mit der Z2 einen elektromechanischen Rechner bauen würde.

Pierce entwickelt seine Lehre vom Tychismus und dem Zufall als Fundament der Kosmologie um 1891. Das schon mehrfach zitierte berühmte Zitat „Gott würfelt nicht" hat Einstein im Jahr 1926 in Briefen an die Physiker Niels Bohr und Max Born geschrieben. Im Jahr 1927 formuliert der Physiker Werner Heisenberg die Unschärferelation:

Es gibt Paare von physikalischen Grössen, z. B. den Ort und die Geschwindigkeit eines Teilchens, bei denen man nur eine Grösse präzise messen kann, aber dann die andere, die zweite Grösse zwangsläufig unbestimmt wird.

Dies bedeutet, dass damit der absolute Zufall eindeutig in die Wissenschaft eingeführt wurde. Albert Einstein hat es wohl nie akzeptiert.

8.2.2 Der Neo-Tychismus – der absolute Zufall in der modernen Welt

> „Die Welt ist danach statistisch und stochastisch und nicht deterministisch. Zufall ist selber das Prinzip."
> Klaus Mainzer, deutscher Philosoph, geb. 1947, in „Der kreative Zufall".

Wenn wir einen Wissenschaftler vergangener Epoche verstehen wollen, so müssen wir das Wissen „diskontieren", zurücknehmen auf seine oder ihre Epoche. Bei einem Philosophen kommt hinzu, dass er oder sie i.A. eine eigene Begriffswelt aufbaut, die man verstehen muss, und die nicht in sich widerspruchsfrei ist. Es ist nicht wie in den Naturwissenschaften, in denen der Ausgang eines Experiments falsche Annahmen zwangsläufig (auch bei einer Autorität) korrigiert.

Charles Peirce ist keine Ausnahme. Allerdings ist er auch pragmatischer Wissenschaftler. In seiner Lehre vom Tychismus geht er zu weit, wenn er auch die Naturgesetze durch den Zufall geschaffen sieht. Es sei denn, wir sehen die Anpassung der Naturkonstanten, die unser Universum ergeben, als Resultat eines raffinierten Zufallsprozesses an oder denken postmodern, dass unser Universum eines von vielen Universen ist. Unser Universum hat dann eben gerade „zufällig" den Satz von Naturgesetzen, den wir beobachten.

Jedenfalls gibt es einen Kern von Naturgesetzen, die miteinander eng verbunden sind mit unglaublicher Präzision, oft auf 12 geltende Ziffern genau. Dieser Kern ist als Ganzes sicher. Die Astrophysik lehrt uns so, dass die Naturkonstanten, etwa die Lichtgeschwindigkeit, über viele Milliarden Lichtjahre Entfernung und Milliarden Jahre Zeit – den gleichen Wert gehabt haben.

Die prinzipielle Neuerung im „Neo-Tychismus" ist der Dualismus Materie und Physik einerseits, Informatik und Geist andrerseits. Beide Welten folgen anderen Gesetzmässigkeiten.

Wir fügen zu den obigen Argumenten von Pierce hinzu:

4. Die Welt der Physik (Welt 1) hat in sich feste und präzise Gesetze, entwickelt sich aber aus den Anfangsbedingungen und mit dem Zufall weiter. Die Ordnung insgesamt verringert sich, die Entropie des Gesamtsystems steigt unaufhörlich.
5. Die Welt der Informatik (Welt 2') zeichnet sich durch weiter wachsende Komplexität aus, wachsend aus „*habit*" und Zufall, wie die Evolution es zeigt und wie es Peirce geahnt hat. Diese „sanften Gesetze" des Lebens werden in der Tat mit Zufall weitergebaut. Heute wächst diese Welt vor allem weiter durch die Komplexität, die Menschen in Form von „Software" schaffen. Ein Ende dieses Wachstums ist nicht absehbar.

Die Abb. 8.4 zeigt die „zufällige" Verteilung astronomischer Objekte auf sehr grosser Skala, nämlich von Galaxienhaufen in unserer kosmischen Umgebung, also Welt 1. Abb. 8.5 illustriert den tierischen Teil unserer Biodiversität, also einen Teil der Welt 2", durch Zufall entstanden und in einer zufälligen Zusammenstellung. Der Unterschied im Massstab zwischen den beiden Bereichen ist etwa $1 : 10^{25}$.

Wir haben zum Punkt 3 „Initialmenge an Chaos" noch zu ergänzen, dass es viele Chaos-Kerne gibt, etwa die Wellen eines Sees oder die Bewegung von Spermien oder das Rauschen im Gehirn. Der Gedanke ist kompatibel mit Quantentheorie und Quantenfluktuationen „ganz unten" in den kleinsten Dimensionen, mit kinetischer Gastheorie und mit Festkörperphysik. Wir fügen dies als sechste These hinzu:

6. Es gibt unendlich viele chaotische Kerne in der Welt, auf der Erde wie im Weltall, die in sich jeweils eng zusammenhängen („verschränkt" sind). Die grössten Zufallsbereiche auf der Erde sind die Atmosphäre und die Weltmeere.

8.2 Der Zufall als System: Der Tychismus

Es sind alles kleine und grosse „*Wombs*" für Neues, für Zufall, für Spontaneität.
Als siebente These beschreiben wir die Betriebsweise der Welt:

7. Der Lauf der Welt wird bestimmt durch den Zufall innerhalb des vorgegebenen Rahmens der Gesetze der Physik. Zumindest in der Welt 2', dem natürlichen Teil mit der Biologie, ist der Zufall dominant.

Die Abb. 4.9 des Gebirgsbachs beschreibt gerade eindrucksvoll diesen teilweise chaotischen Fluss mit den Randbedingungen, das Strömen des Wassers im Felsenbett. Dabei ist es unklar, ob im Zufall und im Zusammenhang mit den Gesetzen der Physik eine Art eindeutige Neigung liegt, die schliesslich notwendig menschliches Leben ergibt. Die Frage haben wir schon im Kapitel Evolution diskutiert, z. B. für das Auge:
Nimmt man die gleichen oder sehr ähnliche Anfangsbedingungen an, würde die Evolution zum ähnlichen Linsenauge oder zu ähnlichen Lebensformen konvergieren?
Und die ganz grosse Konvergenzfrage:
Nimmt man eine Wiederholung des Big Bang an, würde sich der Kosmos ähnlich entwickeln? Würde sich Leben ähnlich entwickeln?
Dies führt zur in sich nahezu absurden Frage:
Hat der Zufall allein oder zusammen mit den Gesetzen der Physik doch innere Eigenschaften, eine Neigung oder „Propensity"?
Vielleicht ist der Zufall nur abstrakt und erlaubt der Natur einfach nur die Ergodizität, d. h. alle Ecken des Möglichkeitsraums des Universums zu erreichen.

Zusammen mit den obigen klassischen drei Punkten von Peirce – der unglaublichen Vielfalt in der Natur, der festen Richtung des Zeitpfeils in einer scheinbar reversiblen Welt und der Notwendigkeit eines Chaos als Ausgangspunkt von allem – haben wir insgesamt eine kohärente Kosmologie mit operativem Zufall formuliert.

Wir versuchen und erfinden zur Veranschaulichung ein Analogon zur Entstehung und zum Lauf des Kosmos. Es sei ein fiktives Land, das ein Eisenbahnnetz erhält. Es ist wie in Europa in der ersten Hälfte des 19. Jahrhunderts, in USA um 1830 und in China um 1870. Es gebe noch keine Eisenbahn in diesem Land. Nun werde die Eisenbahn eingeführt (Abb. 8.7):

a) Die Technik der Eisenbahn ist vorgegeben und fest. Die Spurbreite der Schienen wird festgelegt. Wenn elektrisch, werden Spannung und Stromfrequenz definiert.
   Dies entspricht in der Kosmogenese den Naturgesetzen.
b) Aber es ist frei (und weitgehend zufällig), wo die Geleise gelegt werden.
   Dies entspricht der Entwicklung der materiellen Welt 1.
c) Nun werden immer mehr Züge eingesetzt und es werden Fahrpläne erstellt. Es entsteht ein verbreiteter Tourismus. Dies illustriert den immateriellen Teil der Eisenbahn. *Es entspricht der Welt 2'.*

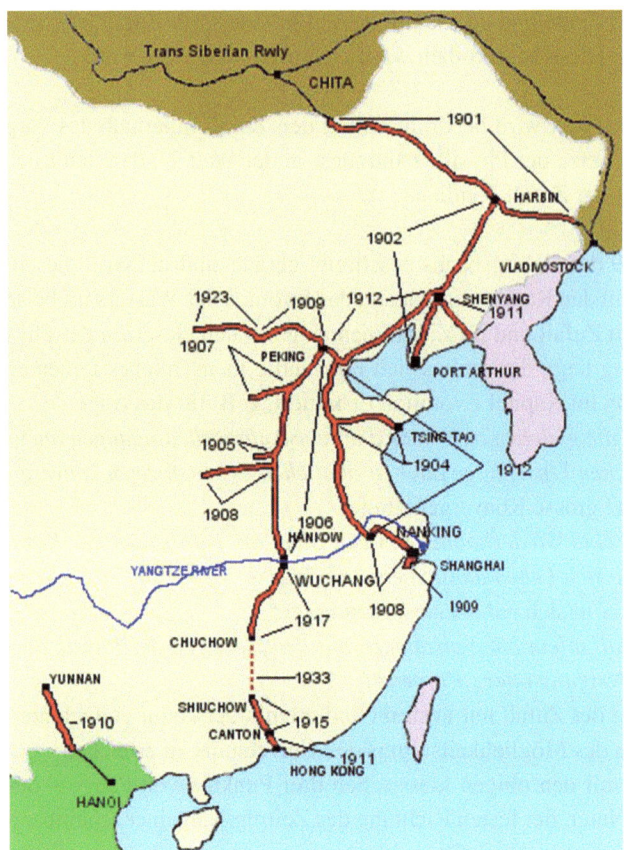

Abb. 8.7 Das frühe Eisenbahnnetz von China. Zum Vergleich der Kosmogenese mit dem Aufbau eines Eisenbahnnetzes. Bild: KCRC Early Network of China, Wikimedia Commons, Mosr

Der Neotychismus ist in den Grundzügen definiert. Zur Warnung sei gesagt, dass dem Autor kein entsprechendes modernes Zitat bekannt ist, das den Neotychismus in dieser Form vertritt. Aber die Bedeutung des Zufalls ist von modernen Philosophen anerkannt, insbesondere vom deutschen Wissenschaftsphilosophen Klaus Mainzer (geb. 1947) in seinem von der Mathematik geprägten, empfehlenswerten Buch „Der kreative Zufall" (Mainzer 2007).

Der schon oft erwähnte US-amerikanische Philosoph Daniel Dennett, wohl einer der weltweit führenden Philosophen, drückt dies populär so aus (Dennett 2003), in roher Übersetzung:

> „Ist nicht alles, was nicht durch die Gene bestimmt ist, von der Umwelt bestimmt? Was gibt es sonst? Es hat noch Natur und Erziehung („nature and nurture"). Aber gibt es noch ein grosses X, das dazu kommt? Das ist der Zufall, das Glück. Der Zufall ist wichtig, und er braucht nicht aus den Tiefen der Quanteninnereien der Atome zu kommen

oder von einem fernen Stern. Er ist um uns herum in Form des zufälligen Münzenwerfen unserer lärmigen Welt, und er füllt die Lücken aus, die unsere Gene und die grossen Einflüsse unserer Umwelt lassen."

Das ergibt als „Weltformel":

Wir sind „Nature + Nurture + X", mit dem Zufall X.

Nach dem Merriam Webster Wörterbuch bedeutet *nurture* hier:

„die Summe der Umweltfaktoren, die das Verhalten und die Merkmale eines Organismus ausdrücken".

Nun ist die „nature" wie die „nurture" selbst auch mit dem und durch den Zufall entstanden. Verwenden wir die quasi-mathematische Ausdrucksweise A(X) der Funktion A im Sinne von „Eigenschaft A hängt von X ab", so ergibt sich damit als vollständige Weltformel:

Wir bestehen aus Natur (durch Zufall X) + Erziehung (mit Zufall X) + Zufall X.

Oder kurz: **Wir sind Wir (X),** wir sind ein Werk des Zufalls, in diesem Augenblick und historisch. Wir selbst, unsere Geschichte, unsere Berge, unsere Wälder, alle Tiere und Pflanzen, unser Wetter, unsere Meere.

Der Zufall ist mehr als ein Lückenfüller: Die Naturgesetze sind der Rahmen für den Strom des Zufalls.

Zusammenfassung des Kapitels

Für die klassische Physik ist der Zufall im Einzelnen störend und wird in der Menge mit Hilfe der mathematischen Statistik gezähmt. Aber Zufall ist mehr: Er gehört aktiv zur Welt von Anfang an. Zufall im Kleinen ist überall: Es ist das Rauschen. Ein schönes Beispiel für sichtbare Fluktuationen in Raum und Zeit ist ein See (oder das Meer) mit seinen Wellen. Wird ein Stein „zufällig" in den See geworfen, so verschwinden die ausgelösten Wellen schliesslich unidentifizierbar im Rauschen. Das Verschwinden eines Events im Rauschen ist der inverse Zufall. Umgekehrt kommt aus dem Rauschen Neues, z. B. gerade Ideen im Kopf. Das allgegenwärtige zufällige Rauschen gibt eine prinzipielle Grenze für die Berechenbarkeit von Vorgängen, etwa bei der Wettervorhersage. Das Rauschen als ein Strom von Zufall steht immer hinter den determinierten Vorgängen. Quellen von Rauschen gibt es überall und damit auch die Möglichkeit spontaner Veränderung.

Der Zufall ist fester Bestandteil des kosmologischen Fundaments der Welt. Als erster hat der amerikanische Philosoph Charles Peirce den Zufall als Grundprinzip der Welt von ihrem Anfang an gesehen. Die üblichen Naturgesetze lieferten zu wenig Diversität, glaubte er. Es ist die gleiche Begründung, die in der antiken Atomtheorie zur Einführung des Clinamen geführt hat.

Der Zufall wird nach Peirce schon zu Beginn in die Welt eingeführt in einem chaotischen Anfang. Heute kennen wir dafür den „Big Bang". Das Wachsen der Komplexität im Laufe der Entwicklung sieht er als Evolution, allerdings auch fälschlicherweise eine Darwinsche Evolution der unbelebten Natur. Peirce denkt, dass auch die Naturgesetze durch eine Art von Evolution entstehen. Der Dualismus Materie zu Information zeigt heute, dass sich die Welten 1 und 2' verschieden entwickeln: Die Welt 2' (das Leben) baut Baupläne, der Kern der physikalischen Naturgesetze ist mit unglaublicher Präzision festgelegt. Damit haben wir die Kosmologie:

Der chaotische Kern entsteht mit dem „Big Bang" zu Beginn.
Die Welt 1 (die unbelebte Welt) entwickelt sich passiv mit Zufall, aber auf der Grundlage der exakten Gesetze weiter.
Die Welt 2' (das Leben) beginnt daraus durch Zufall Baupläne aufzustellen, die weitergegeben werden können und damit in der Komplexität wachsen. Es ist die Darwinsche Evolution mit dem Zufall als Triebkraft.
Es entwickelt sich intelligentes Leben, das selbst Baupläne aufstellen kann und Vorrichtungen zu deren Ausführung bauen (die Computer und ihre Software).

Wir nennen diese Lehre zu Ehren von Charles Peirce Neotychismus. Ohne den fundamentalen absoluten Zufall geht es nicht. Nicht für den Kosmos, aber auch nicht für uns Menschen als Individuen, auch wenn wir es nahezu nicht fassen können.

Wir bringen das Verständnis des Zufalls buchstäblich auf eine Formel nach dem Philosophen Daniel Dennett:

Wir bestehen aus Natur (durch Zufall X) + Erziehung (mit Zufall X) + Zufall X.

Dabei steht X für den Zufall. Oder kurz: **Wir sind Wir (X)** in pseudo-mathematischer Schreibweise: Wir sind ein Produkt des Zufalls.

Literatur

Arisbe. 2006. *Charles Peirce – A guess at the riddle.* arisbe.sitehost.iu.edu.
Carroll, Matthew. 2019. *The predictability limit.* Sciencedaily.com. Zugegriffen am 15.04.2019.
Dennett, Daniel. 2003. *Freedom evolves.* New York: Viking Books.
Heussler-Kessler, Marie-Luise. 1994. *Schelling und die Selbstorganisation.* Berlin: Duncker und Humblot.
Mainzer, Klaus. 2007. *Der kreative Zufall.* München: Beck.
Reynolds, Andrew. 1996. Peirce's cosmology and thermodynamics. *Transactions of the Charles S. Peirce Society* 32(3): 403–423.
Scarani, Valerio. 2015. *The universe would not be perfect without randomness.* Arxiv.org/abs/1501.00769. Zugegriffen im Juni 2020.

Zufall im menschlichen Leben 9

„Ich bin ein absoluter Feind des „unerklärbaren Zufalls". Imho[1] basiert das nur auf mangelnder Wahrnehmung. Und dies ist kein Anlass für universelle Wahrheiten!! Wie ich das immer hasse!"
Teilnehmer „Wowie", im Blog „Philosophie-Raum",
Mitglied der philosophischen Gesellschaft, am 06.10.2013.

Der Zufall ist eigentlich ein Fremdkörper in unserem Denken, jedenfalls der Zufall, den man nicht hinterfragen oder durchschauen kann. Das obige Zitat hat eine vornehme und geistreiche Entsprechung im Ausspruch Einsteins *„der Alte würfelt nicht"* (s. o.).

Wir vergleichen zunächst die Lebenspositionen mit Zufall im klassischen religiösen Weltbild und im ebenfalls klassischen wissenschaftlichen Denken der Aufklärung.

Traditionelle Religion
In unserem traditionellen religiösen Weltdenken ist der Kosmos geordnet, optimal zusammengefügt und „geschaffen". Die Kausalketten, die wir sehen, enden (oder beginnen) in sagenhaften Vergangenheiten bei mächtigen Göttern, die meistens, aber nicht immer, auf unserer Seite stehen. Die abrahamitischen Religionen haben viele körperliche Eigenschaften der Götter abstrahiert, aber die menschlichen oder unmenschlichen Züge sind geblieben. Dazu gibt es Verfahren, sich das Wohlwollen der Götter zu sichern – durch totale Unterwerfung, durch Opfer und durch besondere Fürsprecher wie die Heiligen. Wenn die Möglichkeiten ausgeschöpft sind (oder die Massnahmen nicht ausreichen), dann bleibt nur, das Schicksal anzunehmen, insbesondere den Tod, und das Unglück als Strafe oder Prüfung zu interpretieren. Wenn etwas wie ein Zufall erscheint, gibt es immer noch die

---

[1] *Imho* ist Internet Slang und bedeutet „nach meiner bescheidenen Meinung".

Möglichkeit, ein höheres Wesen dahinter zu sehen. Das drücken diese beiden bekannten Sprüche aus:

> „Der Zufall ist vielleicht das Pseudonym, das Gott annimmt, wenn er nicht unterschreiben will"
> Théophile Gautier, französischer Schriftsteller, 1855,
> manchmal auch Albert Schweitzer zugeschrieben.

und

> „Le hasard, en définitive, c'est Dieu" Der Zufall ist in Wirklichkeit Gott.
> Anatole France, französischer Schriftsteller, 1906.

Mit dieser Denkart scheint der Zufall in unserem Leben gezähmt zu sein; er ist sowieso nur ein beiläufiger, leicht störender Effekt. Das Zentrale sind die höheren Wesen.

Aufklärung
Die Aufklärung hat an den Anfang der Kausalketten die quasi-menschlichen Götter ersetzt durch rationale Kausalketten, die erkannt oder vermutet werden, bis sie sich in der fernen Vergangenheit verlieren. Die Vernunft ist jetzt der grosse Schiedsrichter. Die Kausalketten der Ereignisse, die uns betreffen, lassen sich jetzt weiter und zuverlässiger zurückverfolgen, irgendwann beginnt aber doch das Dunkle und Unbekannte. Gleichzeitig wird im absehbaren Bereich durch die Naturwissenschaften Ordnung geschaffen und bisher dort vermuteter Zufall entfernt, etwa mit der erfolgreichen Vorhersage des Laufs von Sonne, Mond und Planeten. Friedrich Nietzsche fragt:

> „Was ist das Böse? Dreierlei: der Zufall, das Ungewisse, das Plötzliche"
> Nachgelassene Fragmente, Religion, 1888.

Im gleichen Fragment beschreibt Nietzsche die Geschichte der Kultur als eine Abnahme der Furcht vor dem Zufall: *„Cultur, das heisst berechnen lernen, causal denken lernen, prävenieren lernen, an Nothwendigkeit glauben lernen."* Der Zufall passt nicht und als absoluter Zufall existiert er im Determinismus nicht. Aber es gibt ihn natürlich im praktischen Leben, in der Natur, wissenschaftlich gezähmt als Statistik, halb gezähmt und etwas unheimlich in Form der Entropie, und ungezähmt im Wirken der Evolution, die mit dem Zufall Neues, Grösseres erschafft.

Die wirtschaftliche Zähmung des Zufalls ist eine eigene Industrie, die Versicherungsbranche als „Zufallsindustrie". Ihre Aufgabe wird definiert durch die *„Beseitigung des Risikos eines Einzelnen durch die Beiträge von vielen mit ähnlichem Risiko"* (nach Wikipediaartikel Versicherung (Kollektiv), gezogen 26. Juli 2020).

Die Anfänge liegen schon vor der Aufklärung in der Solidaritätsgemeinschaft der Zünfte. Ende des 18. Jahrhunderts entstehen die ersten Versicherer auf mathematischer Grundlage. Da die Risiken für Zufälle seitdem immer grösser geworden sind, entstand ab dem 19. Jahrhundert eine weitere Art von „Zähmung", nun für die Versicherer selbst: die Rückversicherer. Mehr oder weniger gut gezähmt ist der Zufall in einer weiteren Zufallsindustrie, den Spielbanken – jedenfalls aus Sicht der Spielbank, so lange die Bank gewinnt.

Die Wirkung des Zufalls durch ein Feuer, durch den Verlust eines Schiffes oder eines Spieleinsatzes ist drastisch, schmerzhaft und real. Der Zufall als abstrakter Mechanismus einer Evolution hatte es gegen die offizielle, beinahe greifbare Schöpfungsgeschichte schwer. Der Widerstand war gewaltig. Der Zufall passt nicht richtig zur Religion und gar nicht zu einer Vernunft, die alles bis ins Kleinste erklären will. Unsicherheit passt nicht zur scheinbaren Sicherheit der Menschen am Ende des 19. Jahrhunderts. Unbestimmtheitsrelation und Verschränktheit in der Quantenphysik im 20. Jahrhundert stehen in totalem Widerspruch zur Vernunft eines Laplace. Der Zufall im Leben ist offensichtlich, aber nur als eine störende Nebenerscheinung (der persönliche Tod ist das Störendste). Die resultierende ablehnende Haltung zum Zufall ist gar nicht so verschieden vom religiösen Standpunkt.

Neo-Tychismus
Aber es gibt den „echten" Zufall, absolut und fundamental, auch für unser Leben. Der Zufall ist nahezu überall, das Glatte und Einfache ist eher die Ausnahme. Die Naturgesetze gelten zwar und alle Vorgänge sind kausal, aber vieles, sehr vieles ist zufällig. Der Zufall sorgt für die Vielfalt in der Natur und in unserem Leben, angefangen bei unserer Geburt, unserem „Sein" in philosophischer Sprechweise. Es ist genau wie Nietzsche sagte: „Statt Autorität durch einen Gott oder die Vernunft regieren *Zufall, Ungewisses, Plötzliches.*" Wir definieren:

▶ **Definition Ein Vorgang ist tychistisch, wenn er nur mit absolutem Zufall funktioniert.**

Zwei „tychistische" Ereignisse begrenzen unser Leben: die Geburt aus dem Meer der Zufälle mit unseren Eltern und unserer genetischen Kombination heraus, und der Tod, bei dem wir in das Rauschen zurück versinken.

Niemand hat die Ereignisse geplant (Familienplanung genügt nicht). Natürlich kann man sich einen Plan im Hintergrund erhoffen, aber dies wäre unwissenschaftlich und nur ein menschliches Analogon. Unser obiges Beispiel, der Wurf eines Steins in einen See oder Fluss und das Verklingen der Wellen im thermischen Rauschen und den Zufallswirbeln des Wassers ist ein analoges, einfaches Beispiel zur Teleologie des Lebens: Aus den wissenschaftlich-technischen Welten 1 und 2' gibt es keinen Sinn für unser Leben. Nur die Richtung der Entwicklungen ist vorgegeben.

Auch die biologische Evolution, das wissenschaftliche Paradebeispiel für Tychismus, gibt keinen Sinn an sich. Die Baupläne der Organismen sind durch akkumulierten Zufall entstanden, sind aber jetzt Bastionen gegen den Zufall eben als komplexe aber hinreichend stabile Programme für das Leben. Zur Weiterführung der Evolution ist es notwendig, dass wenigstens einer der akkumulierten erfolgreichen Baupläne nicht verlorengeht und mindestens ein Lebensfunke bei einem lebenden Wesen mit diesem Plan weiter existiert. Dies ist die Minimalforderung des Lebens. Dazu muss und darf nicht an allen Spezies festgehalten werden und dazu müssen nicht alle Individuen so lange wie möglich am Leben gehalten werden. Ethische Forderungen wie „Erhaltung der Arten", „Schutz des individuellen Lebens" oder gar „Schutz der Menschenwürde" haben nichts mit der Evolution zu tun. Es sind alles Konstrukte der Welt 3', ausserhalb des Technischen. Ein Naturrecht gibt es nicht.

Natürlich gibt es einfache Tierarten, etwa den Quastenflosser oder das Neunauge, die schon seit Hunderten von Millionen Jahren auf der Welt existieren: Warum hat sich die Evolution nicht damit begnügt? Bei der Evolution kommerzieller Software ist es der Druck von neuen Kundenanforderungen, der zwingt den Code zu weitern. Die Evolution scheint *a posteriori* doch eine Richtung und eine Neigung, eine „gefühlte" Propensity, zu haben, und die Richtung sind wir Menschen, wir als soziales Wesen (menschlich gesehen) oder „wir" als Schöpfer der nächsten Generation von IT, der digitalen IT (technologisch gesehen).

Für uns Individuen und unser Leben hilft dies nicht. Wir werden ins Leben geworfen und ab jetzt „passiert es", nach den biologischen Regeln, den sozialen Regeln der Mitmenschen und mit laufend eingreifendem Zufall.

Ein deutsches Konfirmandenlied vom Journalisten und Liedermacher Jürgen Werth (geb. 1951) sagt zwar wunderbar beruhigend:

Vergiss es nie: Du bist kein Zufall, keine Laune der Natur.
Du bist ein genialer Gedanke Gottes, Du bist wertvoll!
Dass Du lebst war keine eigene Idee. Und dass du atmest, kein Entschluss von dir.

Der Text klingt gut und fühlt sich wunderbar an, aber nur in der Geborgenheit menschlicher Begriffe: Wir sind viele Zufälle, von Anfang an. Das Wort „Laune" rührt von *luna* her, vom Mond, und dessen Wandlungen: Wir sind Launen der Natur, wenn dieses Bild erlaubt ist. Wir kontrollieren einen grossen Teil der Welt prinzipiell nicht. Von Geborgenheit ist im Prinzip nichts zu merken, weder für die Spezies „Mensch" noch für uns als Einzelne. Es ist richtig: Es ist nicht unsere Idee, dass wir da sind.

Existenzialismus

Diese Geworfenheit als Lebensgefühl ist nicht neu, sondern zeichnet sich bereits im 19. Jahrhundert ab mit dem dänischen Philosophen Søren Kierkegaard, 1813–1855.

> **„... das habe ich von Sokrates gelernt. Ich will die Menschen aufmerksam machen, dass sie nicht ihr Leben vergeuden und zugrunde richten."**
> **Søren Kierkegaard, Tagebücher II.**

Kierkegaard ist damit ein Vorläufer von Jean-Paul Sartre, dessen Maxime wir schon erwähnt haben „*den Menschen in den Besitz seiner selbst zu bringen*". Es ist die Lehre des Existenzialismus mit den Hauptvertretern Jean-Paul Sartre, Albert Camus und Simone de

Beauvoir in Frankreich um die Mitte des 20. Jahrhunderts. Es ist der Versuch einer Philosophie des moralischen und sinnvollen Lebens mit Zufall. Sartre schreibt „l'essentiel, c'est la contingence":

> **„Das Wesentliche ist das Zufällige. Ich möchte sagen, dass, wenn man die Existenz definieren will, sie nicht das Notwendige ist. Existieren heisst, einfach da zu sein".**
> **In: La nausée (der Ekel), 1938.**

Der Leitspruch des Existenzialismus ist: *l'existence précède l'essence,* übersetzt etwa: Die Existenz geht der Essenz voraus oder erläuternd: Unser Wesen entstehe erst im Laufe des Lebens in der Begegnung mit den Zufällen des Lebens und sei nicht mit der Geburt vorgegeben.

Die Bewältigung des Lebens in einer Welt mit unerbittlichen, auch absurden Zufällen ist bei vielen modernen Philosophen heute nicht mehr im Fokus ihrer Arbeiten. Der Existenzialismus ist keine Hauptrichtung der Philosophie. Eher wird sog. Analytische Philosophie betrieben mit konkreten Einzelthemen, etwa Feminismus oder die Ethik der modernen Medizin. Aber jeder Einzelne muss mit seinem Leben und „seinen" Zufällen zurechtkommen. Existenzielle Fragen stehen deshalb im Mittelpunkt vieler literarischer Werke. Die Website *goodreads.com* führt eine eindrucksvolle Liste von 100 Werken der Weltliteratur zur existenziellen Thematik:

Abe, Beckett, Bradbury, Camus, Dostojewskij, Hesse, Huxley, Kafka, Kundera, Nietzsche, Rilke, Saint-Exupéry, Salinger, Sartre, Shakespeare (Hamlet), Voltaire, Wolf, und viele mehr.

Als Randnotiz sind noch „tychistische" Handlungen zu erwähnen. Dazu definiert Jean-Paul Sartre die *actes gratuits*:

▶ **Definition** Ein acte gratuit ist eine willkürliche Handlung ohne nachvollziehbare Motivation, meist gewalttätig.

Eine derartige absolut zufällige Tat ist eine symbolische Auflehnung gegen den als drückend empfundenen Determinismus und den Zwang der Kausalität oder, religiös, eine Auflehnung gegen den Willen Gottes. Das klassische Beispiel ist ein Mord im Roman *Die Verliese des Vatikan* von André Gide aus dem Jahr 1914: Der „Held" wirft ohne Motiv einen unbekannten alten Mann aus dem fahrenden Zug.

Der reale Umgang mit dem Zufall im Leben ist dann Soziologie, Psychologie, Religion: Ist es Glück oder Pech, Strafe oder Belohnung, Zeichen oder Zufall? Wenn es einfach Zufall ist und man ihn versteht, wird man demütiger gegenüber dem Ablauf der Geschichte.

Eine Form der Demut gegenüber dem Zufall drücken tröstende Redewendungen aus wie: *„C'est la vie!", „Dumm gelaufen"* oder international *„Shit happens"*.

Laut Wikipedia ist letzteres „Bestandteil der Umgangssprache" und wird nicht als vulgär betrachtet. Wer es vornehm sagen will, kann auch ausrufen *„Stercus accidit!"*, die lateinische Version. Es ist sozusagen ein Kürzel für „Tychismus".

Die Volksweisheit *„Jeder ist seines eigene Glückes Schmied"* ist eine oberflächliche Betrachtung des Lebens nach unserer Diskussion des „freien" Willens. Aber es gibt eine weise volkstümliche Ergänzung:

„Jeder ist seines Glückes Schmied, aber der Zufall bleibt doch stets dabei der Blasebalg".
Aus den Fliegenden Blättern, humoristische deutsche Wochenzeitschrift, 1944.

Es gibt Zufalls-Situationen im Leben, die jenseits der Frivolitäten der Umgangssprache stehen: Der Tod eines Nächsten oder die Nähe des eigenen Todes, schwere Krankheit, Lebensgefahr. Der Philosoph Karl Jaspers hat dafür 1919 den Begriff der Grenzsituationen eingeführt. Es sind Situationen, in denen der Mensch unausweichlich und unübersehbar an die Grenzen seines Lebens stösst. Vieles dabei ist unmittelbarer Zufall und es gilt zu denken:

„Ich muss sterben, ich muss leiden, ich muss kämpfen, ich bin dem Zufall unterworfen, ich verstricke mich unausweichlich in Schuld".
Karl Jaspers, deutsch-schweizerischer Philosoph, 1883–1969.

Der norwegische Maler Edvard Munch (1863–1944) hat in mehreren Versionen das dazu passende Bild gemalt, das ihn weltberühmt gemacht hat und am Beginn des Stils des Expressionismus in der Malerei steht, Abb. 9.1, der „Schrei". Es entspricht genau dem

Abb. 9.1 Das Bild des Menschen in einer Grenzsituation durch ein drohendes Ereignis. „Der Schrei" von Edvard Munch, gemalt 1910. (Bild: Edvard Munch The Scream, Wikimedia Commons, Google Art Project)

Geist des drohenden Zufalls und vermittelt den Einblick in das Seelenleben im Augenblick der Verzweiflung. Es ist der Eindruck einer Lebenssituation, in der wir nichts machen können als uns zu ergeben. Unser Leben „*happens*", es geschieht.

Schlussfolgerungen 10

> „Der Zufall ist für Lichtenberg nichts anderes als eine Form des Zusammenhangs in der Welt, der mit der objektiven Gesetzmässigkeit verbunden ist."
> **Dorothea Götz**, in *Georg Christoph Lichtenberg*, 1984.

Der kleine, bucklige aber geniale Physiker Lichtenberg aus dem 18. Jahrhundert ahnte es wohl: Der Zufall ist nicht nur eine oberflächliche Störung im sonst geregelten Ablauf der Natur, sondern er ist eingebaut ins Fundament der Welt. Schon die antiken Atomisten, die Erfinder der Atomidee, wussten es: Ohne Zufall gibt es keine lebendige Welt. Der Zufall ist vom Beginn der Welt an für die Mannigfaltigkeit im Kosmos verantwortlich, in der astronomischen Welt der Sterne und Galaxien genauso wie auf der Erde.

Die Entdeckung der biologischen Evolution durch Darwin war das erste klare Indiz dafür: Es ist der Zufall, der das Neue in die Welt bringen kann, ja sogar nur der Zufall. Aber eigentlich ist der Zufall als absoluter Zufall ohne verständliche Begründung ein unbeliebter und schwer fassbarer Gedanke. Das war ein Grund für den Widerstand und die Gegnerschaft, die Darwin erfuhr bis hin zur hämischen Frage ob er „väterlicherseits oder mütterlicherseits" vom Affen abstamme. Es ist unglücklich oder gar dumm, von der „Theorie" der Evolution im Sinn von etwas Fraglichem zu reden. Evolution ist die Methode der Natur, um Komplexität zu erzeugen und um die Richtung der Entwicklung der Welt weiter zu treiben. Die Gesetze der Physik können dies nicht, höchstens die Entropie – aber die gehört auch zum Zufall. Sie ist eine Grösse, die den Zufall misst in der Form von Ordnung oder Unordnung. Allerdings erzeugt die Evolution nicht „Lebenssinn", weder für eine Spezies, noch für ein Individuum. Die Evolution „will" nur weitergehen.

Damit ist der Zufall für uns Menschen ein Problem: Er ist unkontrollierbar und damit eine Bedrohung, mit der wir fertig werden müssen. Eine Möglichkeit dafür bietet sich an, im Zufall die Wirkung einer höheren Macht zu sehen. Der Zufall wird religiös interpretiert – zu einer Gnade oder einer Strafe. Die Aufklärung hat uns die falsche Sicherheit gegeben, im Prinzip alles verstehen zu können. Der real existierende Zufall nimmt uns dieses Vertrauen. Unser Leben ist Zufall, geführt durch den Rahmen der Naturgesetze. Die härteste Konsequenz aus dieser prinzipiellen Unsicherheit zogen die Philosophen des Existenzialismus wie Sartre und Camus, heute nicht mehr so populär, aber die Grundideen schon: *Shit happens* und wir müssen damit leben (zu diesem Ausdruck, s. Text).

Wir stellen fest, dass der Zufall gar nicht so absolut sein muss: Für die Wirkung als Zufall reicht es aus, wenn man nach der Ursache nicht mehr fragen kann: Warum ist es so? Etwa den Würfel „*Warum hast Du keine sechs gewürfelt?*" Aber natürlich hat jedes Ergebnis beim Würfeln immer eine Ursache, aber diese ist per Definition undurchschaubar hinter einer Wand. Wir zeigen physikalisch und mathematisch, wie es zu diesem „Nicht fragen können" kommt: Es gibt nämlich fliessende Übergänge zwischen sichtbar und durchschaubar einerseits und dem undurchschaubaren Chaos andrerseits. Das zeigen wir am Wurf eines Steines in einen See (wie die ausgelösten Wellen verklingen) oder an den Vorausberechnungen von Wetter (wenn die Vorhersagen nach ein bis zwei Wochen verschwimmen). Physikalisch nicht mehr durchschaubar und mathematisch nicht mehr berechenbar zu sein, geht Hand in Hand. Was nicht mehr berechenbar und vorhersehbar ist, ist per Definition Rauschen. Rauschen ist beinahe überall – im Wasser, in der Luft, in unserem Gehirn, im Augenblick der sexuellen Reproduktion. Erweitert man mit dem Mathematiker Mandelbrot den Begriff, so sind die Gräser einer Wiese, die Wolken am Himmel und die Wellen auf dem See verrauscht – d. h. überall ist Zufall, häufig in gebrochenen Geometrien als „Fraktale". Von der gesamten Information, die z. B. einen ausgewachsenen Baum beschreibt, ist nur ein winziger Teil Erbinformation.

Dem ersten Rauschen begegnen wir in konzentriertester Form beim Big Bang, bei der Entstehung des Universums. Aber heute gibt es solche „Tümpel des Zufalls" überall, in denen Zufall vor unseren Augen entsteht und andrerseits Ereignisse vergehen. Sichtbar sind es die Wellen der Seen und des Meeres, unsichtbar ist es der Flüssigkeitsstrom im Eileiter bei der Befruchtung oder das neuronale Rauschen im Gehirn. Im Tode werden auch wir insgesamt zu Rauschen. Unsere strukturelle Information verschwindet und unsere körperliche Materie verteilt sich über die Welt.

Das Zusammenspiel von Zufall und Notwendigkeit haben wir am physikalischen Beispiel des Gebirgsbachs gesehen: Das Bachbett gibt den Rahmen, den Anfangs- und den Endpunkt des Fliessens vor, aber der Weg der einzelnen Wassermoleküle ist unbestimmt. Einen Rahmen für die Welt als Ganzes geben die Erhaltungssätze wie Energie, Impuls, Drehimpuls und Ladung, die tief in die inneren Symmetrien der Welt eingebaut sind. Diese Symmetrien wie eine Verschiebung in der Zeit oder im dreidimensionalen Raum oder eine Drehung im Raum bestimmen auch das Verhalten und die Eigenschaften der Elementarteilchen.

Eine weitere, wichtige Einschränkung ist das „Pauli-Prinzip", genannt nach dem österreichischen Physiker Wolfgang Pauli (1900–1958). Es bestimmt, welche Atome möglich sind, aber auch welche grösseren Strukturen, und gilt für den grössten Teil der realen Welt. Damit werden die Abläufe der Welt eingeschränkt und die physikalischen Möglichkeiten vorgegeben, in denen sich der Lauf der Welt mit seinen Zufällen und Kausalketten abspielen.

Die elementare Analogie der Einführung eines Eisenbahnsystems in einem Land demonstriert die Gesetze (etwa die Schienennorm und die Anzahl der Lokomotiven als „Erhaltungsgesetz") und die sich entwickelnde Zufallswelt, die sich auf den Schienen abspielt.

Das Ergebnis ist unsere Welt mit viel konserviertem und mit lebendigem Zufall: Die Tierarten und die Gebirge z. B. haben Zufall bewahrt, unser Leben ist aktiver Zufall. Wir sind nach dem Nobelpreisträger Manfred Eigen aktive Teilnehmer im grossen Weltspiel,[1] aber das Spiel geht tiefer als es Eigen wohl dachte: Wir sind nicht unabhängige Homunkulus-Spieler in der Zufallswelt, sondern das Zufallsspiel geht auch in unseren Köpfen weiter.

Dazu eine Beobachtung zu den grossen Zufallsprozessen. Die Zukunft ist gerade durch die Zufälle nicht vorhersehbar, aber wenn wir zurückschauen, wiederholt sich die Beobachtung, dass alles genau so ist, wie es sein musste, damit wir existieren: die Sonne, die Erde, die Evolution, unsere unmittelbaren Vorfahren. Es wird damit allem ein Sinn gegeben *a posteriori* (es ist das sog. anthropische Prinzip). Damit kann der Zufall so wirken, als habe er eine Neigung, zu einem bestimmten Ziel zu führen – und es nicht klar, wie stark die Neigung, die sog. Propensity, des Universums und der Grundlagen der Physik ist, durch und mit den Zufällen zum Leben zu führen – und ob eine solche „Neigung" überhaupt existiert. Gefühlsmässig sehen alle Stufen der Geschichte der Menschheit aus wie eine gesetzmässige und notwendige Abfolge zum Heute: Steinzeit, Bronzezeit, Eisenzeit, Industrialisierung mit fossiler Energie, jetzt mit Solarenergie, mit Digitalisierung, aber auch mit dem Klimawandel. Es gibt keine Garantie für die Zukunft. Die gute Zufallskette könnte gesetzmässig weiter gehen – oder mit unserer Generation zu Ende sein. Es ist denkbar, dass es „zero-Propensity" gibt, d. h. keinerlei Neigung, und der Zufall nur die Aufgabe hat, den Zugang zu allen denkbaren Bereichen des Möglichkeitsraums zu gewährleisten.

Der Zufall begründet das Neue in unserer Welt, insbesondere unsere Kreativität, sichtbar bei Serendipity, aber auch sonst mehr oder weniger bei menschlichen Ideen und Entscheidungen. Wir analysieren den (sogenannten) freien Willen. Es ist eine Illusion, der Zufall gebe einen freien Willen. Der Zufall erzeugt nur Alternativen, hat aber keine Verantwortung. Es ist auch eine Illusion, dass wir hier das Gehirn (die Materie) haben, dort das Ich (den Geist), das sich des Gehirns bedient und ihm befiehlt. Das Ich ist identisch mit dem Gehirn und dessen „Software". Es ist wunderbar, dass wir den freien Willen spüren, aber eigentlich denken wir damit in einer unendlichen Regression (Homunkulus-Effekt). Die Idee dabei ist als Zentrum des Ichs einen Homunkulus im Gehirn zu definieren, der befiehlt, und in ihm ist wieder ein Homunkulus, der dem ersten Homunkulus befiehlt, usw. Es gibt wunderbare theoretische Grenzfälle der Entscheidung wie den tausendjährigen *Esel des Buridanus* und den modernen *Dom des Norton*. Der Zufall löst beide Rätsel realistisch, weil „alles rauscht."

---

[1] Manfred Eigen im Vorwort zu *Das Spiel. Naturgesetze steuern den Zufall*. Piper, 1975.

Das Kapitel über die kosmologische Bedeutung des Zufalls beruht auf den Gedanken des amerikanischen Philosophen Charles Peirce um 1898. Er war damals ein Aussenseiter, heute gilt er nach der Einschätzung des Philosophen Bertrand Russell als der bedeutendste Philosoph der USA. Peirce versteht den Zufall als Notwendigkeit für die Welt, für die Vielfalt und die Entwicklung überhaupt, und dies vor der Entdeckung der Quantentheorie mit Unschärferelation und Verschränkung und vor der Chaostheorie. Mit diesen Entdeckungen würde sich Peirce bestätigt sehen. Als Hommage an ihn verwenden wir seine Bezeichnung für die Lehre von der fundamentalen Bedeutung des Zufalls, den Begriff Tychismus vom altgriechischen Wort für Zufall und Glück und die entsprechende griechische Göttin Tyche Τύχη.

Es ist das Ziel des Buchs, dem Leser oder der Leserin zu zeigen, dass wir nicht nur in einer Welt von Zufall leben, sondern dass der Zufall tiefer in die Welt eingreift als gedacht. Wir verwenden dazu zusammenfassend eine Weltformel, die auf den amerikanischen Philosophen Daniel Dennett und das englische Wortspiel „nature and nurture" zurückgeht:

Wir sind „Nature + Nurture + X", mit dem Zufall X.

Da aber sowohl die Natur wie die Erziehung mit dem und durch den Zufall X entstanden sind, ergänzen wir die Formel

Wir sind Natur (durch Zufall X) + Erziehung (mit Zufall X) + Zufall X.

Kurz in pseudo-mathematischer Schreibweise: **Wir sind Wir (X)** – wir sind Zufall.

Die Lehre vom Zufall *per se* sollte ein Bestandteil sein jedes Curriculums für Physiker, Biologen, Philosophen, Theologen, für jedermann.

Wenn der Leser oder die Leserin das nächste Mal die Wellen eines Sees oder des Meers sieht, möge er oder sie sich an den Zufall als Fundament der Welt erinnern.

Glossar

Abiogenese die Entstehung von Leben aus toter Chemie.
Acte gratuit eine vollkommen sinnlose Tat.
Agent Detection die menschliche Eigenschaft, lebendige Wesen auch in Unbelebtem zu sehen.
Agile Softwareentwicklung eine Softwareentwicklung nahezu ohne Planung, die schnell auf Änderungen (Zufälle) reagiert.
Algorithmus eine konkrete Rechenvorschrift.
Anthropisches Prinzip die nahezu triviale Tatsache, dass alle Bedingungen zur Existenz des Beobachters vorhanden sein müssen.
Assoziation (Zufalls-)Mechanismus zur Schaffung von neuem durch Verbinden.
Bewusstsein die zugängliche Gesamtheit der Funktionen, die einen Organismus steuern. Beim Menschen eine entsprechende mit Sprache verbundene App.
Big Bang (Urknall) Kern des Kosmos bei der Entstehung des Universums mit höchstkonzentriertem Zufall.
Bisoziation (Zufalls-)Mechanismus zur Schaffung von Neuem durch Verbinden von zwei Bereichen.
Buridan, Esel des eine philosophische, extreme Entscheidungssituation.
Clinamen künstliche Zitterbewegung der Atome in der antiken Atomtheorie.
Dom des Norton eine philosophische extreme Entscheidungssituation.
Ego-Shooter die Welt in totaler Ich-Perspektive (falsches englisches Lehnwort).
Entropie Mass für den Grad der Unordnung in einem System.
ergodisch Vorgang, der alle Freiheitsgrade ausnützen kann.
Evolution im engeren Sinn ein Verfahren zur Erzeugung von Neuem mit Zufall.
Existenzialismus philosophische Richtung, die das Leben mit Zufall in den Mittelpunkt stellt. Vor allem um **1950** in Frankreich.
Flaschenhals-Effekt Veränderung der Genverteilung bei Verkleinerung der Population.
Fraktale sehr unregelmässige Kurven, Oberflächen oder Körper mit effektiv gebrochener Dimension.

Freier Wille fiktives Gefühl der Entscheidungsfreiheit.
Fügung fiktiv schicksalhaftes Zufalls-Geschehen für Menschen.
Homunkulus-Effekt der Eindruck, dass Ich und Gehirn getrennt sind. Ein Homunkulus ist eigentlich ein kleiner Mensch.
Inkubation die Kernphase bei der Ideenfindung mit viel Zufall.
Intelligenz die Fähigkeit, Aufgaben unter unklaren Bedingungen zu lösen.
Kapillarwellen kleine Wellen, die durch die Oberflächenspannung gebildet werden. Zufallswellen bei geringem Wind.
Kohlestäubchen ein Trick, um den Zufall in eine Situation einzuführen. Das Staubkorn zerstört die Ordnung.
Kreativität die Fähigkeit, Neues zu schaffen.
Laplacescher Dämon ein Geist, der in diesem Augenblick alles weiss und damit auch die Zukunft kennt.
Maxwellscher Dämon ein Geist, der einzelne Atome und Moleküle sehen und auf sie reagieren kann.
Metaheuristik ein allgemeines Lösungsverfahren.
Monsterwelle eine durch Zufälle aussergewöhnlich hohe marine Welle.
Nahfeld Bereich von chaotischem Verhalten am Ausgangspunkt einer Störung.
Naturalismus eine Weltlehre ohne übernatürliche und unerklärliche Vorgänge.
Neuronale Netze lern- und anpassungsfähige Filter.
Orakel bei Alan Turing eine Black Box, die transzendente Mathematik liefert, z. B. echte Zufallszahlen.
Panentheismus die Auffassung, dass Gott sowohl in der Welt in allem ist wie auch ausserhalb der Welt.
Pantheismus die Auffassung, dass Gott in allem in der Welt ist.
Propensity ein Zufall mit Vorzugsrichtung, z. B. ein gezinkter Würfel. Das englische Wort ist üblich.
Pseudo-Zufallszahl scheinbare Zufallszahl, für die aber ein erzeugender Algorithmus existiert.
Qualia das subjektive Erleben von Empfindungen.
Rastrigin-Funktion eine konstruierte Funktion zur Simulation vieler stabiler Spezies.
Rauschen ein Strom von Zufallssignalen, zeitlich oder räumlich oder beides.
Regression zur Mitte der Trend zum Normalen nach dem Auftreten eines besonderen Events.
Schmetterlings-Effekt eine beliebig kleine zufällige Änderung in den Anfangsbedingungen bewirkt eine grosse Änderung im Ablauf.
Selbstorganisation die Bildung komplexer Strukturen ohne gespeicherten Bauplan.
Serendipity ein unerwarteter glücklicher Fund. Das englische Wort ist üblich.
Soliton eine Welle, die nahezu ungeschwächt und in gleichbleibender Form durch ein Medium läuft.
Statistisch gesammelte Zufallsdaten betreffend. Vom franz. *statistique* (Staats-)Wissenschaft und vom lat. *statisticum* den Staat betreffend.

Stochastisch   vom Zufall abhängig oder beeinflusst. Vom altgriechischen. στοχαστ (stochastikos) oder „mutmasslich".
Strategie   System von Regeln, um in unklaren Situationen zu handeln.
Tesla-Kugel   ein Gerät zur Erzeugung von Zufallseffekten mit Plasmaentladungen.
Turing-Mechanismus   ein von Alan Turing ersonnener physikalisch-chemischer Mechanismus zur Erzeugung von Zufallsmustern.
Tyche   griech. Göttin des Schicksals, Synonym für Zufall.
Tychismus   philosophische Lehre, die besagt, dass der Zufall fester und notwendiger Teil des Kosmos ist.
Uhrmachereffekt   der Effekt, dass wir es einem Objekt gefühlsmässig ansehen, ob es Welt **1** oder **Welt 2'** ist.
Verdeckte Hemmung (latente Inhibition)   Filtermechanismus im Gehirn fürunwichtige Reize.
Welt 1   nach Karl Popper die unbelebte Welt (die Physik).
Welt 2   nach Karl Popper die Welt des Subjektiven.
Welt 2'   die aktualisierte Welt **2** als Welt aller Objekte mit Konstruktionsplänen.
Welt 3'   die hypothetische Welt des Geistigen wie z. **B.** von Kunst und Liebe.

Literatur

Chaitin, Gregory. 2007. *Algorithmic information theory – Some recollections.* arxiv.org/pdf/math/0701164.pdf. Zugegriffen im Juni 2020.

Eigen, Manfred, und Ruthild Winkler. 1975. *Das Spiel. Naturgesetze steuern den Zufall.* München/Zürich: Piper.

Goetz, Dorothea. 1984. *Georg Friedrich Lichtenberg, Biographien Band 49.* Leipzig: Teubner.

Horgan, John. 2012. *Brillant scientists are open-minded for paranormal stuff.* blogs.scientificamerican.com/cross-check. Zugegriffen im Juni 2020.

Jaspers, Karl. 1919. *Psychologie der Weltanschauungen.* Berlin: Springer.

Madhavji, Nazim. 2011. *In memory of Meir Lehman.* pleiad.cl/iwpse-evol/keynote/slides.pdf. Zugegriffen im Juni 2020.

Peitgen, Heinz-Otto, und Peter Reicher. 1986. *The beauty of fractals: Images of complex dynamical systems.* Heidelberg/Berlin: Springer.

Stichwortverzeichnis

A
Aaron 196
Abiogenese 165
abwärts-kausal 32
acte gratuit 263
Affe, maschinenschreibender 140
Agache, Alfred 184
Agent Detection 136, 231
Al-Ghazali 225, 228
Algorithmus 4, 189, 241
    Definition 189
Alkohol und Kreativität 183, 188
alles rauscht 63, 106, 107, 269
Altamirage 185
Andreesen, Marc 31
Anzahl der Spezies 136
Apfelmännchen 76
Apophänie 231
Arche Noah 174
Archimedes 47
Aristoteles 1, 5, 7, 38, 46, 126, 181, 225
Arrhenius, Svante 166
Atom 9, 75
Atombombe 26
Atomismus 9, 130
Aufklärung 13
Auge 99, 158

B
Babbage, Charles 17
Bach Choräle 195
Bacon, Sir Francis 2
Beethoven, Fünfte Symphonie 123

Bellsche Ungleichungen 243
Bense, Max 194, 210
Berger, Hans 205
Bewegung, thermische 22, 93, 111, 244
Bewusstsein 21, 119
    Definition 209
Bibel 13
Bibliothek von Babel 141
Big Bang 59, 95, 96
Biometrik 90
Bisoziation 192
Bogey 162
Boltzmann, Ludwig 53
Bonhoeffer, Dietrich 177
Borges, Jorge Luis 141
Bouchon, Basile 19
Box, morphologische 139
Brahe, Tycho 14
Broccoli Romanesco 68
Brown, Robert 48, 96
Browne, Thomas 135
Brownsche Bewegung 47, 69, 107, 243
Bruno, Giordano 98, 156
Brute Force (rechnerisch) 139
Buridan, Jean 225

C
Capriano, Giovanni 183
Carter, Brandon 156
Cashmore, Anthony 229
Cat's paws (Katzenpfoten) 83
Chaitin, Gregory 24, 54, 127
Chambers, Robert 149

Champernowne, David 213
Champernowne Konstante 213
chaotisch 42, 46, 47, 105, 106, 214, 249
Chemie 22, 122
Chromosomensatz 151
Chyba, Christopher 164
Cicero 117, 141
Clapotis (Wellen) 85
Clausius, Rudolf 52
Clinamen 9, 10, 127, 195, 243, 258
COBOL 172
Cockburn, Alistair 172
Cohen, Harold 196
Computer 33, 66, 119, 122, 123, 198, 210
    Mark I 127
Computerkunst 210, 211
Cope, David 197
Coriolis-Kraft 101
Cosler-Waldau, Nikolaj 153

D
Dante, Alighieri 225
Darwin, Charles 28, 30, 60, 136, 137, 147, 151, 247
Darwinfinken 147
Davies, Paul 98, 100
Dawkins, Richard 136
de Chardin, Teilhard 133, 173
Deep Zoom 77, 199
de Laplace, Pierre-Simon 46
Demokrit 5, 8, 37
de Morgan, Augustus 104
Dennett, Daniel 119, 121, 209, 235, 256, 270
Descartes, René 116
Design, intelligentes 30
Determinismus 113, 189, 239
Differentialgleichung 40
Dilbert (Cartoonist) 214
Divergenz 162
DNA 89, 150
Dobelli, Rolf 231
Dobzhansky, Theodosius 30
Dörner, Dietrich 211
Dom von Norton 227
Doppelspaltexperiment 117
Dreikörperproblem 42
Drei-Welten-Modell (aktualisiert) 126
Drei-Welten-Theorie (Popper) 116

Droste-Effekt 201
Drummond, Henry 177
Dualismus 116
du Bois-Reymond, Emil 1, 20
Duell, Charles 20
Dyson, Freeman 156, 157

E
Eddington, Arthur 56, 63
Ego-shooter 209, 236
Eigen, Manfred 49
Einstein, Albert 9, 11, 22, 23, 25, 95, 233
Einsteinsches Fahrstuhlexperiment 23
Eisenbahnnetz (Analogon) 255
Emergenz. 138
Empfindung 121
Entropie 50, 52, 155, 244, 249
Entscheidungsfindung 221, 223
Epikur 5, 131, 243, 249
Epizyklus 12
Erde (und Mond) 44
Ereignis, unglaubliches 40
ergodisch 142
Ergodizität 142, 255
Erhaltungssätze 48, 268
Esel des Buridanus 225
Evolution 16, 30, 133, 142, 148, 160
    chemische 149, 165
Existenzialismus 262

F
Fahne im Wind 105
Fernfeld 110
Feynman, Richard 73, 80
Fichte, Gottlieb 46
Flaschenhalseffekt 152
Fleming, Alexander 185
Ford, Henry 168
Fraktal 68, 74
    Definition 69
fraktalesk 68, 81
Franklin, Benjamin 117
Freud, Sigmund 28, 229, 244
Früh-Kreationisten 147
Fürst, Walter 178
Fundamentalkräfte 26
Funktionspunkte (Software) 55, 163
Fuzziness 222, 240

G

Gaia-Hypothese 89
Galapagos-Inseln 147
Galilei, Galileo 13, 64, 75, 123
Galton-Brett 50
Galton, Francis 50
Gates, Bill 168
Gauss, Carl Friedrich 187
Gautier, Théophile 260
Gebirgsbach (Analogon) 108, 109, 268
Gehirn 120, 204, 206, 224
Geist 116, 119, 207
Genesis 173
Genie 193
Genom 87, 88, 224
Genpool 151, 152
Gepard 152
Gerade 66
Gesetz
    der unpaarigen Socken 53
    von Bode-Titius 43
    von Hubble-Lemaître 95
    von Lehman (Software) 150
    von Littlewood 40
Gesetze von Lehman (Software) 170
Gibbs, Josia 58
Gibbssches Paradoxon 58
Gide, André 263
Gleichgewicht, thermodynamisches 59, 122, 169
Godard, Jean-Luc 222
Gödel, Kurt 127
Goethe, Johann Wolfgang von 4
Goldlöckchen 98
Google DeepDream 199
GOTO-Befehl 54
Grenzen der Berechenbarkeit 246
Grenzsituationen 264
Gründer-Effekt 155
Guilford, Joy 185, 188

H

Hamlet 140, 141
Harari, Yuval Noah 1
Harris, Sid (Cartoonist) 176
Hausdorff-Dimension 68
Hawking, Stephen 25, 207
Hedges, Stephen Blair 167
Hegel, Friedrich 38

Heinlin, Robert 35
Heisenberg, Werner 238
Hemmung, verdeckte 193
Hertzsches Prinzip 40
Heuristik 230
Hilbert, David 1
Hintergrundstrahlung, kosmische 26, 96, 97
Höhenlinie 65
Homöopathie 11
Homunkulus 122, 235
Homunkulus-Effekt 175
Human Chauvinism 119
Hundertwasser, Friedensreich 66
Huxley, Thomas 140, 165
Hypnose 244

I

IBM 19, 55, 190
    Watson 28
Identität 210
ID Quantique 218
ignoramus et ignorabimus 21
Illiac Suite 195
Illumination 186
Implosion 113, 155
Inception 203
Indeterminismus 113, 189, 239
Infinitesimalrechnung 8
Inkubation 186
Intelligenz 185, 212
    Definition 188
Internet 130
Inzucht 153
Irrfahrt 69
it from bit 27

J

Jacquard, Joseph Marie 19
Jahn, Robert 120
Jaspers, Karl 264
Jönsson, Claus 118
Jung, Carl Gustav 191, 232
Junge-Erde-Kreationismus 134

K

Kältetod 60
Kant, Immanuel 109, 203, 237, 251

Kapillarwellen 83
Kaufman, Gordon 177
Kausalität 3, 38, 234, 243
Kausalkette 23, 39, 260
Kekulé, Auguste 187
Kepler, Johannes 14, 43, 145, 156, 165
Kettering, Charles 186
Keynes, John Maynard 16
Kierkegaard, Søren 262
Kitzeln des Galilei 123
Kochsche Kurve 70
Körper-Geist-Problem 7, 116, 121, 235
Koestler, Arthur 191, 211
Kohlenstoff-Chauvinismus 100
Kolmogorow, Andrei 54
Komplexität 54, 163
Kontingenz 162
Kontinuität 40
Konvergenz 158, 255
Koomey-Gesetz 26
Kopernikanisierung 28
Kopernikus 13
Krauss, Lawrence 96
Kreativität 181, 183, 185, 210, 240
    Definition 188
Künstliche Intelligenz (KI) 193, 223
Kuhn, Thomas 1, 14
Kunst 211
Kurzweil, Ray 31, 211

L

Lagrangesche Punkte 42
laminar 106
Laplacescher Dämon 46
Lavalampe 218
Leben 6, 29, 39, 56
Leben nach dem Tod 7, 120
Lehman, Meir 170
Lehmann, Alfred 204
Leibniz, Gottfried 17, 80, 120, 178
Lemaître, Georges 95
Leonardo da Vinci 103, 183
Libet-Experiment 229
Lichtenberg, Christoph 267
Lichtenberg-Figuren 73
Lichtenberg, Georg Christoph 73, 99, 233
Linné, Carl von 40
Littlewood, Edensor 40

Ljapunow, Alexander 47
Ljapunow-Exponent 47
Llull, Ramon 139, 182, 190, 193
Lochkarte 19
Locke, John 115
Lord Kelvin (William Thomson) 59
Lorenz, Edward 46
Lorenz, Konrad 147
Lottomaschine 56
Lovelace, Ada von 17
Lovelock, James 150
Lukrez 9
Lunge (Organ) 69

M

Mach, Ernst 9, 35, 236
Madhavji, Nazim 170
Magnen, Jean 117
Mainzer, Klaus 161, 253, 256
Makroevolution 150
Mandelbrot, Benoît 63, 68, 86
Mandelbrot-Menge 75, 76
Mars 167
Marsgesicht 231
Maschine, analytische 17
Materialismus 34, 120, 130
Materie-Antimaterie-Problem 97
Maulesel 182
Maxwell, James 16, 58
Maxwellscher Dämon 58
McCormack, Jon 181
Mechanik, klassische 40
Megatrajektorie 163
Metabolism first (Stoffwechsel zuerst) 167
Metaheuristik 146
Meteorologie 46
Michelson, Albert 20
Mikroevolution 150
Mischungsentropie 58
mise en abysme 201
Mond 157
Mond (und Zufall) 44
Monismus 115
Monsterwellen 84
Monte-Carlo-Methode 213, 215
Mooresches Gesetz 26
Mordvintsev, Alexander 203
Mozart, Wolfgang Amadeus 110

Munch, Edvard 264
Musik 18
Mutationen 151

N
Nagel, Thomas 21
Nahfeld 110
Napoléon Bonaparte 46
Neo-Tychismus 254
Netz, neuronales 199, 201, 206, 223
Neuron 223
Newton, Isaac 15
Nietzsche, Friedrich 260, 261
Nisson, Daniel 158
N-Körperproblem 47
Noah 134
Noether, Emmy 48
Nokia 169
Northrop, Linda 31, 171
Norton, John 227
Notwendigkeit 38, 268
Nullpunkt, absoluter 53

O
Olsen, Ken 168
Omega-Punkt 133
Orakel 127, 219
Orakel (Definition) 127
Oumuamua 128

P
Paradoxon der Länge von Küsten 65
Parallelität, massive 143
Parapsychologie 120, 127
Pascal, Blaise 17
Pasteur, Louis 186
patchen (Software) 169
Pauli-Prinzip 268
Pauli, Wolfgang 232, 268
Payley, William 136
Peirce, Charles 120, 247, 248, 270
Phillpotts, Eden 115
Philosopher's syndrome 121
Physikalismus 120
Planck, Max 10, 127
Plancksches Kohlestäubchen 128
Platon 5, 28, 126, 181

Plutarch 64
Poincaré, Henri 42, 186
Popper, Karl 116, 122, 145
Postmoderne (Physik) 32
Pragmatismus 248
Prinzip
　anthropisches 98
　antrhopisches 156
　kopernikanisches 156, 167
Programmierfehler 55
Prokrustes 64
Propensity 117, 144, 200, 213, 239, 255, 269
Protagoras 197
Pseudozufall 200, 219
Pseudozufallszahlen 215, 220
Ptolemäus, Claudius 5, 11, 13

Q
Qualia-Problem 20, 120, 121, 203
Quantenfluktuationen 60, 97, 223, 244
Quantenphysik 38
Quincunx 51

R
Raffael da Urbino 5
RAND-Buch der Zufallszahlen 215
Rasterelektronenmikroskop 78
Rastrigin-Funktion 146
Rauschen 63, 107, 204, 205, 218, 222, 226, 239, 244
　Definition 107
Red Herring 228
Regression zur Mitte 50, 155
Rekombinationen 151
Replicator first 167
Resonanzphänomen 13, 43
Reynolds, Osborne 104
Reynoldszahl 105
Richardson, Lewis 65, 104
Roulette 154
Russell, Bertrand 8
Rutherford, Ernest 9

S
SABRE 31
Sagan, Carl 98

Sartre, Jean-Paul 238
Satz von Pólya 69
Schelling, Friedrich Wilhelm 251
Schickard, Wilhelm 17
Schiehallion 64
Schildkröte des Zenon von Elea 8
Schlichting, Joachim 10
Schloss Herrenhausen 80
Schmetterlings-Effekt 42
Schneeflocke 72, 145
Schöpfer 175, 182, 222
Schöpfung 134
Schopenhauer, Arthur 17, 233
Schottky, Walter 63, 218
Schrödingerkatze 25
Schrotrauschen 218
Schwerewellen 83
Seele 6, 11, 28, 116
Seelenatome 123
Segal, Michael 223
Selbstähnlichkeit 76
Selbstorganisation 251
Selektion, natürliche 151
Serendipity 185
Serpentinisierung 166
Sexualität 174
Shannon, Claude 50
Sinn 261
Siphonaptera 104
Software 54, 119, 138, 208
Softwareentwicklung 55
Softwareentwicklung, agile 172
Softwaresysteme 168, 236
Sokrates 183, 210
Soliton 85
Sonnensystem 47
Space Shuttle 170
Spinoza, Baruch 225
Spiritismus 120
Spontanerzeugung 126
Statistik 52
Strahlen, kosmische 129
Strategie 143
    Definition 189
Supercomputer 142
Survival of the fittest 152, 170
Synchronizität 231

T
Telekinese 119
Teleologie 4
Telepathie 120
Tesla-Kugel 73
Tesla, Nicola 73
Theater, kartesisches 235
Theodizee 175
Theory of Everything 115
Thiel, Pierre 168
Thomas von Aquin 7, 243
Tod 59, 122, 261
Transhumanismus 125
Trialismus 116
Turbulenz 102
Turing, Alan 2, 27, 91, 118, 127
Turing-Muster 91
Turing-Test 31
Tyche 37, 252
Tychismus 248, 270

U
Uhrparadoxon 136, 231
Unordnung 53
Unschärferelation 22, 41, 244, 253
Ussher, James 134

V
Vakuum 22
van Andel, Pek 185
Vedal, Vlatko 4
Venter, Craig 29
Venus 12
Verschränkung (Quantentheorie) 25
Versicherungen 260
Verstehen (Definition) 3, 198
Verzerrung, kognitive 230
Vico, Gianbattista 2
Video Feedback 201
Vielteilchenproblem 47
Vischer, Friedrich 77
Vogt, Carl 115
von Helmholtz, Hermann 186
von Linné, Carl 29
von Neumann, John 3, 19, 50, 103
Vulkanismus 166

W

Wärmetod 59
Wahrscheinlichkeit 55
Wasser 100, 113
Wasserwellen 82, 93, 246
Wegener, Alfred 231
Weinberg, Gerald 172
Weizenbaum, Joseph 194
Welt
    1 122
    2' 122
    3' 124, 130, 133
    2 (Popper) 123
    3 (Popper) 123
Weltformel 257, 270
Wheeler, John 22, 27, 68
Whitehead, Alfred North 184
Wilberforce, Samuel 140
Wille, freier 228, 233
    Definition 234
    von aussen 238
Wirbel 101, 104, 113
womb of indeterminacy 247
Würfel 36

Z

Zähigkeit (Viskosität) 105
Zeitpfeil 56
Zemblanity 185
Zerfall, radioaktiver 38
Zone, habitable 157
Zufall 8, 60, 124, 127, 128, 130, 175, 188, 211, 223, 243, 261
    Definition 23, 38, 54
    gerichteter 71, 91, 143
    griechischer 37
    grosser 157, 167
    kleiner 81, 94, 157, 167
    retrograd gerichtet 161
    Wort 35
Zufallsmaschine 56
Zufallszahl 25, 212
    mit niedriger Diskrepanz 214, 217
Zufallszahlengenerator 120, 127
Zuse, Konrad 19, 27
Zweiter Hauptsatz der Thermodynamik 59
Zwicky, Fritz 139, 182

MIX
Papier aus verantwortungsvollen Quellen
Paper from responsible sources
FSC® C105338

If you have any concerns about our products,
you can contact us on
ProductSafety@springernature.com

In case Publisher is established outside the EU,
the EU authorized representative is:
**Springer Nature Customer Service Center GmbH
Europaplatz 3, 69115 Heidelberg, Germany**

Printed by Libri Plureos GmbH
in Hamburg, Germany